HERBS & SPICES

세계 허브 & 스파이스 대사전

HERBS & SPICES

세계 허브 & 스파이스 대사전

질 노먼 지음
정승호 감수

저자 : 질 노먼(Jill Norman)
허브 및 향신료 전문가
세계 식음료 연구자
식음료 관련 도서 출판 편집자

A WORLD OF IDEAS:
SEE ALL THERE IS TO KNOW
www.dk.com

Contents

허브의 기본 지식 14

신선하고 순한 향미의 허브 18

파슬리 18 · 퍼슬린(쇠비름) 20 · 클레이토니아 21
보리지 22 · 샐러드버넷 23 · 퍼릴러(들깨) 24
미츠바(파드득나물) 25 · 오리츠 26

달콤한 향미의 허브(향초) 27

스위트시슬리 27 · 마리골드 28 · 바질 30
아시아 바질 34 · 베이(월계수) 36 · 머틀 38
안젤리카 39 · 센티드제라늄 40
라벤더 42 · 우드러프(선갈퀴아재비) 46 · 판단 47

시트러스계의 새콤한 허브 48

베르가모트 48 · 레몬밤 50
베트나미즈밤(향유) 51 · 레몬버베나 52
사사프라스 53 · 호튜니아(어성초) 54
라이스패디허브(소엽풀) 55 · 소렐 56

리코리스·아니스계 허브 57

아가스타슈 57 · 처빌 58 · 타라곤 60
딜 62 · 펜넬(회향) 64

민트계 허브 66

민트(박하) 66 · 캘러민트(탑꽃) 70 · 캐트닙 71

어니언계 허브 72

갈릭(마늘) 72 · 그린어니언(파) 77 · 차이브(골파) 78
차이니즈차이브(부추) 79

쓴맛 또는 떫은맛의 허브 80

셀러리 80 · 러비지 82 · 히숍 84 · 치커리 85

자극적이고 매운 허브 86

오레가노·마조람 86 · 로즈메리 90
세이지 92 · 타임 96 · 세이버리 100
미크로메리아 103 · 코리앤더(고수) 104
쿨란트로 106 · 라우람 107 · 로켓 108
워터크레스(물냉이) 110 · 와사비(고추냉이) 112
호스래디시(서양고추냉이) 114 · 에파조테 116
머그워트 117

허브의 준비 과정 118

허브 잎 훑기, 다지기, 찧기 119
허브의 건조 121 · 허브로 식초, 오일, 버터 만들기 123

스파이스(향신료)의 기본 지식 126

견과류 향미의 향신료 132

세서미(참깨) 132 · 니젤라 134 · 파피(양귀비씨) 135
말라브 136 · 와틀 137

달콤한 향미의 향신료 138

시나몬 138 · 카시아 140 · 코리앤더(고수) 142
주니퍼 144 · 로즈(장미) 146 · 바닐라 148
아쿠드주라 152 · 핑크페퍼 153 · 파프리카 154

새콤달콤한 과일 향미의 향신료 156

타마린드 156 · 수맥(옻) 158 · 바베리(매자) 159
파미그래니트(석류) 160 · 코큠 162 · 암추르 163

시트러스계의 향신료 164

레몬그라스 164 · 맥러트라임(카피르라임) 166
걸랭걸(양강근) 168 · 레몬머틀 171 · 시트러스(감귤) 172

리코리스 또는 아니스계의 향신료 174

스타아니스(팔각) 174 · 아니스 176 · 리코리스 177

온화하고 흙 향이 풍기는 향신료 178

사프론 178 · 카르다몸 182 · 블랙카르다몸 184
커민 186 · 캐러웨이 188 · 너트메그(육두구) 190
메이스 194 · 터메릭(강황) 196 · 제도어리 198
커리 잎 200 · 아나토 202

쓴맛이나 떫은맛의 향신료 204

케이퍼 204 · 페뉴그리크 206 · 아요완 207
매스틱 208 · 사플라워(홍화) 209

맵싸하고 자극적인 향신료 210

페퍼(후추) 210 · 쿠베브 215 · 방향성 잎들 216
마운틴페퍼 218 · 그래인오브파라다이스 219
쓰촨페퍼·산초 220 · 진저(생강) 222 · 건진저(건생강) 226
올스파이스 228 · 클로브(정향) 230
애서페터더(아위) 234 · 머스터드 236 · 칠리류 240

향신료의 준비 과정 250

향신료의 다양한 손질 방법들 251
향신료를 굽거나 볶는 과정 253
향신료의 찧기, 으깨기, 페이스트 만들기 255
신선한 칠리의 손질 방법들 256
건조 칠리의 손질 방법들 258

소금 260

고대의 역사 260 · 소금의 산지 261
소금의 용도 261

레시피

허브와 향신료의 블렌딩 266

허브의 블렌딩 266 · 향신료 믹스 271
소스와 조미료(양념) 289 · 마리네이드 302

허브와 향신료의 조리 304

수프, 접시 요리, 샐러드 304 · 생선 요리 310
육류 요리 314 · 야채 요리 319 · 파스타, 국수, 곡류 요리 321
케이크, 디저트 요리 326

색인 328

프롤로그

이 책의 초판이 발행된 뒤, 영국에서는 새로운 음식의 재료를 사용하는 데
적극적으로 도전하는 움직임이 부쩍 높아졌다. 그로 인해 지금은 석류와 망고 등의
과일과 펜넬과 케일 등의 허브, 그리고 감자와 샐러드용 야채 등의 다양한 재료들을
주위에서 손쉽게 구할 수 있게 되었다.
인터넷상의 상점이나 식품 가게에서는 점점 더 취급하는 향신료와
허브의 폭을 넓혀 가고 있다. 일본이나 한국의 양념장에서부터 멕시코산의
신선한 칠리, 페루산의 칠리와 허브 페이스트, 동유럽 국가인 조지아산의
쿠멜리수넬리kumeli suneli에 이르기까지 매우 다양한 재료들이 오늘날 취급되고 있는
것은 각국의 요리에 대한 관심이 부쩍 높아지고 있는 것도 한 이유이다. 그러한 가운데
영국에서는 일본 향신료 와사비의 재료인 고추냉이가 전국적으로
재배 및 확산되고 있고, 사프란saffraan은 한때 산지로 번성하였던
에식스주의 사프론월든Saffron Walden 지역에서 다시 재배되고 있다.
식품화학자들은 화학적 합성 물질이 들어 있지 않은 새로운 향신료 착색제를
개발하기 위해 연구에 박차를 가하고 있다. 그 연구는 지금은 초기 단계이지만,
유럽 해안가에 서식하는 미나릿과 식물로서 '바다의 펜넬fennel'이라는 록삼피어rock samphire는
동결 건조 및 분말 가공 과정을 통해 소금기를 머금고 선명한 녹색 가루의 형태로 새롭게 탄생하고 있다.
이 녹색 가루는 셀러리와 감귤류 껍질, 펜넬의 향이 나기 때문에 파스타에 사용하면 섬세한 녹색으로 바뀌면서 해산물 소스의 향미를 만끽할 수 있는 훌륭한 요리로 완성된다.
이 책 초판에서는 음식의 냄새를 분석하여 그것을 재현하는 연구에 노력을 기울이고 있는 업체에 대하여 소개하였다. 또한 미국 항공우주국NASA에서는 우주 식량을 개발하기 위해 식용 식물로부터 방향성 성분을 추출하는 연구도 진행하고 있다. 그 성과는 먼저 분자과학의 분야로 응용이 확산되었는데, 지금은 그 기술을 활용한 제품들이 인터넷을 통해 전 세계로 판매되고 있다. 그러한 제품들은 과일이나 향신료, 샴페인 등의 음료에 이르기까지 폭넓게 응용되고 있고, 자연 허브와 향신료의 강한 향을 지닌 페이스트도 쉽게 구할 수 있게 되었다.
이와 같은 제품들을 허브와 향신료의 대용품으로 사용하는 것은 권장할 만한 일은 아니지만, 음식을 대량으로 조리할 경우에는 희석한 것을 소량씩 사용하면 훨씬 더 좋을 수도 있다.
허브 도감의 일종인 이 책은 허브와 향신료에 대한 정보를 그동안 필요에 따라 갱신해 왔다. 허브와 향신료의 블렌딩, 마리네이드(양념장)와 조미료, 소금에 대한 설명 등도 추가하였다. 오늘날 전 세계에서는 다양한 색상과 촉감과 식감을 가진 소금이 판매되고 있으며, 허브와 향신료의 조합도 그 폭이 점점 더 확대되고 있다. 조리법을 다루는 부분에서도 새로운 내용들을 추가하였다. 산지의 허브와 향신료를 재료로 사용한 요리의 조리법과 함께, 일상에서 매일 같이 사용되는 허브와 향신료의 조리법도 광범위하게 다루고 있다.

제라늄(geranium)

허브와 향신료란 무엇인가?

허브와 향신료를 한마디로 정의하기는 어렵다. 우리가 일반적으로 알고 있는 허브에 대한 개념은 음식의 맛과 향을 더해 주기 위해 사용되는 식물이다. 허브는 '푸른 잎'이라는 뜻을 지닌 라틴어 '헤르바herba'에서 유래하였지만, 오늘날 그 의미는 확장되어 본래 '허브'라 부르는 식물 외에도, '풀이나 채소 잎'까지 폭넓게 아우르고 있다. 향신료(스파이스)라는 용어도 상품이나 제품(향신료는 특히 로마 시대에 중요 상품이었다)이라는 뜻을 지닌 라틴어인 '스페키에스species'에서 유래하였다.

일상에서 흔히 사용되는 허브의 산지는 대부분 온대 지역이지만, 향신료는 그와 달리 열대 지역이 주산지이다. 향이 나는 뿌리와 목피, 씨, 새싹, 열매 등은 통째로 사용하는 것이든지, 분말로 사용되는 것이든지 간에 대부분 건조된 상태로 사용된다.

허브 도감의 구성

이 허브 도감에서는 허브와 향신료를 유럽의 기준에 의거해 향기와 맛 등에 따라 몇 그룹으로 나누었다. 하나의 특정 그룹에만 포함되는 것도 있지만, 두 개 이상의 그룹에 공통적 포함되는 것도 있어 그러한 분류 작업은 쉬운 일이 아니었다.

예를 들면, 마리골드marigold는 단맛이 기본 맛이지만, 동시에 쓴맛도 난다. 일부 아시아 바질Asian basil은 단맛보다 매콤한 맛이 훨씬 더 강하다. 진저(생강)는 톡 쏘는 자극을 주지만, 흙의 향과 따뜻한 느낌도 준다.

그런데 맛과 향의 분류를 더욱더 어렵게 만드는 일이 있다. 우리가 느끼는 맛과 향의 표현이 개인에 따라서 다양하게 나타난다는 사실이다. 그 이유는 사람마다 각자 느끼는 맛과 향이 서로 다르고, 또한 떠올리는 표현도 상호 다를 수가 있기 때문이다.

유럽에서 허브와 향신료의 정의는 전 세계에서 일반적으로 통용되고 있는 내용과는 다르다. 동남아시아에서는 신선한 상태로 사용되는 향기로운 식물을 모두 '허브'라고 하지만, 일단 건조시키면 '향신료'로 분류한다. 또한 미국의 스파이스무역협회는 '조미 용도의 건조 식물'을 향신료로 정의하고 있다. 여기에는 건조 허브와 양파 등도 포함되지만, 건조시키기 전의 상태라면 향신료로 부르기에는 약간 어색한 감이 있다.

레몬밤(lemon balm)

리코리스(liquorice)

와사비(wasabi)

메이스(mace)

허브와 향신료의 효능

허브와 향신료는 인류 역사상 매우 오래전부터 약으로 사용되어 왔다. 산지에서는 지금도 약효가 있는 귀한 식물로 여기고 있다. 허브와 향신료를 사용하면 식욕을 북돋우는 향을 낼 뿐만 아니라, 건강 증진, 장내 가스 발생 억제, 기름진 음식의 소화를 돕는 데에도 큰 도움이 된다.

생허브와 향신료는 우리가 의식적으로 사용하기 오래전부터 비타민과 미네랄의 공급원이었던 것으로 생각된다. 열대 지역에서 칠리는 비타민 C가 풍부하게 들어 있어 음식과 건강에서는 결코 빼놓을 수 없는데, 이는 칠리가 음식에 주는 향미만큼이나 중요한 것이다.

오늘날 대부분의 문화권에서는 균형 잡힌 식생활의 중요성이 점차 부각되고 있다. 인도에서는 아유르베다의 원리에 따라 허브와 향신료를 사용하여 음식에 향미를 더해 주면서, 신체적, 정신적으로 우리 몸을 건강한 상태로 인도한다.

중국에서는 영양학과 의학이 '의식동원醫食同源'의 사상에 따라 오랫동안 융합되어 왔다. 음식이 혀에 닿는 맛과 식감, 색상뿐만 아니라, '단맛', '짠맛', '쓴맛', '신맛', '매운맛'의 다섯 가지 맛에서 균형을 이루면 몸이 건강해진다는 것이다.

민트와 파슬리 등과 같은 '음'의 허브는 신진대사를 느리게 하고, 칠리와 진저(생강) 등과 같은 '양'의 향신료는 신진대사를 활성화시킨다. 중동의 이란도 같은 사상을 따르는데, 특히 요리사는 '핫(hot)' 또는 '콜드(cold)'로 분류되는 재료들 사이에서 균형을 유지하도록 노력한다. 서양에서는 허브와 향신료가 저염 및 저지방 식품에 향미를 더해 주며, 특히 갈릭(마늘)은 콜레스테롤을 낮춰 주는 건강식품으로 인식되고 있다.

전통적인 사용법

허브와 향신료는 한때 식품의 저장성을 높여 주는 재료로서 소중히 다루어졌다. 냉장고가 나오기 훨씬 이전에는 허브와 향신료에 든 휘발성 오일과 다양한 복합 물질이 갖가지의 식품들을 오랫동안 저장할 수 있도록 했다. 그로 인하여 피클, 염장육, 생선, 채소 등과 같은 식품은 겨우내 저장될 수 있었고, 특히 향이 좋은 식물인 경우에는 향미까지 더해 준 것이다. 오늘날에는 그러한 저장 방법이 꼭 필요하지는 않지만, 향미를 더해 줄 수 있기 때문에 전통적인 저장 방법은 지금까지도 이어져 내려오고 있다.

토속 식재료에 전통적인 허브와 향신료를 곁들인 향미의 조합은 전 세계 각 지역에 있는 음식들의 독특한 특징을 형성하였다. 대표적인 사례로는 다음과 같은 것들이 있다.

스페인에서는 사프란과 갈릭(마늘), 견과류, 피멘톤데라베라pimenton de la vera가, 프랑스에서는 와인과 허브가, 이탈리아에서는 바질과 갈릭(마늘), 올리브유, 안초비anchovy가 많이 사용된다. 영국에서는 파슬리와 타임, 세이지, 머스터드가, 동유럽에서는 사워크림과 딜dill, 캐러웨이caraway가, 중동에서는 레몬, 파슬리, 시나몬cinnamon이 필수적으로 사용된다.

인도 북부에서는 진저(생강)와 마늘, 커민cumin이, 인도 남부에서는 머스터드 씨, 코코넛, 칠리, 타마린드가 가장 중요한 향신료이다. 태국에서는 피시 소스와 레몬그라스, 걸랭걸galangal(양강근), 칠리가, 중국에서는 간장, 진저(생강), 쓰촨페퍼가 주요 향신료로 사용된다. 그리고 멕시코에서는 칠리와 코리앤더coriander(고수), 시나몬을 많이 사용한다.

허브와 향신료는 매력적인 향과 맛, 혀에 닿는 감촉, 식감, 외형 등으로 사람의 모든 감각을 일깨워 준다. 그러나 과도한 사용은 음식을 망칠 수도 있기 때문에 금물이다. 이 점만 유의하면 취향에 맞는 맛과 향의 조합을 찾을 수 있을 것이다. 허브와 향신료가 요리에 섬세함과 조화, 다양성을 풍부하게 가져다줄 것으로 기대한다.

질 노먼

허브

허브의 기본 지식

센티드제라늄(scented geranium)

신선한 허브는 오늘날 일반 슈퍼마켓이나 화원, 전문 모종점 등에서 구입할 수 있다. 허브 전문점에서는 보통 몇몇 종류의 바질basil과 민트mint, 타임thyme, 마조람marjoram 등과 같은 허브들을 들여놓고 있으며, 부추나 베트남 고수인 라우람rau ram과 같은 희귀 허브들도 취급하고 있다. 물론 퍼릴러perilla(들깨), 미츠바mitsuba(파드득나물), 베트나미즈밤vietnamese balm(향유), 라이스패디허브rice paddy herb(소엽풀), 에파조테epazote와 같은 허브들은 구입이 쉽지 않지만, 인터넷을 통하면 그러한 허브들의 씨도 쉽게 구입할 수 있다.

신선한 허브의 새로운 시장

터키와 키프로스, 이스라엘에서 재배된 허브가 마치 당연한 듯이 영국의 슈퍼마켓에 진열되는 시대가 도래되었다. 한국, 일본, 태국, 싱가포르 등의 아시아 각국에서도 열대 허브와 신선한 향신료가 수입되어 전문점이나 슈퍼마켓에서 판매되고 있다. 외국인 커뮤니티와 레스토랑을 중심으로 수요가 여전히 큰 비중을 차지하지만, 최근에는 허브와 향신료의 애호가들이 늘면서 정기적으로 구입하는 사람들도 늘고 있다.

맥러트라임나무makrut lime의 잎과 레몬그라스lemongrass, 칠리chilly와 같은 신선한 허브들도 역시 슈퍼마켓의 냉장 코너에서 쉽게 찾을 수 있다. 이러한 허브 식물들은 북유럽에서는 재배되지 않는다. 그러나 미국의 일부 지역과 온화한 기후의 나라에서는 이민자들이 다양한 열대 허브들을 재배하여 그들의 커뮤니티를 포함해 일반인들을 위한 수요를 충족시키고 있다.

아마도 수년 내에는 친숙한 유럽 허브들과 함께 신선한 쿨란트로culantro와 라우람, 에파조테와 같은 허브들이 함께 판매될 날도 올 것으로 기대된다.

갈릭(garlic)/마늘

유럽의 전통

프랑스산의 타임, 베이(월계수) 잎, 갈릭(마늘), 타라곤taragon과 이탈리아산의 바질, 세이지, 로즈메리, 그리스산의 오레가노oregano, 스카디나비아산의 딜, 영국산의 파슬리, 세이지, 타임, 베이 등의 허브는 오늘날 유럽의 음식 문화에서 꼭 필요한 것들이다. 이와 같은 허브들은 오래전부터 수많은 사람들로부터 사랑을 받았고, 지금도 여전히 유럽인들의 일상 식단에 오르고 있다. 유럽을 여행하면서 프랑스, 이탈리아, 그리스의 레스토랑에서 식사를 하면 곧바로 실감할 수 있다.

최근에는 색다른 향미의 조합을 시도하거나 일상 요리에 새로운 해석을 가하는 등의 전통을 초월하여 허브를 사용하는 일이 확산되고 있다. 이는 신선한 허브를 항상 구할 수 있게 되면서 나타나기 시작한 일이다.

따라서 허브 요리의 초보자들에게 소개할 새롭게 개발된 요리들도 점점 더 늘어나고 있다. 예를 들면, 타라곤을 사용한 닭 요리, 코리앤더와 칠리의 향미가 깃든 과콰몰리guacamole(아보카도 소스), 살사베르데salsa verde 소스를 발라 구운 대구와 참치, 로즈메리와 마늘로 향을 낸 구운 감자, 부케가니bouquet garni(향초 다발)와 레드와인에 조린 비프스튜 등이다. 허브의 향미로 요리의 맛과 향이 일품으로 변하는 것을 알게 되면, 사람들은 각자 취향에 맞는 새로운 조합을 시도하거나 아이디어를 떠올리는 데 깊숙이 빠져들 것이다.

한편, 오래전에는 일상적으로 사용되었지만 어느새 기억 속에서 사라졌거나, 잡초로 버려졌던 허브들의 숨은 위력이 오늘날에는 매우 다양하게 재현되고 있다.

17세기 유럽에서는 샐러드용 허브가 널리 재배되어 사용되고 있었다. 영

로즈메리(rosemary)

플랫리프파슬리(flat-leaf parsley)

차이브(chives)/골파

국의 정원사이자, 작가인 존 이블린John Evelyn, 1620~1706은 1699년에 출간한 그의 저서 『아케타리아Acetaria』(라틴어로 샐러드라는 뜻)에서 바질, 밤, 치커리, 콘샐러드corn salad, 클라리세이지clary sage에서부터 민들레, 펜넬, 민트, 다양한 종류의 크레스cress(갓류 식물), 히솝hyssop, 맬로mallow(아욱), 오리츠orach, 퍼슬린purslane(쇠비름), 로켓roquette, 소렐sorrel에 이르기까지 약 30여 종에 이르는 샐러드용 허브를 기록하였다. 그 30년 뒤인 1731년에는 영국의 식물학자 필립 밀러Philip Miller, 1691~1771가 『정원사의 사전Gardener's Dictionary』을 출간하였는데, 이는 오늘날까지도 원예가들에게는 허브 재배의 지침서로서 널리 인정을 받고 있다.

타라곤(tarragon)

제철에는 물론 일 년 내내 쉽게 구할 수 있는 것도 있지만, 클라리세이지, 히솝, 스위트시슬리sweet cicely와 같은 일부 허브들은 직접 재배를 해야만 구할 수 있다. 오늘날의 허브 종묘점들은 취급 품종을 지속적으로 늘려가면서 다양한 허브의 수요에 부응하고 있다. 그런데 최근에는 로켓이나 처빌chervil과 같은 특정 허브의 소비가 지나치게 늘어나면서 그러한 허브에 싫증을 느끼는 사람들도 종종 있다.

허브의 선택과 사용법

일반적으로 허브는 요리의 맛을 지배하기보다는 향을 더해 주는 데 사용된다. 딜이나 파슬리, 처빌의 은은한 향은 해산물에 잘 어울리고, 톡 쏘는 자극이 있는 로즈메리, 오레가노, 마늘은 가향 찜이나 구운 양고기, 훈제 돼지고기에 훌륭한 맛과 향을 선사한다.

야채와 허브는 훌륭한 조합을 이루는 것들이 있다. 뿌리채소에는 타임이나 로즈메리, 가지에는 프로방스산의 허브, 청완두에는 차이브chive(골파), 토마토에는 바질이나 파슬리 등이 잘 어울린다. 조리할 경우에는 허브를 주의 깊게 사용하여 섬세하고도 풍부한 향미가 균형을 항상 유지하는 것이 중요하다.

오늘날에는 신선한 허브를 쉽게 구할 수 있기 때문에 주방에 오래된 건조 허브들을 수북이 쌓아 놓지 않아도 된다. 바질이나 파슬리 등을 건조시킨 허브들은 곰팡이 냄새가 나면서 맛도 없기 때문에 식재료로 권장할 수 없다. 그러한 허브들은 반드시 신선한 허브를 사용하도록 한다.

마운틴민트(mountain mint)

신선한 파슬리의 깨끗한 풀과 비슷한 향과 바질 다발이 풍기는 아니스anise와 클로브clove(정향)의 달콤한 향기는 후각에 이어 미각을 즐겁게 한다. 다른 수많은 허브와 달리 이 두 허브는 대량으로 사용하여도 상관이 없으며, 특히 바질 페이스트와 파슬리 샐러드에 사용하면 향과 맛을 절묘하게 더해 준다.

허브 썰기
허브는 사용하기 직전에 썬다. 갓 썬 신선한 허브는 맛과 향이 가장 풍부하다.

허브 찧기
허브를 소스나 페이스트에 넣을 경우에는 보통 절구에 넣고 공이로 찧는다. 허브를 잘게 찧으면 유효 성분들의 작용을 기대할 수 있다.

건조 허브
일부 허브들은 일반 가정에서 건조시킬 수도 있다. 이때 잎만 따서 밀폐 용기에 보관한다.

한편, 오레가노, 타임, 세이지, 민트, 로즈메리, 세이버리savory 등의 허브는 건조시켜 사용하는 것이 적합하고, 향미도 응축되어 더 오래간다. 그러나 신선한 허브와 건조 허브를 모두 사용할 경우에는 소량씩 사용해야 한다. 그렇지 않으면 맛을 살리는 것이 아니라 오히려 망가뜨릴 수 있기 때문이다.

조리 과정에서 허브를 처음부터 넣으면 음식의 맛이 서서히 우러난다. 특히 건조 허브는 조리 과정의 처음부터 넣는 것이 정석이다. 또한 로즈메리, 라벤더, 타임, 베이, 윈터세이버리winter savory 등과 같이 튼실한 잎을 지닌 허브는 장시간 조리하는 것이 적합하지만, 잎이 크거나 가지가 있을 경우에는 조리에 앞서 제거해야 한다. 긴 시간을 들여 서서히 조리하는 요리에 허브를 사용할 경우에는 조리 과정의 마무리 단계에 허브를 잘게 썰어 약간 넣고 휘저어 주면 허브의 향이 다시 살아난다.

민트, 타라곤, 펜넬, 마조람, 러비지lovage와 같은 강한 향을 지닌 허브들은 조리 과정에서 아무 때나 넣어도 된다. 반면 바질과 처빌, 차이브(골파), 딜, 코리앤더(고수), 퍼릴러(들깨), 레몬과 같은 섬세한 허브들은 에센셜 오일이 휘발성이 강하여 열을 가하면 금방 날아가 버린다. 따라서 허브의 맛과 식감, 색상을 충분히 즐기려면, 그러한 허브들은 완성된 요리를 그릇에 담기 직전에 넣는 것이 좋다.

파슬리(Parsley)

Petroselinum crispum

파슬리는 만능 허브로, 유럽에서는 대부분의 요리에 빼놓을 수 없는 재료이다. 내한성의 두해살이식물로서 원산지는 지중해 지역이다. 오늘날 전 세계의 온대 지역에서 재배되고 있다. 잎보다 뿌리를 자주 사용하는 함부르크파슬리는 16세기에 독일에서 처음 재배되었다.

조리법

파슬리는 깔끔하고 신선한 맛에 철분, 비타민 A, C가 풍부하여 인기가 높다. 세계 각지에서 소스와 샐러드, 스터핑 요리, 오믈렛 등에 사용된다. 앵글로색슨 문화권에서 파슬리를 소스 외에 향미를 더해 주기 위한 재료로 사용한 것은 비교적 최근의 일이다.

신선한 향미를 더해 주기 위해 조리의 마지막에 다진 파슬리를 뿌리기도 한다. 또한 파슬리는 익혀 먹어도 맛있다. 특히 기름으로 튀기면 짙은 녹색의 나뭇가지처럼 보이는데, 생선튀김에 고명으로 올려도 훌륭하다.

함부르크파슬리는 수프와 스튜에 주로 사용되지만, 뿌리채소류로 다른 방식으로 굽거나 데쳐서 먹을 수도 있다. 감자와 함께 으깨 먹어도 잘 어울린다.

컬리파슬리(Curly parsley) *P. crispum*

요리에 고명으로 올려도 좋을 뿐만 아니라, 마요네즈 등의 소스에 넣으면 산뜻한 초본 식물의 향미와 매혹적인 녹색을 더해 줄 수 있다.

테이스팅 노트

파슬리는 아니스와 레몬이 섞인 것과 같은 약한 매운 향이 있다. 맛은 짜릿한 초본 식물과 같으며, 약하지만 페퍼의 향미도 난다. 플랫리프파슬리는 컬리파슬리보다 더 지속적이고 섬세한 향미를 낸다. 두 재료 모두 서로 다른 조미료의 향미를 이끌어 낸다.

사용 부위

신선한 잎이 주로 사용되지만, 줄기는 향미를 내는 육수의 재료로 사용된다. 함부르크파슬리는 잎보다 뿌리를 사용하기 위해 주로 재배된다.

구입 및 보관

화분에 심긴 것이나 한 다발로 묶인 것을 산 뒤 비닐 랩으로 포장하여 냉장고에 보관한다. 시들은 부분을 제거하면 4~5일간은 보관할 수 있다. 또 파슬리를 잘게 잘라서 물을 약간 담은 그릇이나 아이스큐브 트레이에 담아 냉동 보관할 수도 있다. 건조시킨 파슬리는 권장하지 않는다.

재배 방법

씨는 발아하려면 몇 주간은 걸리는데, 따뜻한 물에 하룻밤 담가 두면 발아가 빨라진다. 땅에 파종하여 충분히 자라면 솎아 낸다. 매년 파종할 경우에, 앞서 심은 것이 2년 만에 꽃이 피고 열매를 맺을 때 새로운 한 회분을 사용할 준비가 된다. 수확은 늦봄부터 이루어진다.

플랫리프파슬리(Flat-leaf parsley)

P. c. var. 'Neapolitanum'

'프렌치파슬리' 또는 '이탈리언파슬리'라고도 하는 플랫리프파슬리는 요리에 최고의 맛을 선사한다. 유럽과 중동의 모든 지역에서 널리 사용되고 있다.

줄기

파슬리의 줄기는 잎보다 맛이 거친 것이 특징이다. 다발로 묶어서 장시간 조리하는 찜(조림)이나 스튜에 사용한다. 조리가 끝나면 줄기는 제거한다.

향미의 페어링

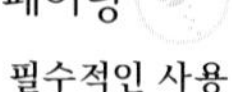

필수적인 사용

여러 전통적인 혼합 향신료 : 프랑스의 부케가니, 핀제르브(fines herbes), 페르시야아드(persillade), 이탈리아의 살사베르데와 그레몰라타(gremolata), 중동의 타불레(tabbouleh).

잘 맞는 재료

달걀, 생선, 레몬, 렌틸콩(lentils), 쌀, 토마토, 대부분의 야채.

잘 결합하는 허브 및 향신료

바질, 베이, 처빌, 칠리, 마늘, 레몬밤, 마조람, 오레가노, 민트, 페퍼, 로즈메리, 소렐, 타라곤, 수맥, 케이퍼(caper).

함부르크파슬리(Hamburg parsley)

P. c. var. '*tuberosum*'

중앙유럽과 북유럽에서 대부분 재배되는 함부르크파슬리는 플랫리프파슬리와 비교하여 재배가 그리 어렵지 않다. 뿌리는 마치 작은 파스닙(parsnip)같이 생겼지만, 그중에는 셀러리악(celeriac)같이 둥근 것도 있다. 향미는 파슬리와 셀러리악의 중간 정도이며, 약한 견과류의 맛도 뒤섞여 있다. 그리고 잎은 향미와 촉감이 매우 거칠다.

퍼슬린(Purslane)/쇠비름

Portulaca oleracea

퍼슬린(쇠비름)은 한해살이식물로서 번식력이 강하여 전 세계의 곳곳에서 자생한다. 남유럽과 중동에서는 수 세기에 걸쳐서 식용 작물로 재배하였다. 이 퍼슬린은 철분과 비타민 C의 중요 공급원이지만, 심장에 효능이 있는 오메가3 성분을 많이 함유하고 있는 식물로도 유명하다.

조리법

퍼슬린(쇠비름)의 새싹은 샐러드의 단골 식재료이다. 중동에서는 고기를 구워 먹을 경우에 마늘 맛이 나는 요구르트 드레싱과 잘게 썬 퍼슬린을 종종 곁들여 먹는다. 또한 토마토와 양상추 등과 함께 레바논의 유명 샐러드인 파투시(fattoush)의 주재료이기도 하다.

다 자란 잎은 보통 약간 데쳐서 사용하지만, 조리 과정에서 점차 끈끈해지면서 수프와 스튜에 걸쭉함을 안겨 준다. 터키에서는 전통적인 양고기 요리와 콩으로 만든 스튜에 큰 다발로 묶은 퍼슬린이 사용되며, 그 밖의 지중해 연안국에서도 수프를 끓이는 데 많이 사용된다.

멕시코에서는 퍼슬린을 돼지고기, 토마티요(tomatillo), 칠리, 특히 훈제 치폴레칠리(chipotle chilli)와 함께 요리한다. 또한 올리브유와 레몬주스로 버무린 시금치에 사용하면 맛과 향의 깊이를 더해 준다.

줄기와 꽃

그린퍼슬린(green purslane)은 잎이 직사각형으로 두껍고 즙이 많은 것이 특징이다. 둥근 줄기는 약간 붉은빛을 띤다.
골든퍼슬린(golden purslane)은 크기가 작고 내한성도 약간 떨어진다.

테이스팅 노트

신선하면서도 은은한 향을 풍기는 잎과 줄기는 깔끔하면서도 레몬같이 약간 시큼하고 떫은맛이 난다. 식감은 아삭아삭하면서도 즙이 많은 질감이다.

사용 부위

잎과 어린 줄기, 그리고 꽃이 사용된다. 특히 꽃은 샐러드에 넣으면 맛이 좋다. 신선한 상태로 항상 사용해야 한다.

구입 및 보관

신선한 퍼슬린은 비닐 랩으로 포장한 뒤 냉장고 야채실에서 2~3일간 보관할 수 있다. 그리스와 터키에서는 여름이면 길거리 상점에서 큰 다발로 묶인 퍼슬린을 구입할 수 있다. 멕시코에서는 슈퍼마켓에서 쉽게 구입할 수 있다.

재배 방법

퍼슬린은 습기가 약간 있으면서 햇볕이 잘 드는 곳에서 잘 자란다. 초여름에 옥외에 씨를 뿌려 놓으면 약 60일 뒤에 잎을 수확할 수 있다. 무덥고 건조할 경우에는 다른 허브보다 물을 더 많이 주어야 한다. 잎이 지나치게 무성해지기 전에 두 잎만 남겨 두고 땅에서 약간 윗부분에서 자른다.

다 자란 잎은 억세기 때문에 어린잎만 정기적으로 수확하여 샐러드에 사용한다. 여름에는 노란색의 꽃이 피는데, 한낮에 짧은 시간 동안만 만개한다.

향미의 페어링

· 잘 맞는 재료

사탕무, 누에콩, 오이, 달걀, 햇감자, 시금치, 토마토, 요구르트, 그리스의 양젖치즈인 페타치즈(feta cheese).

· 잘 결합하는 허브 및 향신료

처빌, 크레스, 로켓, 소렐, 샐러드버넷, 보리지.

클레이토니아(Claytonia)

Claytonia perfoliata

클레이토니아는 '윈터퍼슬린' 또는 '광부의 상추'라고 한다. 외형이 매우 섬세한 한해살이식물로서 내한성이 강하다. 겨울철 샐러드의 허브 재료로 최적이다. '광부의 상추'라는 이름은 19세기에 캘리포니아에서 골드러시가 일었을 때, 광부들이 괴혈병을 예방하기 위하여 클레이토니아 등의 야생 식물을 섭취한 데서 유래하였다. 클레이토니아는 퍼슬린과 마찬가지로 비타민 C의 함유량이 풍부하다.

조리법

잎, 어린 줄기, 꽃은 샐러드에 요긴한 재료이다. 다른 야채에 비해 맛이 쉽게 떨어지지 않고, 색도 잘 변하지 않아 매우 훌륭한 재료이다. 잎이나 줄기는 단품으로, 또는 다른 야채와 함께 굴 소스를 넣고 볶은 요리는 그 맛이 일품이다.

줄기와 꽃

클레이토니아의 잎은 매끈한 줄기를 안쪽으로 둘러싸고 있다. 초여름에는 아주 작은 흰 꽃이 가느다란 줄기에 기댄 모습을 볼 수 있다.

테이스팅 노트 

향은 풍부하지 않지만, 깔끔하고 향긋한 향미가 인상적이다.

사용 부위 

잎, 어린 줄기, 꽃.

구입 및 보관 

북아메리카에서는 초원의 그늘진 곳에서 야생 상태로 쉽게 채취할 수 있지만, 유럽에서는 거의 찾아볼 수 없다. 채취한 뒤 곧 바로 사용하는 것이 가장 좋지만, 비닐 랩으로 포장하면 냉장고 야채실에서 1~2일간 보관할 수 있다.

재배 방법 

클레이토니아를 오늘날 취급하는 허브 종묘 업체는 그리 많지 않다. 그러나 씨를 뿌리면 누구나 쉽게 재배할 수 있다. 씨를 봄에 뿌리면 여름철에 수확할 수 있고, 여름철에 뿌리면 겨울철에 수확할 수 있다. 심한 추위와 서리를 맞지 않으면 집 앞마당에서도 겨울철을 넘길 수 있다. 부드러운 흙에서 잘 자라지만 적응성도 좋다. 예쁜 화단을 꾸미는 데 더할 나위 없이 좋은 허브이다.

향미의 페어링 

잘 결합하는 허브 및 향신료

크레스, 차이브(골파), 로켓, 소렐.

테이스팅 노트

보리지는 부드러운 향과 함께 오이와 같은 다소 강한 맛을 지닌다. 약간 짠맛이 있지만, 시원하고 청량한 맛이 있다.

사용 부위

잎, 꽃. 굳고 억센 줄기는 사용을 피한다.

구입 및 보관

보리지는 신선한 상태로 사용하는 것이 가장 좋다. 잎은 적신 페이퍼타월로 감싸거나 비닐 랩으로 포장하면 냉장고의 야채실에서 1~2일간은 보관할 수 있다. 꽃은 금방 시들기 때문에 따자마자 곧바로 사용한다. 또는 아이스큐브트레이에 담아 냉동 보관한 뒤 음료에 넣어 먹어도 좋다.

재배 방법

보리지는 배수가 잘되는 토양에서 햇볕이 잘 드는 곳이면 잘 자란다. 무성하게 자라는 과정에서 씨가 자연스레 떨어져 쉽게 파종한다. 처음 심을 때 장소를 잘 선택해야 한다. 왜냐하면 곧은 원뿌리가 땅속에 깊게 내리면서 쉽게 이동시킬 수 없기 때문이다. 여린 잎은 봄과 여름에 수확하고, 꽃은 피자마자 곧바로 수확한다.

향미의 페어링

· 잘 맞는 재료

처빌, 크레스, 딜, 마늘, 민트, 로켓, 샐러드버넷.

보리지(Borage)

Borago officinalis

보리지는 남유럽과 동아시아가 원산지로서 매우 튼실한 한해살이식물이다. 오늘날 유럽과 북아메리카의 모든 지역에서 자생하고 있다. 푸른 별과 같이 빛나는 아름다운 꽃을 즐겁게 감상할 수 있어 재배할 만한 가치는 충분하다. 오래전에는 허브 전문가들이 환자의 기운을 북돋우기 위해 보리지를 사용하였다. 부신에 자극을 주지만, 진정 작용이 부드럽고, 우울증을 예방한다고 알려져 있다.

조리법

보리지는 본래 샐러드용 허브이지만 재료로 사용하려면 손질이 필요하다. 새잎은 잔털이 많아 그대로 사용하면 식감이 안 좋기 때문에 일반적으로는 잘게 썰어 사용한다. 썬 잎과 오이를 요구르트나 사워크림에 섞어서 드레싱과 살사에 넣는다. 억세고 성숙한 잎은 볶거나 시금치와 같이 데치면 맛있게 먹을 수 있다.

이탈리아인들은 보리지를 시금치, 빵가루, 달걀, 파르메산치즈(permesan)와 함께 파스타인 라비올리(ravioli)나 카넬로니(cannelloni)의 소에 넣어 먹는다. 터키인들은 청완두 수프에 보리지 잎을 넣어 먹는다.

꽃도 여러 용도로 사용된다. 샐러드에 넣으면 오이와 비슷한 섬세한 맛이 나고, 크림수프에 고명으로 띄우면 보기에도 좋다. 또한 핌스(Pimm's)(칵테일용 리큐어)에 넣으면 향미를 더해 준다. 설탕에 절여 케이크나 디저트의 고명으로 올려도 멋지다. 단, 소량으로 사용한다.

신선한 잎과 꽃

보리지에는 다양한 종들이 있지만, 그중에서도 먹을 수 있는 종은 오직 '보라고 오피키날리스(*Borago Officinalis*)'뿐이다. 흰 꽃이 피도록 재배하는 품종인 알바(*B. o. Alba*)는 동일한 방식으로 푸른색이나 보라색의 꽃이 피도록 재배할 수 있다.

샐러드버넷(Salad burnet)

Sanguisorba minor

샐러드버넷은 유럽과 동아시아가 원산지이다. 북아메리카에는 초기 유럽인 개척자들이 들여온 뒤로 자생하고 있다. 가장자리가 날카로운 톱니 모양이면서 진한 초록색의 우아한 잎을 지닌 여러해살이식물로서 보기에는 섬세하지만 내한성이 강하다. 튼실하게 자라는 상록의 잎은 얇게 덮인 눈 속에서도 초록빛을 발휘한다.

조리법

깃털처럼 부드러운 새잎은 날것으로 먹으면 맛을 더욱더 섬세하게 즐길 수 있다. 샐러드용 채소가 부족한 가을과 겨울에 꼭 필요한 재료이다. 잘게 썰어 야채와 달걀의 요리에 향을 더하거나, 타라곤, 차이브(골파), 처빌과 섞어 핀제르브(프랑스의 혼합 허브)를 만들어도 좋다. 잎은 수프나 캐서롤(casserole)(서양식 찌개나 찜의 일종)에 뿌리거나 소스나 허브 버터에 사용하면 좋다. 향미 식초에도 사용할 수 있지만, 권장하지는 않는다.

신선한 줄기

여린 새잎은 최고의 향미를 자랑한다.
빨간 꽃은 예쁘긴 하지만 맛이 없다.

테이스팅 노트

샐러드버넷은 향이 약하지만 견과류 향이 약간 난다. 오이와 같은 부드럽고 상쾌한 떫은맛이 난다. 오래된 잎은 억세기 때문에 익혀 먹는 것이 좋다.

사용 부위

잎과 어린 줄기.

구입 및 보관

비닐 랩으로 포장하면 냉장고 야채실에서 1~2일간 보관할 수 있다. 유럽의 일부 지역에서는 상점에서 샐러드버넷 다발을 다른 허브와 샐러드용 야채와 함께 진열하여 판매하고 있다.

재배 방법

씨를 뿌려 재배하기가 쉽다. 햇볕이 잘 들거나 약간 그늘진 곳으로서 배수가 잘되는 토양이면 꽃이 금방 핀다. 새싹의 성장을 촉진하기 위해 꽃부리(화관)를 따고, 잎을 규칙적으로 잘라 준다. 2년 뒤에 분갈이를 하면 장기적으로 재배할 수 있다.

향미의 페어링

· 잘 맞는 재료

누에콩, 크림치즈, 오이, 달걀, 생선, 샐러드 잎, 토마토.

· 잘 결합하는 허브 및 향신료

처빌, 차이브(골파), 클레이토니아, 민트, 파슬리, 로즈메리, 타라곤.

퍼릴러(Perilla)/들깨

Perilla frutescens

퍼릴러(들깨)는 중국이 원산지로서 민트나 바질과 같이 한해살이식물이다. 향이 매우 좋아 한국, 일본, 베트남에서 널리 식용되고 있다. 최근에는 오스트레일리아와 미국, 유럽의 요리사들이 식재료로 자주 사용하고 있다. 건조시킨 퍼릴러에서는 생퍼릴러의 싱그러운 향미를 희미하게나 느낄 수 있다.

조리법

일본에서 레드퍼릴러(red perilla)는 우메보시(梅干し)(소금에 절인 매실 식품)를 착색하고 절이는 데 사용된다. 그린퍼릴러(green perilla)는 날생선에 있는 기생충을 죽이는 작용이 있어 초밥과 생선회에 자주 곁들인다. 잎은 수프와 샐러드의 재료로 사용될 뿐만 아니라 떡을 싸는 데에도 사용된다. 그 밖에도 한쪽 면에 튀김옷을 입혀 튀겨 먹기도 한다.

베트남에서는 퍼릴러(들깨)를 잘게 썰어 국수에 넣는다. 또한 고기와 새우, 생선을 퍼릴러 잎으로 말아서 디핑소스와 함께 먹기도 한다. 채를 썰어 다진 그린퍼릴러는 쌀밥에 뿌려 먹으면 향미를 더해 주는데, 건조시킨 것도 상관없다. 퍼릴러는 인터넷몰에서 종자를 구입하여 쉽게 재배할 수 있다. 레드퍼릴러는 샐러드의 고명용으로 주로 사용되지만, 그린퍼릴러도 그 사용의 폭을 넓혀 가고 있다.

그린퍼릴러는 레몬슬라이스와 라임슬라이스와 함께 생선에 넣어 로스트나 찜으로 조리할 수 있다. 그리고 생선이나 치킨의 소스로도 사용되고, 바질 대신에 살사베르데에 넣어 향미를 더해 줄 수도 있다. 또한 바질 대신에 토마토와 함께 사용하여 파스타나 국수에 넣어 먹을 수도 있다. 퍼릴러의 씨에서 추출한 오일(들기름)에는 오메가3 지방산이 풍부하게 들어 있다.

테이스팅 노트

그린퍼릴러는 시나몬, 커민, 시트러스, 아니스, 바질의 느낌을 겸비하여 매우 부드럽지만, 향이 강하여 혀에서 기분 좋은 온기의 느낌을 준다. 레드퍼릴러는 약간 향이 적어서 그린퍼릴러보다는 향미가 덜하다. 커민이나 코리앤더 잎, 시나몬의 향이 주된 향이지만, 곰팡이가 슨 목재 향도 매우 약하게 풍긴다.

사용 부위

잎, 꽃, 성장한 새싹. 씨는 오일 추출용으로 사용된다.

구입 및 보관

아시아에서는 신선한 퍼릴러를 식품점에서 언제든지 구입할 수 있다. 비닐 랩으로 포장하면 냉장고의 야채실에서 3~4일간은 보관할 수 있다. 다 자란 새싹은 과일가게와 슈퍼마켓에서도 쉽게 구입할 수 있다. 레드퍼릴러의 잎은 소금에 절여서 진공으로 포장한 상태로 판매되고 있다.

재배 방법

퍼릴러는 토양이나 환경에 영향을 받지 않고 잘 자라지만, 물기가 많은 곳은 생육이 더디고, 서리에는 저항력이 약하다. 배수성이 좋은 경토에서 잘 자라고, 햇볕이 들거나 일부 그늘진 곳에서 바람막이가 설치된 곳이면 더 잘 자란다. 보통 재배 과정에서는 잎이 잘 자랄 수 있도록 윗부분을 솎아 준다. 일반적으로 레드퍼릴러가 그린퍼릴러보다 자생력이 더 강하다.

향미의 페어링

· 잘 맞는 재료

쇠고기, 닭고기, 호박, 생선, 무, 국수, 쌀, 토마토.

· 잘 결합하는 허브 및 향신료

바질, 차이브(골파), 진저, 신서 피클, 레몬그라스, 미츠바, 파슬리, 산초, 와사비.

그린퍼릴러(Green Perilla)

P. frutescens

잎은 부드럽고 보송보송하며, 가장자리에는 잔주름이 많다. 그 모양은 네틀(쐐기풀) 잎과 비슷하다.

미츠바(Mitsuba)/파드득나물

Cryptotaenia japonica

미츠바는 '파드득나물', '저패니즈파슬리', '저패니즈처빌', '트레포일(trefoil)'이라고도 한다. 여러해살이식물로서 서늘한 기후에서 잘 자라고, 일본에서는 요리에 널리 사용된다. 오늘날에는 오스트레일리아, 북아메리카, 유럽 등에서도 재배되고 있다. 처음에는 일식 레스토랑에 식재료로 주로 공급되었지만, 점차 그 사용의 폭이 확대되면서 지금은 허브 애호가들 사이에서도 많이 재배되고 있다.

조리법

일본에서는 미츠바를 수프와 전골에 향을 더해 주기 위해 사용하거나, 샐러드, 튀김 요리, 초무침 등을 만들기 위해 사용한다. 특히 송이버섯, 생선, 야채 등으로 만드는 일본의 해산물 수프, 즉 도빙무시(土瓶蒸し)에는 독특한 개성과 섬세한 향미를 더해 주기 위해 반드시 사용되는 식재료이다. 이 도빙무시는 일본에서도 송이버섯이 나는 불과 몇 주간에만 맛볼 수 있는 매우 귀한 음식인데, 미츠바는 송이버섯이 든 수프가 끓어서 불을 끄기 몇 초 전에 넣는다. 줄기는 몇 다발씩 아랫부분을 묶은 뒤 기름에 튀겨서 먹을 수도 있다.

그 밖에도 미츠바는 뜨거운 물에 잎을 살짝 데쳐 먹거나 볶음 요리에 넣어서 먹기도 한다. 이때 푹 삶으면 잎의 향미가 사라지기 때문에 조리의 최종 단계에서 넣는 것이 중요하다. 크레스 등과 마찬가지로 갓 발아한 미츠바의 새싹은 샐러드의 훌륭한 식재료로 사용된다.

신선한 잎

미츠바는 일본어로서 '세 장의 잎'을 뜻한다. 식물이 세 장의 작은 잎으로 구성되어 있다는 데서 유래되었다. 영어권에서도 그런 뜻에서 '트레포일'(삼엽형 식물)이라고 한다.

테이스팅 노트

미츠바는 약간의 향이 있는데, 처빌, 안젤리카, 셀러리와 비슷하다. 소렐의 떫은맛과 약간 클로브(정향)와 같은 향미가 있기 때문에 부드러우면서 은은한 맛이 매우 독창적이다.

사용 부위

잎, 줄기.

구입 및 보관

미츠바는 한국, 일본 등 아시아의 식품점에서는 쉽게 구입할 수 있고, 허브 묘종점에서도 화분단위로 구입할 수 있다. 잎은 페이퍼타월로 물에 적셔 감싸거나 비닐 랩으로 포장하면 냉장고 야채실에서 5~6일간 보관할 수 있다.

재배 방법

미츠바는 약간 그늘진 곳에서 잘 자라고, 씨도 금방 맺기 때문에 재배가 비교적 쉽다. 잎과 가느다란 줄기는 봄에서부터 겨울철에 이르기까지 연중 수확할 수 있다. 여름철에는 작고 흰 꽃이 핀다. 미츠바는 수명이 길지 않아 4~5년마다 새로 심는 것이 바람직하다.

향미의 페어링

· 잘 맞는 재료

달걀, 해산물, 버섯류, 닭고기, 쌀, 다수의 야채(고명용). 특히 당근이나 파스닙과 같이 단맛의 뿌리채소와 매우 잘 어울린다.

· 잘 결합하는 허브 및 향신료

바질, 차이브(골파), 진저(생강), 레몬, 레몬그라스, 마조람, 세서미(참깨).

오리츠(Orach)

Atriplex hortensis

오리츠는 에파조테와 함께 명아줏과에 속하는 식물로서 유럽과 아시아의 온대 지역에 주로 자생한다. 오래전부터 산나물로 채취해 먹거나 식용 채소로 재배해 왔다. '산에서 나는 시금치'라는 뜻으로 '마운틴스피니치(mountain spinach)'라고도 한다. 그 뒤 오랫동안 주목을 받지 못하다가, 최근에는 매력적인 샐러드용 허브로 재조명되고 있다.

테이스팅 노트

은은한 향기가 특징적이다. 자극적인 샐러드 허브와 대조적으로, 오리츠의 잎은 마치 시금치와 같이 부드럽고도 순한 맛을 지닌다.

사용 부위

새잎.

구입 및 보관

씨와 모종은 종묘점에서 구입할 수 있다. 갓 딴 잎을 곧바로 사용하는 것이 가장 좋다. 비닐 랩으로 포장하면 냉장고 야채실에서 1~2일간 보관할 수 있다. 고급 믹스 샐러드 잎으로 사용된다.

재배 방법

오리츠는 씨가 자연스럽게 땅에 떨어져서 자라는 한해살이식물로서 비옥하고 배수가 잘되는 토양에서는 잎이 더욱더 크게 자란다. 레드오리츠는 햇볕이 너무 강하면 시들기 때문에 반나절 정도는 그늘지는 장소에서 재배하는 것이 좋다. 성장 속도가 매우 빨라 늦봄에 씨를 뿌리고 여름에 다시 한 번 더 뿌리면 지속적으로 새잎을 수확할 수 있다.

한편 오리츠는 키가 높게 자라고 잎도 무성해지는 식물이기 때문에 양질의 잎을 정기적으로 수확하려면 잎이 무성한 상태에서 꽃이 피기 직전에 꽃을 따서 영양분이 잎으로 가게 해야 한다.

향미의 페어링

· 잘 맞는 재료

이탈리아산 치커리인 카탈로냐(catalogna), 콘샐러드, 양상추, 일본 재배종 상추인 미즈나(mizuna), 머스터드 잎, 그 밖의 샐러드용 잎 채소.

· 잘 결합하는 허브 및 향신료

보리지, 치커리, 크레스, 딜, 펜넬, 퍼슬린(쇠비름), 로켓, 샐러드버넷, 소렐.

조리법

오리츠는 샐러드용 허브로 사용하는 것이 가장 좋지만, 시금치, 소렐과 함께 조리하는 것도 권장한다. 오리츠는 소렐의 산성을 완화하는 성질이 있기 때문이다. 잎은 독특하게도 삼각형을 이루고, 특히 레드오리츠(red orach)는 관상용 식물로서 실내 인테리어에 활용하면 좋다.

신선한 잎

그린오리츠(green orach)는 줄기만 붉은색을 띠고, 레드오리츠는 잎과 줄기가 모두 짙은 자주색을 띤다.

스위트시슬리(Sweet cicely)

Myrrhis odorata

스위트시슬리는 내한성이 강한 여러해살이식물로서 유럽 서부에서부터 코카서스 지역에 이르기까지 고지대의 목초지에서 자생한다. 북유럽이 원산지이지만, 오늘날에는 온대 지역에서도 재배되고 있다. 매우 훌륭한 향미를 지닌 감미료로 사용될 수 있지만, 과소평가되고 있는 경향이 있다. 초봄부터 늦가을까지 잎이 항상 녹색을 유지하는데, 조리하면 매우 맛있게 먹을 수 있다.

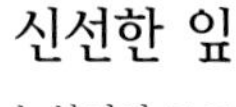

조리법

스위트시슬리의 잎과 녹색의 씨를 구즈베리(gooseberry)와 루바브(rhubarb) 등의 과일과 함께 조리하면 자체적인 향미는 없어지지만, 그와 같은 과일의 신맛은 줄일 수 있다. 과일 샐러드와 크림치즈 디저트에 잎과 씨를 함께 사용하면 아니스의 향미를 더해 줄 수 있다. 그리고 케이크, 빵, 과일 파이에 넣으면 단맛과 은은하고 알싸한 향미를 줄 수 있다. 스위트시슬리는 매콤한 요리에도 훌륭하게 사용할 수 있는 허브이지만, 맛을 살리려면 조리 과정의 마지막에 넣어야 한다. 여린 새싹은 야채샐러드와 오이에 섬세한 향미를 더하는 것 외에도 생크림이나 요구르트 소스에 넣은 뒤 해산물 요리에 곁들여 먹어도 좋다. 다진 잎은 오믈렛이나 클리어수프(콩소메 등 맑은 수프의 총칭)에 넣거나, 당근, 파스닙, 호박 퓌레에 넣어 단맛을 더해 줄 수 있다. 샐러드를 장식하기 위해 꽃을 얹히듯이, 잎은 치즈 위에 고명으로 올리면 멋지다.

신선한 잎

늦봄까지 크고 깃털같이 자라면서 달콤한 향을 풍긴다. 흰 꽃이 우아하게 피면 뒤이어 매혹적인 씨가 맺힌다.

테이스팅 노트 

스위트시슬리는 러비지와 아니스의 향과 함께 사향과 같은 매혹적인 향기를 동시에 풍긴다. 맛은 아니스에 가깝고 약간의 셀러리의 향미도 있기 때문에 기분이 좋은 감미를 느낄 수 있다. 꽃, 잎, 줄기 등 전체에서 향이 난다. 덜 익은 씨는 매우 강한 향미를 지니며 식감은 견과류와 비슷하다. 검고 윤기가 돌면서 완전히 익은 씨는 맛이 담백하지만 섬유질이 많아서 졸깃졸깃한 맛이 있다.

사용 부위 

잎(신선한), 꽃, 녹색 씨. 예전에는 생뿌리도 샐러드에 넣거나 데쳐서 먹었다.

구입 및 보관 

묘목은 허브 종묘점에서 쉽게 구할 수 있으며, 씨를 심어 키울 수도 있다. 잎은 페이퍼타월을 물에 적셔 감싸거나 비닐 랩으로 포장하면 냉장고 야채실에서 2~3일간 보관할 수 있다.

재배 방법 

스위트시슬리는 재배가 쉽지만, 반나절 정도 그늘이 지는 곳에서 재배하면 더욱더 잘 자란다. 새로운 성장을 촉진하기 위해서는 꽃이 핀 뒤 전체적으로 잘라서 솎아준다. 꽃은 봄에, 잎은 봄과 가을 사이에, 녹색의 씨는 여름에 수확한다.

향미의 페어링 

· 잘 맞는 재료

살구, 구즈베리, 천도복숭아, 복숭아, 루바브, 딸기, 뿌리채소류, 닭고기, 새우, 가리비.

· 잘 결합하는 허브 및 향신료

처빌, 차이브(골파), 레몬밤, 레몬버베나, 민트, 바닐라.

테이스팅 노트

포트마리골드는 감미롭고 수지와 비슷한 향이 있으며, 프렌치마리골드는 가벼운 시트러스 계통의 향이 깃들어 독특한 사향 같은 느낌이 나면서 코리앤드 씨의 향을 떠올리게 한다. 신선한 꽃잎은 섬세하고 향이 좋으며, 쓴맛과 흙 같은 향미가 인상적이다. 잎은 약간 페퍼 같은 느낌이 난다.

사용 부위

꽃잎(신선하거나 건조시킨 것), 신선한 새싹.

구입 및 보관

마리골드의 꽃잎은 저온의 오븐에서 건조시킨 뒤 갈아서 분말로 만들 수도 있다. 포트마리골드의 건조시킨 꽃잎은 허브·향신료의 공급업체로부터 쉽게 구입할 수 있지만, 분말로 만든 것은 구하기가 쉽지 않다. 건조시킨 꽃잎과 분말은 밀폐 용기에 넣어 보관한다. 멕시컨민트마리골드는 비닐 백에 넣으면 냉장고에서 1~2일간 보관할 수 있다.

재배 방법

마리골드는 어떤 토양에서도 잘 자라지만, 햇볕이 드는 장소에서 가장 잘 자란다. 꽃을 따면 개화기는 연장된다. 만약 씨를 맺은 경우에는 씨가 자연스럽게 땅에 떨어져 자란다. 일반적인 마리골드와 프렌치마리골드는 모두 여러해살이식물이지만, 추운 기후의 겨울철을 나려면 실내에 들여놓을 필요가 있다.

마리골드(Marigold)

마리골드는 세계 각지에서 다양한 방법으로 사용되고 있다. 건조시켜 분말로 간 포트마리골드(Pot marigold)와 프렌치마리골드(French marigold)의 꽃잎은 흑해 연안국인 조지아에서 귀중하게 사용된다. 멕시코와 남아메리카에서는 멕시컨민트마리골드(Mexican mint marigold)가 타라곤 대신으로 사용된다. 페루에서는 관련 종인 후아카태이(huacatay, *T. minuta*)가 음식의 맛을 내는 양념으로 사용된다. 유럽에서는 신선한 꽃잎이 장식용이나 샐러드에 사용된다.

포트마리골드(Pot marigold) *C. officinalis*

한해살이식물로서 잎이 기다랗고 연녹색을 띠는 것이 특징이다.
홑잎꽃(단판화) 또는 겹잎꽃이 핀다. 꽃잎과 새잎은 딴 뒤 곧바로 사용해야 한다.

건조 꽃잎
조지아산 포트마리골드의 건조시킨 꽃잎은 시트러스(감귤류)의 껍질과 같이 달콤하면서도 사향과 비슷한 향을 풍긴다.

조리법

마리골드는 샐러드에 싱그러운 향을 더해 줄 뿐만 아니라, 선명한 노란색 꽃잎과 약간 코를 찌르는 듯한 향미가 매력적이기 때문에 오랫동안 사람들로부터 사랑을 받아왔다. 프렌치마리골드의 꽃잎은 쿠키, 작은 케이크, 커스터드, 향미 버터, 수프에 사용한다. 또한 건조시킨 꽃잎은 사프란의 저렴한 대용품으로서 쌀을 착색하는 데 자주 사용된다.

조지아에서 꽃잎의 가루는 빼놓을 수 없는 식재료로서 향신료 믹스, 칠리, 마늘, 호두와 같은 향이 좋은 재료들과 함께 사용된다. 조지아인들은 시나몬과 클로브(정향)이 섞인 듯한 향미의 프렌치마리골드를 특히 좋아하는데, 특히 건조시킨 꽃잎은 산지명인 이메레티주(Imereti)의 이름을 따서 '이메레티언사프란(Imeretian saffran)'이라고 한다.

민트마리골드(Mint marigold)의 잎은 생선과 닭고기뿐만 아니라, 미국 요리에 자주 사용되는 야채인 아보카도, 옥수수, 호박, 토마토 등과도 사용된다. 그 밖에도 타라곤에 잘 맞는 음식에도 사용되고 있고, 멜론, 여름철 베리류, 핵과류(씨이 있는 과실)와도 잘 맞는다.

마리골드의 근연종인 후아카태이는 '블랙민트'라고도 하며, 시트러스와 유칼립투스와 같은 자극적인 향이 강하고, 뒷맛이 쓰다. 이 블랙민트는 인터넷상에서 병에 든 페이스트의 형태로 쉽게 구입할 수 있지만, 신선한 것은 오직 남아메리카에서만 구입할 수 있다. 페루 요리에서 아히아마리요(Ají amarillo)와 함께 소스와 고기, 스튜에 맛을 더해 주는 향미료로 널리 사용된다.

멕시컨민트마리골드 (Mexican mint marigold) *T. lucida*

기다란 잎에서는 산뜻하고 약간은 매콤하면서도 온화한 건초 향이 나는데, 민트보다도 오히려 아니스에 가까운 향이 난다. 맛이 타라곤과 비슷하여 '윈터타라곤(winter taragon)', '멕시컨타라곤(Mexican taragon)' 이라고도 한다.

프렌치마리골드 (French marigold) *T. patula*

톱니 모양의 잎이 무성하게 자라는 한해살이 식물이다. 꽃은 노란색에서 짙은 오렌지색에 이르기까지 매우 다양한 색상을 띠고, 평평한 홑잎꽃(단판화)이나 주름이 많은 겹잎꽃(중판화)을 피운다..

테이스팅 노트

스위트바질에는 정향과 아니스의 향이 나는데 달콤하면서도 매콤하면서 복합적이다. 따뜻한 향미도 있어 페퍼 같기도 하고, 민트와 아니스의 향을 지닌 정향 같기도 하다. 퍼플(오팔)바질, 부시바질(bush basil), 레터스리프바질(lettuce leaf basil), 퍼플러플스바질(purple ruffles basil)은 향미가 거의 비슷하다.

사용 부위

잎(신선한), 꽃, 새싹. 꽃차례와 새싹은 샐러드나 장식용으로 사용한다.

구입 및 보관

대부분의 바질 잎은 쉽게 손상을 입는데, 이렇게 손상되어 시들거나 검게 변한 부분은 사용을 피해야 한다. 물에 적신 페이퍼타월로 감싸거나 비닐 백에 넣으면 냉장고 야채실에서 2~3일간 보관할 수 있다. 특히 타이바질은 잎이 더 두꺼워 5~6일간 보관할 수 있을 것이다. 스위트바질과 타이바질은 오늘날 슈퍼마켓에서 쉽게 구입할 수 있다. 바질 잎은 보통 얼리면 최대 3개월간 보관할 수 있다. 가장 좋은 보관 방법은 약간의 물이나 올리브유를 넣고 퓌레를 만든 뒤 아이스큐브트레이에 넣어 냉동시키는 것이다.

재배 방법

대부분의 바질은 부드럽고 연한 한해살이식물이다. 비옥하고 배수가 잘되는 토양에서 비바람으로부터 보호되고 햇볕이 잘 드는 곳에서는 씨를 뿌리면 쉽게 재배할 수 있다. 한랭한 기후의 지역에서는 온실이나 창가에서 재배할 수 있다. 윗동의 순을 따 주면 더욱더 무성하게 키울 수 있고, 개화의 시기도 늦출 수 있다.

바질(Basil)

Ocimum species

바질은 민트와 같이 꿀풀과의 식물로서 아시아 열대 지역이 원산지이며, 약 3000년 이상 동안 재배되어 왔다. 오늘날에는 온대 기후의 모든 곳에서 재배되고 있다. 그리스에서는 어느 고장을 들러도 바질의 매력적인 향기로 가득하다. 잎은 가볍게 문지르면 햇볕 가득한 따뜻한 느낌의 단맛을 동반하면서 아니스와 비슷한 향이 난다.

스위트바질(Sweet basil) *O. basilicum*

'제노위즈바질(Genoese basil)'이라고도 한다. 꽃은 작고 흰색을 띠고, 잎은 선명한 녹색으로 비단과 같이 윤기가 난다. 서양 요리에 잘 맞으며, 특히 페이스트와 토마토 샐러드, 그리고 마늘과 잘 어울린다. 잎은 소금을 뿌린 뒤 살짝 포개어 올리브유를 넣은 밀폐 용기에 보관한다. 냉장고에서 오래 보관하면 잎이 검게 변하지만, 올리브유에서 좋은 향미가 옮는다.

조리법

서양 요리에서 샐러드, 소스, 수프를 만들 때 바질은 토마토와 최고의 파트너이다. 다진 바질은 녹인 버터와 마늘, 곱게 간 레몬 껍질, 소량의 빵가루와 함께 반죽하여 닭고기의 소를 채우거나 닭 껍질 아래나 닭고기에 발라 굽거나 찜을 만들면 향미는 더할 나위 없이 좋아진다. 그 밖에도 송아지와 양고기의 구이에도 잘 맞으며, 해산물에서는 특히 랍스터, 가리비와 잘 어울린다. 이 바질은 라즈베리와도 유사성이 있다. 바질 중 오팔바질(Opal basil)로는 라즈베리와 마찬가지로 예쁘고도 연한 핑크색의 식초를 만들 수 있기 때문이다.

스위트바질은 토마토 소스나 신맛의 식재료와 함께 조리하면 검게 변하지만, 향미는 여전히 남는다. 열을 가해 조리하면 향이 금방 사라지기 때문에 깊이 있는 향미를 즐기려면 가열하지 않고 그대로 사용하거나 조리의 마무리 단계에서 넣는다. 바질의 잎은 칼로서 채를 썰거나 다지거나 찢어서 사용할 수 있지만, 절단 부위는 검게 변하기 때문에 재빨리 잘라 낸다.

향미의 페어링 

· 필수적인 사용

바질과 올리브 오일 등으로 만드는 파스타 소스인 페스토(pesto)나 바질과 마늘 등으로 만드는 소스인 피스투(pistou).

· 잘 맞는 재료

가지, 강낭콩, 비트, 신선한 화이트치즈, 호박, 달걀, 레몬, 올리브, 파스타, 완두콩, 피자, 감자, 쌀, 옥수수, 토마토.

· 잘 결합하는 허브 및 향신료

차이브(골파), 코리앤더, 마늘, 마조람, 오레가노, 민트, 파슬리, 로즈메리, 타임, 케이퍼(caper).

퍼플바질(Purple basil) *O. b.* var. *purpurascens*

이 훌륭한 모습의 식물은 '오팔바질'이라고도 한다. 자주색이나 검은색에 가까운 잎과 핑크색의 꽃이 매우 인상적이다. 민트나 클로브(정향)와도 같은 깔끔하면서도 매우 향긋한 향을 풍긴다. 쌀과 곡류와 함께 사용하거나 샐러드에 약간의 색상을 더해 주고 싶을 때 넣는다.

그 밖의 바질 품종들

바질에는 수많은 품종들이 있는데, 그중 일부는 향기와 모양을 암시하는 이름이 붙어 있어 쉽게 분류될 수 있다. 스위트바질은 달콤하고 따뜻한 정향과 아니스의 향미를 풍긴다. 퍼플러플스는 코를 자극하는 따뜻한 향미를, 부시바질은 페퍼와 같은 향미를, 레터스바질은 아니스의 향미를 풍기는데, 바질마다 다양한 개성이 있다. 지중해 요리에서 바질과 잘 맞는 재료로는 마늘, 올리브유, 레몬, 그리고 토마토가 있다. 바질은 제노위즈페스토(Genoese pesto)와 프랑스 남부 요리인 피스투(pistou) 수프에서 중요 재료로 사용되고 있다. 참고로 피스투는 프랑스 남부의 사투리로 바질이란 뜻이다.

퍼플러플스(*O. b.* 'Purple ruffles')

이 훌륭한 모습의 식물은 '오팔바질'이라고도 한다. 자주색이나 검은색에 가까운 잎과 핑크색의 꽃이 매우 인상적이다. 민트나 클로브(정향)와도 같은 깔끔하면서도 매우 향긋한 향을 풍긴다. 쌀과 곡류와 함께 사용하거나 샐러드에 약간의 색상을 더해 주고 싶을 때 넣는다.

부시바질(Bush basil) *O.b.* var. *minimum*

'그리크바질'이라고도 한다. 꽃은 흰색이고 잎은 작고 촘촘히 나 있다. 향미는 페퍼와 비슷하다. 화분에서 쉽게 재배할 수 있다. 스위트바질로서 잎을 통째로 샐러드에 넣어 먹을 수 있다.

시나몬바질(O. b. 'Cinnamon')

이 품종은 멕시코가 원산지이다. 꽃은 분홍색이고,
잎은 붉은빛이 감도는 보라색이다. 시나몬 향이 장뇌(camphor)의
은은한 향을 뒤덮을 정도로 뚜렷하면서 달콤하다.
매콤한 볶음 야채나 콩과 두류의
음식과 함께 제공된다.

아프리칸블루바질(O. 'African Blue')

이 품종은 겉모습이 화려하고 향미도 좋아 인기가 많다. 꽃은 고급스러운 보라색이고,
잎은 녹색에 보라색이 얼룩져 있다. 미약한 장뇌 향에 페퍼, 클로버, 민트의 강한 향기가 풍긴다.
쌀, 야채, 고기에 함께 요리에 많이 사용된다. 감자 샐러드에도 매우 잘 어울려 맛있는
페이스트를 만들 수 있다. 대부분의 바질과 달리 서리만 맞지 않으면 다음 해까지 재배할 수 있다.

레터스바질(Lettuce basil) *O.b.* var. *crispum*

잎이 늘어지고 주름져 마치 상추와 식감이 비슷하다. 샐러드에 잘 어울린다. 잘게 다진 뒤 조각 낸
토마토와 엑스트라버진 올리브유과 함께 섞어 파스타 드레싱으로 만들 수도 있다.
이탈리아 남부에서는 이 바질을 매우 귀하게 다룬다.

아시아 바질(Asian basils)

아시아 바질은 유럽 바질과 마찬가지로 그 품종이 매우 많아서 오늘날에는 허브 종묘점에서 일반적인 것이면 쉽게 구할 수 있다. 대다수가 오키뭄 바실리쿰종(*Ocimum basilicum*)인 아시아 바질은 에센셜 오일의 함유 성분이 유럽 바질과는 다르기 때문에 향미도 다르다. 스위트바질의 주된 향의 성분은 메틸카비콜(methyl chavicol)(아니스 향)과 소량의 유제놀(eugenol)(클로브 향)을 수반한 리날롤(linalool)(꽃 향)인 반면, 아시아 바질의 주된 향의 성분은 유제놀과 약간의 장뇌 향을 수반한 메틸카비놀이다.

조리법

동남아시아에서는 샐러드, 볶음 요리, 수프, 커리에 맛을 내는 데 사용된다. 잎의 향긋한 향이 향신료의 향과 균형을 이루도록 조리의 마지막 단계에 넣는다. 타이그린 커리(Thai green curry)의 페이스트에도 사용된다.

· 잘 맞는 재료

소고기, 돼지고기, 닭고기, 코코넛밀크, 해산물, 국수, 쌀.

· 잘 결합하는 허브 및 향신료

칠리, 코리앤더 잎과 뿌리, 걸랭걸(양강근), 마늘, 진저(생강), 레몬그라스, 강황, 타마린드(tamarind), 맥러트라임(makrut lime), 크라차이(krachai).

레몬바질(Lemon basil) *O. b.* var. *citriodorum*

무성히 자란 레몬바질은 깔끔한 레몬 향이 난다.
인도네시아에서는 '케만기(kemangie)'라고 하며,
해산물과 함께 볶아서 먹는다.
샐러드에 넣거나, 삶은 가리비, 생선구이, 돼지고기가 든
케밥에 뿌리기도 한다.

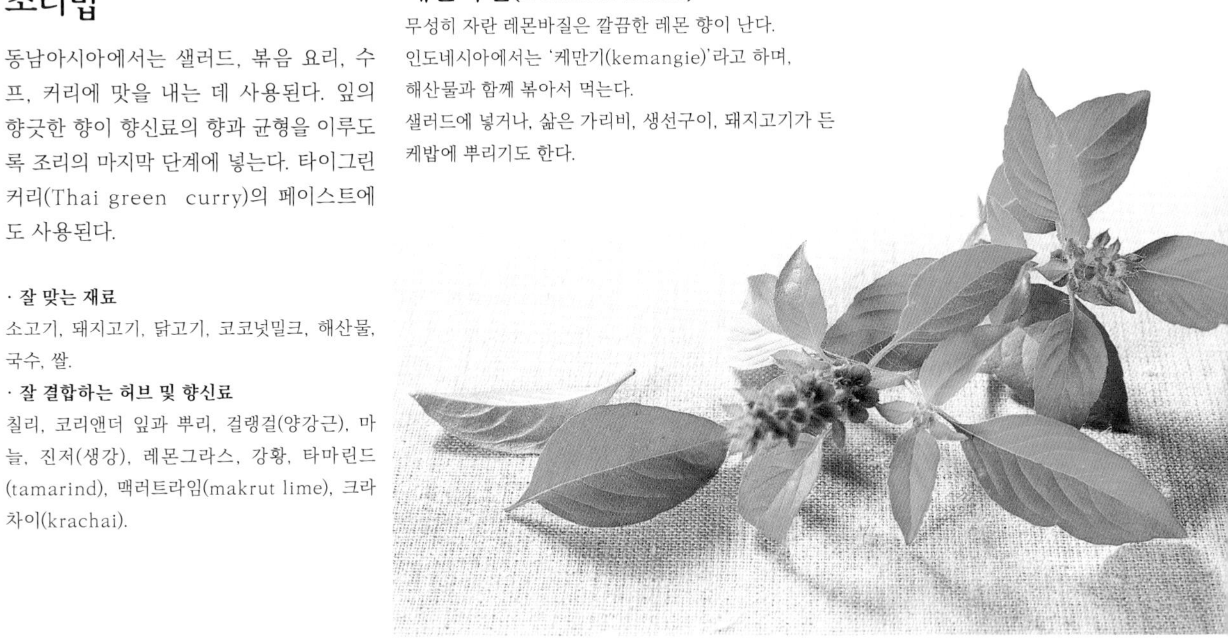

홀리바질(Holy basil) *O. sanctum*

이 허브는 '툴시(tulsi)'라고도 한다. 달콤하면서 알싸하고, 민트와 장뇌의 향미가 약하게 뒤섞인 가운데 사향과도 같은 강렬한 향을 풍긴다. 홀리바질을 구할 수 없는 경우에는 스위트바질과 소량의 민트 잎으로 대체할 수 있다. 신선한 상태에서는 약간 쓴맛이 있지만, 조리를 하면 맛이 더욱더 강렬해진다. 칠리와 바질로 볶는 태국의 닭고기 요리에서는 꼭 빼놓을 수 없는 재료이고, 미트커리에도 널리 사용된다.

라임바질(Lime basil) *O. americanum*

레몬바질과 비슷하지만, 잎이 더 질고 어둡다.
향도 레몬이 아니라 라임 향이 난다. 샐러드에 넣거나,
해산물과 함께 사용한다.

타이바질(Thai basil) *O. b. horapa*

'타이바이호라빠(Thai bai horapa)'라고 하며, 아니스의 향에 자극적이면서도 달콤한 페퍼 향이 난다. 아니스와 리코리스와 같은 온화한 향미가 이어진다.

리코리스바질(Liquorice basil) *O. b. Anise*

'아니스바질'이라고도 한다. 자주색 잎맥의 잎과 붉은색의 줄기, 분홍색의 꽃이 특징이다. 아니스와 감초와 같은 좋은 향이 난다. 타이바질과 대체해 사용할 수 있다.

타이레몬바질(Thai Lemon basil) *O. canum*

'헤어리바질(hairy basil)', 또는 '바이망룩(Bai Mang Luk)'이라고도 한다. 레몬과 장뇌와 비슷한 향이 풍긴다. 맛은 페퍼 같기도 하고 레몬 같기도 하다. 태국의 요리사들은 이 허브를 국수와 피시 커리를 접시에 담기 직전에 넣는다. 씨는 코코넛밀크로 만든 디저트와 청량음료에 넣는다. 종종 '그린홀리바질'이라는 이름으로 판매되기도 한다.

테이스팅 노트

베이리프는 육두구와 장뇌의 향으로 달콤한 발사믹 아로마가 있고, 약간 시원한 느낌의 떫은맛을 낸다. 신선한 잎은 쓴맛이 약간 나지만, 1~2일이 지나면 곧 사라진다. 오래 건조시킨 잎은 향이 지나치게 강하기 때문에 조리에는 갓 건조시킨 잎을 사용하는 것이 좋다.

사용 부위

잎(신선한 것이나 건조시킨 것).

구입 및 보관

나무에서 채취한 신선한 잎은 시들 때까지 두면 쓴맛이 줄어든다. 통풍이 잘되는 어두운 장소에 흩어 두면 완전히 건조시킬 수 있다. 이렇게 건조시킨 잎을 밀폐 용기에 보관하면 향과 맛을 1년 정도는 유지할 수 있지만, 오래될수록 향미는 점점 더 없어진다.

재배 방법

월계수 즉 베이는 온난한 지역에서 가장 잘 자란다. 추운 지역에서는 햇볕이 잘 들면서 바람막이로 보호된 장소에서만 재배할 수 있다. 화분에 기른다면 혹한기에 실내로 옮겨 주어야 한다. 베이는 봄에 작은 노란색 꽃을 피운 뒤 보라색 열매(아쉽지만 먹을 수 없다)를 맺는다. 잎은 일 년 내내 수확할 수 있다.

베이(Bay)/월계수

Laurus nobilis

베이(월계수나무)는 동지중해 연안이 원산지이지만, 북유럽과 미국에서도 오래전부터 재배되었다. 윤기가 돌면서 튼실한 월계수 잎(베이리프)으로 엮은 월계관은 고대 그리스와 로마 시대부터 왕, 시인, 올림픽 챔피언, 전승한 장군에게는 지혜와 명예의 상징물이었다. 베이는 품종이 매우 다양한데, 그중 종명이 노빌리스(*L. nobilis*)인 것만이 주방에서 식재료로 사용된다.

조리법

월계수 잎인 베이리프는 그 향미가 서서히 스며들기 때문에 육수를 비롯해 수프, 스튜, 소스, 피클, 그리고 마리네이드(marinade)에 사용하기에 적합하다. 일반 가정에서 고기와 생선 등을 양념한 요리인 파테(pâté)와 테린(terrine)을 굽기 전에 1장 또는 2장의 베이리프를 올린다. 또한 모든 생선 스튜와 생선 오븐 구이에는 레몬이나 펜넬과 함께 넣는다. 건조시킨 잎을 물에 불려서 채로 썰어 케밥 위에 올려놓거나 볶음밥에 넣기도 한다. 베이리프는 부케가니의 필수 재료이며, 프랑스 요리에 많이 사용되는 소스인 베샤멜(bechamel)에 향을 내는 데 사용된다. 베샤멜 소스는 버터, 밀가루, 우유 등으로 만드는 소스이다. 콩, 렌틸콩, 토마토 등과 잘 어울리며, 특히 토마토소스에 넣으면 향미를 더해 준다.

터키인들은 베이리프를 양고기를 찌거나 서서히

신선한 잎

신선한 잎은 방향성 성분이 휘발할 수 있도록 으깨거나 비벼서 사용해야 한다. 베이리프는 프랑스 요리와 지중해 요리에는 항상 등장하는 식재료이다.

조리할 때 사용하고, 모로코인들은 닭고기와 양고기의 타진(tagine)(고기와 야채로 만드는 소스의 일종)을 조리할 때, 프랑스인들은 전통 스튜인 프로방살도브(Provençal daube)에 소고기와 함께 넣어 조리하는 등 지역에 따라서 그 사용법이 독특하다.
또한 베이리프는 커스터드와 라이스푸딩(rice pudding), 과일 조림에 상쾌하면서도 독특한 알싸한 향미를 낸다. 터키의 향신료 시장에서는 건조 무화과를 박스에 담은 상품들이 베이리프와 함께 진열되어 있는 모습을 종종 볼 수 있다. 4인 내지 6인분의 요리에는 보통 2~3개의 베이리프를 사용한다. 향미가 매우 강하여 소량으로 사용하는 것이 좋고, 그릇에 담기 직전에 제거하는 것이 중요하다. 인도와 일부 카리브해 지역, 남아메리카에서는 종종 다른 품종의 잎을 '베이리프'라고 부르기도 한다.

향미의 페어링

· **필수적인 사용**
부케가니, 베샤멜 소스
· **잘 맞는 재료**
소고기, 밤, 닭고기, 시트러스계 과일, 생선, 강낭콩, 양고기, 렌틸콩, 쌀, 토마토.
· **잘 결합하는 허브 및 향신료**
마늘, 마조람, 오레가노, 파슬리, 세이지, 세이버리, 타임, 올스파이스(allspice), 주니퍼(juniper).

부케가니

부케가니는 허브를 단으로 묶은 것이며, 삶는 요리에 향을 내기 위해 사용된다. 사진의 부케가니는 타임 줄기와 파슬리, 베이리프를 단으로 묶은 것이다(조리법 266쪽).

건조시킨 잎

건조시킨 베이리프는 회록색을 띠면서 광택이 없는 것을 선택해 구입한다. 색상이 노란색이나 갈색으로 변색되기 전에 사용하는 것이 좋다. 필요에 따라서 으깨거나 갈아서 사용하면 된다.

머틀(Myrtle)

Myrtus communis

머틀은 지중해 연안과 중동 지역이 원산지이다. 서양에서는 수 세기에 걸쳐 요리의 향신료로 사용해 왔다. 유럽의 대륙에서는 동양에서 수입된 향신료를 선호하였지만, 크레타섬(Creta), 코르시카섬(Corsica), 사르데냐섬(Sardegna)과 같은 지중해의 도서 지역에서는 머틀을 더 중요한 향신료로 여겼다.

테이스팅 노트

머틀은 식물의 모든 부위에서 향이 난다. 잎은 달콤한 오렌지꽃과 같은 향에 이어 수지 향이 살짝 난다. 맛은 주니퍼와 비슷하여 쓴맛이 있다. 열매는 주니퍼, 올스파이스, 로즈메리의 향이 나면서 달콤한 것이 특징이다. 꽃은 매우 섬세한 향이 풍긴다.

사용 부위

잎, 꽃, 열매. 잎과 꽃봉오리, 열매는 건조시켜 사용할 수도 있다.

구입 및 보관

머틀의 묘목은 전문 종묘점에서 구입할 수 있다. 나무에서 갓 딴 신선한 잎이나 건조시킨 잎은 밀폐 용기에 보관한다. 꽃눈(봉오리)이나 열매도 같은 방법으로 건조시켜 보관한다.

재배 방법

머틀은 반내한성의 관목 상록수이다. 타원형의 잎은 작고 윤기가 돌면서 향이 난다. 작고 노란 수술이 있는 흰 꽃이 여름에 핀 뒤, 가을이면 검보라색의 열매를 맺는다. 한랭한 기후의 지역에서는 머틀 묘목을 화분에 재배하고, 겨울에는 실내로 옮겨 준다. 일단 뿌리를 내려 정착되면 햇볕이 잘 들고 바람막이로 보호되는 장소로 옮겨 심을 수 있다. 서리가 내릴 경우에는 원예용 시트로 덮어서 보호한다. 머틀의 잎은 일 년 내내 수확할 수 있다.

조리법

머틀의 꽃은 곧바로 따서 샐러드의 재료와 장식용으로 사용한다. 잎은 돼지, 멧돼지, 사슴, 산토끼, 비둘기 등 육류에 훌륭한 향미를 더해 준다. 스튜를 만들 경우 매우 소량을 조리의 마지막 단계에 넣는다. 타임이나 세이버리와 함께 육류와 사냥에서 얻은 고기에 향을 내기 위해, 또는 펜넬과 함께 생선에 향을 내기 위해 다른 허브와 조합해 사용할 수 있다. 바비큐 요리에서는 줄기를 목탄에 몇 개 넣어 주면 주니퍼와 같은 향미를 더해 줄 수 있다. 머틀 열매는 마늘쪽과 함께 비둘기와 메추라기의 속에 채워 굽거나 튀겨서 먹을 수 있다. 또한 주니퍼베리와 같은 용도로 사용해도 좋다. 새싹과 열매는 건조시킨 뒤 갈아서 분말로 만들면 향신료로 사용할 수도 있다.

머틀의 잎은 주변의 습기를 빨아들이면서 은은하고도 미묘한 향을 풍기기 때문에 이탈리아 남부에서는 오래전부터 치즈 저장고의 방향제로 사용하고 있다.

신선한 줄기

일반 종의 머틀이 가장 자주 사용되지만, 코르시카섬과 사르데냐섬에서 자생하는 타렌티나(*M. c.* var. *tarentina*) 품종도 향이 동일하여 닭고기나 돼지고기의 요리에 사용된다.

안젤리카(Angelica)

Angelica archangelica

안젤리카는 꽃자루가 2m 이상으로 자라는 두해살이식물이다. 내한성이 강하여 스칸디나비아반도 북부와 러시아 등 한랭한 기후의 지역에서도 잘 자란다. 높게 자라는 만큼 재배를 위해서는 넓은 공간이 필요하지만, 가장자리가 톱니 모양인 잎이 녹색으로 빛나며 덤불을 이루면서 눈길을 끌고, 작은 황록색의 꽃잎이 거대한 돔을 이루어 재배할 만한 가치가 충분히 있다.

조리법

여린 줄기는 설탕에 졸여서 먹을 수도 있다. 여린 잎과 줄기는 마리네이드와 해산물의 조림 양념으로도 사용된다. 또한 삶거나 증기에 쪄서 나물로 만든 안젤리카는 아이슬란드와 스칸디나비아반도 북부에서도 인기가 매우 높다. 잎은 샐러드, 요리의 소, 소스, 살사에 넣을 수 있다.

안젤리카의 사향과 비슷한 단맛은 콩포트(compote), 파이, 잼을 만들 때 넣는 루바브와도 잘 어울린다. 루바브 1kg에 대해서는 작게 저민 여린 줄기나 잘게 다진 잎을 사용한다. 그 밖에 안젤리카는 우유와 생크림에 넣어 아이스크림과 커스터드를 만들 수도 있다.

신선한 잎과 줄기

여린 줄기와 잎은 심은 뒤 다음 해의 이른 봄이나 여름에 수확하는 것이 가장 좋다.

테이스팅 노트 

안젤리카는 식물 전체에서 향이 난다. 여린 줄기와 잎은 살짝만 문질러도 사향과 비슷한 단 향이 난다. 맛도 사향과 같이 단맛이 있지만 쓴맛도 일부 있다. 그리고 셀러리와 아니스, 주니퍼의 맛으로 인해 약간의 흙 맛과 함께 온화한 느낌을 준다. 꽃은 꿀 향을 풍긴다.

사용 부위 

여린 잎과 줄기. 씨와 뿌리에서 추출한 에센셜 오일은 리큐어와 베르무트(vermouth)와 같은 가향 음료를 만드는 데 사용된다.

구입 및 보관 

신선한 안젤리카는 시장에서 일반적으로 판매되지 않기 때문에 직접 재배를 통해서 마련할 수 있다. 허브 종묘점에서 묘목을 구입하거나 씨를 뿌려 재배할 수도 있다. 여린 줄기는 비닐 백에 담으면 냉장고에서 약 1주일간 보관할 수 있다. 잎은 2~3일이면 시들어 버린다.

재배 방법 

안젤리카는 반그늘의 비옥한 토양에서 잘 자란다. 첫해에는 긴 튜브 모양의 줄기가 생기지만, 겨울이 되면 시들어 죽는다. 이듬해 봄에는 꽃자루가 부활하여 기다랗게 자라면서 끝에서 아름다운 꽃을 활짝 피운다. 꽃이 지면 씨가 맺힌 뒤 땅에 떨어지면서 새로운 개체가 성장한다.

향미의 페어링 

· 잘 맞는 재료

아몬드, 살구, 헤이즐넛, 자두, 루바브, 딸기, 해산물.

· 잘 결합하는 허브 및 향신료

아니스, 주니퍼, 라벤더, 레몬밤, 페퍼, 너트메그(육두구), 퍼릴러(들깨).

테이스팅 노트

센티드제라늄은 그 종류만 수백 종에 달하기 때문에 향도 사과, 시트러스계 과일, 시나몬, 클로브(정향), 너트메그(육두구), 민트, 로즈(장미), 소나무 등으로 매우 다양하다. 그중 요리에 적합한 품종은 로즈제라늄과 레몬제라늄이다.

사용 부위

신선한 잎. 약한 향이 풍기는 꽃은 디저트를 장식하는 데 사용할 수 있다. 시든 잎은 잔향이 남아 있지만, 요리하기에는 적합하지 않다.

구입 및 보관

허브 종묘점에서는 매년 봄에 센티드제라늄을 많이 판매한다. 잘라서 손질한 잎은 매우 오래가는데, 비닐 백에 담으면 냉장고 야채실에서 4~5일간 보관할 수 있다. 꽃은 사용하기 직전에 따는 것이 가장 좋다.

재배 방법

센티드제라늄은 내한성이 없는 여러해살이식물이다. 첫 서리에도 곧바로 시들기 때문에 화분에 심어 실내에 두거나 바람막이로 보호되는 장소에서 재배한다. 창가 등의 실내에서도 재배할 수 있다. 잎은 여름 내내 수확할 수 있고, 초가을에는 꺾꽂이로 증식에 나설 수 있다.

센티드제라늄 (Scented geranium)

Pelargonium species

센티드제라늄은 다른 식물의 향과 공명하는 듯이 매우 풍부한 향을 낸다. 이 식물은 17세기에 남아프리카에서 유럽으로 들여온 뒤 18세기에 다시 미국으로 전해졌다. 19세기 중반 프랑스 향수 산업계에서는 로즈센티드제라늄(rose-scented geranium)에서 오일을 추출하는 방법을 발견한 뒤 비싼 수입산 로즈 오일을 대신하면서 상업적으로 대성공을 거두었다.

레몬제라늄(Lemon geranium)
잎은 작고 곱슬곱슬하고,
꽃은 라벤더와 비슷하며,
식물 전체에서 레몬 향이 난다.

신선한 잎
제라늄 잎은 문지르거나
비비면 향이 난다.

조리법

로즈제라늄(Rose geranium)의 잎으로 가향한 설탕은 각종 디저트와 케이크에 향미를 더해 주는 데 사용된다. 백설탕이 든 용기에 한 줌의 잎을 넣고 2주간 그대로 놓아두면 향이 설탕에 밴다. 그리고 잎은 설탕을 사용하기에 전에 제거한다.

제라늄 잎의 시럽은 셔벗, 과일 조림을 조리할 때나 청량음료를 희석시킬 때 사용할 수 있다. 시럽을 만드는 방법은 간단하다. 물 250mL에 설탕 150g을 넣고 끓인 뒤 제라늄 잎 10~12장을 넣어서 불을 끄고 식힌다. 잎을 거른 뒤에 레몬제라늄(Lemon geranium) 잎 대신에 레몬주스 2큰술을 넣거나 로즈제라늄 대신에 장미수 1큰술을 넣는다. 그리고 밀폐 용기에 담으면 냉장고에서 1주일 정도 보관할 수 있다. 영국의 디저트인 서머푸딩(summer pudding)을 만들기 위하여 블랙베리와 믹스베리를 조리할 경우에는 가향 설탕을 사용하거나 잎을 2~3장 냄비에 넣어 준다. 제라늄 잎 몇 장을 넣은 시럽이나 와인에 여름철 과일을 냉침하여 먹는 것도 권장해 본다. 잼이나 젤리를 만들 경우에는 조리가 끝나기 몇 분 전에 잎을 넣는 것이 좋다. 로즈제라늄은 사과, 블랙베리, 라즈베리에, 레몬제라늄은 복숭아, 살구, 자두에 잘 어울린다. 아이스크림, 커스터드, 소스에는 약 500mL의 생크림이나 우유에 적당한 크기로 자른 10~12장의 잎을 넣어 식힌 뒤 걸러서 사용한다.

로즈제라늄의 잎은 케이크를 만드는 경우에도 사용될 수 있다. 케이크 틀에 반죽을 넣기 전에 잎을 깔면 스폰지 케이크와 파운드 케이크에 은은한 향을 더해 준다. 케이크가 식으면 잎을 제거한다.

로즈제라늄 (Rose geranium)

잎은 삼각형으로 깊이 파인 모양이고, 꽃은 작고 분홍색을 띠면서 수직으로 자란다. 장미와 향신료를 섞은 듯한 향이 터키시딜라이트(Turkish delight)를 연상시킨다.

P. 레이디플리머스 (Lady Plymouth)

잎은 삼각형으로 깊이 파인 모양이고 가장자리는 크림색을 띠며, 꽃은 분홍색을 띤다. 레몬과 민트, 그리고 장미의 향이 난다.

테이스팅 노트

라벤더는 레몬과 민트의 코를 찌르는 듯하면서 달콤하고도 맵싸한 향을 지니고 있다. 약하긴 하지만 장뇌 향이 느껴지고, 뒷맛은 약간 씁쓰름하다. 향은 꽃이 가장 강하지만, 잎도 향을 내기 위해 사용할 수 있다.

사용 부위

꽃(신선하거나 건조시킨 것), 잎.

구입 및 보관

라벤더의 묘목은 다양한 곳에서 구입할 수 있다. 신선한 라벤더의 꽃과 잎은 비닐 백으로 포장하면 냉장고의 야채실에서 약 1주일간 보관할 수 있다. 건조시킨 라벤더는 1년 또는 그 이상을 보관할 수 있다. 꽃을 건조시킬 경우에는 줄기를 소량씩 묶어서 매달거나 트레이 위에 펼쳐 놓는다. 완전히 건조되면 줄기를 비벼 꽃을 떼어 내 밀폐용기에 보관한다.

재배 방법

라벤더는 정원에서든지 화분에서든지 간에 햇볕이 잘 들고 배수가 좋은 토양에서 잘 자란다. 꽃은 완전히 피기 전에 방향성 오일이 가장 진하기 때문에 피기 직전에 따는 것이 좋다. 잎은 생육 기간 내에 항상 수확할 수 있다.

향미의 페어링

· 잘 맞는 재료

블랙베리, 블루베리, 체리, 자두, 루바브, 딸기, 댐선플럼(damson plum), 멀베리(mulberry)(오디), 닭고기, 양고기, 꿩, 토끼.

· 잘 결합하는 허브 및 향신료

마조람, 오레가노, 파슬리, 퍼릴러(들깨), 세이버리, 로즈메리, 타임.

라벤더(Lavender)

Lavandula species

론강 골짜기를 여행하면서 짙은 남색의 라벤더꽃들이 한창 피어 정원에서 일렁거리는 광경을 보면 비로소 따뜻한 남쪽 나라로 왔다는 첫 느낌을 가진다. 지중해 연안이 원산지인 라벤더는 한때 튜더 왕가가 들어섰던 시대에 영국의 정원에서는 가장 인기 있는 꽃이었다. 오늘날 라벤더는 전 세계로 확산되어 재배되고 있으며, 주로 식용 허브로나 방향성 오일의 추출용으로 사용된다.

잉글리시라벤더 (English lavender) *L. angustifolia*

이 라벤더는 내한성이 있는 상록의 여러해살이식물이다. 짙은 녹색의 잎과 연보라색, 보라색이나 흰색의 꽃을 피우는 매력적인 원예 식물이다. 가장 일반적인 라벤더로서 장뇌 성분이 적게 들어 있어 요리의 재료로 최적이다.

신선한 잎

로즈메리와 마찬가지로 라벤더의 잎은 거칠기 때문에 매우 잘게 썰어야 한다. 꽃받침 역시 단단하지만, 꽃잎은 뽑을 수 있다.

건조시킨 잎

부드러운 꽃 향을 풍기는 잉글리시라벤더의
오일은 향이 강렬한 지중해 지역 전통의
라벤더 오일만큼 높은 평가를 받고 있다.

프렌치라벤더(French lavender) *L. stoechas*

'스패니시라벤더(Spanish lavender)'라고도 한다.
길쭉한 녹색 잎과 끝에 자주색 포엽이 달린 자주색의 꽃이 개성적이다.
어떤 종류는 내한성이 있지만, 또 다른 종류는 반내한성으로 바람막이 등으로
보호되는 장소에서 겨울철을 날 수 있다. 라벤더 중에서 프렌치계는
잉글리시계보다 톡 쏘는 장뇌 향이 더 풍부하다.

조리법

라벤더는 맛과 향이 매우 강하고 풍부하기 때문에 매우 소량으로 사용해야 한다. 소량의 건조시킨 라벤더꽃을 정제당이 든 항아리에 1주일간 넣어 두면, 매우 미묘하면서도 달콤한 향이 정제당에 밴다. 만약 갓 찧은 신선한 라벤더꽃과 가루 설탕을 사용하면, 꽃에서 배어 나온 오일이 가루 설탕에 흡수되어 향을 더욱더 강하게 만들 수 있다. 이렇게 향을 가한 설탕은 구운 과자나 디저트에 사용하면 좋다. 신선한 라벤더꽃은 곱게 다져서 케이크, 쇼트브레드, 그리고 굽기 전의 페이스트리(빵, 쿠키, 타르트 등의 반죽)에 넣어도 좋고, 케이크나 디저트 위에 장식을 위해 흩뿌려도 좋다. 또한 잼이나 젤리, 과일 콩포트에 달콤하고 맵싸한 향기를 내기 위해 꽃을 넣을 수도 있다. 그 밖에도 생크림, 밀크, 시럽에 넣어 우려내도 좋고, 와인에 담가 셔벗이나 디저트의 향미를 더해 주어도 좋다. 라벤더아이스크림은 매우 맛이 좋은데, 특히 라벤더를 초콜릿아이스크림이나 무스에 넣으면 신선한 맛을 만끽할 수 있다.

라벤더는 짭짜름한 음식에도 잘 어울린다. 잎을 잘게 다져 샐러드에 넣고 그 위에 꽃을 뿌려 준다. 특히 다진 꽃은 쌀밥에 넣어도 맛있다. 양 다리나 토끼, 닭고기, 꿩 등의 구이나 캐서롤에 꽃과 잎을 잘게 다져 넣어 맛과 향을 더해 줄 수 있다. 그 밖에도 라벤더는 마리네이드에 사용할 수도 있고, 훌륭한 식초를 만들 수도 있다.

지중해 주변에서는 라벤더를 허브 믹스에 사용하고, 프랑스 남동부인 프로방스에서는 타임, 세이버리, 로즈메리와 섞어서 사용한다. 그리고 모로코에서는 고기, 야채 소스인 타진에 넣는 혼합 향신료, 즉 라스엘하누트(Ras el Hanout)의 재료로 사용하기도 한다.

라벤더는 주로 방향성 오일을 추출하기 위해 대규모의 상업적으로 재배되고 있다. 일반 가정의 부업에서 사용된 지는 꽤 오래되었지만,

오늘날에는 예상 밖에도 짭짜름하면서도 달콤한 요리의 향미를 내는 데 사용되면서
만능 식재료로서 서서히 부활하고 있다.

우드러프(Woodruff)/선갈퀴아재비

Galium odoratum

유럽과 서아시아가 원산지인 우드러프(선갈퀴아재비)는 덩굴성의 여러해살이식물이다. 이름에서 알 수 있듯이 삼림 지역이 자연 서식지이다. 그러나 오늘날에는 북아메리카의 온대 지역에서도 자생하고 있다. 봄에 예쁜 별 모양의 흰 꽃이 피고, 윤기가 도는 잎이 길쭉하게 자라면서 매력이 돋보이는 원예 식물이다.

조리법

우드러프의 향긋한 향은 식물의 잎이 시들 때 최고로 강해진다. 독일에서는 이 허브를 전통 펀치인 마이볼러(Maibowle)의 재료로 사용한다. 이 전통 펀치는 5월의 노동절과 다수의 행사를 기념하기 위하여 화이트와인, 젝트(Sekt)(발포성 와인), 설탕, 민트, 레몬밤과 함께 넣어 만든다. 그 밖에도 닭고기와 토끼 등의 요리를 위해 마리네이드에 우려내거나 샐러드드레싱에 넣거나 셔벗이나 사바용(과자)을 만들 때 와인에 넣기도 한다. 단지 한두 줄기만 사용하는데, 요리가 제공되기 전에 제거한다. 꽃은 샐러드의 고명으로 올려도 예쁘다.

테이스팅 노트

신선하고 온전한 상태에서는 향이 매우 약하지만, 일단 자르면 건초와 바닐린(바닐라 등에 든 방향성 성분)의 향을 풍긴다. 꽃은 잎보다 향이 더 약하지만, 향미의 여운은 더 길다.

사용 부위

잎, 꽃, 줄기 전체.

구입 및 보관

우드러프의 묘목은 원예점이나 허브 종묘점에서 구입할 수 있다. 줄기는 따서 사용하기 전에 하루나 이틀 정도 두는 것이 좋다. 잎이 시들거나 마르면 향이 더 강해지는데, 특히 냉동시키면 향을 더욱더 오래 보존할 수 있다. 이때 우드러프를 선반에 펼쳐 놓고 냉동시킨 뒤, 비닐 백에 넣어 냉동고에서 보관한다.

재배 방법

우드러프는 발아하는 데 시간이 많이 걸리기는 하지만, 씨를 뿌려서도 재배할 수 있다. 일단 땅에 정착하면 그늘진 곳에서도 잘 자란다. 꽃과 잎은 봄과 초여름에 수확할 수 있다. 겨울이 올수록 향은 점차 약해진다.

향미의 페어링

· 잘 맞는 재료
사과, 멜론, 복숭아, 딸기.

신선한 잎과 꽃
우드러프는 간에 손상을 줄 수 있는 성분인 쿠마린(coumarin)이 들어 있기 때문에 과도하게 사용하면 안 된다. 지금은 쿠마린이 발암성 물질이라는 지적도 있어 지극히 소량으로만 사용한다. 다행히도 한두 자밤만 넣어도 허브의 향이 강하게 풍긴다.

판단(Pandan)

Padanus amaryllifolius, P. tectorius

판단이나 스크류파인(screw pine, *P. tectorius*)(아단)은 인도에서부터 동남아시아, 북오스트레일리아, 환태평양 도서 국가의 열대 지역에서 자생하고 있다. 판단의 잎은 향미료로 사용되고, 음식을 싸는 데에도 사용된다. 인도 무굴제국 시대에 가장 인기를 얻었던 향신료인 케우라유(Kewra oil)도 아단의 꽃에서 추출된 것이다.

조리법

판단의 잎을 식재료로 사용하려면 포크 끝으로 여러 회에 걸쳐 치대거나 문질러서 향미를 낸다. 그 뒤 섬유질이 벗겨지지 않도록 느슨하게 단으로 묶어 둔다. 말레이시아와 싱가포르에서는 쌀을 조리하기 전에 잎을 1~2장 넣어 향이 약간 배도록 한다. 이 지역에서는 팬케이크나 케이크, 그리고 찹쌀과 타피오카로 만든 크림류의 디저트에 향미를 더해 주기 위해 잎을 사용하기도 한다.

잎은 묶은 단 형태로 수프나 커리에 넣기도 하는데, 특히 스리랑카에서는 커리 가루에 넣어서 향미를 더해 준다. 또한 잎은 음식을 싸는 데에도 사용된다. 태국에서는 닭고기를 판단의 잎으로 싸서 찌거나 굽기도 하고, 잎을 엮어서 디저트 용기로 사용하기도 한다.

케우라유는 인도에서 볶음밥, 고기 요리, 과자, 그리고 인도식 아이스크림인 쿨리프(Kulfi)에 향미를 주기 위하여 사용된다. 이때 물로 약간 희석하여 손님에게 제공하기 직전에 요리에 뿌릴 수도 있다. 그 밖에도 일반 가정에서는 레모네이드에 특별한 향미를 주기 위해 사용하기도 한다.

신선한 잎

잎에서 짠 즙은 음식을 녹색으로 착색하기 위해 사용된다. 이때 즙은 4~5장의 잎을 썬 뒤 약간의 물과 블렌더에 넣고 갈아서 추출한다.

테이스팅 노트 

판단의 잎에서는 갓 자른 신선한 풀 향과 함께 달콤하면서도 꽃 향이 나고 약간의 사향 같은 향이 풍긴다. 맛은 상쾌한 식물이나 꽃과 같다. 잎은 향미가 나도록 열을 가해 조리하거나 다져서 사용한다. 케우라유는 매우 달콤하면서도 미묘한 사향과 장미의 향을 낸다.

사용 부위 

잎, 꽃.

구입 및 보관 

싱싱한 야채인 판단은 동양계 식품점에서 구입할 수 있다. 비닐 백에 넣으면 냉장고에서 2~3주간 보관할 수 있다. 잎은 냉동시킨 것이나 건조시킨 것보다 싱싱한 상태일 때가 가장 좋다. 병에 담긴 케우라유는 색상이 부자연스러울 정도로 선명하지만, 향은 휘발성으로 인해 이내 사라진다. 판단 분말에서는 산뜻한 풀 향이 나지만 몇 개월이 지나면 곧 약해진다. 케우라유 또는 케우라수(오일을 물에 섞은 것)는 병에 담고 뚜껑을 닫은 뒤 햇빛이 들지 않는 장소에 두면 약 2~3년 동안 장기적으로 보관할 수 있다.

수확 

광택이 돌면서 기다란 칼 모양의 잎이 줄기 주위를 나선형으로 성장하는 식물인 판단은 남아시아 곳곳에서 볼 수 있다. 특히 온난다습한 지역에서는 성장 속도가 빨라서 잎을 일 년 내내 수확할 수 있다. 꽃은 갓 핀 직후에 곧바로 따서 사용하는 것이 가장 좋다.

향미의 페어링 

· 잘 맞는 재료

닭, 코코넛, 커리 요리, 종려당, 쌀.

· 잘 결합하는 허브 및 향신료

칠리, 코리앤더, 걸랭걸(양강근), 진저(생강), 레몬그라스, 맥리드라임.

테이스팅 노트

베르가모트는 식물 전체에서 독특한 시트러스계의 향이 풍긴다. 향미는 따뜻하고도 알싸한 냄새를 풍기는 시트러스 향미이다. 꽃은 잎보다 더욱더 섬세한 향이 난다.

사용 부위

잎(신선하거나 건조시킨 것), 꽃. 특히 건조시킨 잎은 허브티에 자주 사용된다.

구입 및 보관

베르가모트의 묘목은 허브 종묘점이나 원예용품점에서 구할 수 있다. 꽃과 잎은 잘 시들기 때문에 딴 즉시 사용한다. 아니면 잘게 다져서 냉동 보관한다. 꽃과 잎을 선반에 펼쳐서 건조시키거나 줄기를 단으로 묶어서 통풍이 잘되는 장소에 매달아 놓는다. 그 뒤 밀폐 용기에 넣어 보관한다.

재배 방법

베르가모트는 꿀풀과의 여러해살이식물로서 어떤 환경에서도 잘 자란다. 특히 비옥하고 습기가 있는 토양에서 햇볕이 드는 장소나 반나절 정도 그늘이 지는 곳이면 더욱더 잘 자란다. 3년마다 옮겨심기를 한다. 꽃은 완전히 핀 뒤에 수확한다. 잎은 여름내내 수확할 수 있다.

베르가모트(Bergamot)

Monarda didyma

베르가모트는 꿀풀과 모나르다속(Monarda)(수레박하속)의 식물로 북아메리카가 원산지이다. 이 속명은 16세기의 스페인 의사이자, 식물학자인 니콜라스 모나르데스(Nicolás Monardes, 1493~1588)의 이름을 따서 명명되었다. 그는 대표적인 저서인 『새롭게 발견된 신대륙의 희소식(Joyfull Newes Out of the Newe Founde World)』에서 아메리카 대륙의 허브에 대하여 처음으로 소개하였다. 베르가모트라는 이름은 그 식물의 향이 운향과의 베르가모트오렌지(bergamot orange)와 비슷한 데서 유래되었다. 물론 운향과의 베르가모트오렌지와는 다른 종이다. 이 식물은 꽃이 벌들을 불러들인다고 하여, '비밤(bee balm)'이라고도 한다.

신선한 잎

베르가모트의 모든 재배종들은
각기 다른 색상의 꽃과 약간씩 다른 향을 지니지만,
사용 방법은 모두 동일하다.

조리법

또한 베르가모트 식물은 '오스위고 티(Oswego tea)'라고도 한다. 그 이름은 유럽에서 온 초기 개척자들이 뉴욕주 온타리오호 근처의 오스위고 계곡(Oswego valley)에 살던 인디언 원주민들로부터 베르가모트 식물을 티로 우려내 먹는 문화를 수용한 데서 유래되었다. 신선하거나 또는 건조시킨 꽃이나 잎을 소량으로 홍차, 레모네이드, 여름철 음료인 쿨러(cooler)(증류주나 와인에 레몬 등과 함께 얼음을 띄운 칵테일) 등에 넣으면 은은한 향이 맛을 더해 준다.

베르가모트살사(Bergamot salsa)

베르가모트 잎, 파슬리, 오렌지를 잘게 다져서 만든 살사이다. 돼지고기 케밥, 생선구이 등과 함께 먹으면 향미를 더해 준다.

향미의 페어링 

· 잘 맞는 재료

사과, 닭고기, 감귤류, 오리고기, 키위, 멜론, 파파야, 돼지고기, 딸기, 토마토.

· 잘 결합하는 허브 및 향신료

차이브(골파), 크레스, 딜, 펜넬, 마늘, 레몬밤, 민트, 파슬리, 로즈메리, 타임.

그 밖의 베르가모트

와일드베르가모트(*M. fistulosa*)는 '호스민트(horsemint)'로도 알려져 있다. 재배종보다 외형이 다소 떨어지지만 더 강하고 거친 향을 지니고 있기 때문에 매우 소량씩 사용한다. 또 다른 품종인 멘티폴리아(*M. f.* var. *menthifolia*)는 향미가 오레가노와 비슷하여 미국 서남부 지역에서는 종종 오레가노를 대신 하여 사용한다.

테이스팅 노트

다진 새잎에서는 신선하면서도 지속적인 레몬 향과 함께 부드러운 레몬민트(lemon mint) 향미가 난다. 은은한 향이 매우 훌륭하고, 레몬버베나와 레몬그라스와 같이 톡 쏘는 느낌은 없다.

사용 부위

잎(신선하거나 건조시킨 것).

구입 및 보관

씨와 묘목은 허브 종묘점에서 구입할 수 있다. 신선한 잎은 비닐 백에 넣으면 냉장고의 야채실에서 3~4일간 보관할 수 있다. 잎을 건조시킬 때는 줄기를 단으로 묶어서 통풍이 잘되고 어두운 장소에 매달아 둔다. 완전히 건조되면 갈아서 가루로 만든 뒤 밀폐 용기에 넣어 보관한다. 일반적으로 건조시킨 잎은 향이 5~6개월간 지속된다.

재배 방법

레몬밤은 씨를 뿌리거나 봄이나 가을에 뿌리줄기를 잘라 꺾꽂이하면 쉽게 재배할 수 있다. 개화기가 지나면 솎아 주기를 하여 새로운 성장을 촉진시키는 것이 좋다. 레몬밤은 가만히 두면 왕성하게 자라면서 옆으로 퍼진다. 잎은 무성해지기 전에 수확한다.

향미의 페어링

· 잘 맞는 재료

사과, 살구, 당근, 화이트치즈, 닭고기, 호박, 달걀, 무화과, 생선, 멜론, 버섯, 천도복숭아.

· 잘 결합하는 허브 및 향신료

베르가모트, 처빌, 차이브(골파), 딜, 펜넬, 진저(생강), 민트, 피슬리, 스위트시슬리, 한련(nasturtium).

레몬밤(Lemon Balm)

Melissa officinalis

레몬밤은 꿀풀과의 여러해살이식물로서 남유럽과 서아시아가 원산지이다. 오늘날에는 전 세계의 온대 지역에서 광범위하게 재배되고 있다. 가장자리가 주름지면서 톱니 같은 모양의 잎이 자라는 가운데 흰색과 노란색의 꽃이 조그맣게 핀다. 사람의 눈길을 끄는 식물은 아니지만, 정원에 자리를 잡은 채 상쾌한 레몬 향을 풍겨 꿀벌들에게는 인기가 매우 좋은 식물이다.

조리법

레몬밤은 주로 신선한 잎이나 건조시킨 잎으로 허브티로 만들어 우려내 마신다. 이 허브티는 마음을 진정시키고 기분을 가라앉히는 효능이 있다. 특히 신선한 잎은 여름철의 쿨러와 스무디 등 다양한 음료에 넣어 먹는다.

신선한 잎에서는 마치 레몬과 민트를 연상시키는 싱그러운 향이 강하게 나기 때문에 생선이나 가금류의 요리에 사용하는 소스, 소, 마리네이드, 살사에 넣으면 향미를 보완해 준다. 새잎을 잘게 찢어 그린샐러드와 토마토 샐러드에 넣거나, 잘게 다진 뒤 야채찜이나 야채볶음에 뿌리거나 쌀이나 찧은 밀가루에 넣어도 좋다. 또한 레몬밤은 맛과 향이 미묘한 허브 버터와 향미 식초의 재료로도 사용된다. 싱그러운 향미는 과일 디저트와 크림, 케이크에도 잘 어울린다. 진하게 우린 레몬밤 허브티는 단맛이 향긋하고 매우 훌륭하여 셔벗의 기본 원료로도 사용된다.

신선한 잎

은은한 향을 내려면 신선한 잎을 풍부히 사용해야 한다. 레몬밤의 한 종으로서 얼룩덜룩한 형태를 지닌 오레아종(*M. o.* 'Aurea')도 사용된다.

베트나미즈밤(Vietnamese balm)/향유

Elsholtzia ciliata

베트나미즈밤은 따뜻한 동아시아와 중앙아시아가 원산지이다. 베트남어로 '라우낀지오이(rau kinh gio'i)'라고도 한다. 연녹색 톱니 모양의 잎과 라벤더색의 꽃이삭이 달린다. 매우 무성하게 자라는 식물이다. 레몬밤과 약간 비슷한 향이 있지만, 품종이 완전히 다르다. 유럽에서는 주로 독일에서, 아메리카 대륙에서는 베트남인들이 거주하는 지역에서 주로 재배되고 있다. 씨가 자연스럽게 바람에 날려가 야생화되었는데, 오늘날에는 유럽과 북아메리카 지역에서 자생하고 있다.

조리법

베트나미즈밤은 야채, 달걀, 생선 요리에 향을 내거나, 국수, 쌀과 함께 수프를 만드는 데 사용된다. 수많은 베트남 요리에서는 큰 접시에 담긴 허브들이 나오는데, 이때 베트나미즈밤은 빠질 수 없는 요소이다. 태국에서는 야채 상태로 조리되는 경우가 많다.

신선한 잎

동남아시아에서는 식재료 외에 약초로도 오랫동안 사용되어 왔다. 반면 서양에서는 지금도 식재료로 사용되지 않는다.

테이스팅 노트

베트나미즈밤은 꽃 향을 기조로 깔금한 레몬 향이 난다. 맛은 레몬밤과 비슷하지만 더 진하여 레몬그라스에 더 가깝다. 만약 베트나미즈밤을 구입할 수 없다면, 레몬밤과 레몬그라스를 섞어서 사용할수 있다.

사용 부위

잎(신선한), 여린 줄기.

구입 및 보관

베트나미즈밤은 동남아시아의 레스토랑에 허브를 공급하는 종묘점에서 주로 재배되고 있다. 아시아의 식품점에서는 판매되지만, 유럽과 북미에서는 아직은 구하기가 어렵다. 잎은 비닐 백에 넣으면 냉장고의 야채실에서 3~4일간 보관할 수 있다.

재배 방법

베트나미즈밤은 원래 여러해살이식물이지만, 오늘날에는 종종 한해살이식물로 재배된다. 서리가 내리는 시기가 지나면 야외에서도 씨를 뿌려 재배할 수 있다. 특히 온난다습한 환경에서는 매우 무성하게 자란다. 동양계 식품점에서 구입한 줄기는 물에 세워 두면 뿌리가 돋아난다. 가을에 꺾꽂이한 것을 따뜻한 장소로 옮기면 뿌리를 내리면서 성장한다. 잎은 봄부터 초가을까지 수확할 수 있다.

향미의 페어링

· 잘 맞는 재료

가지, 상추, 오이, 버섯, 파, 해산물, 스타프루트(starfruit).

· 잘 결합하는 허브 및 향신료

코리앤더, 칠리, 아시아 바질, 걸랭걸(양강근), 마늘, 민트, 퍼릴러(들깨), 타마린드.

테이스팅 노트

레몬버베나는 레몬의 향이 매우 강하고 신선하게 풍기는 것이 특징이다. 향미는 그 향기대로 레몬보다도 훨씬 더 자극적이지만 신맛은 오히려 약하다. 잎은 조리하면 더욱더 좋은 향을 즐길 수 있다. 건조시킨 잎의 향은 약 1년 정도 이어진다.

사용 부위

잎(신선하거나 건조시킨 것).

구입 및 보관

레몬버베나의 묘목은 일반 허브 종묘점에서 구입할 수 있다. 갓 딴 잎은 냉장고에서는 1~2일간, 물이 담긴 유리잔에서는 1일간 보관할 수 있다. 잘게 다져서 작은 접시에 담거나 아이스큐브트레이에 넣어 냉동 보관해도 된다. 건조시킬 경우에는 통풍이 잘되는 어두운 장소에서 단으로 묶어서 매달아 둔다. 이렇게 건조된 잎은 훌륭한 허브티가 되는데, '버베인(verveine)'이라고 한다.

재배 방법

레몬버베나는 햇볕이 들고 배수가 좋은 토양에서 잘 자란다. 정기적으로 잘라 솎아 주면 성장을 촉진시켜 무성하게 자라게 할 수 있다. 약해진 줄기는 가을에 짧게 자른다. 서리에 대한 저항력이 없어 겨울에는 잎이 자연적으로 떨어진다. 따라서 화분에서 재배하면서 겨울에는 실내로 옮겨 준다. 잎은 생육 기간 내내 수확할 수 있다.

향미의 페어링

· 잘 맞는 재료

살구, 당근, 닭고기, 애호박, 생선, 버섯, 쌀.

· 잘 결합하는 허브 및 향신료

바질, 칠리, 차이브(골파), 코리앤더, 민트, 마늘, 레몬타임(lemon thyme).

레몬버베나(Lemon verbena)

Aloysia citriodora

레몬버베나는 칠레와 아르헨티나가 원산지인 식물이다. 스페인 사람들에 의해 유럽으로, 그리고 18세기에는 뉴잉글랜드의 선장에 의해 북아메리카로 전파되었다. 프랑스에서는 화장품 전문업체가 그 아로마 오일에 주목하였다. 약 100년 전에는 관상용 원예 식물로 널리 재배되었는데, 순수한 레몬 향이 물씬 풍기는 레몬버베나의 정원은 수많은 사람들을 매료시켰다.

조리법

레몬버베나는 썰어서 생선, 닭, 오리 등의 속에 채우거나 마리네이드에 사용한다. 강하고 깔끔한 맛은 돼지고기나 오리의 비계 외에도 야채수프와 볶음밥과도 잘 맞는다. 디저트와 음료에 향미를 더할 수도 있다. 과일 조림용 시럽에 줄기를 넣거나 과일 샐러드와 타르트용으로 잘게 다져서 생크림에 넣고 신선한 향의 아이스크림을 만들어도 좋다. 레몬버베나와 비슷한 코서르트(Koseret, *Lippia adoensis*)의 잎은 에티오피아에서 약초로 널리 사용된다.

신선한 잎

잎은 아이스티나 여름철의 쿨러 음료에 넣거나, 건조시켜 허브티를 만들기도 한다. 레몬버베나는 기분을 좋게 하는 최고의 허브티로 알려져 있다.

사사프라스(Sassafras)

Sassafras albidum

사사프라스는 향이 매우 훌륭한 관상식물로서 메인주에서 플로리다주에 이르는 미국 동부 지역이 원산지이다. 미국 원주민들이 초기 개척자들에게 사사프라스나무의 목피, 뿌리, 잎으로 허브티를 우려내 마시는 방법을 알려 주었다. 루이지애나에 정착한 프랑스계 캐나다인들은 촉토족(Choctaw)으로부터 사사프라스 잎을 말려서 가루로 만들어 요리의 향미를 더하고, 스튜에 걸쭉함을 증가시키는 방법을 배웠다. 특히 뿌리는 무알콜 탄산음료인 루트비어(root beer)의 주재료로 사용되었다.

조리법

사사프라스 잎을 가루로 낸 향신료인 필레파우더(Filé powder)는 '굼보필레(gumbo file)'라고도 하는데, 루이지애나 지방의 요리에서만 사용된다. 그리고 사사프라스 잎은 수많은 케이준(Cajun)식 요리와 크리오요(creole) 음식의 수프와 스튜에 독특한 식감과 맛을 내는 데 중요한 역할을 한다. 특히 다양한 야채와 해산물, 육류가 들어간 영양가 높고 매콤한 수프인 굼보(gumbo)에 사용되어 쌀밥과 함께 제공된다. 냄비를 불에서 내릴 때 넣어서 저어 주면 열로 인해 조직이 파괴되면서 필레가 끈적끈적해져 요리에 걸쭉함을 준다. 필레파우더의 일부 상품에는 사사프라스 분말 외에도 쌀, 오레가노, 세이지, 타임 등의 다른 허브 가루도 들어 있다.

건조시킨 잎

단풍이 인상적인 큰 잎은 하나의 줄기에 1~2장 또는 3장이 매달려 있다.

레파우더

레파우더는 루이지애나
산 요리의 풍부한 식감을
아내는 데 필수적인 재료이다.
한 토핑이나 조미료로도 사용된다.

테이스팅 노트 

새잎은 시트러스 및 펜넬과도 같은 향이 나고, 뿌리는 장뇌와 비슷한 향이 난다. 필레파우더는 약간 산미가 있고 목재 향이 나면서 레몬 향미를 풍기는 소렐과 비슷하다. 살짝 데치면 맛과 향은 더욱더 좋아진다.

사용 부위 

잎, 뿌리.

구입 및 보관 

자연 상태에서는 발암 물질인 사프롤(safrole)이 함유되어 있어서 생사사프라스는 식재료로 사용하지 않는다. 오늘날에는 상업적으로 판매 및 사용하기에 앞서 뿌리껍질과 잎으로부터 사프롤을 제거하는 과정을 거친다. 상점에서는 필레파우더, 사사프라스 티 또는 농축티에서 '사프롤 프리(safrole free)'라고 표시된 것만 구입한다. 필레파우더는 6개월, 사사프라스 티는 1년 이상 보관할 수 있다.

재배 방법 

사사프라스나무는 대부분이 야생에서 자생한다. 오직 어린나무만 옮겨 심을 수 있다. 오랫동안 토양에 정착한 것은 원뿌리가 깊게 뻗어나 있어 옮겨심기가 쉽지 않다. 상업적으로 판매되는 필레파우더는 봄에 잎을 수확하여 건조시킨 뒤 가루로 만든 것이다.

호튜니아(Houttuynia)/어성초

Houttuynia cordata

물을 좋아하는 이 여러해살이식물은 서양 요리에서는 허브로서 평가되지 않지만, 동남아시아에서는 매우 인기가 높은 허브이다. 원산지는 일본이지만, 오늘날 동아시아의 곳곳에서 자생하고 있다. 일반적으로 요리에 사용되는 것은 진한 녹색의 잎을 지닌 품종이지만, 녹색, 빨강, 분홍색, 노란색의 잎을 지닌 카멜레온 품종(*H. c.* 'Chameleon')도 사용할 수 있다. 베트남에서는 이 식물을 '라우디엡까(rau diep ca)'라고 하고, 서양에서는 '뱁카(vap ca)'라고 한다.

조리법

일본에서는 호튜니아(어성초)를 야채가 아닌 허브로써 생선이나 돼지고기조림 등에 사용한다. 베트남에서는 인기가 매우 좋은데, 잎을 잘게 다져 생선이나 닭고기와 함께 찌거나 맑은 동양식 수프에 넣는다. 신선한 야채로 먹거나, 소고기와 오리고기에 곁들여도 좋다. 그리고 다른 야채와 함께 얼얼하게 매운 소스인 남쁘릭(Nam phrik)에 찍어 먹거나 샐러드에 넣어 먹어도 된다. 이때 샐러드에는 상추, 민트, 한련의 새잎과 꽃을 함께 사용한다. 이외에도 야채볶음이나 해산물 요리에, 또는 생선 수프에도 사용할 수 있다. 구입할 수 없을 경우에는 코리앤더, 라우람, 쿨란트로(culantro)를 대신 사용해도 좋다.

테이스팅 노트

가루를 낸 잎은 코리앤더와 시트러스계의 향이 나지만, 가끔 독특한 생선 냄새도 난다. 약간의 신맛과 떫은맛이 있어 라우람과 코리앤더와 향미가 비슷하지만, 기저에 생선 냄새가 나기 때문에 '피시플랜트(fish plant)', '베트나미즈피시민트(Vietnamese fish mint)'라고도 한다. 일부는 조악한 냄새가 나는 것도 있지만, 대부분은 톡 쏘는 듯한 기분 좋은 향이 난다. 호불호가 확연히 갈라지는 허브이다.

사용 부위

신선한 잎.

구입 및 보관

묘목은 종묘점이나 원예용품점에서 쉽게 구입할 수 있다. 분말 상품은 구입하기 전에 반드시 냄새를 맡아 본다. 잎은 비닐 백에 넣으면 냉장고의 야채실에서 2~3일간 보관할 수 있다.

재배 방법

호튜니아(어성초)는 습지와 연못, 시냇가의 얕은 개울에서 잘 자라고, 성장력이 강하여 무성하게 자라면서 뻗어나는 경우도 많다. 얼룩덜룩한 품종을 재배할 경우에는 잎의 색상이 선명해지도록 햇볕이 잘 드는 곳에 심는다. 잎은 봄부터 가을까지 수확할 수 있다. 하트 모양의 잎과 작고 흰색의 꽃은 예쁠 뿐만 아니라 환경에 대한 저항력도 매우 뛰어나다.

향미의 페어링

· 잘 결합하는 허브 및 향신료

칠리, 크레스, 걸랭걸(양강근), 마늘, 진저(생강), 레몬그라스, 민트.

신선한 잎

저패니즈호튜니아(Japanese Houttuynia)는 상큼한 오렌지와 코리앤더의 향이 나며, 치이니즈호튜니아(Chinese Houttuynia)는 다소 역겨운 냄새가 난다. 카멜레온 품종은 울긋불긋한 색상이 매우 인상적이다(오른쪽 사진).

라이스패디허브(Rice paddy herb) /소엽풀

Limnophila aromatica

라이스패디허브는 열대 아시아가 원산지인 한해살이풀이다. 오늘날 미국에서는 베트남인들이 거주하는 지역이나 종묘점에서 구입할 수 있다. 유럽에는 아직 널리 보급되지 않았다. 아시아계 이민자들이 1970~80년대에 미국에 들여왔는데, 베트남인들 사이에서는 '라우옴(Rau om)' 또는 '응오옴(Ngò om)'이라고도 한다. 모든 사람이 좋아할 만한 향과 함께 널리 알려질 것으로 기대된다.

조리법

베트남인들은 이 허브의 열성적인 소비자들이다. 잘게 썰어 야채와 함께 곁들이거나 사워수프에 넣어 손님에게 제공한다. 생선 요리 외에도 수많은 베트남 고기 요리에 등장하는 허브 접시에도 꼭 포함된다. 또한 민물고기와도 페어링이 좋다. 태국 북부에서는 발효 생선, 칠리 소스와 함께 손님에게 제공되고, 코코넛밀크로 만든 커리에도 들어간다. 또한 잘게 다져서 콩이나 렌틸콩 요리의 드레싱에 사용하거나 볶음 요리의 완성 직전에 넣기도 한다. 신선한 상태로 또는 살짝 데쳐서 사용한다.

신선한 잎

이 작은 덩굴 허브는 3개의 긴 잎이 굵은 줄기를 에워싸고 있는 것이 큰 특징이다.

테이스팅 노트

아주 매혹적인 꽃과 시트러스계의 향이 나면서 사향과 비슷한 향이 난다. 조금 톡 쏘는 듯한 커민과 같은 흙 향도 있다. 매우 섬세하고 향긋한 허브이다.

사용 부위

신선한 새싹과 잎.

구입 및 보관

묘목은 허브 종묘점에서 구입할 수 있다. 잎이 달린 줄기를 비닐 백에 넣으면 냉장고의 야채실에서 며칠 동안 보관할 수 있다.

재배 방법

라이스패디허브(소엽풀)는 길고 연두색의 잎을 지니고 라일락색의 꽃을 피우는 약간 못생긴 여러해살이식물이다. 동남아시아에서는 연못 곳곳에서 자생하고, 심지어 물을 댄 논에서도 재배된다. 깊이 몇 센티미터의 물에서 햇볕이 들거나 그늘이 반나절 정도 지는 곳에서 잘 자란다. 여러해살이식물이지만 서리에 노출되지 않도록 보호해야 한다. 잎은 생육 기간 내내 수확할 수 있다.

향미의 페어링

· 잘 맞는 재료

코코넛밀크, 해산물, 라임주스, 국수, 쌀, 녹황색 채소, 뿌리채소류, 샬롯(shallot).

· 잘 결합하는 허브 및 향신료

칠리, 코리앤더, 레몬그라스, 걸랭걸(양강근), 타마린드.

소렐(Sorrel)/수영

Rumex acetosa, R. scutatus

소렐(수영)은 마디풀과의 여러해살이식물로서 유럽과 서아시아가 원산지이다. 일반 가정의 정원에서 재배할 만한 가치가 충분히 있는 허브이다. 가장 일반적인 품종은 가든소렐(일명 수영)이다. '프렌치소렐(French sorrel)'이라고도 하는 '버클러리프소렐(buckler leaf sorrel, *R. scutatus*)'은 그보다 향미가 더욱더 섬세하다. 같은 과로 떫은맛이 특징인 '블루디독(bloody dock, *R. sanguineus*)'은 독특한 잎줄기에 호리호리한 잎이 나 있다. 소렐(수영)은 고대로부터 지금까지 진미에 신맛을 더해 주는 식재료로 높이 평가되어 왔다.

조리법

소렐(수영)은 비타민 A, C 외에도 신맛의 근원인 옥살산도 다량으로 함유하고 있다. 다른 식재료와 함께 사용하는 것이 가장 좋다. 감자 수프에 잘 맞고, 시금치와도 절묘한 조화를 이루어 우크라이나의 보르시치(borscht)(수프의 일종)에 넣어도 좋다. 버터, 육수, 생크림과 함께 섞어 사용하면, 생선 요리를 위한 진미 소스를 만들 수 있다.

가든소렐(Garden sorrel) *R. acetosa*

소렐의 잎은 봄에 싹을 돋기 시작한 뒤부터 겨울에 시들 때까지 수확할 수 있다. 잎을 많이 딸수록 더욱더 무성하게 자란다.

테이스팅 노트

소렐에는 향이 없다. 가든소렐의 맛은 기분이 맑아지는 산미와 매운맛이 있는 것에서부터, 쓴 것에 이르기까지 매우 다양하다. 큰 잎은 약간 쓴맛이 있는데, 그 식감은 시금치와 비슷하다. 버클러리프소렐은 맛이 더 부드러우면서 레몬 맛이 더 나고, 다육성의 향미도 풍부하다.

사용 부위

잎(신선한것).

구입 및 보관

소렐(수영)은 금방 시들기 때문에 식료품점에서는 좀처럼 볼 수 없다. 잎을 갓 딴 뒤 1~2일 내에 사용하는 것이 좋다. 냉동할 때는 줄기를 제거한 뒤 잎을 살짝 찌거나 소량의 버터를 넣고 가열한 뒤에 작은 용기에 담아 얼린다. 버터를 사용하는 이유는 가열하면서 색상이 바래는 것을 막아 주기 때문이다.

재배 방법

가든소렐은 비옥하고 수분이 많은 토양에서 일부 또는 다소 그늘진 장소이면 더욱더 잘 자란다. 버클러리프소렐은 보다 더 건조하고 따뜻한 장소를 좋아한다. 모두 내한성의 여러해살이식물로서 씨를 뿌려도 쉽게 재배할 수 있다. 어느 정도 성장한 가을철에는 줄기를 떼어 꺾꽂이할 수 있다. 씨를 맺는 기간이 매우 짧기 때문에 잎의 성장을 촉진하기 위해서는 꽃이 피면 곧바로 따야 한다.

향미의 페어링

· 잘 맞는 재료

닭고기, 오이, 달걀, 생선(특히 연어), 렌틸콩, 상추, 홍합, 돼지고기, 시금치, 토마토, 송아지, 리크(leek), 워터크레스(watercress)(물냉이),

· 잘 결합하는 허브 및 향신료

처빌, 차이브(골파), 딜, 러비지, 피슬리, 타라곤, 보리지(borage).

아가스타슈류(Agastache)

Agastache species

아가스타슈류(배향초류)는 꿀풀과의 여러해살이식물로서 내한성이 강하고 외관도 아름답다. 그중 아니스히솝(Anise hyssop, *A. foeniculum*)은 북아메리카가 원산지이다. 그리고 한국이 원산지인 코리언민트(Korean mint, *A. rugosa*)는 요리인들이 가장 주목해야 할 만한 허브이다. 한국에서는 이 허브를 '방아풀', '배향초'라고도 한다. 또 멕시코가 원산지인 멕시컨자이언트히솝(Mexican giant hyssop, *A. mexicana*)은 주로 허브티로 우려내 마신다.

조리법

아니스히솝과 코리언민트는 주방에서 대용할 수 있는 식재료이다. 허브티나 여름철 음료에 아니스와 비슷한 방식으로 광범위하게 사용할 수 있다. 해산물 요리의 마리네이드에 사용하거나 잘게 다져 쌀밥에 올리거나 닭고기와 돼지고기의 요리에 넣어도 좋다.

천연의 단맛은 사탕무, 당근, 호박, 고구마 등의 단맛을 보강한다. 또한 그린빈, 애호박, 토마토와도 향미가 잘 맞는다. 장식용으로 사용하거나 잘게 다진 잎을 요리의 마지막에 넣어 섞기도 한다. 여러 장의 잎을 샐러드에 넣으면 아니스 향이 은은하게 감돈다. 여름철 허브와 섞어 팬케이크의 반죽이나 오믈렛에 넣거나, 올리브유, 갓 구운 신선한 빵가루, 마늘과 함께 넣어 파스타용 허브 소스를 만들기도 한다.

아가스타슈류는 살구, 블루베리, 복숭아, 서양배, 자두, 라즈베리 등의 여름철 과일과 매우 잘 어울린다. 작은 병에 잎과 꽃을 넣고 벌꿀을 부은 뒤 1개월을 보관하면 맛과 향이 훌륭한 아가스타슈꿀이 완성된다.

신선한 잎

아니스히솝은 '리코리스민트(liquorice mint)'라고도 한다. 회녹색을 띠고 삼각형의 잎은 곧게 뻗어나면서 줄기에서 분기한다. 라일락색의 꽃차례는 보라색을 띠면서 늦여름에 꿀벌을 유혹한다.

꽃

아니스히솝은 아니스의 향이 나고 꽃이 히솝과 닮았지만, 서로 다른 종에 속한다.

테이스팅 노트

아니스히솝은 아니스의 달콤한 향과 맛이 있다. 이 천연의 단맛은 아니스의 성분으로 인한 것이다. 코리언민트는 향이 유칼립투스나 민트와 비슷하고, 맛은 길게 이어지면서 뒷맛을 남기는 것은 아니스히솝과 비슷하다.

사용 부위

잎(신선한 것), 꽃(장식용).

구입 및 보관

묘목은 전문 종묘집에서 구입할 수 있다. 잎은 매우 튼실하여 비닐 백에 넣으면 냉장고의 야채실에서 4~5일간 보관할 수 있다. 이때 잎은 신선한 상태로 사용하는 것이 가장 좋다. 잎은 티로 우려내 먹을 경우에만 건조시킨다.

재배 방법

아니스히솝과 코리언민트는 배수가 잘되는 토양에서 햇볕이 잘 들고 바람막이로 보호되는 장소에서 잘 자란다. 모두 씨를 뿌려 재배할 수 있다. 파종한 뒤 2~3년 뒤에 꺾꽂이하여 심을 수 있다. 씨가 맺도록 꽃을 일부 남긴 경우에는 씨가 자연스럽게 땅에 떨어지면서 새싹이 돋아난다. 새로운 개체는 그해의 늦은 하반기 무렵에 볼 수 있다. 새잎은 생육 기간 내내 수확할 수 있고, 향은 꽃이 피기 전에 가장 강하다.

향미의 페어링

· 잘 맞는 재료

그린빈, 뿌리채소, 애호박, 호박, 토마토, 베리류, 복숭아, 매실 등의 핵과.

· 잘 결합하는 허브 및 향신료

바질, 베르가모트, 처빌, 마조람, 민트마리골드, 파슬리, 샐러드버넷, 타라곤.

테이스팅 노트

처빌은 달콤한 향이 난다. 산뜻한 아니스 향이 나고, 파슬리, 캐러웨이, 페퍼의 향이 희미하게 풍겨 맛이 매우 섬세하다.

사용 부위

잎(신선한 것), 꽃(장식용).

구입 및 보관

봄에는 슈퍼마켓에서 화분에 담긴 처빌을 구입할 수 있다. 처빌은 장기간 보관할 수 있는 허브가 아니다. 비닐 백에 넣거나 페이퍼타월에 싸면 냉장고의 야채실에서 2~3일간 보관할 수 있다. 잘게 채로 썰어 작은 용기에 넣어 냉동시키면 3~4개월간 보관할 수 있다. 처빌버터(chervil butter)는 냉동 보관할 수 있다. 반면 건조시킨 처빌은 향미가 거의 없어 구입할 가치가 없다.

재배 방법

처빌은 씨를 심어 쉽게 재배할 수 있다. 그늘이 반나절 정도 지고 비옥하면서 습기 있는 토양에서는 잘 자란다. 옮겨심기는 생육에 좋지 않다. 서늘한 기온에서 잘 자라기 때문에 여름철에는 그늘을 만들어 주는 키 큰 식물 사이에 씨를 뿌린다. 겨울철이 끝날 무렵에 씨를 처음 뿌린 뒤 3~4주의 간격으로 씨를 계속 뿌려 주면 잎을 지속적으로 수확할 수 있다. 잎이 분홍색이나 노란색으로 변한 것은 더 이상 신선한 향미가 나지 않는다.

처빌(Chervil)

Anthrisus cerefolium

처빌은 러시아 남부 코카서스와 유럽 남동부가 원산지이다. 북유럽으로는 고대 로마인들이 전파했을 것으로 보고 있다. 새로운 생명의 전통적인 상징인 처빌이 시장에 나오면 봄이 왔다는 신호이다. 프랑스, 독일, 네덜란드에서는 봄이면 처빌 소스와 수프가 레스토랑의 메뉴에 항상 등장한다. 처빌은 레스토랑에서 음식의 장식용으로 자주 사용되지만, 일반 가정 요리에도 광범위하게 사용되고 있다.

신선한 잎

처빌은 성장 속도가 빨라 씨를 뿌린 뒤 6~8주 만에 잎을 수확할 수 있다. 단 수명이 짧기 때문에 꽃이 피면 요리에는 적합하지 않다. 꽃이 달린 줄기를 잘라서 자주 솎아 주면 잎이 항상 새롭게 자란다.

조리법

처빌은 프랑스 요리에서 결코 빼놓을 수 없는 허브이다. 차이브(골파), 파슬리, 타라곤과 함께 전통 혼합 허브인 '핀제르브'에 사용된다. 또는 처빌만 달걀에 넣고 휘저어 오믈렛이나 스크렘블드에그(scrambled eggs)를 만들기도 한다. 네덜란드와 벨기에에서는 감자와 샬롯을 주원료로, 또는 맛을 더 풍부하게 내기 위해 생크림과 달걀 노른자위를 사용하여 처빌 수프를 만드는 오랜 전통이 있다.

처빌은 콩소메(consommé)와도 잘 어울리고, 생선, 닭 및 오리고기, 야채와 함께 제공되는 소스인 비네그레트(vinaigrette sauce)와 버터 및 크림소스에도 매우 섬세한 향미를 더해 준다. 샐러드에 곁들여도 훌륭하고, 따뜻한 감자 샐러드나 비트 샐러드에 샬롯이나 차이브(골파)와 함께 넣어 먹어도 좋다. 처빌은 종종 타라곤과 함께 프랑스 전통 스테이크 소스인 베어네이즈(béarnaise)에도 사용된다.

또한 처빌은 독일의 프랑크푸르트식 소스인 그뤼네조세(Grüne Soße)에서도 향미를 맛볼 수 있다. 그뤼네조세는 7종류의 허브로 만드는 독일식 봄철 소스이다. 처빌은 본래 다른 허브의 향미도 살리기 위해 소량으로 사용하는 것이 일반적이지만, 처빌만 사용하는 경우도 있다. 처빌을 야채 위로 다량으로 흩어 뿌리거나 뜨거운 요리에서는 열로 인해 향미가 사라지지 않도록 조리의 마지막 단계에 넣어 섞는다. 컬리처빌(curly chervil, *A. c. crispum*)은 플랫리프트(flat leafed) 품종과 동일한 특징을 지니고 있다.

향미의 페어링

· 필수적인 사용

핀제르브.

· 잘 맞는 재료

아스파라거스, 누에콩, 그린빈, 사탕무, 당근, 생크림치즈, 달걀, 펜넬, 해산물, 상추, 버섯, 완두콩, 토마토, 감자, 송아지, 닭, 오리 등의 육류.

· 잘 결합하는 허브 및 향신료

바질, 차이브(골파), 크레스, 딜, 히솝, 레몬타임, 머스터드, 파슬리, 샐러드버넷, 타라곤.

핀제르브(Fines herbes)

달걀, 생선, 닭이나 오리 등의 육류 요리에 사용되는 프랑스 전통의 혼합 허브는 처빌, 차이브(골파), 파슬리, 타라곤을 한데 모은 것이다 (조리법 266쪽).

테이스팅 노트

잎은 소나무, 아니스, 리코리스의 냄새가 나면서, 달콤한 향이 풍긴다. 향미는 강하면서도 섬세하다. 알싸한 아니스와 바질의 향이 어울려 뒷맛이 은은하면서도 달콤하다. 장시간 조리하여도 향은 날아가지만 맛은 사라지지 않는다.

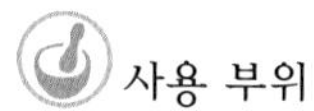

사용 부위

잎(신선한 것), 줄기.

구입 및 보관

슈퍼마켓에서 화분에 심긴 타라곤을 구입할 수도 있지만, 소량씩 판매하는 줄기를 구입해 직접 재배하여도 된다. 새싹은 비닐 백에 넣으면 냉장고의 야채실에서 4~5일간 보관할 수 있다. 줄기를 건조시킬 경우에는 어둡고 통풍이 잘되는 장소에서 매달아 둔다. 그러면 향은 거의 다 사라진다. 만약 잎을 통째로 또는 잘게 썰어서 냉동 보관하면 향을 유지하면서 보관할 수 있다.

재배 방법

프렌치타라곤은 꺾꽂잇법으로, 또는 봄에 잘 부러지는 하얀 땅속줄기를 잘라 포기나누기로 증식시킨다. 이 작업은 향미를 고르게 유지하기 위하여 3년마다 반복한다. 더 튼실한 러시안타라곤은 씨를 뿌려서 재배할 수 있다. 타라곤은 햇빛이 충분하고 비옥하고 건조시킨 토양에서 잘 자란다. 프렌치타라곤은 뿌리가 땅속에 충분히 정착할 때까지 서리에 노출되지 않도록 보호해야 한다.

타라곤(Tarragon)

Artemisia dracunculus

타라곤은 시베리아와 서아시아가 원산지로서 중세 스페인을 지배하였던 아랍인들이 처음으로 유럽으로 전파하였다. 16세기에서 17세기에 걸쳐서 프랑스의 전통 요리가 발전하면서 일반 가정의 주방에서도 사용하게 되었다. 일반적으로 가장 많이 재배되는 품종은 품질이 떨어지는 러시아 재배종과 구별하여 보통 '프렌치타라곤(독일에서는 게르만타라곤)'이라고 한다.

프렌치타라곤(French tarragon) *A d.* var. *sativa*

프렌치타라곤의 잎은 연녹색을 띠고 있어 요리의 식재료로 사용하기에 훌륭하다. 잎은 필요할 경우에 언제든지 수확할 수 있다. 한여름에 잎을 건조시킬 때는 줄기 전체를 제거한다.

조리법

타라곤은 프랑스 요리에서 빼놓을 수 없는 재료로서 생선, 닭, 오리 등 육류와 달걀 요리에 사용된다. 소량으로 사용하면 기분 좋은 깊은 향미를 그린샐러드에 더해준다. 육류와 사냥 고기의 마리네이드에도 잘 어울리며, 올리브유에 담긴 고트치즈와 페타치즈(모두 염소 치즈)에는 맛과 향을 더해 준다. 또한 줄기는 통째로 생선 밑에 깔거나 닭고기와 토끼를 오븐에 구울 때에도 사용할 수 있다. 특히 '타라곤치킨(taragon chicken)'은 거의 모든 프랑스 요리의 목록에 등장한다.

또한 타라곤은 허브 식초에 다용도로 사용되며, 종종 머스터드와 버터에도 사용된다. 이들은 버섯, 아티초크, 여름철 야채로 만드는 프랑스식 스튜인 '라구(ragout)'에 신선한 허브 향을 더해 준다. 토마토와 함께 사용하면, 바질만큼 좋은 페어링을 이룬다. 타라곤을 적당히 사용하면 다른 허브의 향미도 확장된다.

생선용 부케가니

서서히 조리하는 생선 요리에 넣는 부케가니이다. 타라곤, 타임, 파슬리, 길게 썬 레몬의 껍질로 구성되어 있다(조리법 266쪽).

향미의 페어링 

· 필수적인 사용

핀제르브와 유사한 혼합 허브, 베어네이즈, 타타르 소스, 프랑스 화이트 소스의 일종인 라비고트(Ravigote).

· 잘 맞는 재료

아티초크, 아스파라거스, 애호박, 달걀, 해산물, 감자, 닭 및 오리 등의 육류, 서양우엉, 토마토.

· 잘 결합하는 허브 및 향신료

바질, 베이리프, 케이퍼, 처빌, 차이브(골파), 딜, 파슬리, 샐러드 허브류.

그 밖의 타라곤

러시안타라곤

(Russian tarragon, *A. d.* var. *inodora*) 또는 일반 타라곤(*A. dracunculus*)에서도 색상이 밝고 외모가 거친 것은 쓴맛이 있어 식용으로 사용하지 않는 것이 좋다. 타라곤의 묘목을 구입할 경우에는 라벨에 '프렌치타라곤'이라는 표시가 있는지 확인한다. 품종이 표시되지 않은 것은 러시안타라곤일 가능성이 있다.

멕시컨타라곤

(Mexican tarragon, *T. lucida*)은 사실 마리골드의 한 종류인 민트마리골드(29쪽)의 다른 이름이다. 맛은 타라곤과 비슷하지만, 리코리스(감초)의 향이 훨씬 더 강하다.

딜(Dill)

Anethum graveolens

딜은 러시아 남부, 서아시아 동부, 지중해 지역이 원산지인 한해살이식물이다. 딜은 깃털과 같이 부드러운 잎과 씨를 위해 널리 재배되고 있다. 이때 잎은 간혹 '딜위드(dill weed)'라고도 한다. 인디언딜(Indian dill, *A. g.* subsp. *sowa*)은 씨를 수확하기 위해 재배된다. 유러피언딜(European dill)의 씨보다도 색이 연하고, 더 길쭉하며, 톡 쏘는 맛도 더 강하다. 커리 혼합물에도 더 많이 사용되고 있다.

테이스팅 노트

딜의 잎은 아니스와 레몬의 깔끔한 향이 나는 것이 인상적이다. 맛은 아니스나 파슬리와도 같이 매우 부드러우면서도 오래도록 지속된다. 씨는 에센셜 오일에 탄소가 함유되어 있어서 캐러웨이와도 같은 달콤한 향이 난다. 약간 예리하면서도 온화한 아니스의 맛이 오래까지 지속된다.

사용 부위

잎(신선하거나 건조시킨 것), 씨.

구입 및 보관

슈퍼마켓이나 청과 시장에서는 화분에 심긴 딜을 쉽게 구입할 수 있다. 이때 신선하고 생기가 넘치는 것을 골라 구입한다. 대량으로 구입한 경우에는 되도록 빨리 사용하는 것이 좋다. 비닐 백에 넣어 냉장고의 야채실에 보관하여도 2~3일이 지나면 곧 시들어 버린다. 딜은 건조시켜 밀폐 용기에 보관하면 향미를 최장 1년까지 유지할 수 있다. 씨는 같은 방법으로 2년간 보관할 수 있다. 씨는 가루로 만들면 향미를 유지하면서 보관하기가 어렵다.

재배 방법

딜은 씨를 심어 쉽게 재배할 수 있다. 봄에 햇빛이 잘 들고 바람막이로 보호되면서 배수가 잘되는 토양에 씨를 뿌린다. 씨를 지속적으로 뿌리면 일 년 내내 수확할 수 있다. 씨는 생명력이 약하여 잡초를 자주 솎아 주어야 한다. 완전히 성숙하면 자연스레 땅에 떨어져 새로운 개체가 자란다. 긴 원뿌리는 쉽게 손상되기 때문에 옮겨심기에 매우 취약하다. 또한 딜은 펜넬 근처에 심지 않도록 해야 한다. 그렇지 않을 경우에는 이종교배종(하이브리드)이 생긴다.

조리법

신선한 딜은 해산물과 훌륭한 페어링을 이룬다. 스칸디나비아반도에는 딜로 양념한 청어를 포함하여, 소금, 딜로 절인 연어에 머스터드와 딜 소스를 내는 '그라바드락스(gravad lax)', 크림 딜 소스를 곁들인 게, 가리비, 새우 등의 다양한 요리들이 있다. 북유럽과 중유럽에서는 딜을 뿌리채소, 양배추, 콜리플라워(cauliflower, 꽃양배추), 오이와 함께 사용한다. 러시아의 일부 요리사들은 전통적인 사탕무 수프인 '보르시치(borscht)'에도 사용한다. 딜을 사워크림이나 요구르트, 약간의 머스터드와 함께 섞으면 뿌리채소류에 잘 어울리는 훌륭한 소스를 만들 수 있다. 독일의 요리사들도 비슷한 소스를 만들지만, 머스터드 대신에 와사비를 사용하여 소고기 찜 요리에 사용하는 것이 약간 다르다. 또한 딜

양치잎(fronds)

딜은 잎이 깃털처럼 갈라진 모양이 펜넬과 닮았다. 그러나 딜은 펜넬보다 식물의 크기가 훨씬 더 작다.

신선한 잎

딜의 향미를 유지하려면 건조시키는 것보다 냉동시키는 것이 더 좋다. 비닐 백에 줄기 전체를 넣고 냉동시킨 뒤 필요할 경우에 잔가지를 잘라 사용한다. 딜의 잎은 가열하면 향미가 사라지기 때문에 조리의 마지막 단계에 넣는다.

은 그리스에서는 '바인리프롤(vine leaf roll)'의 소를 채우는 데 사용하고, 터키와 이란에서는 쌀, 누에콩, 애호박, 셀러리악(celeriac)에 향미를 더해 주는 데 사용한다. 특히 이란에서는 딜과 샬롯을 시금치와 함께 조리하여 자주 먹는다. 이는 북인도에서 먹는 딜의 잎과 씨를 넣은 시금치 요리에 렌틸콩을 곁들인 요리와 비슷하다. 딜은 무엇보다도 샐러드와 샐러드드레싱, 특히 감자 샐러드에서는 꼭 필요한 재료이다.

딜의 잎과 씨는 모두 음식을 절이는 데에도 사용된다. 뉴욕델리 스타일의 딜로 절여 아삭아삭한 식감이 나는 오이 피클과 폴란드, 러시아, 이란에서 유명한 마늘 피클에도 사용된다. 스칸디나비아반도에서는 씨를 빵이나 케이크에 넣기도 하고, 식초에 넣어 향미를 더해 주기도 한다. 인도에서는 잎과 씨를 커리 분말과 혼합 향신료인 마살라(masala)에도 사용한다.

향미의 페어링

· 잎에 잘 맞는 재료
사탕무, 누에콩, 당근, 셀러리악, 애호박, 오이, 달걀, 어패류, 감자, 쌀, 시금치.

· 잎과 잘 결합하는 허브 및 향신료
바질, 케이퍼, 마늘, 머스터드, 파프리카, 파슬리, 호스래디시(horseradish, 겨자무)

· 씨에 잘 맞는 재료
양배추, 어니언(양파), 감자, 호박, 식초.

· 잘와 잘 결합하는 허브 및 향신료
칠리, 코리앤드 씨, 커민, 마늘, 진저, 머스터드 씨, 터메릭(강황).

건조시킨 잎

딜은 천 위에 펼쳐 놓고 따뜻하고 통풍이 잘되는 어둔 장소에 며칠간 두거나 전자레인지에 넣어 건조시킬 수 있다. 건조시킨 잎은 약하긴 하지만 신선한 식물의 맛과 향을 지니고 있다.

씨

씨는 타원형으로 납작하면서 5개의 골이 표면에 나 있다. 그중 2개의 골은 가장자리에 테를 이루고 있다. 매우 가벼워서 1만 개에도 무게가 약 25g밖에 되지 않는다. 밝은 갈색을 띠고 충분히 부풀면 수확하는데, 큰 종이봉투에 씨를 넣고 따뜻한 장소에 보관해 건조시킨다. 다 건조되면 씨를 양손으로 비벼서 껍데기를 제거한다. 씨는 주로 서서히 조리하는 요리에 사용된다.

테이스팅 노트

펜넬 전체에서는 온화한 느낌의 아니스와 리코리스의 향이 난다. 맛도 마찬가지로 신선하면서 약간 단맛이 나고 장뇌의 냄새가 희미하게 풍긴다. 씨는 딜보다는 톡 쏘는 맛이 덜하고, 아니스보다는 떫은맛이 더 강하다.

사용 부위

새잎, 꽃, 꽃가루, 줄기, 씨.

구입 및 보관

잎은 비닐 백에 넣으면 냉장고에서 2~3일간 보관할 수 있다. 줄기는 신선한 상태로 사용하거나 단으로 묶어 매달아 말려서 사용한다. 밀폐 용기에 넣으면 줄기는 6개월 정도, 씨는 2년간 보관할 수 있다. 향이 매우 강한 야생 펜넬의 꽃가루는 황금빛이 감도는 녹색의 분말 형태로 인터넷을 통해서 구입할 수 있다.

재배 방법

펜넬은 대부분의 환경에서 1.5미터 이상으로 자란다. 특히 배수가 좋고 햇볕이 잘 드는 장소에서는 더욱더 잘 자란다. 씨는 맺히는 부분이 노란색에서 녹색으로 변하면 수확하여 큰 봉투에 넣어 통풍이 잘되고 따뜻한 장소에서 건조시킨다. 완전히 건조되면 봉지에서 씨를 꺼내 땅에 심는다. 펜넬은 3~4년 간격으로 심을 필요가 있다. 단 딜 근처에 펜넬을 심어서는 안 된다. 왜냐하면 서로 수분되면 교배종이 생기기 때문이다.

펜넬(Fennel)/회향

Foeniculum vulgare

펜넬은 키가 크고 내한성이 있는 여러해살이식물로서 지중해 지역이 원산지이다. 오늘날에는 전 세계의 곳곳에서 자생하고 있다. 펜넬은 인류가 오래전부터 재배한 식물로서 로마인들은 펜넬의 새싹을 채소로 즐겼고, 중국인과 인도인들은 소화를 돕는 조미료로 소중이 여겼다. 특히 인도에서는 물에 펜넬 추출액을 소량으로 섞은 펜넬워터(fennel water)(회향수)를 아기의 배앓이를 치료하는 데 사용하고 있다. 참고로 이 허브는 줄기의 밑부분을 채소로 먹는 플로렌스펜넬(Florence fennel, *F. v.* var. *dulce*)과 혼돈하지 않도록 해야 한다.

그린펜넬(Green fennel) *F. Vulgare*

그린펜넬은 키가 크고 깃털같이 가벼운 잎이 뒤엉켜 있어 매우 우아한 식물이다. 펜넬은 모든 부위를 먹을 수 있지만, 뿌리는 최근 먹지 않는 추세이다. 잎, 줄기와 열매(씨)는 조미료로 높이 평가되고 있다. 펜넬의 아니스 같은 특성은 에센셜 오일의 주성분으로서 씨에 집중되어 있는 아네톨 성분에 유래한다.

줄기

줄기는 맛이 매우 부드러울 뿐만 아니라, 건조시키면 향도 매우 오래 지속된다.

조리법

봄철에 펜넬은 각종 샐러드와 소스에 신선하고 건강한 향을 더해 준다. 수확의 후반기가 되면, 꽃과 소량의 꽃가루가 냉국과 야채, 생선 수프인 차우더(chowder), 생선구이 등에 사용되어 아니스 향을 선사해 준다.

펜넬은 기름진 생선의 맛과 향을 한껏 살려 준다. 이탈리아의 시칠리아인들은 펜넬을 파스타와 샌드위치의 조리에 매우 많이 사용한다. 프로방스 지역에서는 섬세한 향미가 있는 신선한 또는 건조시킨 펜넬 위에 노랑촉수, 농어, 도미류 등의 생선을 통째로 얹어 오븐에서 굽거나 석쇠로 굽는다.

꽃가루는 해산물, 야채볶음, 돼지갈비살, 이탈리아 빵에 매우 자극적인 향미를 줄 수 있다. 그리고 펜넬 씨는 피클, 수프, 빵에 첨가해 먹을 수 있다. 이라크인들이 그렇듯이, 펜넬 가루는 향신료 식물인 니젤라(nigella)와 함께 빵에 맛을 내기도 한다. 그리스에서는 잎이나 씨를 페타치즈, 올리브와 함께 사용하여 빵에 향미를 더해 준다.

펜넬 씨는 지역마다 약간씩 달리 사용한다. 프랑스 북동부의 알자스와 독일에서는 발효 김치인 사워크라우트(sauerkraut)에 넣어 맛을 내고, 이탈리아에서는 돼지고기구이에 사용한다. 특히 피렌체 지역에서는 유명한 향토 음식인 피노키오나살라미(finocchiona salami)에 사용한다. 또한 중국에서는 육류 고기 등에 향미를 더해 주는 주요 혼합 향신료인 오향분에도 사용되고, 인도 북동부와 방글라데시에 걸친 벵골 지방에서는 5개의 향신료를 섞은 판치포론(panch phoron)에도 사용한다. 이 혼합 향신료는 야채, 콩류와도 페어링이 좋다. 인도 아대륙의 다른 지역에서는 펜넬을 가람마살라(garam masala), 향신료를 넣고 육즙으로 만드는 소스인 그레이비(gravy), 여러 달콤한 요리 등에 사용한다. 그 밖에도 인도에서는 구취를 예방하고 소화를 촉진할 목적으로 음식을 먹은 뒤에 펜넬을 입에 넣고 씹는 풍습이 있다.

향미의 페어링

· 필수적인 사용
오향분, 판치포론

· 잘 맞는 재료
콩, 비트, 양배추, 오이, 오리고기, 해산물, 리크, 렌틸콩, 돼지고기, 감자, 쌀, 토마토.

· 잘 결합하는 허브 및 향신료
처빌, 시나몬, 커민, 레몬, 민트, 니젤라, 파슬리, 쓰촨페퍼, 타임, 페뉴그리크(fenugreek)(호로파).

브론즈펜넬(bronze fennel) *F. v.* 'Purpureum'

식물 자체가 그린펜넬보다 튼실하지 않지만, 맛과 향은 훨씬 더 부드럽다.

씨

씨는 잎보다 향미가 훨씬 더 강하고, 뒷맛도 씁쓰름하다. 볶으면 단맛이 난다. 색상은 연갈색에서부터 황록색에 이르기까지 매우 다양한데, 특히 황록색의 것은 최고의 품질이다. 씨를 그대로 보관하다가 필요하면 갈아서 사용한다.

잎

요리에는 새잎만 사용한다. 맛이 순하고, 갓 딴 뒤 곧바로 사용할 때 품질이 가장 좋다.

민트(Mint)/박하

Mentha species

민트는 전 세계의 온대 지역에서 오래전부터 자생하고 있는 여러해살이식물로서 남유럽과 지중해 지역이 원산지이다. 세계에서 가장 인기 향신료의 하나인 허브로서 달콤한 향과 함께 청량감과 따뜻함을 동시에 지니고 있다. 민트는 이종교배가 너무도 쉬워서 다양한 변종들이 생기고 있지만, 세계에서 요리와 허브티로 주로 사용되는 것은 스피어민트(spearmint, *M. spicata*)와 페퍼민트(peppermint, *M. piperita*)의 두 종이다.

테이스팅 노트

스피어민트는 맛이 청량감이 있으면서도 부드럽고, 레몬 맛도 살짝 있어 톡 쏘는 향미가 있다. 페퍼민트는 멘톨 향이 강하여 매운 향미에도 불구하고 약간의 단맛과 떨떠름한 맛이 나고, 뒷맛은 시원하면서도 약간 매콤하다.

사용 부위

잎(신선한 것이나 건조시킨 것),
꽃(장식용이나 샐러드용)

구입 및 보관

슈퍼마켓에서 화분에 심긴 스피어민트를 구입할 수 있다. 물이 담긴 유리잔에 다발로 꽂거나 냉장고에서 2일간 보관할 수 있다. 잎은 곱게 다져서 작은 용기에 담아 냉장하거나 약간의 물이나 기름과 섞어서 아이스큐브트레이에 담아 냉동시켜 보관할 수 있다.

민트는 꽃이 피기 전에 잎을 따서 단으로 묶어 통풍이 잘되는 장소에 매달아 건조시키는 것이 좋다. 또는 저온의 오븐이나 전자레인지에 줄기째로 넣어 건조시킨다. 이렇게 건조된 민트는 밀폐 용기에 넣어 보관한다.

재배 방법

민트는 여러해살이식물로서 재배도 매우 쉬운 편이다. 온화한 기후에서 그늘이 지거나 햇볕이 충분히 들고 배수가 잘되는 곳에서 잘 자란다. 자생력이 좋아 야생에서 딱히 기를 곳이 없다면, 화분에서 재배하는 것도 좋은 방법이다. 그 밖에도 밑동이 빠진 양동이나 항아리에 심어도 좋다.

신선한 잎

'가든민트(garden mint)'라고도 하여 가장 널리는 재배되는 스피어민트는 잎의 끝이 뾰족하고, 꽃은 늦여름에 라일락색으로 핀다. 민트의 다양한 재배종들은 민트를 사용하는 모든 조리법에 적합하다. 잎은 생육 기간 내내 수확할 수 있지만, 에센셜 오일이 가장 강한 꽃이 피기 직전에 수확하는 것이 제일 좋다. 멘톨 성분에 기인한 향은 입안에 청량감과 부드러운 자극을 안겨 준다.

조리법

민트는 전 세계에서 수많은 용도로 사용되고 있다. 조리 과정에서 민트는 신선한 것과 건조된 것을 반드시 구별하여 사용한다.

신선한 민트

서양의 요리에서는 민트를 가지, 당근, 호박, 콩, 감자, 토마토 등의 수많은 야채에 향미를 더하기 위하여 사용한다. 민트는 마리네이드, 민트젤리, 민트 소스, 살사 등 어떤 용도로 사용하더라도 닭고기, 돼지고기, 송아지, 어린양고기와 잘 어울린다. 타라곤 대신에 민트를 사용한 팔루와즈 소스는 생선구이와 닭고기에도 잘 어울린다.
중동에서는 민트가 파슬리 샐러드인 '타불레(tabbouleh)'에 꼭 들어가고, 전채 요리인 '메제(meze)'와 함께 먹는 신선한 허브와 샐러드용 야채에도 반드시 들어간다. 베트남에서는 전병 튀김의 일종인 '스프링롤(spring roll)'과 함께 먹는 샐러드나 신선한 허브 접시에 반드시 포함시킨다. 동남아시아에서는 디핑소스, '삼발(sambal)', 커리에 꼭 들어간다. 또한 민트는 청량감 있는 향미로 이란의 매콤한 수프와 오이 수프에도 잘 어울린다. 인도인들은 민트의 시원한 향미를 '처트니(chutney)'와 요구르트 샐러드인 '라이타(raita)'의 맛을 강조하기 위해 사용한다. 또한 야채나 고기요리에 들어가는 따뜻한 성질의 향신료와 조화를 이루도록 청량감이 있는 민트를 사용한다. 남아메리카의 지역에서 민트는 서서히 조리하는 음식을 위한 조미료로서 칠리, 파슬리, 오레가노와 함께 사용한다. 특히 멕시코에서는 미트볼이나 닭고기에 소량으로 사용한다.
민트의 청량감은 과일 샐러드와 과일 펀치, 칵테일용 리큐어인 핌스와 민트줄렙(mint julep)의 향미를 확장시킨다. 아이스파르페를 비롯해 초콜릿 디저트와 케이크의 맛도 한층 더해 준다.

건조 민트

지중해 동부 지역과 주변의 아랍 국가에서는 건조 민트를 신선한 민트보다 더 자주 사용한다. 그리스에서는 건조 민트를 종종 오레가노, 시나몬과 함께 미트볼의 일종인 '켑테데스(keftedes)'와 '바인리프(vine leaf)'의 소에 사용하여 향미를 더해 준다. 특히 키프로스인들은 치즈를 소에 넣은 페이스트리인 '플라오나(flaouna)'에도 사용한다. 터키의 오이요구르트인 '자즈크(cacık)'에는 건조 민트가 샐러드 야채로 매우 잘 어울린다. 터키와 이란의 요리에서는 올리유나 녹인 버터에 살짝 볶은 건조 민트 1작은술을 손님에게 제공하기 직전에 음식에 넣어 섬세하고 매우 생기 있는 향을 불어넣어 준다. 렌틸콩과 콩으로 만든 수프와 양고기 또는 야채 스튜에 넣어 보는 것도 좋다.

건조 잎

스피어민트는 일반적으로 건조시켜 사용한다. 톡 쏘는 자극적인 향이 나지만, 단맛이 신선한 것보다는 약하다.

향미의 페어링

· **필수적인 사용**
민트 소스.
· **잘 맞는 재료**
뿌리채소류, 토마토, 가지, 양고기, 애호박, 오이, 요구르트, 다크초콜릿.
· **잘 결합하는 허브 및 향신료**
바질, 카르다몸, 클로브(정향), 커민, 딜, 페뉴그리크, 진저(생강), 마조람, 오레가노, 파프리카, 파슬리, 페퍼, 수맥(sumac)(옻), 타임.

그 밖의 민트(박하)류

민트류 중에서도 스피어민트와 그 유사 품종들은 요리에서도 가장 중요한 민트이다. 페퍼민트와 그 유사 품종들은 매운맛이 매우 강하여 요리에 사용하지 않고, 주로 과자류와 치약의 향미를 내는 데 사용하고 있다. 터키, 이란, 인도에서는 민트가 소화를 촉진하는 귀한 허브로 여긴다. 신선한 것이든지, 건조시킨 것이든지 간에 요구르트나 작은 유리잔에 제공되는 모로컨민트 등의 음료에 넣어 먹고 있다. 또한 프랑스에서는 민트를 단품으로 우려낸 음료나, 라임꽃과 민트를 함께 넣어 우린 '티이욀마트(tilleul-menthe)' 음료 등이 인기가 높다.

모로컨민트(Moroccan mint) *M. s. 'Moroccan'*

이 민트는 밝은 녹색의 잎과 하얀 꽃이 특징이다. 미묘하면서도 매운 향이 돋보이는데, 스피어민트보다는 단맛이 적다. 홍차와 민트를 사용하는 모든 요리에 사용된다.

볼스민트(Bowles' mint)

M. x. villosa f. alopecuroides

이 민트는 부드럽고 연한 잔털이 있는 둥근 잎과 라일락색의 꽃이 특징이다. 꽃은 따면 곧바로 시들기 시작한다. 섬세한 향미가 있지만, 잎에 잔털이 있어 식감이 좋지 않기 때문에 잘게 다져서 사용한다.

애플민트(Apple mint) *M. suaveolens*

이 민트는 잎이 주름지고 전체적으로는 보송보송하다. 밀집된 꽃차례는 연한 분홍색을 띤다. 잘 익은 사과 향이 민트 향과 미묘하게 결합되어 향미가 매우 훌륭하다. 잎은 식감이 좋지 않아 잘게 다져서 사용하는 것이 가장 좋다.

그 밖의 민트류

페퍼민트(Peppermint) *M. x pipertia*
스피어민트와 워터민트(water mint)의 교배종이다. 줄기는 키가 크고, 잎은 녹색의 잔털로 뒤덮여 있다. 자극성이 강하여 디저트와 청량음료, 홍차 등에 사용된다. 또한 오일 추출을 위해 상업적으로도 많이 재배되고 있다.

타슈켄트민트(Tashkent mint) *M. s.* 'Tashkent' 잎이 매우 크고, 꽃이 진한 분홍색을 띤다. 맛과 향이 매우 강하여 스피어민트를 대신하여 사용할 수도 있다.

파인애플민트(Pineapple mint) *M. s.* 'Variegata' 애플민트보다 크기가 작고, 연녹색의 잎에는 크림색 테두리가 있는 것이 특징이다. 새잎은 열대 과일의 향이 나고, 다소 오래된 잎은 민트 향이 강하다. 샐러드, 청량음료, 과일 디저트의 향미를 내는 데는 새잎을 사용한다.

바질민트(Basil mint) *M. x. pipertia citrate* 'Basil' 잎이 보라색 기운이 도는 짙은 녹색을 띤다. 약하지만 바질의 향이 나면서 매콤한 향이 난다. 가지, 애호박, 토마토와 페어링이 좋다.

필드민트(Field mint), 콘민트(Corn mint) *M. arvensis* 잎이 부드럽고 회녹색을 띤다. 꽃은 줄기에서 분홍색으로 핀다. 향이 매우 자극적이지만 맛은 상당히 부드러워서 동남아시아에서는 요리의 재료로 사용된다. 멘톨 성분이 다량으로 함유되어 있다.

페니로열(Pennyroyal) *M. pulegium* 곧게 자라는 품종과 덩굴처럼 자라는 품종(포복식물) 등이 있다. 페퍼민트의 향이 매우 강하고 쓴맛도 강렬하기 때문에 사용에 주의를 기울여야 한다.

초콜릿민트(Chocolate mint) *M. x. pipertia citrate 'Chocolate'*

이 민트는 잎이 짙은 녹색에서부터 자주색까지 색상이 다양하고 애프터디너 초콜릿민트의 향이 난다. 초콜릿 디저트와 아이스크림과 함께 셔벗의 장식용으로도 사용된다.

블랙페퍼민트(Black Peppermint)

M. x. pipertia pipertia

이 교배종의 민트는 줄기는 진한 보라색을 띠고, 잎은 연보라색 기운이 있는 짙은 녹색을 띤다. 미묘하면서도 자극적인 향이 있다.

마운틴민트(Mountain Mint)

Pycnanthemum pilosa

단아한 모습의 이 식물은 실제로는 민트가 아니다. 그러나 새잎과 봉오리는 민트 대신에 사용할 수 있다. 향미는 민트와 비슷하지만 약간 더 쓴맛이 있다. 미국 동부가 원산지이다.

테이스팅 노트

전체적으로 타임과 장뇌의 향이 나면서도 온화한 느낌의 민트 향을 풍긴다. 맛은 기분 좋은 톡 쏘는 맛과 온화함이 있으며, 맵싸하면서 약간 쓴 뒷맛이 있다. 레서캘러민트는 라지플라워캘러민트보다 맛과 향이 더 강하다.

사용 부위

잎, 줄기, 꽃(장식용이나 샐러드용)

구입 및 보관

캘러민트는 전문 종묘 업체가 주로 모주로 판매하고 있어 손질된 허브로는 구입할 수 없다. 북아메리카에서는 캘러민트를 '네피텔라'라는 이름으로 판매하고 있다. 가는 줄기는 비닐 백에 넣으면 냉장고에서 1~2일간 보관할 수 있다. 줄기는 단으로 묶어 통풍이 잘되는 곳에 매달아서 건조시킨다.

재배 방법

캘러민트는 백악의 배수가 잘되는 토양과 햇볕이 잘 드는 곳에서 잘 자란다. 물론 그늘이 지는 곳에서도 자생력이 좋다. 줄기를 꺾꽂이하여 증식시키거나 씨를 뿌려 재배한다. 라지플라워캘러민트는 외관이 아름다워 정원용 식물로도 훌륭하다. 잎은 봄부터 늦여름까지 수확할 수 있다.

향미의 페어링

· 잘 맞는 재료
가지, 콩, 생선, 푸른 야채, 렌틸콩, 버섯, 돼지고기, 감자, 토끼.

· 잘 결합하는 허브 및 향신료
베이, 칠리, 마늘, 민트, 머틀, 오레가노, 파슬리, 페퍼, 세이지, 디임.

캘러민트(Calamint)/탑꽃

Calamintha species

캘러민트는 여러해살이식물로서 향이 좋고 가치가 높은 허브이지만 실제로는 잘 알려지지 않았다. 요리용에는 '네피텔라(nepitella)' 또는 '마운틴밤(mountain balm)'이라고도 하는 레서캘러민트(lesser calamint, *C. nepeta*)가 가장 좋다. 일반적인 품종의 캘러민트(*C. sylvatica*)는 정원에서 자주 볼 수 있으며, 잎은 주로 허브티로 우려내 마신다. 캘러민트는 세이버리와 깊은 관련이 있다.

조리법

레서캘러민트는 시칠리아와 사르디니아섬에서 매우 인기가 높은 향미료이다. 또한 토스카나에서는 야채 요리, 특히 버섯 요리에 많이 사용된다. 터키인들은 마일드계 민트로서 사용한다. 로스트, 스튜, 사냥한 야생 동물의 고기나 생선구이에 잘 맞는다. 신선한 잎은 요리에 사용하고, 건조시킨 잎은 허브티로 우려내 먹는 것이 좋다. 꽃이 큰 품종인 라지플라워캘러민트(Large-flower calamint)는 잎도 매우 크고 약간 넓은 편이다.

신선한 줄기

레서캘러민트는 잿빛의 줄기가 무성하게 자라는 식물이다. 여름철에 연보라빛 또는 흰색의 작은 꽃이 핀다.

캐트닙(Catnip)

Nepeta cataria

캐트닙은 특히 일부 장식용 네페타 품종을 가리킬 때는 '캐트민트(catmint)'라고 한다. 코카서스와 남유럽이 원산지인 이 식물은 온대 지역의 야생에서도 쉽게 찾아볼 수 있고, 또 널리 재배되고 있다. 잎에 상처가 났을 때 풍기는 민트와 비슷한 향은 고양이를 도취 상태에 빠지게 한다.

테이스팅 노트

캐트닙의 잎에 상처를 내면 민트와 장뇌와 같은 향을 발한다. 톡 쏘는 민트와 같은 향미로 신맛과 쓴 향이 있어 소량으로 사용한다.

사용 부위

잎, 줄기.

구입 및 보관

묘목은 원예점이나 종묘 전문점에서 구입할 수 있다. 줄기는 비닐 백에 넣으면 냉장고의 야채실에서 1~2일간 보관할 수 있다.

재배 방법

캐트닙은 내한성이 강한 여러해살이식물로서 씨를 뿌려 쉽게 재배할 수 있다. 씨가 생기면 자연스레 땅에 떨어져 새로운 개체로 성장하여 자생한다. 반나절 정도 그늘진 곳에서 잘 자라고, 관리가 거의 필요없다. 향은 고양이를 유혹하듯이 꿀벌도 유혹한다. 잎은 봄과 여름 내내 계속 수확할 수 있다.

조리법

이탈리아에서는 캐트닙을 지금도 샐러드, 수프, 달걀 요리, 야채를 소에 채우는 요리에 사용하고 있지만, 예전에는 요리용 허브로서 지금보다 훨씬 더 귀하게 여겼다. 날카로운 맛을 지닌 잎은 그린샐러드와 허브 믹스 샐러드에 향미를 더해 준다. 강한 맛과 향은 오리고기와 돼지고기 등의 기름진 고기와 페어링이 좋다. 물론 허브티로서도 인기가 높다.

신선한 줄기

잿빛이 나는 녹색 하트 모양의 잎은 희고 부드러운 잔털로 뒤덮여 있다. 하얀 라벤더와도 같은 꽃에는 붉은 반점이 있다.

테이스팅 노트

생마늘과 건마늘은 자극성이 강하고 매운맛이 있다. 무른 햇마늘은 매운맛이 덜하여 순하다. 마늘을 썰면 구취의 원인인 '알리신(allicin)' 성분이 나온다. 그런데 마늘을 가열하면 알리신이 분해됨과 동시에 냄새가 다소 약한 다른 성분이 생긴다.
최근 서양에서도 인기가 높은 흑마늘은 한국 요리에서 처음으로 사용되었다. 겉을 몇 주에 걸쳐 서서히 데워 검은색으로 만든다. 서서히 가열하면서 캐러멜 상태로 변화된 마늘은 육질이 마치 젤리와 같은 상태가 된다. 향미가 매우 부드러우면서 발사믹과 비슷해지고, 다소 견과류의 맛도 난다. 흑마늘을 생마늘같이 사용해 보는 것도 좋다.

사용 부위

알뿌리.

구입 및 보관

마늘은 일 년 내내 구입할 수 있다. 마늘쪽의 겉이 딱딱하면서 곰팡이나 발아의 흔적이 없고 손상되지 않은 것을 선택한다. 이미 소화가 잘 안 되는 싹이 돋아났다면 제거한다. 마늘은 싹이 잘 트지 않도록 서늘하고 어두운 곳에 보관한다. 시장에서는 건마늘 플레이크나 과립 또는 가루 형태의 상품도 쉽게 구입할 수 있다. 마늘 페이스트를 튜브에 담아 냉동시킨 상품도 있다. 훈제 마늘도 유행하지만, 별로 추천하지 않는다.

갈릭(Garlic)/마늘

Allium sativum

중앙아시아의 스텝 지역이 원산지인 갈릭(이하 마늘)은 중동 지역으로 처음 전파되었다. 마늘은 인류가 가장 오래전부터 재배해 온 허브 중 하나이다. 초창기에 마늘은 고대 이집트에서 대량으로 소비하였던 것을 제외하고는 대부분 의약용이나 주술용으로 사용되었다. 영국인들이 아메리카 대륙으로 건너갔던 시기에도 마늘은 여전히 의약용 허브로 여기며 사용하였다. 실제로 오늘날 마늘은 혈압과 혈중 콜레스테롤의 수치를 낮추는 것으로 밝혀졌다. 그러나 마늘은 요리에서도 매우 중요한 재료로서 광범위하게 사용되고 있다.

신선한 알뿌리

재배 초기에 마늘의 무른 알뿌리는 약간 두껍고 하얀 껍질로 뒤덮여 있다. 즙이 많고 부드럽다.

조리법

건마늘 한 쪽은 무거운 칼의 납작한 면으로 으깨면 껍질이 쉽게 벗겨진다. 이 마늘을 절구에 넣고 공이로 찧으면 쉽게 다질 수 있다. 갈릭프레스(garlic press)를 사용하면 불쾌한 정도로 매캐한 맛이 나기 때문에 사용하지 않는 것이 좋다.

마늘은 수많은 음식들의 향미를 높이기 위하여 사용된다. 마늘을 통째로 서서히 가열하면 부드러운 견과류와 같은 맛이 난다. 또 마늘을 잘라서 사용하면 톡 쏘는 매운 향이 조리한 뒤에도 여전히 지속된다. 마찬가지로 통마늘을 기름에 볶은 뒤에 제거하면 우아한 향미가 남을 것이다. 다진 마늘은 더욱더 강한 향미를 남긴다. 마늘은 절대로 태우면 안 된다. 왜냐하면 쓴맛과 매캐한 맛이 강해지기 때문이다. 구운 통마늘은 햇감자와 뿌리채소류와도 잘 맞는다.

유럽에서는 마늘을 닭고기나 양고기와 함께 굽거나 와인과 함께 넣어 졸이거나, 퓌레, 데침, 볶음 등의 요리에도 폭넓게 사용한다. 설익은 햇마늘은 껍질을 벗기지 않은 채로 여름철 야채 스튜에 사용된다. 스페인에서는 생마늘의 싹을 튀겨서 전채 요리인 타파스(tapas)에 사용한다. 생마늘은 향미를 내기 위해 샐러드에 사용하고, 토마토와 오일과는 빵에 발라 먹는다. 또한 달걀 노른자위와 오일로 걸쭉한 마늘 소스인 아이올리(aioli)를 만들거나, 견과류와 바질과 함께 페이스트로도 만들어 먹기도 한다.

아시아에서는 마늘의 1인당 소비량이 지중해 연안국보다 훨씬 더 많다. 보통 레몬그라스와 신선한 진저(생강), 코리앤더, 칠리, 간장과 함께 사용된다. 이러한 마늘은 볶음 요리나 커리페이스트, 삼발(페이스트 상태의 매운 조미료), 남쁘릭에 주로 사용된다. 그리고 쿠바에서는 마늘을 가장 흔히 즐기는 테이블 소스인 '모호(mojos)'를 만드는 데에 사용한다. 또한 마늘은 기름에 며칠간, 또한 식초에 적어도 2주간 담근 뒤 사용할 수 있다. 한국과 러시아에서는 마늘 피클이 큰 사랑을 받고 있다.

건조 마늘쪽

건조시킨 마늘쪽의 껍질은 재배종에 따라서 흰색, 분홍색, 보라색 등 다양한 색상을 띤다.

재배 방법 

마늘은 쪽 단위로 증식시킬 수 있다. 비옥하고 젖은 토양에서 햇볕이 잘 드는 장소에서는 재배가 쉽다. 여러해살이 또는 두해살이의 식물로서 내한성이 매우 강하여 서리에도 견딜 수 있다. 윗부분이 메마르면서 스러지기 시작하면 수확기에 접어든 것이다. 식물을 통째로 뽑아서 그늘진 장소에 매달아 건조시킨다. 마늘이 다 마르면, 껍질이 종이와 같이 얇아지고 맛도 한층 더 강해진다.

향미의 페어링 

· 잘 맞는 재료
아이올리, 알리올리(allioli), 스코르달리아(skordalia), 루예(rouille), 타라토르(tarator), 페스토(pesto) 등의 다양한 소스.

· 잘 맞는 재료
거의 모든 매운 식재료.

· 잘 결합하는 허브 및 향신료
대부분의 허브와 향신료.

마늘은 인류 역사상 가장 오래전에 재배된 허브류에 속한다. 강한 맛과 냄새 때문에 수많은 사람들이 싫어하였지만, 그 의학적 효능과 주술성은 결코 의심을 받지 않았다.

극동아시아, 동남아시아, 유럽에서는 요리에 굉장히 많이 사용하고 있다.

그 밖의 마늘류

일부 품종은 마늘과 같은 좋은 향의 특성을 띠고 있다. 가느다란 라컴(rocambole)은 사실 리크와 비슷하다. 유럽 야생 마늘 또는 램전스(ramsons)는 맛이 마늘과 매우 비슷하며, 초봄에 수확할 수 있는 이점이 있다. 거대한 엘리펀트갈릭(elephant garlic, *A. ampeloprasum*)은 맛이 너무도 순하여 진정한 마늘 애호가들에게도 인기가 높지만, 다른 야채들과 함께 볶는 데에도 훌륭하다. 북아메리카의 야생 마늘이라는 커네이디언갈릭(Canadian garlic, *A. canadense*)는 마늘과 리크의 중간 향미이다.

라컴볼(Rocambole)/실마늘 *A. s.* var. *ophioscorodon*

'실마늘(sand leek)'이라고도 하는 라컴볼은 영국 북부가 원산지이다. 줄기는 성장하면서 나선형을 이루고 꽃은 연보라색으로 핀다. 뿌리는 자주색 알뿌리 형태이다. 모든 부분을 식재료로 사용할 수 있다. 봄에는 차이브와 같이 가늘고 기다란 잎이 생겨서 자라고, 여름에는 콩만 한 크기의 작고 둥근 새싹과 함께 마늘과 같은 알뿌리가 생긴다. 모든 부분이 마늘보다 향미가 순하다.

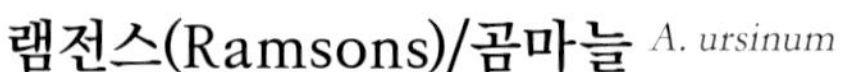

램전스(Ramsons)/곰마늘 *A. ursinum*

유럽 대부분의 지역에 자생하며, '곰마늘'이라고도 한다. 잎 모양은 은방울꽃의 잎과 비슷하고, 냄새는 야생 마늘과 비슷하지만, 향미는 더 순하다. 손쉽게 재배할 수 있지만, 너무 커서 무성해질 수도 있다. 잎은 늦겨울에서 초봄까지 수확할 수 있으며, 하얗고 별같이 생긴 꽃이 향이 더 강해지면서, 알뿌리도 가장 강한 향미를 지닌다. 신선한 잎은 겨울철 샐러드에 향미를 더해 주고, 감자와 달걀 요리의 장식용으로 올려도 훌륭하다. 수프, 크림, 요구르트 소스 외에도 아스파라거스와 모렐(morel)(곰보버섯)과 함께 리소토(risotto)에 넣거나, 시금치와 살짝 데치거나, 또는 찜 요리에서 생선살을 싸는 데에도 사용한다.

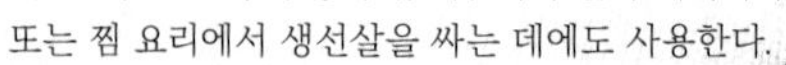

그린어니언(Green onion)/파

그린어니언, 즉 파는 시베리아가 원산지이다. '웰시어니언(welsh onion)', '오리엔털번칭어니언(oriental bunching onion)', '저패니즈리크(Japanese leek)'라고도 한다. 아시아 지역이 최대의 수확량을 자랑한다. 유럽의 요리책에서는 흔히 '번칭어니언(bunching onion)'이라고 표기하지만, 동양의 요리책에서는 보통 봄양파를 가리키는 '스캘리언(scallion)'이라 표기하기 때문에 혼동되기도 한다. 그런데 스캘리언과 그린어니언(파)은 생김새는 닮았지만, 맛과 향이 전혀 다르다.

조리법

그린어니언(파)은 음식에 맛과 향을 더하기 위해, 또는 식용 야채로 사용된다. 동양 요리에서는 빠질 수 없는데, 보통은 마늘이나 진저(생강)와 함께 사용된다. 육류, 해산물, 닭이나 오리고기와 함께 사용되고, 또한 수프, 스튜, 찜 요리 등에도 많이 사용된다. 일반적으로 조리의 마지막 단계에 넣는다. 특히 볶음 요리에는 색상과 식감을 더해 주기 위해 마지막에 넣는다. 서양의 스튜 또는 감자와 콩 요리에 사용할 경우에도 잘게 다져서 조리의 마지막에 넣는다. 생파는 양파 대신에 사용할 수 있다.

신선한 줄기

아시아에서 재배된 그린어니언(파)은 유럽산보다 향미가 더 강하다. 줄기는 대부분 녹색이지만, 붉은색인 품종도 있다.

테이스팅 노트 

그린어니언(파)는 자르면 약하긴 하지만 어니언(양파)의 향이 난다. 그 향미는 다소 약하지만, 맛에 강세를 줄 수 있다.

사용 부위 

흰 줄기(알뿌리의 약간 아랫동), 녹색 잎.

구입 및 보관 

그린어니언(파)은 동양의 식품점에서 손쉽게 구입할 수 있다. 시든 것과 누렇게 변색된 것은 사용하지 않는 것이 좋다. 보통 비닐 백에 넣으면 냉장고의 야채실에서 약 1주일간 보관할 수 있다. 젖은 신문지에 싼 뒤 비닐 백에 넣어 냉장고 야채실에서 약 1주일 저장할 수 있다. 씨 또는 묘목을 전문 종묘점에서 구입하여 직접 재배할 수도 있다.

재배 방법 

그린어니언(파)은 내한성이 강한 여러해살이식물이다. 배수가 잘되는 토양에 씨를 뿌려 재배하면 계속해서 수확할 수 있다. 알뿌리 정도는 아니지만, 뿌리부가 약간 부푼다. 대부분의 파속 식물과 마찬가지로 여러 줄기로 갈라져 자라기 때문에 가끔은 포기나누기를 할 필요가 있다. 5~6주 뒤에 25cm 정도로 자라면 수확할 수 있다. 아시아산은 잎이 둥글고 홈이 있지만, 유럽산은 잎이 편평하다.

향미의 페어링 

· 잘 맞는 재료
달걀, 해산물, 고기, 닭이나 오리 등의 육류, 대부분의 야채.

· 잘 결합하는 허브 및 향신료
처빌, 칠리, 코리앤더, 걸랭걸(양강근), 마늘, 진저(생강), 레몬, 파슬리, 퍼릴러(들깨)

테이스팅 노트

모든 부위는 산뜻하면서도 매콤한 어니언(양파)의 향미가 있다.

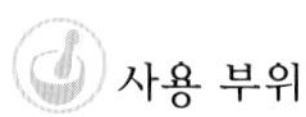

사용 부위

줄기, 꽃.

구입 및 보관

종묘점에서 구입한 뒤 필요에 따라 알뿌리 단위로 나눠 재배한다. 차이브를 건조시키면 사용 가치가 없어지지만, 잘게 썰어 냉동시키면 향미가 비교적 오래 지속된다. 냉장고에서 꺼내면 곧바로 사용하는 것이 좋다.

재배 방법

차이브(골파)는 속이 밝은 녹색의 줄기들이 마치 잔디와 같이 덤불의 형태로 자란다. 꽃봉오리는 작고 구형으로 분홍색에서 자주색으로 다양하게 핀다. 내한성이 있는 여러해살이식물로서 어떤 토양에서도 잘 자라지만 조그만 알뿌리가 지표에 얕게 내려 있기 때문에 물을 충분히 주어야 한다. 알뿌리 단위로 포기나누기로 재배한다. 겨울에 뿌리를 남기고 시들지만 초봄에 다시 자라난다. 바깥 부위를 잘라서 솎아 낸 뒤 깔끔하게 다듬어 두면 좋다. 알뿌리를 보호하기 위하여 무성해지기 전에 손질한다.

향미의 페어링

· 필수적인 사용
핀제르브.

· 잘 맞는 재료
아보카도, 애호박, 크림치즈, 달걀 요리, 해산물, 감자, 훈제 연어, 뿌리채소류, 요구르트.

· 잘 결합하는 허브 및 향신료
바질, 처빌, 코리앤더, 펜넬, 스위트시슬리, 파프리카, 파슬리, 타라곤.

차이브(Chives)/골파

Allium schoenoprasum

차이브(골파)는 온대 북부 지역에서 자생하는 어니언류 중에서도 가장 작지만 향미가 가장 섬세한 식물이다. 이 차이브(골파)는 유럽과 북아메리카에 걸쳐 오랫동안 자생해 왔지만, 유럽에서는 중세 후기부터 광범위하게 재배되기 시작하였다. 19세기 들어서는 가장 인기 있는 허브로서 자리를 잡았다.

조리법

차이브(골파)는 가열 조리하면 향미가 사라지기 때문에 결코 익혀서는 안 된다. 칼이나 주방 가위로 잘게 잘라서 다양한 요리나 샐러드에 듬뿍 넣는다. 차이브(골파)의 섬세한 맛과 식감, 선명한 초록색이 감자 샐러드와 수프에 맛과 색감을 주고, 다른 허브 소스에 산뜻한 느낌을 더해 준다. 구운 감자의 드레싱에 버터나 사워크림과 함께 전통적으로 사용된다. 또 진한 요구르트에 넣고 휘저어서 생선구이에 곁들이면 신선한 맛을 더해 준다. 또한 밝은 색의 매혹적인 꽃은 산뜻한 즐거움과 함께 어니언의 향미를 제공하는데, 허브 샐러드 위에 흩뿌리거나 오믈렛에 장식으로 올리면 모양새도 아름답다.

신선한 줄기
항상 싱싱한 상태로 사용한다.
시들지 않도록 채를 썬 뒤 곧바로 사용한다.

차이니즈차이브(Chinese chives) /부추

서양에서 '갈릭차이브(garlic chives)'라고도 하는 차이니즈차이브(부추)는 중앙아시아와 동북아시아가 원산지이다. 중국의 일부 아열대 지방과 인도, 인도네시아에서도 자란다. 중국에서 이 허브를 사용한 기록은 수천 년 전으로까지 거슬러 올라간다. 잎은 서양부추와 같이 속이 텅 빈 것이 아니라 넓적하고 편평하다. 별 모양의 흰 꽃은 매우 인상적이다.

조리법

차이니즈차이브(부추)를 짧게 썰어 살짝 데친 뒤 돼지나 닭, 오리 등의 육류에 곁들인다. 중국에서는 '춘권', 베트남에서는 '차조'라고 하는 스프링롤 요리에 넣거나, 소고기와 새우, 두부, 야채를 넣고 볶는 요리의 마무리에 넣어 매운맛을 더한다. 튀김옷을 입혀 기름으로 튀겨도 맛있다.
줄기와는 별도로 판매되는 꽃봉오리도 야채로서 매우 인기가 높다. 중국과 일본에서 꽃은 갈아서 소금과 함께 섞어 향신료로 사용한다. 살짝 데친 식품은 매우 값비싼 별미 음식으로 인기가 높다. 주로 수프, 국수 요리에 넣어 먹거나 야채볶음의 마무리에 넣어 맛을 낸다. 꽃대와 잎은 화이트와인 식초 병에 넣으면 보기도 좋고 약간의 마늘 향미를 더해 줄 수 있다.

잎과 꽃대

중국 식품점에서는 밝은 녹색의 잎, 연한 잎, 살짝 데친 잎과 줄기가 판매되고 있다.

테이스팅 노트 

잎과 꽃봉오리는 일반적인 차이브(골파)보다도 더 강하고 뚜렷한 마늘 향미가 난다. 살짝 데친 잎은 맛이 매우 순하다. 맛은 잎보다 꽃이 더 강하다.

사용 부위 

잎, 꽃봉오리(꽃눈).

구입 및 보관 

동양계 식품점에서는 신선한 상태로 묶은 단, 살짝 데친 것, 꽃눈이 달린 줄기를 묶은 단의 형태로 판매한다. 채로 썰면 곧바로 시들고, 특히 한 번 데친 것은 상하기 쉬워서 각별한 주의가 필요하다. 신선한 상태로 비닐 백에 넣으면 냉장고에 며칠간 보관할 수 있지만, 냄새가 강하게 풍긴다.

재배 방법 

차이니즈차이브(부추)는 매우 튼실하기 때문에 온대 지역에서는 겨울철에도 항상 무성하다. 서양부추보다도 키가 크지만, 더 듬성듬성하게 자란다. 알뿌리는 생기지 않고 뿌리줄기에 의해 증식한다. 잎은 항상 잘라서 식재료로 사용할 수 있다. 가끔은 짧게 잘라서 어두운 장소에 두면 연노란색의 줄기가 나오는데, 이 줄기를 데치면 그 향미가 매우 훌륭하다. 일반적으로 꽃이 피기 전에 수확한다.

테이스팅 노트

커팅셀러리의 잎에서는 파슬리와 같은 초본 식물의 향이 난다. 맛은 온화하면서 약간 쓴맛이 난다. 전체적으로 향미는 차이니즈셀러리와 비슷하다. 워터셀러리, 즉 미나리는 맛이 신선하지만, 셀러리의 온화한 쓴맛보다는 파슬리와 비슷한 향이 더 강하게 느껴진다.

사용 부위

잎, 줄기, 열매(씨).

구입 및 보관

커팅셀러리는 4~5일간 보관할 수 있다. 가든셀러리의 잎도 거의 같은 기간 동안 보관할 수 있다. 차이니즈셀러리는 대부분 뿌리가 있는 상태로 판매되는데, 그대로 보관할 경우 약 1주일간은 보관할 수 있다. 미나리는 비닐 백에 넣으면 냉장고에서 1~2일간 보관할 수 있다. 밀폐 용기에 넣은 씨는 향이 약 2년 정도 지속된다.

재배 방법

셀러리는 본래 습지가 자연 서식지이지만, 수분의 유지력이 있는 정원의 토양에 씨를 뿌리면 쉽게 재배할 수 있다. 커팅셀러리 모종은 일부 전문 종묘점에서만 구입할 수 있다. 생육 기간 내내 수확할 수 있다. 미나리는 동남아시아의 야생에서 자라고 있다. 만약 야생에서 구할 수 있다면 성장력이 왕성하여 화분에서 재배하는 것이 좋다. 물은 자주 줄수록 좋다.

향미의 페어링

· 잘 맞는 재료

양배추, 닭고기, 오이, 생선, 감자, 쌀, 간장, 토마토, 두부.

· 잘 결합하는 허브 및 향신료

클로브(정향), 코리앤더 잎, 커민, 진저(생강), 머스터드, 파슬리, 페퍼, 터메릭(강황).

셀러리(Celery)

Apium graveolens

야생 셀러리인 스몰리지(Smallage)는 유럽의 고대 식물이다. 가든셀러리(garden celery)와 셀러리악은 17세기부터 그 스몰리지를 개량하여 재배한 것이다. 커팅셀러리(Cutting celery)나 리프셀러리(leaf celery)는 기원 식물인 야생 셀러리와 비슷하다. 특히 '차이니즈셀러리(Chinese celery)'는 잎이 가든셀러리와도 비슷하고 색상도 중정도의 녹색이다. 이와는 근연 관계가 없는 워터셀러리(water celery), 즉 미나리나 베트나미즈셀러리(Vietnamese celery, *Oenanthe javanica*)는 가장자리가 작은 톱니 모양의 잎과 곧은 줄기를 지니고 있다. 유럽의 독미나리(*Oenanthe crocata*)와 혼동하지 않도록 한다.

커팅셀러리(Cutting celery) *A. graveolens*

커팅셀러리는 짙은 녹색을 띠고 광택이 있어 플랫리프파슬리와 비슷해 보인다. 곧은 줄기에 많은 잎을 돋으면서 무성하게 자란다.

씨

셀러리 씨는 맛과 향이 모체보다도 훨씬 더 뚜렷하고 강하다. 너트메그(육두구), 시트러스, 파슬리의 향미가 있고, 날카롭고도 내곰하여 뒷맛이 약간은 쓰고 얼얼하다.

조리법

네덜란드, 벨기에, 독일 등 유럽에서는 커팅셀러리를 장식용으로 사용하거나 손님에게 제공하기 직전에 향미를 내기 위해 요리에 넣는다. 전통적인 장어 요리의 그린소스에 사용되는 허브 중의 하나이다. 프랑스 북부에서는 수프용 허브로 판매되고 있다. 그리스에서는 생선이나 고기의 캐서롤에 즐겨 넣는다. 커팅셀러리는 잎을 줄기 대신에 부케가니, 수프, 스튜에 넣어 먹을 수 있기 때문에 매우 유용하다.

차이니즈셀러리는 향미료로서, 또는 식용 야채로 사용하지만, 생것으로는 거의 먹지 않는다. 동남아시아에서는 줄기를 얇게 저며 볶음 요리에 사용한다. 그리고 잎과 줄기는 수프나 찜, 밥, 국수에도 향미를 더해 준다. 생선찜에 차이니즈셀러리를 사용하면 매우 훌륭한 태국 요리를 즐길 수 있다.

가든셀러리와 셀러리악은 야채로서 생것으로 또는 조리해서 먹지만, 잎은 특별히 향미료로 사용할 수도 있다. 모든 셀러리는 가열하면 쓴맛이 약해지지만, 다른 향미는 여전히 살아남는다. 미나리는 그 순한 향미로 인해 베트남에서는 인기가 매우 높은데, 샐러드용 허브로 사용하거나 살짝 조리하여 수프, 생선과 닭고기의 요리에 넣어서 먹는다. 태국인들은 유사한 방식으로 가든셀러리를 사용하여 라프무(larp moo)와 함께 생것으로 먹거나, 살짝 데쳐 남쁘릭과 함께 손님에게 제공한다. 일본인들은 나베 요리인 스키야키(すき焼き)에 사용하고, 토마토 샐러드에 넣어 향미를 내기도 한다.

러시아인과 스칸디나비아인들은 셀러리의 씨를 수프에 넣어 먹는다. 또한 살짝 으깬 소량의 씨는 겨울철의 야채 드레싱에 즐거운 온기를 준다. 인도의 요리사들은 커리를 만들 경우에 셀러리의 씨와 토마토를 같이 넣는다. 감자 샐러드나 양배추 요리, 스튜, 빵에도 씨를 넣어 보는 것도 좋을 것이다.

셀러리 씨는 매우 작아서 보통은 통째로 사용하지만, 향미가 강하여 소량씩 사용한다. 셀러리솔트(celery salt)는 으깬 씨를 소금과 함께 섞은 것인데, 통상 소금이 약 75%, 씨가 약 25%를 차지한다.

차이니즈셀러리(Chinese celery)

차이니즈셀러리는 그린가든셀러리의 작은 머리부와 비슷하다. 줄기는 얇고 속이 비어 있다.

테이스팅 노트

러비지는 강한 향을 풍기면서 약간 셀러리와 비슷하다. 그러나 셀러리보다는 좀 더 맵고 사향 냄새가 지배적이다. 그리고 아니스와 레몬, 그리고 이스트의 향이 난다. 전체적으로 맛과 향이 뚜렷하고 오래 지속된다.

사용 부위

잎, 줄기, 뿌리, 씨.

구입 및 보관

씨와 갈아서 건조시킨 뿌리는 향신료 전문점에서 구입할 수 있다. 자른 러비지는 거의 판매되지 않는다. 씨와 묘목은 허브 종묘점에서 구입하여 쉽게 재배할 수 있다.
잎은 일 년 내내 수확할 수 있다. 비닐 백에 넣으면 냉장고에서 약 3~4일간 보관할 수 있다. 줄기는 바깥쪽부터 밑동을 자른다. 씨가 달린 줄기를 따서 씨 부위를 종이 봉투로 씌운 뒤 매달아 건조시키면 갈색으로 변한다. 그러면 약 1~2년간 보관할 수 있다.

재배 방법

러비지는 여러해살이식물로서 씨를 뿌리거나 꺾꽂이로 재배한다. 햇볕이 들거나 그늘진 곳도 상관없지만, 뿌리는 배수가 잘되고 수분을 머금은 토양을 필요로 한다. 겨울에 시들지만 내한성이 강하여 몇 센티미터 정도 얼어서 붙은 땅에서도 살 수 있다.

러비지(Lovage)

Levisticum officinale

러비지는 서아시아와 남유럽이 원산지로서 로마 시대부터 사용되어 온 허브이다. 유럽 외의 지역에서는 큰 인기를 얻지 못하였다. 야생 품종과 재배 품종은 구별되지 않고, 오스트레일리아를 비롯하여 다른 지역에서도 오랫동안 자생해 왔다. 이탈리아에서는 주로 북서부 해안 지역인 리구리아주(Liguria)에 자생한다. '레비스티쿰(levisticum)'이라는 속명은 아마도 '리구스티쿰(ligusticum)' 또는 '리구리언(Ligurian)'의 변형인 것으로 보인다. 미국으로 건너간 영국인 개척자들인 '필그림 파더스(Filgrim Fathers)'가 북아메리카로 러비지를 가져간 것으로 생각되고 있다.

신선한 줄기

러비지는 키가 큰 미나릿과 식물로서 잎은 크고 짙은 녹색을 띠면서 가장자리가 톱니 모양이다. 줄기는 속이 비어 있다. 작지만 매력적인 노란 꽃은 늦여름에 피고, 꽃이 지면 큰 씨가 맺힌다.

조리법

러비지는 셀러리나 파슬리와 마찬가지로 대부분의 요리에 사용할 수 있지만, 맛과 향이 매우 강하기 때문에 사용할 때 주의해야 한다. 물론 가열하면 매운맛은 자연히 약해진다.
잎, 잘게 썬 줄기, 뿌리는 캐서롤, 수프, 스튜에도 잘 맞는다. 러비지의 장점을 살리면 소금 대신 사용할 수도 있다. 새잎만으로, 또는 감자, 당근, 예루살렘아티초크(Jerusalem artichoke)(돼지감자) 등과 함께 사용하면 간단하면서도 맛있는 수프를 만들 수 있다. 또한 해산물 차우더에도 자주 사용된다. 그린샐러드와 페어링이 좋고, 성숙한 잎은 콩이나 감자에 색채감을 더해 줄 뿐만 아니라, 닭이나 오리고기 등의 속에 집어넣는 재료로도 훌륭하다.
러비지로 향미를 더한 감자나 러비지를 넣은 감자 케이크인 스위드그래튼(swede gratin)은 꼭 시도해 볼 만하다. 러비지를 체다치즈나 그뤼예르치즈에 사용하거나 크림 야채에 넣고 볶은 요리도 해볼 만한 가치가 있다.
씨는 통째로 또는 가루로 만들어 피클, 소스, 마리네이드, 빵, 비스킷을 만드는 데 사용하고, 줄기는 살짝 데치거나 야채로 조리해 먹는다.

씨

매우 가는 줄무늬가 있는 씨(열매)는 향미가 좋다. 씨의 맛은 잎과 비슷하지만, 약간 클로브(정향)가 섞인 듯이 온화하다.

건조시킨 잎

잎은 건조시키거나 냉동시키면 향미가 유지된다. 특히 건조시킨 잎은 신선한 것보다 이스트 향이 나면서 셀러리와 같은 느낌이 난다.

향미의 페어링

· 잘 맞는 재료
사과, 당근, 애호박, 크림치즈, 달걀, 햄, 양고기, 버섯, 양파, 돼지고기, 감자, 뿌리채소류, 쌀, 훈제 생선, 옥수수, 토마토, 참치.

· 잘 결합하는 허브 및 향신료
베이, 캐러웨이, 칠리, 차이브(골파), 딜, 마늘, 주니퍼, 오레가노, 파슬리, 타임.

그 밖의 러비지

스코츠러비지(Scots lovage, *Ligusticum scothicum*)는 북부 온대 지역에 자생한다. 러비지만큼은 크게 자라지 않고, 연노란색의 꽃을 피운다. 러비지와 같은 용도로 사용한다.
블랙러비지(Black lovage, *smyrnium olusatrum*)는 '알렉산더(alexander)'라고도 하는데, 고대에서부터 유럽의 남서부에 자생해 온 키가 큰 미나릿과 식물로서 중세 시대에는 수도원의 정원에서 재배되었다. 16세기의 엘리자베스 여왕 시대에는 해산물과 페어링이 좋은 허브로서 널리 사용되었으며, 같은 시기에 바다를 건너 북아메리카에까지 전파되었다. 이 블랙러비지는 러비지와 모양이 매우 비슷할 뿐만 아니라, 쉽게 재배할 수 있다. 모든 부위를 러비지와 같은 용도로 사용할 수 있다. 최근에는 다진 씨를 보드카에 향미를 더해 주는 데 사용하고 있다.

테이스팅 노트

히솝은 장뇌와 민트보다도 더 강하고 기분 좋은 향을 지닌다. 짙은 녹색의 잎은 깔끔한 매운맛과 함께 약간 씁쓰름한 맛도 있어 로즈메리, 세이지, 타임과 그 향미가 비슷하다.

사용 부위

잎, 새싹, 꽃.

구입 및 보관

히솝은 비닐 백에 넣으면 냉장고 야채실에서 약 1주일간 보관할 수 있다.

재배 방법

히솝은 씨를 뿌려도 잘 자라고, 포기나누기나 꺾꽂이로도 증식시킬 수 있다. 건조하고 돌이 많고 배수가 잘되는 장소에서 잘 자란다. 햇볕이 필요하지만 그늘에서도 잘 견디기 때문에 냉온대 지역에서도 내한성이 있다. 약 3년마다 포기나누기를 한다. 그렇지 않으면 무성하게 자란다.

히솝은 사실상 상록수로서 겨울에도 잎을 수확할 수 있다. 길고 조밀한 꽃차례는 늦여름에 볼 수 있는데 꿀벌들을 매료시킨다. 꽃의 색상은 종류마다 다르고, 알부스종(*H. o. albus*)은 흰색 꽃을, 아종인 아리스타투스종(*H. o. subsp. aristatus*)은 남색 꽃을, 로세우스종은(*H. o. roseus*)은 분홍색의 꽃을 피운다.

향미의 페어링

· 잘 맞는 재료

살구, 비트, 양배추, 당근, 달걀 요리, 사냥고기, 버섯, 복숭아, 콩, 호박.

· 잘 결합하는 허브 및 향신료

베이, 처빌, 민트, 파슬리, 다임.

히솝(Hyssop)

Hyssopus officinais

히솝은 여러해살이의 관목으로서 반목재질이면서 반상록수이다. 북아프리카, 남유럽, 서아시아가 원산지이다. 이 잘 생기고 오밀조밀한 잎의 식물은 오래전부터 유럽의 중서부에서 자생해 왔다. 고대 로마인들은 허브와인의 베이스 식물로 히솝을 사용하였다. 그리고 중세 초기에 수도원의 정원에서 향신료로 재배되면서 널리 확산되었다.

조리법

히솝의 잎과 여린 줄기는 샐러드나 수프에 사용할 수 있다. 꽃은 샐러드의 장식용으로 올린다. 특히, 토끼, 어린염소고기, 사냥고기에 잘 맞는다. 양갈은 기름기 많은 고기에 곁들이면 소화를 도와준다. 또한 히솝은 무알콜 여름철 음료, 디제스티브(식후 술), 리큐어의 향을 내기 위해 소중하게 취급되었다. 과일 파이와 콩포트를 비롯하여, 살구, 버찌, 복숭아, 라즈베리와 같은 뚜렷한 향미의 과일로 만드는 셔벗이나 디저트에도 잘 맞는다. 줄기는 과일 요리용 설탕 시럽과 함께 넣어 끓여 보는 것도 좋다.

신선한 줄기

히솝은 다른 허브의 향미를 압도하기 때문에 소량으로 사용해야 한다.

신선한 잎

잎이나 꽃은 건조시키면 향미가 유지된다. 매우 작은 꽃은 잎보다 향미가 더 섬세하다.

치커리(Chicory)

Cichorium intybus

치커리는 키가 큰 여러해살이식물로 지중해 지역의 분지와 아시아 최서단인 아나톨리아가 원산지이다. 오늘날의 재배 방법은 16세기에 유럽에서 형성되었다. 그 과정에서 두 종류의 재배종이 생겨났다. 그중 하나는 18세기 후반에 네덜란드인들이 커피의 저렴한 대용품으로 뿌리를 재배한 품종이다. 카페인 성분이 없어 벨기에, 프랑스, 독일, 미국에서도 큰 인기를 유지하고 있다. 다른 하나는 '프렌치엔다이브(French endive)' 또는 '위트로프(witloof)'라고 하는 품종으로 1845년에 벨기에인들이 흙이나 톱밥에서 재배해 연백색의 형태로 개발한 것이다.

조리법

여린 잎은 샐러드에 사용한다. 식용 꽃도 역시 샐러드에 고명으로 올려 생동감을 불어 넣어 줄 수 있다. 성숙한 잎은 샐러드에는 적합하지 않지만, 살짝 데친 뒤 가열 조리하는 요리에는 사용할 수 있다.

신선한 잎

치커리는 유럽과 북아메리카의 대부분 지역에서 자생한다. 정원에서 재배하면 높이 1m까지, 개화기까지는 그 이상으로까지 자랄 수 있다.

테이스팅 노트 

치커리는 향이 없다. 쓴맛의 성분인 이눌린(inulin)을 함유한 유백색의 즙이 있다. 신선한 새잎은 상쾌하지만, 성숙한 잎은 불쾌한 쓴맛이 있다. 꽃은 쓴맛이 없다.

사용 부위 

녹색의 여린 잎, 꽃.

구입 및 보관 

씨와 묘목은 허브 종묘점에서 구입할 수 있다. 잎은 비닐 백에 넣으면 냉장고의 야채실에서 2~3일간 보관할 수 있다. 꽃은 따면 곧바로 사용하는 것이 좋다.

재배 방법 

치커리는 보수성 토양에 씨를 뿌리면 거의 대부분이 잘 자란다. 그러나 매우 긴 곧은 원뿌리가 잘 뻗어나갈 수 있도록 약간의 배수성이 있는 토양이 생육에 더 적합하다. 연녹색의 밀집된 잎은 방추형을 이룬다. 데이지꽃과 같이 크고 하늘색의 꽃은 오직 주간에만 피고, 정오의 태양 아래에서는 꽃잎이 닫힌다. 꽃은 여름부터 초가을까지 볼 수 있다. 꽃대를 일찍 자르면 잎의 성장도 더 촉진된다.

향미의 페어링 

· 잘 맞는 재료
프레시치즈, 양상추 등의 샐러드용 야채, 견과류.

· 잘 결합하는 허브 및 향신료
처빌, 코리앤더, 크레스, 파슬리, 퍼슬린(쇠비름), 샐러드버넷, 스위트시슬리.

오레가노(Oregano), 마조람(Marjoram)

Origanum species

오레가노와 마조람은 모두 박하과의 키가 작은 여러해살이 관목으로서 지중해 지역과 서아시아가 원산지이다. 그런데 오레가노는 별칭이 '야생마조람'이기도 하여 두 허브를 종종 혼동하기도 한다. 또한 마조람도 '마조라나(Majorana)'라는 독자적인 속(屬)에 포함되어 더욱더 혼동을 일으킨다. 그 결과 전혀 관련이 없는 식물들도 비슷한 향을 지녔다는 이유로 '오레가노'라고 불리고 있다.

테이스팅 노트

기본적인 맛은 온화하면서도 약간은 날카롭고 장뇌의 향이 나면서 쓴맛이 살짝 나는 것이 특징이다. 온대 기후에서 자란 마조람은 단맛과 함께 매우 섬세한 매운맛이 있다. 오레가노는 더욱더 자극적이고 페퍼와 같은 향미가 있다. 종종 레몬 향미도 난다. 한랭 기후에서 자란 것은 그와 같은 성질이 약하다.

사용 부위

잎, 꽃.

구입 및 보관

마조람과 오레가노는 슈퍼마켓이나 종묘점에서 식물로 구입할 수 있다. 꽃망울이 달린 뒤에 줄기를 잘라서 단으로 묶어 통풍이 잘되는 건조시킨 장소에 매달아 둔다. 잎을 따로 뗀 뒤에 밀폐 용기에 넣고 보관한다. 슈퍼마켓에서는 신선한 것보다 건조시킨 것을 더 쉽게 구입할 수 있다. 이렇게 건조된 오레가노는 1년 정도 보관할 수 있다.

재배 방법

대부분의 재배종들은 목재질의 줄기가 곧게 자라는 관목이다. 씨를 뿌리거나 포기나누기로 증식시킨다. 배수가 잘되는 토양과 햇볕이 잘 드는 곳에서 잘 자란다. 겨울이 오기 전에 줄기를 솎아 내 무성해지는 것을 방지한다. 잎은 일 년 내내 수확할 수 있는데, 보통 꽃봉오리가 맺힌 뒤에 따서 건조시킨다. 마조람은 여러해살이식물이지만, 추운 지역에서는 한해살이식물로 재배한다.

커먼오레가노(Common oregano) *O. vulare*

이 식물의 줄기는 붉은색을 띤다. 잎은 중간 녹색이고, 밑면이 잔털로 뒤덮여 있다. 꽃은 짙은 분홍색이나 흰색, 연보라색으로 핀다.

건조시킨 잎

건조시킨 마조람과 오레가노는 신선한 것보다 맛과 향이 훨씬 더 강하다. 그리스에서는 몇몇 종류의 오레가노를 건조시켜 '리가니(rigani)'라는 상품명으로 판매하고 있다.

조리법

오레가노는 이탈리아의 수많은 요리, 특히 파스타 소스, 피자, 야채볶음에서는 꼭 필요한 식재료이다. 그리스에서는 꼬치구이인 수블라키(souvlaki), 생선구이, 그리스 샐러드에 즐겨 사용한다. 멕시코에서는 콩 요리, 살사, 부리토(burritos), 타코(taco)의 소에 향미를 내는 핵심 재료로 사용한다. 스페인이나 라틴아메리카의 모든 곳에서는 고기 스튜, 로스트, 수프, 야채볶음에서 사용하고 있다.

오레가노는 파프리카, 커민, 칠리와 함께 멕시코풍 미국 요리를 일컫는 텍스멕스(Tex-Mex) 스타일의 칠리콘카르네(chili con carne)와 고기 스튜 등에도 향미를 내기 위해 사용한다. 이 강력한 향미는 구이와 음식의 소에서부터 영양 만점의 수프, 마리네이드, 야채 스튜, 햄버거에 이르기까지 매우 잘 어울려 폭넓게 사용할 수 있다. 또한 오일과 식초에도 향미를 내기 위해 사용할 수 있다.

마조람의 지극히 섬세한 향미는 가열하면 쉽게 사라지기 때문에 조리의 마지막 순간에 넣는다. 샐러드와 달걀 요리, 생선과 닭, 오리 등의 육류에 곁들이는 버섯 소스에도 잘 어울려서 오레가노보다도 더욱더 섬세한 맛의 요리를 만들 수 있다. 싱싱한 것은 셔벗의 맛을 한층 더 높여 줄 수 있다. 잎과 꽃은 모차렐라치즈나 그 밖의 프레시치즈에도 사용할 수 있다. 특히 마조람과 오레가노의 줄기는 바비큐 숯 위에 올리면 그 위에 놓인 모든 식재료에 훌륭한 향미를 더해 줄 수 있다.

향미의 페어링 

· 잘 맞는 재료

안초비, 아티초크, 가지, 콩, 양배추, 당근, 콜리플라워, 치즈, 닭고기, 애호박, 오리고기, 달걀, 해산물, 양고기, 버섯, 양파, 돼지고기, 감자, 시금치, 호박, 단옥수수, 토마토, 송아지, 사슴고기.

· 잘 결합하는 허브 및 향신료

바질, 베이, 칠리, 커민, 마늘, 파프리카, 파슬리, 로즈메리, 세이지, 수맥, (레몬)타임, 페퍼.

스위트마조람(Sweet marjoram) *O. marjorana*

이 깜찍한 식물은 '노티드마조람(knotted marjoram)'이라고도 한다. 잎은 약간 회색 기운이 있는 녹색을 띠고 잔털로 뒤덮여 있다. 하얀 꽃들은 뭉쳐서 핀다. 맛은 커먼오레가노보다도 더 섬세하고 약간 달콤한 맛이 있다. 장시간 조리하는 데는 적합하지 않다.

오레가노, 마조람의 재배종들

커먼오레가노와 스위트마조람 외에도 유사한 특징을 지닌 식물의 종들과 재배종들은 수없이 많다. 오레가노의 향미는 휘발성 오일에 함유된 페놀류인 카르바크롤(carvacrol)과 티몰(thymol)의 상대 농도에 의해 결정된다. 카르바크롤은 오레가노 향미의 주성분으로서 그 함유비가 높은 것으로는 그리크오레가노와 멕시컨오레가노가 있다.

크리튼디터니(Cretan dittany)/크레타섬꽃박하 *O. dictamnus*

'홉마조람(hop marjoram)'이라고 하며, 크레타섬과 그리스 남부가 원산지이다. 다른 재배종에 비해 키가 높게 자라지는 않는다. 잎은 두껍고 은빛을 띠고, 꽃은 분홍색으로 핀다. 향미는 스위트마조람과 거의 비슷하다. 생선구이와 페어링이 좋다.

포트마조람(Pot marjoram) *O. onites*

'시칠리언마조람(Sicilian marjoram)'이라고도 하며, 그리스와 소아시아가 원산지이다. 잎은 연두색을 띠고 꽃은 흰색이나 분홍색으로 핀다. 스위트마조람의 근연종이며, 단맛보다 매운맛이 더 강하다.

그리크, 터키시오레가노(Greek, Turkish oregano) *O. heracleoticum, O. hirtum*

'윈터마조람(winter marjoram)'이라고도 하며, 남동유럽과 서아시아가 원산지이다. 검정색에 가까운 짙은 녹색의 잎을 가졌다고 하여, 터키에서는 종종 '블랙오레가노(black oregano)'라는 상품명으로 판매된다. 작고 흰 꽃을 피우고, 커먼오레가노보다 더 강한 페퍼의 향이 난다. 그리스, 터키, 북아메리카에서는 건조 오레가노의 원료로 사용하기 때문에 상업적으로도 매우 중요한 작물이다.

그 밖의 오레가노

수많은 다른 종의 식물들이 향미가 비슷하다는 이유로 오레가노라는 이름으로 사용 및 판매되고 있다.

쿠번오레가노(Cuban oregano, *Plectranthus amboinicus*)는 내한성이 없는 여러해살이식물로서 향미가 강하다. 남아프리카가 원산지이지만 오늘날에는 열대 지역에서도 재배되고 있다. 잎은 매운맛이 있어 날것으로 먹기도 한다. 필리핀과 쿠바에서는 검은콩과 함께 조리에 사용한다. 생선이나 육류의 마리네이드에 사용하거나 찜 요리의 마지막 단계에 넣어도 좋다. 오레가노의 이름으로 판매되고 있는 품종으로는 폴리민타속의 롱기플로라(*Poliomintha longiflora*)와 모나르다속의 피스툴로사아 멘티폴리 변종(*monarda fistulosa* var. *menthifolia*)이 있다. 이 두 품종들은 미국 남서부와 멕시코에서 자생하며, 자극적이고 매운 향미로 인하여 귀하게 다루어졌다. 커민과 코리앤더의 잎인 실란트로(cilantro)는 식재료로서 페어링이 훌륭하다.

골파르(*Golpar*)는 호그위드(*hogweed, Heracleum persicum*)(돼지풀)의 씨로서 이란에서는 향신료로 사용된다. 가운데에 갈색 무늬가 있으며, 황록색인 종자도 분말 향신료와 마찬가지로 이란의 상점에서 구입할 수 있다. 이스트 향과 풀, 발삼(balsam)과도 비슷한 향이 난다. 맛은 처음에는 부드럽지만, 뒷맛은 씁쓰름하다.

골든리브드오레가노 (Golden-leaved oregano) *O. v. 'Aureum'*

이 오레가노는 잎이 매우 조밀하면서도 보기에도 훌륭한 지표식물이다. 오레가노와 같은 용도로 사용하지만 향미가 훨씬 더 부드럽다.

멕시컨오레가노(Mexican oregano)

Lippia graveolens

회녹색의 타원형 잎과 유백색의 꽃이 달리는 매력적인 식물이다. 레몬버베나와 같은 마편초과로 강한 휘발성 오일을 함유하고 있다.

시리언오레가노(Syrian oregano) *O. syriacum*

시리아 등 중동에서 요리용으로 많이 재배된다. 향미는 톡 쏘는 듯 자극적이면서 타임이나 마조람, 오레가노와 비슷하지만 더 뚜렷하다. 중동의 혼합 향신료인 자타르(za'atar)에 사용된다.

테이스팅 노트

향이 매우 강하고 온화하면서도 페퍼 향이 난다. 소나무와 장뇌의 향과 함께 약간 쓴 맛이 난다. 너트메그(육두구)와 장뇌의 기분이 좋은 맛이 나고, 뒷맛은 목재, 발사믹, 그리고 떫은 향미가 이어진다. 잎을 자르면 그런 향미는 이내 사라진다. 꽃은 잎보다 향미가 더 부드럽다.

사용 부위

작은 침형 잎, 잔가지, 줄기, 꽃.

구입 및 보관

묘목은 종묘점에서 구입할 수 있고, 꺾꽂이로 재배할 수 있다. 또한 슈퍼마켓에서도 로즈메리의 화분을 구입할 수 있다. 건조시킨 로즈메리는 향미가 매우 오래 유지되는 장점이 있지만, 수요가 거의 없다.

재배 방법

로즈메리는 씨를 뿌리는 방법으로는 재배가 힘들지만, 꺾꽂잇법으로는 쉽게 증식시킬 수 있다. 부드럽고 배수가 잘되는 토양에서 햇볕이 잘 들고 바람막이로 보호되는 장소에서는 잘 자란다. 덩굴처럼 자라는 것과 곧게 자라는 두 유형이 있다. 봄에 잘 솎아 내면 잎이 무성하게 자란다. 꽃은 대부분 파란색으로 피고 매력적이지만, 종종 분홍색과 흰색의 것도 볼 수 있다. 잎과 줄기는 일 년 내내 수확할 수 있다.

로즈메리(Rosemary)

Romarinus officinalis

로즈메리는 잎이 조밀하게 나는 상록의 여러해살이식물로서 지중해 지역이 원산지이지만, 오늘날에는 유럽과 미국 등의 온대 지역에서도 재배되고 있다. 로마 시대 이후에는 영국에서도 재배되었는데, 오늘날에는 북부 지역을 제외한 모든 곳에서 겨울철에도 재배된다. 9세기 초 신성로마제국의 황제인 샤를마뉴(Charlemagne, 742~814)는 도시에 관한 법령인 '카피틸레 드 빌(Capitulaire de Villes)'을 통해 제국의 영토에서 재배되어야 할 중요 작물 목록에 로즈메리를 등재하였다. 중세 후기에도 샐러드에 흩뿌리는 허브 또는 향을 가하는 허브로 사용되었다.

신선한 잎

로즈메리 잎은 단단하기 때문에
요리에 사용할 경우에는 반드시 잘게 다진다.

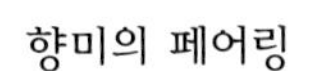

조리법

로즈메리의 향미는 강하고 섬세하지 않기 때문에 장시간 가열 조리하여도 약해지지 않는다. 이런 특성으로 서서히 끓이는 스튜에도 사용할 수 있다. 지중해 지역에서는 올리브유에 튀긴 야채와 함께 다양한 요리에 사용되고, 이탈리아에서는 송아지고기의 요리인 '빌(Veal)'에 사용한다.

줄기 전체는 마리네이드의 좋은 재료로 사용되고, 특히 양고기에도 잘 어울린다. 그리고 바비큐나 닭고기구이나 오리고기의 밑에 깔면 매우 섬세하면서도 스모키한 향미를 더해 준다. 오래되어 굳은 줄기는 케밥용 꼬치나 조리용 브러시로도 활용할 수 있다.

또한 로즈메리는 단맛과 짠맛의 비스킷을 비롯하여 포카치아(focaccia)와 그 밖의 빵을 만드는 데에도 훌륭하게 사용할 수 있다. 새싹은 올리브유에 향을 더해 줄 수 있고, 우유와 생크림, 디저트용 시럽에 넣어 침출시킬 수도 있다. 그 밖에도 레모네이드 등의 여름철 음료에 넣어 마시기도 한다. 아이스큐브트레이에 넣어 냉동시킨 로즈메리꽃은 여름철 음료를 장식하는 고명으로 사용할 수 있다. 특히 설탕에 절인 꽃은 매우 예쁘고 인기도 높지만, 조리하는 데 손길이 많이 간다.

에르브드프로방스 (Herbes de Provence)

육류, 야채, 토마토 요리 등에 사용한다. 프로방스 지방의 혼합 허브로서 신선한 것이나 건조시킨 것이나 모두 훌륭하다. 로즈메리, 타임, 마조람, 세이버리 등을 포함하고 있다(조리법 267쪽).

향미의 페어링

· 필수적인 사용

에르브드프로방스.

· 잘 맞는 재료

살구, 가지, 양배추, 크림치즈, 달걀, 생선, 양고기, 렌틸콩, 버섯, 양파, 오렌지, 돼지고기, 감자, 닭, 오리, 송아지 등의 육류, 토끼, 호박, 토마토, 파스닙(parsnip).

· 잘 결합하는 허브 및 향신료

베이, 차이브(골파), 마늘, 라벤더, 러비지, 민트, 오레가노, 파슬리, 세이지, 세이버리, 타임.

테이스팅 노트

세이지는 자극적인 냄새와 매운맛과 함께 사향 향, 발사믹, 강한 장뇌 향이 풍긴다. 일반적으로 알록달록한 품종은 커먼세이지보다도 향미가 더 순하다. 건조시킨 세이지는 신선한 것보다 활용도가 더 높다. 퀴퀴하거나 매캐한 냄새가 나는 것은 홍차에 넣는 일 외에 사용하지 않는 것이 가장 좋다.

사용 부위

잎(신선하거나 건조시킨 것). 모자를 쓴 듯한 모양의 꽃은 예쁜 장식으로 사용할 수 있다.

구입 및 보관

화분에 심긴 세이지는 슈퍼마켓에서도 구입할 수 있다. 세이지 잎은 딴 즉시 신선한 상태일 때 사용한다. 페이퍼타월로 싸서 냉장고의 야채실에서 며칠간 보관할 수 있다. 건조시킨 세이지는 밀폐 용기에 담아 어두운 장소에 두면, 6개월 정도 보관할 수 있다.

재배 방법

세이지는 따뜻한 기후의 건조한 토양에서 잘 자란다. 향의 세기는 토양과 기후에 따라 매우 다양하다. 잎은 봄부터 가을까지 수확할 수 있다. 꽃이 핀 뒤 곧바로 줄기를 솎아 내면 좋다. 퍼플세이지와 얼룩이 있는 세이지, 트리컬러세이지(tricolor sage)는 커먼세이지보다도 내한성이 적다. 그리고 파인애플세이지(pineapple sage)는 강한 추위로부터 보호해야 한다.

세이지(Sage)

Salvia species

세이지는 여러해살이 관목으로서 지중해 북부 지역이 원산지이다. 온난하고 건조시킨 토양에서 잘 자란다. 벨벳 같은 잎은 촉감이 굉장히 다양하며, 색상도 회녹색에서부터 보라색, 은색과 금색으로 울긋불긋한 녹색에까지 매우 다채롭다. 그로 인해 관상용 원예식물로도 매력적이고, 또한 요리사들에게도 제철 레퍼토리로 필수적이다.

커먼세이지(Common sage) *S. officinalis*

커먼세이지는 품종에 따라 잎이 넓고 편평한 것과 가늘고 기다란 것이 있다. 녹색의 여린 잎은 다 자란 회색의 잎보다 자극성이 적다. 잎이 기다란 품종은 예쁜 라일락색, 파란색, 흰색의 꽃을 피운다. 잎이 넓은 품종은 좀처럼 꽃을 피우지 않는다.

조리법

세이지는 기름진 음식의 소화를 돕기 때문에 전통적으로 그런 음식에 사용된다. 영국에서는 세이지를 돼지고기, 거위 및 오리고기와 함께 조리하거나 고기를 소에 넣는 요리에 사용한다. 미국에서는 세이지와 양파를 추수감사절에 칠면조 요리에 사용한다. 그 밖에도 세이지는 돼지고기 소시지에도 좋은 향미를 주고, 특히 독일에서는 장어 요리에 자주 사용한다. 그리스인들은 고기 스튜, 닭, 오리 등의 육류 요리와 홍차에 넣어 즐긴다. 이탈리아인들은 로마식 전통 음식인 살팀보카(Saltimbocca alla Romana)에 세이지를 양념과 함께 사용하고, 포카치아와 옥수수죽의 일종인 폴렌타(polenta)에 향미를 내는 데 사용한다. 녹인 버터에 잎을 몇 장 넣고 가열하면 향미가 훌륭한 파스타 소스가 된다. 단, 세이지는 향미가 강한 허브이기 때문에 사용량에 주의를 기울여야 한다.

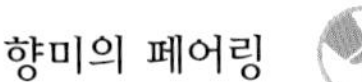

향미의 페어링

· 잘 맞는 재료
사과, 건조시킨 콩, 치즈, 양파, 토마토.

· 잘 결합하는 허브 및 향신료
베이, 캐러웨이, 셀러리 잎, 마늘, 건생강, 러비지, 마조람, 파프리카, 파슬리, 세이버리, 타임.

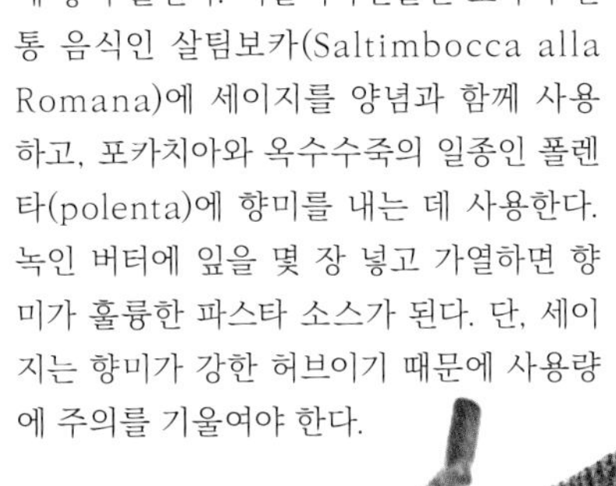

플세이지(Purple sage)

Purpurascens Group

|이지는 사향과 같은
한 맛이 있으며 코에
는 자극은 커먼세이지보다
다. 거의 꽃을 피우지
만, 꽃이 피면 잎과 대조를
놀라울 정도로 예쁘다.

육류용 부케가니

부케가니에 사용하는 허브는 요리에 맞게 달리 사용한다. 타임의 줄기, 세이지, 커팅셀러리, 파슬리는 스튜에 더할 나위 없이 훌륭한 향미를 준다(조리법 266쪽).

그 밖의 세이지 재배종

자극성이 강한 커먼세이지(*Salvia officinalis*)에는 수많은 재배종들이 있다. 주로 잎이나 꽃의 색상을 다양하게 재배하는 경우가 많다. 모두 요리에 사용할 수 있으며, 각각 고유의 향미를 간직하고 있다. 그 밖에도 맛이 더 순하도록 재배하는 것도 있고, 파인애플세이지(pineapple sage), 블랙커런트세이지(blackcurrant sage)와 같이 독특한 과일의 향미가 나도록 재배하는 것도 있다. 특히 클레어리세이지(clary sage)는 매우 크고 주름진 잎에서 매우 미묘한 머스캣 향이 풍긴다.

트리컬러세이지(Tricolor sage) *S. o.* 'Tricolor'

모든 종류의 세이지 중에서도 모양이 가장 인상적인 것이다. 녹색, 크림색, 분홍색이 얼룩덜룩한 잎과 푸른색의 꽃이 매우 아름답다. 맛이 매우 부드러운 것이 특징이다.

블랙커런트세이지(Blackcurrant sage) *S. microphylla*

잎을 손으로 문지르면 블랙커런트의 향이 풍부하게 난다. 그러나 맛은 그다지 뚜렷하지 않다. 꽃은 진한 보라색이나 분홍색으로 늦여름에 핀다. 반내한성의 식물로서 바람막이 등으로 보호되는 장소에서 잘 자란다.

그리크세이지(Greek sage) *S. fruticosa*

회녹색의 부드럽고 큰 잎에서는 강한 수지 향이 난다. 이로 인해 매우 소량으로 요리에 사용하거나 허브티로 우려내 마신다.

클레어리세이지(Clary sage) *S. sclarea*

방향성의 두해살이식물로서
머스캣 포도를 연상시키는
인상적인 향이 있다.
맛은 약간 쓰고 발삼과 비슷하다.
잎은 튀김에, 아름다운 흰 꽃은
장식용으로 사용한다.

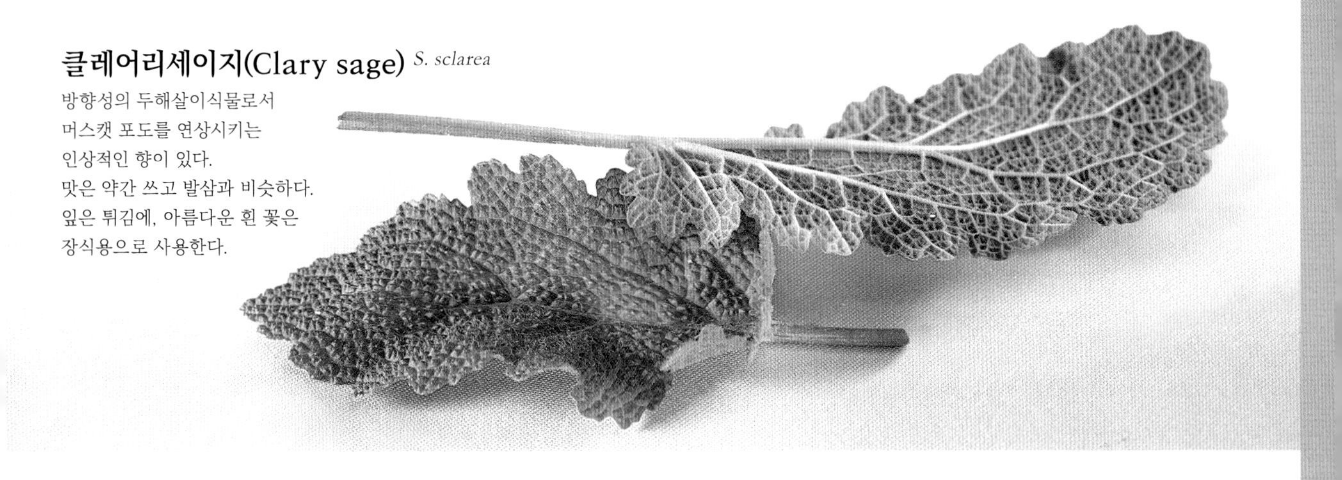

골든리프세이지 (Golden leaf sage)

S. o. Icterina

잎이 황금색과 녹색으로
얼룩덜룩하여 아름답다. 꽃은 거의 피지 않는다.
향미는 커먼세이지보다도 훨씬 더
부드러운 것으로 평가된다.

파인애플세이지(Pineapple sage) *S. elegans*

실내에서 겨울을 나는 이 세이지는 큰 관목으로 성장한다.
긴 잎에서는 파인애플의 향이 뚜렷하게 나지만, 맛은 그다지 뚜렷하지 않다.
가을에 피는 붉은꽃은 매우 매력적이다. 잎을 케이크 틀에 넣어 두면,
스펀지케이크에 향미를 더해 준다.

타임(Thyme)

Thymus species

타임은 작고 내한성이 있는 상록의 관목으로 지중해 연안국들이 원산지이다. 작은 잎에서는 향이 매우 풍부하다. 원산지의 덥고 건조한 지역에서 자생하는 것은 한랭한 지역에서 자란 것보다 향미가 비교할 수 없을 정도로 더 강하다. 야생 타임은 불규칙하게 무성하게 자라는 성향이 있다. 재배종은 관목의 형태이지만 야생종보다 줄기가 훨씬 더 부드럽다. 그 품종도 수백종에 달하는데, 각각 약간씩 다른 고유의 향을 지니고 있고, 서로 교배되는 경향도 있다.

테이스팅 노트

가볍게 문지르면 타임 식물 전체에서 따뜻한 흙 향과 함께 페퍼 향이 감돈다. 맛은 매콤한데, 장뇌 향과 민트와 클로브(정향)의 향도 난다. 그리고 식후에 가글하는 구강 세척제의 뒷맛도 남는다.

사용 부위

잎, 줄기, 꽃(장식용).

구입 및 보관

전문 종묘점에서는 수많은 종류의 타임을 판매하고 있다. 구입할 경우에는 손으로 가볍게 문질러 향이 풍기는지를 반드시 확인해야 한다. 커먼타임과 레몬타임은 모두 묘목과 신선한 줄기를 슈퍼마켓에서 구입할 수 있다. 신선한 잎은 비닐 백에 넣으면 냉장고에서 1주일간 보관할 수 있다. 건조시킨 타임은 겨우내 향이 유지된다.

재배 방법

타임은 배수가 좋은 모래와 같은 토양과 햇볕이 잘 드는 곳에서 잘 자란다. 마당에 깔아 놓은 돌이나 정원에 비치된 암석에서 반사된 열에서도 성장의 영향을 받는다. 포기나누기를 하면 쉽게 재배할 수 있다. 잎은 필요할 때 따면 되고, 가능하면 자주 따는 것이 좋다. 그렇지 않으면 불규칙하게 잎이 성장하며 관목처럼 된다. 잎은 꽃이 피기 직전에 수확하여 건조시킨다.

커먼타임(Common thyme) *T. vulgaris*

요리에 자주 사용되는 기본적인 타임으로서 '가든타임(garden thyme)'이라고도 한다. 원산지인 지중해 지역 야생 타임의 재배종이다. 잎은 회녹색이고 꽃은 흰색이나 연한 라일락색이다. 곧게 자라는 튼실한 관목인 가든타임에는 수많은 품종들이 있다. 대표적인 품종으로는 영국의 잎이 넓은 품종과 프랑스의 잎이 뾰족한 품종이 있다.

조리법

타임은 서양과 중동의 요리에서 꼭 필요한 향미료이다. 대부분의 허브와 달리 장시간 서서히 끓이는 요리에도 사용할 수 있다. 과도하게 사용하지 않는다면 다른 허브들의 향미를 높여 줄 수 있다. 스튜와 캐서롤 요리에서 양파, 쇠고기, 레드와인과 페어링이 훌륭하다. 타임은 포토푀(pot-au-feu)에서부터 카술레(cassoulet)에 이르기까지 프랑스의 모든 스튜에 반드시 사용된다. 스페인 스튜에서도 마찬가지이다. 더 나아가 멕시코와 라틴아메리카의 스튜에서도 칠리와 함께 사용하는 경우가 많다. 파테(pate)와 테린(terrine), 진한 야채 수프, 토마토와 와인을 베이스로 한 소스, 돼지고기와 사냥 고기에 넣는 마리네이드 등에 향미를 내는 데 광범위하게 사용된다. 영국에서는 소를 채우는 요리와 파이, 산토끼고기의 스튜에 사용한다.

미국에서는 건조시킨 타임을 요리에서 많이 활용한다. 루이지애나의 크리오요와 케이준 요리에서는 결코 빼놓을 수 없고, 미국 남부의 굼보와 잠발라야(jambalaya)에도 사용된다. 뉴잉글랜드 지역에서는 전통적으로 신선한 타임을 클램차우더(clam chowder)의 식재료로 사용한다.

향미의 페어링

· 필수적인 사용
대부분의 부케가니.

· 잘 맞는 재료
가지, 소고기, 양배추, 당근, 양고기, 리크, 야생버섯, 양파, 감자, 콩, 토끼, 옥수수, 토마토.

· 잘 결합하는 허브 및 향신료
올스파이스, 바질, 베이, 칠리, 클로브(정향), 마늘, 라벤더, 마조람, 너트메그(육두구), 오레가노, 파프리카, 파슬리, 로즈메리, 세이버리.

레몬타임(Lemon thyme) *T. citriodorus*

잎이 오밀조밀하면서 곧게 자라는 관목이다. 연보라색의 꽃에서는 신선한 레몬 향이 나는데, 생선, 해산물, 닭고기 구이, 빌 등에 잘 어울린다. 또한 비스킷의 재료로도 사용할 수 있다. 요리에서 레몬타임은 가든타임 다음으로 중요한 허브이다.

그 밖의 타임 재배종

커먼타임과 레몬타임의 재배종은 다른 품종들과 마찬가지로 요리사들에게 다양한 맛과 향의 식재료를 제공한다. 중동의 아랍인들은 타임 외에도 세이버리와 오레가노와 향이 비슷한 다른 종의 허브, 즉 시리언오레가노, 콘헤드타임(cornhead thyme), 타임세이버리오레가노(thyme-savory-oregano) 등을 통틀어서 '자타르(za'atar)'라고 한다. 더욱이 이 자타르는 이러한 허브 식물에 세서미(참깨)와 수맥(옻)을 넣은 혼합 향신료의 이름이기도 하다. 또한 아래에서 소개하는 것과 같이, '자타르'라는 별도의 허브도 있다.

캐러웨이타임(Caraway thyme) *T. herba-barona*

코르시카섬과 사르디니아섬이 원산지인 덩굴식물이다. 줄기는 붉은색이고, 잎은 가늘고 윤택이 있으며, 꽃은 분홍색을 띤다. 약한 캐러웨이 향이 나고, 뿌리채소류와 치즈 요리, 크림소스에 페어링이 좋다.

크리핑타임(Creeping thyme) *T. serpyllum*

지중해 지역과 중앙유럽과 북유럽에서도 자생하고 있다. 주로 신선한 상태로 사용하며, 맛은 커먼타임보다도 더 순하다. 작은 잎은 샐러드와 야채볶음에 뿌려서 먹는다. 특히 히솝과 페어링이 좋다.

자타르(Za'atar) *Thymbra spicata*

짙은 녹색의 잎이 달리는 관목으로서 모양은 세이버리와 비슷하다. 눈길을 끄는 보라색 꽃술로 인해 원예식물로서도 훌륭하다. 내한성이 없어서 원산지인 중동 이외의 곳에서는 재배가 어렵다.

콘헤드타임(Conehead thyme) *T. capitatus*

이 재배종은 아랍어로 '자타르파르시(za'atar farsi)' 또는 '퍼시언타임(persian thyme)'이라고 한다.
중동에서도 가장 많이 사용하는 타임이다.

베리어게이티드타임(Variegated thyme)

T. citriodora 'Golden Queen'

이 얼룩무늬가 있는 타임은 맛이 매우 순한 것이 특징이다.
타임 재배종의 향은 에센셜 오일의 성분 조성에 의해 달라지는데, 특히 티몰의 양이 큰 영향을 준다.

오렌지센티드타임(Orange-scented thyme)

T. citriodora 'Fragrantissimus'

이 재배종의 잎은 오렌지 껍질의 향을 내기 위하여 대용할 수 있다.

레몬센티드타임(Lemon-scented thyme)

T. sp. 'Lemon Mist'

잎이 가늘고 길게 자라는 경향이 있다.
샐러드와 홍차에 향미를 더하는 데 사용한다.
몇 잎을 잘게 다져서 수프 요리의 마지막 단계에 넣으면 향미가 한층 더 좋아진다.

세이버리(Savory)

Satureja species

세이버리는 향이 풍부한 식물로서 향신료가 유럽에 유입되기 전부터 사용해 왔던 가장 강력한 향미의 허브였다. 크게 서머세이버리와 윈터세이버리로 나뉘는데, 전자는 지중해 동부 해안과 코카서스 지역이, 후자는 남유럽, 터키, 북아프리카가 원산지이다. 두 종 모두 로마인들에 의해 북유럽으로 전해졌다. 미국으로는 초기 개척자들이 전하였다.

테이스팅 노트

세이버리는 페퍼와 같은 쓴맛을 지닌다. 서머세이버리는 미묘하면서도 초본 식물의 향미가 난다. 톡 쏘면서 약간의 수지 향이 나 면서 타임, 민트, 마조람을 연상시킨다. 윈터세이버리는 독특한 맛과 향이 서머세이버리보다도 훨씬 더 뚜렷하고 세이지와 소나무의 향을 풍긴다.

사용 부위

잎, 줄기, 꽃(장식용 또는 샐러드용).

구입 및 보관

세이버리는 잘라 놓은 상태로 구입할 수는 없고, 종묘점에서 묘목의 형태로 구입할 수 있다. 비닐 백에 넣으면 냉장고에서 서머세이버리는 5~6일간, 윈터세이버리는 10일간 보관할 수 있다. 세이버리는 냉동시켜도, 잘게 썰어도, 줄기를 그대로 두어도 향미가 오래간다. 서머세이버리의 줄기는 통풍이 잘되는 어두운 장소에서 단으로 묶어 매달아 건조시킨다.

재배 방법

서머세이버리는 한해살이식물로서 씨를 뿌려 재배할 수 있다. 비옥하고 배수가 잘되는 토양에서 햇볕이 충분히 들면 잘 자란다. 꽃이 피는 개수를 줄이면 성장력이 왕성해진다. 윈터세이버리는 상록의 여러해살이식물이다. 마찬가지로 씨를 뿌려 재배할 수 있고, 봄에는 포기나누기로 증식시킬 수 있다. 배수가 잘되고 햇볕만 충분하면 잘 자랄 뿐만 아니라, 척박한 토양에서도 자생력이 좋다.

서머세이버리(Summer savory) *S. hortensis*

호리호리한 식물로서 잎은 연하면서 회녹색을 띠고, 꽃은 흰색이나 분홍색을 띤다. 특히 잎은 윈터세이버리보다 향미가 훨씬 더 부드럽다.

신선한 줄기

꽃이 피기 직전에 수확한 잎이 향미가 가장 강하다.

조리법

자극성이 매우 강하여 두 종 모두 장시간 서서히 조리하는 육류나 야채, 소를 채우는 스터핑 요리에 사용할 수 있다. 세이버리는 독일어로 '콩 허브(채소)'를 뜻하는 '보넌크라우트(Bohnenkraut)'라고 할 만큼, 콩과 함께 많이 조리한다. 서머세이버리는(Summer savory)는 그린빈, 누에콩과 페어링이 가장 좋고, 강낭콩이나 그 밖의 콩류와도 잘 어울린다. 양배추, 뿌리채소, 양파를 조리할 때 나는 강한 냄새를 완화시켜 매우 잘 어울린다. 양고기, 돼지고기, 사냥 고기를 조리할 경우에는 부케가니에 자주 사용한다. 장어나 고등어와 같이 기름진 생선과도 페어링이 좋다. 잘게 다져서 샐러드에도 사용하는데, 특히 감자, 콩, 렌틸콩의 샐러드에 매우 잘 어울린다.

윈터세이버리(Winter savory)는 프로방스 지역에서는 '당키페퍼(donkey pepper)'라고도 하는데, 지중해 주변에서 널리 사용되고 있다. 잘게 다진 잎이나 꽃은 수프, 생선 스튜, 피자, 토끼와 양고기, 오믈렛인 프리타터(frittate) 등의 요리에 사용된다.

향미의 페어링

· 잘 맞는 재료

콩, 비트, 양배추, 치즈, 달걀, 생선, 페퍼, 감자, 콩류, 장어, 토마토.

· 잘 결합하는 허브 및 향신료

바질, 베이, 커민, 마늘, 라벤더, 마조람, 민트, 오레가노, 파슬리, 로즈메리, 타임.

윈터세이버리(Winter savory) *S. montana*

억세고 광택이 나며 짙은 녹색을 띤 잎이 조밀하게 난 소형 식물이다.
서머세이버리와 구분 없이 사용하지만,
서머세이버리보다는 양을 적게 사용해야 한다.

신선한 줄기
윈터세이버리의 잎은
연중 수확할 수 있다.

그 밖의 세이버리 재배종

세이버리속은 민트, 타임, 오레가노와 같은 꿀풀과의 한 속으로서 자극적이면서 매콤한 향을 지닌 수많은 식물들을 포함하고 있다. 그 속의 많은 식물들이 오늘날에는 원산지에서 향신료로서 자주 사용되고 있다. 또 일부 식물은 그 이름으로 인해 민트과의 한 속인 미크로메리아속(Micromeria)과 혼동을 일으키기도 한다.

인디언민트(Indian mint, *S.douglasii*)는 매우 귀여운 덩굴식물로서 중앙 및 서아메리카가 원산지이다. 이름은 아메리카의 인디언들이 사용하였다고 하여 붙여졌다. 하트 모양으로 가장자리가 톱니 모양의 잎과 매우 작고 흰 꽃을 피운다. 달콤한 향과 민트의 향, 쓴맛이 있다. 캘리포니아에서는 '좋은 허브(풀)'라는 뜻으로 '예르바부에나(yerba buena)'라고 부르는데, 오래전에는 혼미한 정신을 일깨우는 허브티의 재료로 많이 사용하였다. 멕시코에서 예르바부에나 또는 이에르바부에나(hierba buena)는 스피어민트이든지, 세이버리 재배종이든지 간에 민트류의 식물들을 총칭하는 이름이다.

카스터리컨(Costa Rican) **또는 저메이컨민트**(Jamaican mint bush, *S. viminea*)는 중앙아메리카와 카리브해 지역이 원산지로서 미국의 남서부에서 많이 자생하고 있다. 잎은 작은 타원형으로 광택이 있어 밝은 색을 띠고, 민트의 상쾌한 향이 난다. 서인도제도 남서부의 국가인 트리니다드토바고(Trinidad and Tobago)에서는 육류와 홍차에 향미를 더해 주기 위해 사용한다.

팀브라(Thymbra) *S. thymbra*

팀브라는 여러해살이식물로서 '타임리브드세이버리(thyme-leaved davory)'라고도 한다. 사르디니아섬, 크레타섬, 에게해제도, 그리고 터키 동부 해안에서 많이 자생한다. 타임, 민트, 세이버리의 향이 나고, 매우 기분이 좋은 자극적인 맛이 있다. 잎과 꽃의 순은 육류, 사냥 고기, 야채 스튜, 석쇠고기구이에 향미를 더하기 위해 사용한다.

미크로메리아속(Micromeria)

Micromeria species

미크로메리아속은 초본 또는 관목의 여러해살이식물로서 남유럽, 코카서스, 중국 남서부, 미국 서부 지역이 원산지이다. 이 지역에서는 미크로메리아속의 식물을 일반적으로 식재료나 허브티를 우리는 재료로 사용한다. 유럽에서는 발칸반도 지역의 사람들로부터 많은 사랑을 받고 있는데, 특히 크로아티아에서는 그림을 우표로도 발행할 정도이다. 미크로메리아속은 세이버리속과 깊은 관련이 있으며, 일부 식물의 이름을 붙이는 데 혼동되거나 중복이 일어나기도 한다.

조리법

미크로메리아속 중에서도 향미가 가장 좋은 종은 미크로메리아 티미폴리아(*M. thymifolia*)이다. 타임과 세이버리의 섬세한 향과 함께 온화한 느낌을 준다. 또한 불포화지방산을 풍부하게 함유하고 있다.

이탈리아에서는 여린 잎을 수프, 마리네이드, 프리타터에 향미를 내기 위하여 사용하는 일 외에도 닭고기와 비둘기고기의 속을 채우기 위해 야채와 함께 사용하여 소를 만든다. 잘게 다진 잎은 파스타 소스에 넣거나, 석쇠로 굽기 전에 닭고기나 오리고기 등의 육류에 뿌려 준다.

발칸반도의 지역에서는 잎을 타임과 같은 용도로 사용한다. 미크로메리아는 잘 익은 토마토와 부드러운 프레시치즈의 향미를 높여 주는 역할도 한다. 몇 장의 잎을 잘게 채로 썰어 여름철 베리류의 디저트에 넣으면 맛의 깊이를 더해 준다.

민트 계열 향미의 티에 주로 사용되는 종은 미크로메리아 프루티코사(*M. fruticosa*)이다. 에센셜 오일의 주성분인 풀레곤(pulegone)은 독성이 있는 것으로 알려졌다. 건강을 위해 과도하게 섭취하지 않도록 주의해야 한다. 영국에서 가장 일반적으로 사용하는 미크로메리아속은 엠퍼러즈민트(Emperor's mint)이다. 가든민트 대신에 소량으로 사용한다.

엠퍼러즈민트 (Emperor's mint) *M. species*

엠퍼러즈민트는 스피어민트를 연상시키는 민트 향이 매우 뚜렷하고, 약간 씁쓰름한 향도 함께 난다.

테이스팅 노트

미크로메리아속에서도 일부는 민트 향미를 갖지만, 그 밖의 나머지는 타임과 세이버리의 향미를 갖는다. 미크로메리아 줄리아나(*M. juliana*)는 세이버리와, 미크로메리아 푸르티코사(*M. fruticosa*)는 페니로열민트와 향미가 비슷하다.

사용 부위

잎(신선한 것).

구입 및 보관

미크로메리아속의 허브는 전문 종묘점에서 묘목으로 구입할 수 있다. 야생에서 미크로메리아속의 허브를 채취할 수도 있다. 줄기를 비닐 백에 넣으면 냉장고의 야채실에서 며칠간 보관할 수 있다.

재배 방법

야생 미크로메리아속 허브는 메마른 절벽이나 암석이 많은 초원에서 자생한다. 씨를 뿌려 재배할 수도 있지만, 롬층의 배수가 잘되는 토양에서 포기나누기로 재배할 수 있다. 성장하여 무성해지면 꽃은 흰색, 빨강색, 보라색 등으로 핀다. 꽃대의 모습이 아름다워서 종종 정원에서 원예식물로 재배한다. 잎은 봄부터 늦여름까지 수확할 수 있다.

테이스팅 노트

잎과 뿌리, 설익은 씨는 향이 모두 같다. 세이지 향이 나면서 신선한 레몬과도 같은 진저(생강) 향이 난다. 그 향에 매료되는 사람도 있지만, 비누 향 같아 몹시 싫어하는 사람도 있다. 맛은 매우 미묘하면서도 복합적이어서, 페퍼, 민트, 레몬을 연상시킨다.

사용 부위

잎, 줄기, 뿌리.

구입 및 보관

신선한 코리앤더는 화분이나 잘라 놓은 형태로 청과전이나 슈퍼마켓에서 구입할 수 있다. 동남아시아의 식품점에서는 뿌리가 온전한 코리앤더를 단으로 묶은 형태로 판매한다. 직접 재배할 수도 있다. 비닐 백에 넣으면 냉장고 야채실에서 3~4일간 보관할 수 있다. 특히 냉동시키면 향미를 오래 유지할 수 있다. 잘게 다져서 작은 용기나 아이스큐브트레이에 물과 함께 넣어 냉동시킨다. 건조시킨 코리앤더는 가치가 없기 때문에 아시아 요리에서는 절대로 사용하지 않는다.

재배 방법

코리앤더는 한해살이식물로서 온난하면서 햇볕이 잘 드는 장소에 씨를 뿌리면 쉽게 재배할 수 있다. 잎은 생육 기간 내내 수확할 수 있다. 흰색 또는 분홍색의 작은 씨방에서 씨가 맺힌다. 씨는 충분히 익은 뒤에 수확한다. 줄기는 단으로 묶어 따뜻한 곳에서 매달아서 건조시키고, 씨는 종이 봉지에 담아 보관한다.

코리앤더(Coriander)/고수

Coriandrum sativum

코리앤더는 지중해 지역과 서아시아가 원산지이지만, 오늘날에는 전 세계에서 재배되고 있다. 수많은 요리에 풍부한 향미를 내기 위해 허브 또는 향신료로 사용하고 있다. 아시아, 라틴아메리카, 그리고 포르투갈의 일부 요리에서는 없어서는 안 될 허브이다. 태국의 요리에는 가느다란 뿌리가 주로 사용된다. 서양 요리에서는 열매와 씨가 향신료로 사용된다. 중동과 인도에서도 필수적인 식재료이다. 북아메리카에서는 '실란트로(Cilantro)' 또는 '차이니즈파슬리(Chinese parsley)'라고도 한다.

신선한 줄기

코리앤더에 대하여 16세기의 허브 전문가인 제러드(Gerard)는 '고약한 냄새가 나는 허브'라고 평가하였지만, 중국인들은 오히려 '매우 향긋한 식물'로 평가하고 있다. 코리앤더의 향은 사람에 따라서 지금도 혐오와 사랑이 엇갈리고 있다.

뿌리

뿌리는 약한 시트러스계의 향이 나면서 잎보다 맛이 더욱더 자극적이다.

조리법

코리앤더(고수)는 커리나 커리 페이스트로 사용할 경우를 제외하고는 항상 조리의 마지막 단계에 넣는다. 왜냐하면 센 불로 장시간 조리하면 향미가 사라져 버리기 때문이다. 그리고 코리앤더는 가향 수프, 진저(생강), 양파와 함께 볶음 요리, 커리, 찜 등 아시아의 일상적인 요리에서 폭넓게 사용되고 있다.

태국 요리사는 코리앤더의 뿌리를 커리 페이스트에 사용하고, 잎은 바질과 민트, 칠리와 함께 사용하기도 한다. 인도에서는 잎을 수많은 매운 요리에 고명으로 사용하거나 다른 허브와 향신료와 함께 그린마살라(green masala) 페이스트에 넣는다. 인도와 멕시코에서는 그린칠리와 함께 처트니와 피클, 살사에 즐겨 넣는다. 특히 멕시코인들은 칠리, 마늘, 라임주스와 함께 야채 드레싱이나 생선용 소스를 만든다. 그리고 볼리비아와 페루에서는 칠리, 와카타이와 함께 테이블 소스에 향미를 내는 데 사용한다.

중동의 예멘에서는 저그(zhug)와 힐베(hilbeh)에 반드시 넣는다. 이것은 아주 매운 페이스트로, 견과류와 향신료, 레몬주스, 혼합 조미료, 올리브유 등을 섞어서 만든다.

유럽에서는 유일하게 포르투갈인들이 16세기 이후부터 일상적으로 사용하고 있다. 코리앤더를 감자와 누에콩, 바지락과 함께 사용하고 있다.

향미의 페어링 

· 필수적인 사용
저그,
차르뮬라(charmoula)(아랍 혼합 향신료),
세비체(ceviche)(중남미의 전채),
과카몰리(guacamole)
(멕시코 아보카드 소스).

· 잘 맞는 재료
아보카도, 코코넛밀크, 오이, 해산물,
레몬, 라임, 콩, 쌀,
뿌리채소류, 단옥수수.

· 잘 결합하는 허브 및 향신료
바질, 칠리, 차이브(골파),
걸랭걸(양강근), 마늘, 진저(생강),
레몬그라스, 민트, 파슬리.

예멘의 저그 페이스트 (zhug paste)

칠리, 마늘, 코리앤더, 커민, 카르다몸과 함께 종종 페퍼도 혼합하는 허브 믹스로서 향미료로 사용된다(조리법 282쪽).

쿨란트로(Culantro)

Eryngium foetidum

쿨란트로는 온대성의 두해살이식물로서 카리브해의 수많은 도서 지역에서 자생한다. 각 지역마다 다양하게 불리고 있는데, 트리니다드토바고에서는 '섀도베니(shado beni)', 도미니카공화국에서는 '차드론베네(chadron benee)', 푸에르토리코에서는 '레카오(recao)'라고 한다. 또한 동남아시아에서도 자생하는데, 베트남에서는 '응오가이(ngo gai)', 유럽에서는 '소투스허브(sawtooth herb)', '롱코리앤더(long coriander)', '스파이시코리앤더', '차이니즈파슬리'라고도 한다. 쿨란트로는 스페인어이지만, 영어권 국가에서 일반적으로 사용한다.

조리법

원산지에서는 쿨란트로를 열정적으로 소비하고 있다. 수프와 스튜, 커리, 쌀, 국수, 육류, 생선 등의 요리에 향미를 낸다. 트리니다드토바고의 생선이나 육류의 마리네이드 외에도 수많은 섬 요리의 필수 식재료로 사용된다. 푸에르토리코의 소프리토(soffritto)라는 소스에서는 빼놓을 수 없는 식재료이다, 소프리토는 마늘, 양파, 칠리, 코리앤더, 쿨란트로 등을 섞어서 만든다.

멕시코에서는 살사에 사용한다. 아시아에서는 자극성이 강한 소고기 냄새를 없애기 위해 사용한다. 태국 북부의 요리인 라프(larp)에는 쿨란트로가 꼭 필요하다. 라프는 살짝 익히거나 익히지 않은 소고기를 찹쌀과 함께 제공하는 아주 매운 요리이다. 베트남에서는 육류와 함께 제공되는 허브를 담은 접시에 쿨란트로의 여린 잎이 꼭 들어간다.

신선한 잎

가죽처럼 질기고, 가장자리는 톱니 모양이다. 가시가 있는 경우에는 제거하거나 충분히 익혀 사용한다. 코리앤더를 대신할 수 있지만 소량으로 사용한다.

테이스팅 노트

쿨란트로는 악취 성분을 포함한 강한 향이 특징이다. 맛은 따뜻함 속에 매운 맛이 있으며 쓴 뒷맛이 남는다. 코리앤더를 응축한 듯한 허브이다.

사용 부위

잎(신선한것).

구입 및 보관

묘목은 허브 종묘점에서 구입할 수 있다. 잎, 단으로 묶은 것, 뿌리가 달린 것 등 다양한 형태로 동양의 식품점에서 판매되고 있다. 냉장고의 야채실에서 보통은 3~4일간 보관할 수 있다. 가운데 두꺼운 줄기를 제거한 뒤 소량의 물이나 해바라기유로 퓌레를 만들어서 아이스큐브트레이에 넣고 냉동 보관한다.

재배 방법

약간 그늘지고 배수가 좋은 토양에서 잘 자란다. 그늘에서 자란 잎은 더 크게 자라고 색상도 더 짙으며 매운맛도 더 강하다. 햇볕이 잘 받으면 씨를 맺는다. 꽃대를 제거하면 잎의 성장을 촉진할 수 있다. 잎은 길고 튼실하다. 지상부의 아랫동을 자르면 생육 기간 내내 잎을 수확할 수 있다.

향미의 페어링

· 잘 결합하는 허브 및 향신료

칠리, 코리앤더, 걸랭걸(양강근), 마늘, 맥러트라임, 레몬그라스, 민트, 파슬리.

라우람(Rau ram)

Polygonum odoratum/Persicaria odoratum

열대 아시아의 허브인 라우람은 지역에 따라 다양한 이름으로 불리고 있다. '베트나미즈코리앤더(Vietnamese coriander)', '베트나미즈민트(Vietnamese mint)'라고도 하고, 말레이시아어로는 '다운케숨(Daun Kesum)', '락사리프(Laksa leaf)'라고도 한다. 베트남 이민자들이 1950년대에는 프랑스로, 1970년대에는 미국으로 가져가 오늘날에는 큰 인기를 끌면서 애호가들이 늘고 있다.

조리법

라우람은 해산물, 닭, 오리, 돼지 등 육류에 향미를 내기 위해 사용한다. 베트남인들은 라우람을 칠리, 라임즙과 함께 향미를 낸 양배추 샐러드를 닭고기와 함께 먹는다. 태국의 요리사들은 라우람의 생잎을 남쁘릭과 함께 내거나, 잘게 다진 라프(태국과 라오스의 고기 샐러드)나 커리에 넣는다. 싱가포르와 말레이시아에서 가장 인기 있는 요리 중 하나는 해산물과 생선으로 만드는 매운 소스인 락사에 향을 더하는 고명으로 라우람을 사용하는 것이다. 코리앤더의 대용으로 라우람을 다지거나 찢은 뒤 야채로 볶거나, 수프나 국수에 넣는 것도 좋다.

신선한 잎

라우람은 코리앤더보다 열에 강하여 조리 중에 소량으로 넣으면 요리에 은은한 향미를 낸다. 잎은 큰 접시에 담아 제공하는 샐러드에도 제격이다.

테이스팅 노트

라우람은 시트러스계의 인상적인 향미가 나면서 코리앤더의 향미를 더욱더 날카롭게 한 느낌이다. 맛도 비슷하며 신선한 가운데 얼얼하여 페퍼와 같은 뒷맛이 난다. 그러나 향이 비누 냄새 같다고 느끼는 사람들도 있다.

사용 부위

새싹(신선한 것).

구입 및 보관

묘목은 전문 종묘점에서 구입할 수 있다. 줄기를 단으로 묶은 것은 동양계의 식품점에서 판매하고 있다. 신선한 상태로 구입하여 비닐 백에 넣으면 냉장고의 야채실에서 4~5일간 보관할 수 있다.

재배 방법

라우람은 강가의 둑이나 개울가에서 무성하게 자란다. 강한 서리가 내리지 않는 한, 바람막이로 보호되는 장소에서는 겨울을 날 수 있다. 반나절 그늘진 곳을 좋아하고, 비옥하고 축축한 토양에서 빠른 속도로 무성하게 자란다. 열대 지방에서는 빨간색이나 분홍색의 꽃을 피운다. 잘 솎아 내면 잎의 성장을 새롭게 촉진할 수 있다. 물을 담은 유리잔에 줄기를 2~3일간 두면 뿌리가 발생하는데, 이때 옮겨심기도 할 수 있다.

향미의 페어링

· 잘 맞는 재료

코코넛밀크, 달걀, 해산물, 고기, 닭, 오리 등의 육류, 국수, 콩나물, 그린 페퍼, 칠리, 워터체스트너트(water chestnut)(마름)

· 잘 결합하는 허브 및 향신료

칠리, 걸랭걸(양강근), 마늘, 진저(생강), 레몬그라스, 샐러드 허브류.

테이스팅 노트

잎에서는 페퍼와도 같은 온화한 향미가 나는데, 줄기에서 갓 잘랐을 때 향이 주위로 확산된다. 입안에서는 기분이 좋은 자극적인 향미를 느낄 수 있다. 흰색과 노란색의 작은 꽃도 먹을 수 있다. 약하지만 오렌지의 향이 나서 요리에 장식용으로도 사용된다.

사용 부위

잎, 꽃.

구입 및 보관

청과전이나 슈퍼마켓에서는 단품이나 혼합 허브로 포장된 상태로 구입할 수 있다. 씨를 뿌려서 쉽게 재배할 수 있고, 필요할 때 갓 따서 신선한 상태로 먹는 것이 좋다. 비닐 백에 넣으면 냉장고에서 며칠간 보관할 수 있다. 로켓을 건조시키는 것은 시간 낭비이다. 냉동 보관도 적합하지 않다. 가능하면 신선한 상태로 먹는 것이 좋다.

재배 방법

로켓은 한해살이식물이고, 와일드로켓은 여러해살이식물이다. 약간 그늘진 곳에서 잘 자란다. 두 종 모두 씨가 땅에 떨어지면서 자연적으로 증식한다. 잎은 씨를 심은 뒤 6~8주간이 지나면 수확할 수 있다. 로켓과 와일드로켓의 씨를 교대로 뿌리면 이모작도 할 수 있다.

로켓(Rocket)

Eruca vesicaria subsp. sativa

로켓은 아시아와 남유럽이 원산지이지만, 북아메리카에도 자생하고 있다. 북아메리카에서는 '아르굴라(Arugula)'라고 한다. 오래전 유럽에서는 매우 인기가 높은 허브였지만, 18세기 이후부터는 이탈리아를 제외한 모든 지역에서 사실상 사용되지 않았다. 그런데 2세기가 지난 오늘날에 유럽과 북아메리카에서 가장 인기가 높은 허브로 새롭게 부활하고 있다.

조리법

잎은 통째로 감자 샐러드나 대부분의 혼합 허브 샐러드에 사용할 수 있다. 또한 너트 오일 드레싱과 함께 강한 향미를 지닌 샐러드를 만들 수도 있다. 그 밖에도 다양한 종류의 샐러드와 삶은 달걀, 그리고 칠리볶음에 향을 내기 위해 밑에 깔기도 한다.
로켓과 생햄은 샌드위치의 훌륭한 소가 되고, 또한 버섯과 치즈와 함께 라비올리의 소로도 사용할 수 있다. 다진 잎은 해산물과 허브 드레싱, 특히 파스타용 허브 버터와 페어링이 좋다. 로켓은 바질의 사용 여부와 관계없이, 허브 페이스트를 만들 때 사용한다.

로켓(Rocket) *E. v.* subsp. *sativa*

잎은 성숙할수록 페퍼와 같은 향미가 강해진다.
그러나 꽃이 피면 향미는 약해진다.

와일드로켓(Wild Rocket) *Diplotaxis tenuifolia*

일반 재배종보다 잎이 더 가늘고 가장자리의 톱니 모양도 더 날카롭다. 페퍼와 같은 매운 향미가 있다. 야채로는 청과전에서, 묘목으로는 허브 종묘점에서는 구입할 수 있다.

향미의 페어링

· 잘 맞는 재료

고트치즈(염소치즈), 상추, 감자, 샐러드 허브류, 토마토.

· 잘 결합하는 허브 및 향신료

바질, 보리지, 코리앤더, 크레스, 딜, 러비지, 민트, 파슬리, 샐러드버넷.

터키시로켓(Turkish rocket) *Bunias orientalis*

아시아의 일부 지역에서만 자생한다. 향미가 거칠고 날카롭고 호스래디시와 비슷하게 유황 냄새가 약하게 난다. 터키와 키프로스의 식품점에서는 단으로 묶어서 '로카(rokka)'라는 이름으로 판매한다. 이탈리아의 오믈렛 일종인 프리타터 요리 등에 넣어 조리해서 먹기도 한다.

워터크레스(Watercress)/물냉이

Nasturtium officinale

워터크레스(물냉이)는 내한성이 있는 여러해살이식물로서 유럽과 아시아가 원산지이다. 북아메리카를 비롯하여 서인도제도와 남아메리카에서도 널리 자생하고 있다. 고대 페르시아, 그리스·로마 시대부터 샐러드용 허브로 사용하였다. 북유럽에서 재배된 역사는 비교적 짧다. 독일에서는 16세기에, 영국에서는 19세기에 재배가 시작되었다.

테이스팅 노트

향미가 미약하지만, 줄기와 잎은 아삭아삭한 식감이 있다. 페퍼 향과 함께 약간의 쓴맛이 있다.

사용 부위

줄기, 잎.

구입 및 보관

씨는 종묘점에서 구입할 수 있다. 청과전이나 슈퍼마켓에서는 단품 또는 샐러드용 혼합 허브로 포장하여 판매하고 있어 언제든지 구입할 수 있다. 랜드크레스(Land cress)(나도냉이)라는 품종은 고급 청과전에서나 가끔씩 볼 수 있다. 비닐 백에 넣으면 냉장고의 야채실에서 4~5일간 보관할 수 있다. 가을에 맺은 씨는 보관한 뒤 다음 해에 뿌릴 수 있다.

재배 방법

야외 강가나 개울가에서 매우 잘 자란다. 상업적으로 수경 재배되는 모습도 간간히 볼 수 있다. 물통이나 양동이 안에서도 싹이 쉽게 트고, 광택이 나고 선명한 녹색의 잎은 성장력이 좋아 무성하게 자란다.

향미의 페어링

· 잘 맞는 재료

닭고기, 오이, 생선, 양파, 오렌지, 감자, 연어.

· 잘 결합하는 허브 및 향신료

펜넬, 진저(생강), 파슬리, 소렐, 그 밖의 샐러드 허브류.

조리법

워터크레스(물냉이)는 식품, 크림, 또는 요구르트로 만드는 수없이 많은 수프에 사용된다. 가장 유명한 경우로는 프랑스에서 크레송(cresson)과 감자로 만드는 포타주(potage)와 워터크레스 수프가 있으며, 보통 뜨겁게 또는 차게 먹는다. 이탈리아에서는 워터크레스를 야채수프인 미네스트로네(minestrone) 외에 다양한 야채수프에도 사용하고, 중국에서는 달걀을 푼 만둣국과 광둥식 해산물탕에 즐겨 사용한다. 미국 남서부에서는 워터크레스 수프를 프랑스식 소스인 루유(rouille)와 함께 제공한다. 그 밖에도 생선 요리에는 진저(생강)와 함께 사용하고, 특히 소렐과 같이 연어 요리에도 페어링이 매우 훌륭하다. 중국에서는 워터크레스를 살짝 데친 뒤 잘게 썰어 참기름에 무쳐 먹거나 소금, 설탕, 소량의 술과 볶아서 먹는다.

신선한 잎

유럽에서는 워터크레스를 주로 생으로 먹는다. 샌드위치와 샐러드에 고명으로 올리기도 하고, 오이, 펜넬, 오렌지 조각, 파파야, 레드어니언(red onion) 등과 함께 혼합해서 사용하기도 한다.

그 밖의 크레스 재배종

워트크레스와 서로 비슷하거나 같은 용도로 사용하는 식물들은 많지만, 그 모두가 오피키날레종(*N. officinale*)인 것은 아니다. 나스투르티움(Nasturtium)은 남아메리카에서 화려한 꽃으로 인기가 많아 광범위하게 재배되는 식물 속의 총칭이다. 그런데 그 잎의 맛이 워터크레스와 매우 비슷하여 워터크레스의 속명인 나스투르티움이 이름으로 붙은 것들도 많다.

랜드크레스(Land cress)

Barbarea verna praecox

내한성이 매우 강한 두해살이식물로서, 소위 '윈터크레스(winter cress)'라고 한다. 정원에 씨를 뿌려서 쉽게 재배할 수 있다. 워터크레스(물냉이)와 마찬가지로 작고 부드러운 잎에서는 매운맛이 난다. 신선한 채소가 나지 않은 겨울철에는 매우 요긴한 식물이다.

가든크레스(Garden cress)

Lepidium sativum

내한성이 강하여 차고 건조한 환경에서도 잘 자라고, 척박한 토양에서도 자생력이 강하다. 인기 있는 '컷 앤 캠 어게인'(조금 자란 단계에서 지상부의 밑동을 잘라 수확하고, 다시 성장하면 또 수확하는 방법) 작물로 머스터드와 함께 재배된다. 진한 녹색의 잎이 휘말려 있으며, 강한 페퍼와 같은 맛이 매우 인상적이다.

나스투르티움(Nasturtium) 또는 인디언크레스(Indian cress)

Tropaeolum majus

잎이나 꽃은 향이 거의 없지만, 페퍼나 크레스와 같은 깔끔한 맛이 나서 매력적이다. 꽃은 약간 달콤하고 섬세한 맛이 있다. 그린샐러드, 감자, 강낭콩에 뿌리거나 과일 펀치에 띄우면 모양도 맛도 훌륭하다. 꽃봉오리와 씨는 케이퍼(꽃봉오리 초절임의 지중해 음식) 대신에 사용한다. 여린 잎은 샐러드에 사용하면 좋다.

테이스팅 노트

와사비는 코를 찌르는 듯한 톡 쏘는 향이 강렬한 것이 특징이다. 날카로운 매운맛과 신선하고도 자극적인 맛이 있다. 건조 분말 와사비는 물과 함께 페이스트를 만들어 약 10분간 두면 찌르는 듯한 향미가 발산한다.

사용 부위

뿌리.

구입 및 보관

와사비는 일본 이외의 지역에서는 신선한 것을 좀처럼 구입하기가 어렵다. 그러나 영국에서 재배된 와사비는 인터넷으로 쉽게 구입할 수 있다. 또는 일본 식료품점 냉동 진열대에서도 와사비를 구할 수 있다. 보통은 튜브에 든 페이스트나 캔에 든 가루의 상품을 쉽게 구입할 수 있다. 신선한 와사비는 비닐 백에 넣으면 냉장고의 야채실에서 1주일간 보관할 수 있다. 가루 형태의 와사비는 향미가 몇 개월은 유지된다. 그러나 시간이 갈수록 뒷맛은 점차 김빠진 듯 약해진다. 튜브에 든 와사이 페이스트는 가루보다 훨씬 더 빨리 향미가 사라지기 때문에 개봉 뒤에는 반드시 냉장고에 보관해야 한다.

수확

와사비는 차고 맑은 물에서만 재배할 수 있다. 상업적으로는 약간 그늘진 계단식 밭에 물을 끌어들여서 재배하는데, 생산 비용이 상당히 많이 든다.

와사비(Wasabi)/고추냉이

Eutrema wasabi

여러해살이의 초본 식물로서 주로 일본의 차가운 계곡에서 자생한다. 오늘날에는 미국의 캘리포니아, 뉴질랜드, 영국에서도 널리 재배되고 있다. 영어로는 '마운틴홀리혹(mountain hollyhock)'(산접시꽃)으로 번역되는데, 서양에서는 '저패니즈호스래디시(Japanese horseradish)'(일본고추냉이)라고도 한다. 사용하는 뿌리는 울퉁불퉁하고 혹같이 생겼고, 맛은 자극성이 매우 강하다. 뿌리에서 먹을 수 있는 부위는 길이가 약 10~12cm 정도 된다.

신선한 뿌리

일본에서는 신선한 와사비 뿌리를 물이 담긴 통에 넣어 판매한다. 단단하고 갈색이 도는 초록색의 껍질은 연두색의 속이 보일 때까지 긁어서 제거한다.

조리법

와사비는 열이 가해지면 향미가 사라지기 때문에 기본적으로 차가운 음식에 곁들인다. 일본에서는 대부분 날생선 요리에 함께 나온다. 회나 초밥에는 항상 소량의 간 와사비나 와사비 페이스트가 함께 나온다. 개인의 취향에 맞춰 와사비를 간장에 푼다. 초밥에서는 회와 식초로 버무린 밥 사이에 살짝 묻힌다.

간장과 육수로 만드는 와사비 간장은 인기가 높은 소스이다. 와사비는 그 자체로 드레싱이나 마리네이드에 날카로운 매운맛을 더해 준다.
또한 맛있는 와사비 버터는 냉장고에서 몇 주간 보관할 수 있다. 이것을 소고기 안심이나 그 밖의 질 좋은 소고기에 곁들이면 멋진 향미를 만끽할 수 있다.

향미의 페어링

· **필수적인 사용**
생선회, 초밥.
· **잘 맞는 재료**
아보카도, 소고기, 생선회, 쌀밥, 해산물.
· **잘 결합하는 허브 및 향신료**
진저(생강), 간장.

간 뿌리

일본에서는 껍질을 벗긴 뿌리를 편평한 강판으로 간다. 강판에는 스테인리스제, 주석도금제, 플라스틱제가 있는데, 일본식 조리 도구를 취급하는 상점에서 구할 수 있다.

와사비 페이스트

유럽에서는 와사비가 매우 비싸다. 따라서 보통은 매운 호스래디시, 머스터드, 녹색 착색제를 함께 섞어서 만든 와사비 페이스트나 파우더를 판매한다. 진짜 와사비 페이스트는 그렇지 않은 페이스트보다 가격이 2배 이상이나 높지만, 유통 기한은 훨씬 더 짧다.

호스래디시(Horseradish)/서양고추냉이 *Armoracia rusticana*

테이스팅 노트

뿌리는 머스터드와 같이 매운맛이 강하고 자극성이 날카롭다. 강판에 갈면 눈물과 콧물이 날 정도로 자극적이다. 으깬 잎에서도 날카로운 매운맛이 나지만, 뿌리에 비하면 훨씬 더 부드럽다.

사용 부위

잎, 뿌리(신선하거나 건조시킨 것).

구입 및 보관

호스래디시는 유대교 유월절의 첫 저녁 의식에 나오는 요리, 즉 '세더(Seder)'에도 사용된다. 유월절이 지나면 신선한 뿌리를 찾기가 더 어려워진다. 정원에서 수확한 신선한 뿌리는 건조한 모래 속에서 수개월간 보관할 수 있다. 신선하게 구입한 것은 비닐 백에 넣으면 냉장고에서 2~3주간 보관할 수 있다. 잘라 놓은 것과 일부 사용한 것도 좋은 상태로 보관된다. 강판으로 간 것은 냉동 보관할 수 있다. 건조시켜 가루로 만든 뿌리나 잘라 놓은 것들을 구입할 수도 있다.

재배 방법

호스래디시는 꺾꽂잇법으로 쉽게 재배할 수 있다. 배수가 잘되는 사토에 잘 자라고, 자생력이 강하여 관리하지 않으면 무성하게 자란다. 민트와 마찬가지로 용기에 심는 것이 좋다. 보통 서리가 내려 뿌리의 지상부가 시들면 수확한다. 뿌리는 서리에 내한성이 있기 때문에 겨우내 수확할 수 있다.

호스래디시(서양고추냉이)는 내한성이 있는 여러해살이식물로서 동유럽과 서아시아가 원산지이다. 러시아와 우크라이나의 초원 지대에서는 지금도 자생하고 있다. 유럽에서 시작된 조리법은 중세 전반기에 중앙유럽으로 전파된 뒤 다시 스칸디나비아반도와 서유럽으로 확산되었다. 그리고 영국인의 초기 개척자들이 북아메리카로 들여갔다. 재배 방법은 나중에 독일인과 동유럽의 이민자들에 의해 1850년경에 확립되었다. 1860년대에는 병에 담아 편리하게 사용하는 조미료 중의 하나가 되었다.

신선한 뿌리

기다라면서 굵은 털이 나 있고, 황갈색을 띠는 호스래디시의 뿌리를 자르면 하얀 속살이 보인다. 강판에 갈면 자극적인 휘발성 오일이 발산하여 곧바로 향미가 사라져 버리기 때문에 요리에 남아 있지 않는다.

조리법

갓 갈아서 신선한 호스래디시(서양고추냉이)는 약간의 레몬즙과 함께 사용하면 향미가 안정되는데, 감자와 뿌리채소류 샐러드에 잘 맞는다. 또한 기름진 생선의 소화도 도와준다. 전통적으로는 소고기구이에 곁들여서 먹는데, 특히 독일에서는 우설이나 소고기 수육과 함께 먹는다. 스칸디나비아반도에서는 얇게 다진 호스래디시를 양파, 신선한 진저(생강)를 비롯하여 다양한 향신료와 함께 혼합하여 청어초절임에 넣거나, 호스래디시와 머스터드를 혼합해 소스를 만들어 흰살 생선에 곁들인다. 호스래디시는 생크림, 식초나 사워크림, 설탕과 함께 사용하여 맛있는 소스를 만들 수 있다. 오스트리아에서 인기 있는 조미료인 '애피크렌(Apfelkren)'은 사과주스와 소량의 레몬즙을 호스래디시와 함께 섞어서 만든다. 또한 설탕으로 조린 살구에 소량의 머스터드와 호스래디시를 넣으면 햄에도 잘 어울리는 글레이즈(glaze)가 된다. 머스터드와 함께 녹인 버터에 넣고 섞으면 옥수수나 당근에도 매우 잘 어울린다. 연한 여린 잎은 그린샐러드에도 상쾌하고 예리한 맛을 더해 준다. 호스래디시는 신선한 상태일 때 사용하는 것이 가장 좋다. 왜냐하면 시간이 지나면 시들면서 갈색으로 변하기 때문이다. 또한 호스래디시 조미료에 설탕을 대량으로 사용하면 허브 특유의 신선함과 매운 향미도 사라져 버린다.

향미의 페어링

· 잘 맞는 재료

사과, 아보카도, 쇠고기, 비트, 기름진 생선, 훈제 생선, 구운 개먼(gammon)(소금에 절인 돼지고기) 또는 햄, 감자, 소시지, 해산물, 요구르트.

· 잘 맞는 허브 및 향신료

케이퍼, 셀러리, 차이브(골파), 크림, 딜, 머스터드, 토마토퓌레, 식초.

간 뿌리

강판에 간 뿌리에 레몬즙을 뿌리면 변색을 막고 매운맛이 사라지는 것을 막을 수 있다. 시중의 호스래디시 조미료에는 갈변화를 막고 향미가 사라지는 것을 막기 위하여 레몬즙 대신에 식초가 사용되고 있다.

테이스팅 노트

모든 사람들이 에파조테를 좋아하는 것은 아니다. 향을 싫어하는 일부 사람들은 페인트에 들어가는 테레빈유(turpentine) 또는 니스의 원료인 퍼티(putty)와 같다고 표현한다. 다른 사람들은 세이버리, 민트, 시트러스와 같은 향긋한 향을 떠올린다. 또 다른 사람들은 장뇌 향이나 흙 향이 나는 민트를 떠올리기도 한다. 감귤의 뒷맛과 함께 묘한 중독성이 있다. 약간 매캐하고 자극성이 있으면서 상쾌하고도 씁쓰름한 맛도 난다.

사용 부위

잎(신선하거나 건조시킨 것)

구입 및 보관

유럽에서는 직접 재배하지 않는다면, 신선한 에파조테를 구하기가 어렵다. 건조시킨 에파조테는 향미는 덜하지만, 식재료로 사용해도 훌륭하다. 단, 줄기가 아니라 잎을 사용해야 한다.

재배 방법

에파조테는 건조시킨 토양에서도 씨를 뿌려서 쉽게 재배할 수 있다. 향미는 일조량에 따라 결정된다. 추운 날씨에서는 향이 약해진다. 비록 한해살이식물이지만, 자생력이 강한 특징이 있다. 한번 정착하면 실내에서 겨울을 날 수 있다.

향미의 페어링

· 필수적인 사용

검은콩 요리, 케사디야(quesadillas)(치즈, 토르티야를 넣은 멕시코 샌드위치), 몰레베르데(멕시코의 매운 소스), 살사

· 잘 맞는 재료

초리조(chorizo), 어패류, 라임, 버섯, 양파, 페퍼, 돼지고기, 콩류, 쌀, 호박, 단옥수수, 토마티요, 야채, 검은콩 요리, 녹색 야채.

· 잘 맞는 허브 및 향신료

칠리, 클로브(정향), 코리앤더 잎, 커민, 마늘, 오레가노.

에파조테(Epazote)

Chenopodium ambrosioides

에파조테는 중남아메리카의 멕시코가 원산지로서 유카탄반도와 과테말라의 마야 요리에서는 결코 빼놓을 수 없는 식재료였다. 오늘날에는 남아메리카 북부 국가들과 카리브제도 지역에서 널리 재배되어 사용되고 있다. 또한 북아메리카에도 확산되어 갓길의 잡초 속에서 자주 볼 수 있다. 특히 남부 지역에서는 상업적으로 대량으로 재배되고 있다. 유럽에도 자생하지만, 흔히 볼 수는 없다.

조리법

신선한 에파조테는 요리에 향미를 더하기 위해, 또는 위장 내 가스의 발생을 억제하기 위해 사용된다. 멕시코에서는 콩요리에 사용한다. 잘게 다져서 수프나 스튜에, 살사에는 날것으로 사용하는데, 향미를 더해 준다. 이때 쓴맛이 나지 않게 조리가 완료되기 15분 전에 넣는다.
또한 에파조테는 토마티요(tomatillo)와 그린 칠리에 견과류를 넣고 걸쭉하게 만든 그린 소스인 몰레베르데(mole verde)에도 빠질 수 없다. 그런데 에파조테는 다른 식재료의 향미를 압도해 버릴 뿐만 아니라, 약간의 독성이 있는 성질이 있다. 만약 대량으로 사용할 경우에는 어지럼증을 일으킬 위험이 있기 때문에 반드시 소량으로 사용해야 한다.

신선한 잎

에파조테의 향미는 자극성이 매우 강하다. 그 이름은 아즈텍어로 '불쾌한 냄새'를 뜻하는 '나와틀(nahuatl)'에서 유래하였다.

건조시킨 잎

신선한 것을 구입할 수 없을 경우에만 건조시킨 잎을 사용한다.

머그워트(Mugwort)

Artemisia vulgaris

머그워트는 한해살이식물로서 유럽, 아시아, 북아메리카의 전역에서 자생하고 있다. 중세 시대에는 맥주 양조 과정에서 쓴맛을 내기 위해 홉 대신에 사용하였다. 8세기에는 유럽에서 가장 인기 있는 허브 중 하나였지만, 오늘날에는 '구스허브(goose herb)'로 인기가 유지된 독일 이외의 지역에서는 거의 사용되지 않는다.

조리법

머그워트는 기름진 생선이나 오리, 거위 등 육류와 잘 어울리면서 소화를 도와준다. 향미를 듬뿍 담고 있어서 소를 넣는 스터핑 요리나 마리네이드에도 좋다. 가열 조리하면 향이 나기 때문에 조리의 시작 단계에 넣는다. 딱히 어울리는 허브는 없지만, 마늘이나 페퍼와는 페어링이 좋다고 할 수 있다.
일본에서는 '요모기(よもぎ)'라고 하며, 채소로, 쑥떡의 재료로, 메밀의 양념으로 사용한다. 여린 잎은 아시아 도처에서 삶거나 볶아서 먹는다. 또한 여린 잎을 채로 썰어 야채샐러드에 올리거나 드레싱에 넣어서 먹기도 한다. 머그워트를 몇 주간 담근 사과식초는 샐러드와 마리네이드와도 잘 맞는다.

신선한 잎

잎은 매끄럽고, 앞면은 초록색, 뒷면은 흰색 잔털로 뒤덮여 있다.

건조시킨 잎

독일에서는 신선한 것과 건조시킨 것 모두 구입할 수 있다. 다른 곳에서는 직접 재배하든지, 인터넷으로 건조시킨 것을 구입해야 한다.

테이스팅 노트 

향은 주니퍼나 페퍼와 비슷한데, 민트 향과 달콤한 향이 나면서 약간의 자극성이 있다. 뒷맛은 부드러우면서도 약간 씁쓰름하다.

사용 부위 

신선한 새싹, 잎(신선한 것이나 건조시킨 것), 꽃봉오리.

구입 및 보관 

묘목은 허브 종묘점에서 구입할 수 있다. 잎은 필요할 때마다 수확할 수 있다. 꽃이 달린 줄기는 따뜻하면서 어두운 장소에서 매달아 건조시킨다. 이 방법으로는 약 3주 정도 걸리지만, 따뜻한 오븐에 넣으면 4~6시간 만에 건조시킬 수 있다. 건조시킨 꽃봉오리와 잎은 밀폐 용기에 담아 1년간 보관할 수 있다. 건조시킨 것은 일본에서도 일부 식품점에서 구입할 수 있다.

재배 방법 

환경에 순응성이 강하고, 충분한 햇빛이 들고, 비옥하고 습한 토양에서 잘 자란다. 씨를 뿌리거나 뿌리줄기를 포기나누기로 증식시킨다. 자연 상태로 두면 무성해지기 때문에 솎아 주면서 성장을 억제시켜야 한다. 작은 적갈색의 꽃이 늦여름에서 초가을에 걸쳐서 원추꽃차례로 많이 핀다. 꽃봉오리가 벌어지기 전에 수확한다. 꽃은 불쾌할 정도로 맛이 쓰다.

향미의 페어링 

· 잘 맞는 재료
콩, 오리, 장어, 사냥 고기, 거위, 양파, 돼지고기, 쌀.

· 잘 결합하는 허브 및 향신료
마늘, 페퍼.

허브의 준비 과정

허브 잎의 훑기, 다지기, 찧기

차이브(골파), 처빌, 코리앤더와 같은 몇몇 허브들은 줄기가 매우 부드러워 그대로 사용할 수 있다. 그러나 대부분의 허브들은 줄기가 매우 단단하여 줄기로부터 잎을 훑어 낸 뒤에 사용한다. 작은 잎과 잔가지는 통째로 샐러드에 사용하거나 장식용으로 올린다. 그 밖에는 요리에 따라 얇게 썰거나 잘게 다지거나 찧어서 조리한다. 사전에 준비해 놓으면 향미가 날아가 버리기 때문에 조리 직전에 준비하는 것이 좋다.

허브 잎의 훑어 내기

허브의 줄기가 부드러울 때 잎을 줄기의 윗동에서 훑어 내면 너무 연하여 찢어져 버린다. 부드러운 줄기는 잎을 떼어 내지 않고 통째로 잘게 다져서 사용한다. 특히 허브의 잎이 클 경우에는 줄기의 밑동에서부터 손으로 훑어 내면 잎과 줄기를 쉽게 분리할 수 있다.

◀ 단단한 줄기에서 훑어 내기

단단한 줄기에서 잎만 분리하려면 먼저 줄기 아랫동을 한 손으로 잡은 뒤 다른 손 엄지와 검지로 줄기를 잡고 윗동 방향으로 훑어 내면 된다.

◀ 부드러운 줄기에서 훑어 내기

펜넬이나 딜과 같이 부드러운 줄기에서 잎을 분리하려면 한 손으로 줄기를 잡고 다른 한 손으로 윗동 방향으로 잎을 잡아 당겨 떼어 낸다.

허브 잎의 다지기

허브는 요리에 따라 잘게 다져서 사용하는 경우도 있다. 다진 허브는 공기에 접하는 표면적이 넓어져 에센셜 오일이 곧바로 음식에 녹아들면서 향미를 내지만, 가열하는 경우에는 향미가 사라져 버리기도 한다. 굵게 채를 썬 것은 잘게 다진 것보다 향미와 식감이 오래 지속되고 가열하여도 잘 변하지 않지만, 식감이 부드러운 요리에는 적합하지 않다.

◀ 메찰루나(mezzaluna)로 썰기

요리사들 중에는 많은 양의 허브를 썰 때 반달 모양의 칼인 메찰루나를 사용하는 사람도 있다. 이 칼을 다루는 방법은 좌우로 흔들어 주는 것이다. 허브를 잘게 다지기 위해 푸드프로세서를 사용할 수도 있다. 펄스 버턴을 눌러 짧은 간격으로 다지는데, 이때 허브에는 물기가 없어야 한다. 그렇지 않을 경우에는 보기에 안 좋은 페이스트와 같이 되어 버린다. 그런데 푸드프로세서로 허브의 잎을 균일하게 다지는 일은 쉽지 않다.

1 허브를 다지기 위해서는 날이 크고 잘 드는 칼을 사용해야 한다. 그렇지 않으면 다지는 것이 아니라 상처만 내게 된다. 허브를 도마 위에 올려놓고 한 손으로 칼날의 끝을 눌러 위아래로 흔들면서 재빠르게 다진다.

2 가끔 칼날로 허브를 한데 모은다. 그리고 허브가 적절한 크기가 될 때까지 다지는 작업을 반복한다.

가는 채 썰기, 쉬포나드(chiffonade)

요리에 장식하기 위해 실같이 가늘게 써는 작업을 '쉬포나드'라고 한다. 이렇게 가늘게 채로 썬 허브의 잎은 요리에 매혹을 더해 주는 고명으로 사용되고, 또한 소스에 사용되어 적당한 식감을 안겨 준다.

1 소렐과 같이 질긴 잎맥이 있는 허브는 사전에 잎맥을 하나하나 제거한다.

2 비슷한 크기의 잎을 여러 장 포개어 돌돌 만다

3 날이 잘 드는 칼을 사용하여 매우 가늘게 채를 썬다.

허브 찧기

허브 페이스트는 허브를 절구에 넣고 공이로 찧어서 만든다. 예를 들면, 마늘퓌레는 절구에 소금을 약간 넣고 공이로 찧으면 쉽게 만들 수 있다. 푸드프로세서보다 훨씬 더 빠르고 부드럽게 만들 수 있다.

1 페스토(조리법 289쪽)는 허브를 찧어서 만드는 전통 소스이다. 바질과 마늘을 적당량으로 절구에 넣고 공이로 찧어 준다.

2 잣, 파르메산치즈(Parmesan cheese) 가루, 올리브유를 조금씩 넣고 페이스트 상태가 되도록 찧는다.

허브의 건조

모든 허브들이 건조에 적합한 것은 아니다. 타임, 로즈메리, 오레가노, 레몬버베나와 같은 목질의 줄기와 굳은 잎을 지닌 허브는 건조하면 향미가 오래 유지되지만, 바질, 파슬리, 처빌, 마조람와 같은 부드러운 잎과 줄기를 지닌 허브는 건조시키면 향미가 사라져 버린다. 단, 민트는 예외적으로 잎이 부드럽지만 건조시키는 것이 더 적합하다. 허브를 건조시키는 전통적인 방법은 단으로 묶어서 매다는 것이지만, 오늘날에는 전자레인지(오픈레인지)에 넣어 충분히 건조시킬 수도 있다. 향미가 좋은 고품질의 건조 허브를 만들려면, 에센셜 오일이 가장 응축되는 꽃이 피기 직전의 이른 낮에 허브를 따서 사용해야 한다.

허브의 냉동

부드러운 허브는 건조시키는 것보다 냉동시키는 것이 더 적합하다. 냉동 허브는 향이 약 3~4개월간 유지된다.
냉동 허브는 수프, 스튜, 찜, 소스 등의 요리에 사용하면 좋다.

◀ 다진 허브의 냉동

허브를 씻은 뒤 물기를 빼고 잘게 다져서 작은 용기에 담거나 약간의 물이나 오일과 함께 아이스큐브트레이에 담아 냉동시키다. 이렇게 만든 허브 아이스큐브를 비닐 백에 넣어 다시 냉동 저장한다.

◀ 허브 퓌레의 냉동

또 다른 방법은 각각의 허브를 소량의 오일과 함께 푸드프로세서로 갈아서 퓌레로 만든 뒤 비닐 백이나 밀폐 용기에 담아 냉동 저장한다.

허브의 건조

허브를 통풍이 잘되는 장소에 매달아 약 1주일간 건조시킨다. 뜨거운 김이 오르는 주방에서 매달아 두면 완전히 건조되지 않는다.
에센셜 오일까지 증발되지 않도록 직사광선이나 고온의 환경은 피한다.

▲ 전자레인지로 건조

깨끗하게 손질된 잎이나 줄기를 2중으로 깐 페이퍼타월 위에 골고루 펼쳐 놓고 전자레인지에 넣어 약 2분 30초간 가열한다. 베이리프는 약간 더 오래 가열한다. 전자레인지로 가열하면 허브의 선명한 색상이 오래 유지된다.

1 건조시키기 전에 미리 마르거나 변색된 잎은 제거한다. 허브를 작은 단으로 묶어서 통풍이 잘되고, 직사광선이 들지 않는 곳에서 매달아 놓는다.

2 잎이 쉽게 부스러지면 건조가 완료된 것이다. 큰 잎과 작은 꽃망울도 손으로 문지르면 쉽게 부서진다. 잎을 줄기에서 떼어 밀폐 용기에 담아 저장할 수도 있다.

허브로 식초, 오일, 버터 만들기

허브의 향미가 가득한 식초나 오일은 소스, 드레싱, 마리네이드에서 필수적인 식재료이다. 수프나 스튜에도 손님에게 내기 직전에 뿌려 주면 향미를 더해 준다. 바질, 딜, 마늘, 라벤더, 로즈메리, 타라곤, 타임 등의 허브로 훌륭한 식초를 만들 수 있다. 칠리, 페퍼콘, 딜, 펜넬, 머스터드 등의 향신료로도 식초를 만들 수 있다.

바질, 베이, 딜, 마늘. 민트, 오레가노, 로즈메리, 세이버리, 타임과 같은 허브나 칠리, 커민, 아니스, 펜넬 등의 향신료로도 오일을 만들 수 있다. 허브와 향신료의 버터는 훈연 및 튀김 생선, 닭과 오리 등의 육류, 데친 야채에도 잘 어울린다. 또한 드레싱에 감칠맛을 더하거나 샌드위치에 기본 향미를 제공한다.

허브로 식초, 오일 만들기

허브 향미가 나는 식초는 몇 년간 저장할 수 있고, 시간이 지남에 따라 향미가 더욱더 순해진다. 오일은 1년 정도 보관할 수 있다. 모두 서늘하고 어두운 장소에서 보관한다.

1 허브나 향신료로 식초를 만들려면 약 60g의 허브 줄기나 향신료를 통째로 으깨 향미를 낸다.

2 1을 저장용 용기에 담은 뒤 화이트와인식초나 사과식초나 쌀식초를 500mL를 붓는다. 용기의 뚜껑을 덮은 뒤 2~3주간 그대로 둔다. 이때 용기를 햇볕이 잘 드는 곳에 두면 향미가 더 빨리 난다.

3 걸러낸 식초를 병입하고 장식용 허브 줄기를 넣은 뒤에 안쪽이 플라스틱으로 된 코르크 뚜껑으로 닫고 병에 라벨을 붙이다.

◀ 허브오일 만들기

허브오일도 위의 방법에 따라 만드는데, 식초 대신 엑스트라버진 올리브유, 해바라기유, 포도씨유를 용기 가득히 담는다. 오일은 직사광선을 피해 저장하는 것이 좋다. 향미가 나오면 걸러서 저장용 병에 담는다.

허브로, 향신료로 버터 만들기

대부분의 신선한 허브들은 버터에 훌륭한 향미를 더해 준다. 향신료로는 가루를 낸 커민, 블랙페퍼, 카르다몸, 올스파이스, 파프리카, 칠리 중에서 택일할 수 있다. 버터 150g에 1½~2작은술을 넣는다. 향신료를 허브와 함께 사용하는 경우에는 소량씩 조심스레 사용한다. 버터는 냉장실에서 1주일간 보관할 수 있다. 물론 냉동 보관도 가능하다.

1 사발에 녹인 버터 150g, 레몬즙 1~2큰술, 다진 허브 4~5큰술을 넣고 부드러워질 때까지 잘 치대거나 푸드프로세서로 섞는다.

2 편평한 곳에 비닐 랩을 깐 뒤 향미가 밴 1의 버터를 숟가락으로 떠 가운데에 놓는다. 찢어지는 것을 막기 위해 비닐 랩을 한 장 더 사용하여 에워싼다.

3 버터를 소시지 모양으로 만들면서 휘만다. 이때 비닐 랩이 버터 속으로 말려들지 않도록 주의한다.

▲ **허브 버터**

비닐 랩으로 포장한 뒤 냉장실에 보관하거나 비닐 백에 넣어 냉동시킨다.

스파이스(향신료)

스파이스(향신료)의 기본 지식

애서페터더(Asafoetida)

수많은 사람들은 오래전부터 향신료에 몰두해 왔다. 향신료의 기원과 그 자체에, 또는 요리에 주는 영향이나 잠재성에 큰 매력을 느껴 왔다.
사람들의 식생활은 오래전부터 자신이 거주하는 지역에서 자생, 또는 재배되는 작물에 의해 결정되어 왔다. 조리 방법이 구할 수 있는 식재료나 지역적인 조건 등에 의해 좌우되기 때문이다. 그중에서도 전 세계의 위대한 요리에 독특한 개성을 부여하는 식재료가 있다면, 바로 '향신료'일 것이다. 또한 향신료를 능숙하게 다룰 수 있는 능력도 높은 기술로 평가되고 있다.

열대 아시아의 농산물

세계에서 가장 중요한 향신료 식물로는 시나몬, 클로브(정향), 걸랭걸(양강근), 진저(생강), 너트메그(육두구), 페퍼(후추)가 있다. 이 향신료 식물의 대부분은 아시아의 열대 지역이 원산지이다. 이러한 향신료들은 수천 년에 걸쳐서 오랫동안 인류 사회에서 사용 및 거래되어 왔다. 따라서 향신료의 무역에 관한 역사적인 기록들도 수없이 많다.
세계사에서는 향신료를 둘러싼 열강들의 다툼 끝에 부의 축적과 제국이 형성되면서 잔혹한 정복과 해적 행위, 약탈들이 자행되었던 역사를 종종 볼 수 있다. 그와 동시에 향신료 개척의 역사는 곧 유럽의 발전사와 늘 함께 있었다. 유럽의 국가들이 향신료의 개발에 기여한 과정에서 대해서는 비교적 잘 알려져 있다. 예를 들면, 중국에서 비잔틴 제국으로 향신료를 수송하는 육로가 있었고, 아랍의 뱃사람들이 티그리스-유프라테스강 유역에서 시작하여 나중에는 지중해의 항구 도시에까지 향신료를 전파하였으며, 포르투갈, 네덜란드, 영국이 향신료의 산지를 점령하기 위하여 치열한 다툼을 벌였던 사건 등이다.
그러나 대아시아 무역의 초기 역사, 즉 한국의 신라 시대(7~10세기)부터 시작하여 중국의 송나라 시대(960~1276)에 남부 지역, 그리고 스리랑카 등과의 교류에 대한 내용은 지금까지도 거의 알려져 있지 않다.

커리 잎(Curry leaf)

시대를 더 거슬러 올라가면, 인도의 초기 무역업자들이 기원전 6세기경 스리랑카, 말레이시아, 인도네시아의 섬들에 힌두교와 불교를 전파하면서 향신료도 함께 전파하였다는 설도 있는데, 이는 아직 확실하지 않다.
이탈리아의 탐험가인 크리스토퍼 콜럼버스(Christopher Columbus, 1451~1506)가 아메리카 대륙을 발견하였을 당시에 원주민들의 식문화는 이미 고도로 발달된 상태였다. 아메리카 대륙의 열대, 아열대 지역에서 발견된 올스파이스, 칠리, 바닐라와 같은 향신료는 그 뒤 유럽의 식문화를 긴 세월에 걸쳐서 변화시켜 왔다. 실제로 칠리가 전파되면서 전 세계 절반 지역의 식생활도 급격하게 풍요로워졌다고 평가되고 있다.

향신료의 확산

유럽의 향신료도 향신료의 세계에 큰 기여를 하였다. 향이 좋은 씨 향신료(코리앤더, 펜넬, 페뉴그리크, 머스터드, 파피)는 대부분 지중해 지역이 원산지이고, 유럽의 한랭지에서도 캐러웨이, 딜, 주니퍼 등이 수확된다.
유럽의 무역은 주로 대륙과 서아시아 내에 머물러 있었지만, 아메리카 대륙의 초기 이주자들은 자신에게 친숙한 수많은 향신료들을 들고 바다를 건넜다. 향신료는 무역을 통해 전파된 것만은 아니다. 오랫동안 굳건히 유지되었던 무역의 독점 체제가 깨진 적도 있었다. 프랑스의 식물학자와 탐험가들은 특히 식물의 밀수에 능하였는데, 그들의 밀수 덕분에 일부 향신료들이 새로운 땅에서 재배되기 시작한 것이다.
향신료의 전파에서 '개척민들의 이주'도 '무역' 이상으로 크게 공헌하였다. 예를 들면, 중국 남부의 사람들이 당시 생필품으로 재배되었던 진저(생강)을 이주하는 과정에서 선박으로 운송한 결과, 태평양 일대에서 진저(생강)의 재배가 확산되었다.

코리앤더(Coriander)/고수 씨

파피(poppy)/양귀비

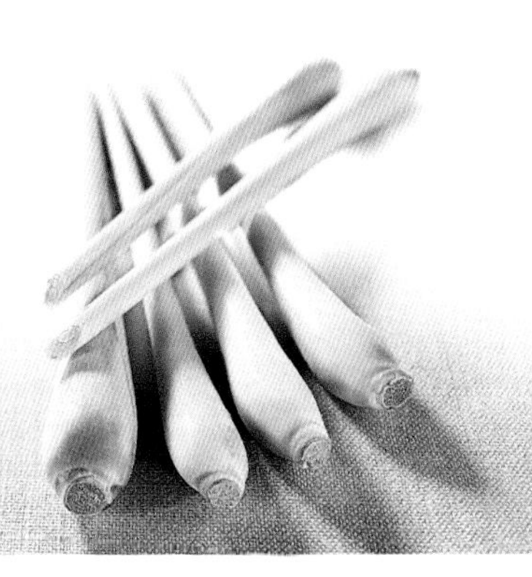
레몬그라스(Lemongrass)

진저(Ginger)/생강

이주민들이 건너간 지역에서는 함께 들여온 식재료와 현지의 식재료들이 융합되는 과정이 일어났다. 물론 이주는 식민지의 개척을 위한 강제에 의한 것이었고, 그로 인해 이주민들에게는 경제적인 고난도 엄청나게 뒤따랐다. 이렇게 하여 등장한 것이 남아프리카공화국에서는 케이프말레이(Cape-Malay), 미국 남부에서는 케이준, 네덜란드령 시대의 인도네시아에서는 라이스트타펠(rijsttafel) 등의 요리이다. 이 요리들의 공통점은 모두 향신료를 활용한 퓨전 음식이라는 점이다. 그 밖에도 프랑스령 서인도제도에서는 혼합 향신료인 콜롱보파우더(Colombo powder)가 활용되기 시작하였다.

바닐라(Vanilla)
건조시킨 바닐라 꼬투리에는 끈적거리는 작은 씨들이 들어 있다. 아이스크림, 케이크, 달콤한 시럽에 향을 내는 데 사용한다. 바닐라는 기본적으로 해산물과 닭고기와도 페어링이 좋다.

음식 본연의 특성에 대한 욕구

오늘날에는 지역 고유의 향토 음식에 대한 인식과 수요가 높아지고 있다. 예를 들면, 이탈리아에서는 각 지역마다 각기 다른 독자적인 요리가 있기 때문에 사실 '이탈리아 요리'라는 총칭은 존재하지 않는다. 또한 일반적으로 중식이라는 메뉴도 사실 광둥성의 요리로서, 베이징이나 쓰촨성, 후난성의 요리와는 전혀 다르다. 북인도와 남인도에서 요리의 차이점, 태국 북부와 남부에서 요리의 차이점 등은 오늘날 큰 주목을 받고 있다.
모로코, 페루, 에티오피아의 요리 전문 레스토랑은 영국의 어느 도시에서나 찾아볼 수 있다. 그와 같은 요리들이 독특한 개성을 띠는 것은 허브나 향신료의 사용법이 매우 다양하기 때문이다.
오래전에는 '화학이 요리 같다'고 말하곤 하였지만, 오늘날에는 '요리가 화학 같다'고 말하는 것이 더 정확한 표현일 것이다.
식품업체들은 지금도 끊임없이 새로운 향미를 개발하고, 다른 것들과 차별화하기 위해 수많은 노력들을 기울이고 있다. 예를 들면, 전자식 후각 및 미각 센서와 그 밖의 초정밀 장치를 사용하여 일종의 '향 지문(aroma fingerprint)'를 개발하고 있는 것이다. 또한 연구실에서는 향신료, 허브, 과일, 완성된 요리 등에서 방향성 분자들을 수집한 뒤 재현하여 상품화하고 있다. 특히 연구 결과들은 즉석 음식의 상품화에 많이 응용되고 있다. 그로 인해 음식들의 맛과 향은 분명히 좋아졌지만, 또 한편으로는 본래의 음식이 지닌 고유의 문화적, 질적, 영양적 가치들이 많이 상실된 것도 사실이다.
실제로 향신료를 능숙하게 블렌딩할 수 있다면, 향신료를 기성 상품인 튜브에서 짜내거나 병에서 늘어내 사용하는 것과는 전혀 다른 성취감을 맛볼 수 있을 것이다.

터메릭(turmeric)/강황
터메릭(강황)의 땅속줄기를 찧은 가루는 인도와 카리브해 지역의 수많은 요리에서 온화한 흙의 향미를 더해 주고, 짙은 노란색의 색채감을 안겨 준다.

일반 가정에서 매일매일 향신료를 하나하나 블렌딩하여 일상적으로 사용하는 지역에서는 조리법이 딱히 정해진 것이 없다. 지역의 전통, 집집마다 고수하는 맛, 개인의 취향에 따라서 사용하는 식재료도 다르기 때문이다. 마살라나 삼발 등의 지극히 정통적인 혼합 향신료조차도 조건에 따라서 수없이 달라질 수 있다.

스리랑카의 커리 가루
이 커리 가루는 커리 잎, 코리앤더(고수), 커민, 페뉴그리크, 쌀, 칠리, 블랙페퍼콘, 클로브(정향), 그린카르다몸, 시나몬 등을 혼합하여 만든다(조리법 278쪽).

콸라트다카(Qalat daqqa)
튀니지의 혼합 향신료(조리법 283쪽)

향신료 빻기
향신료는 통째로 저장한 뒤 필요할 때마다 가루로 만들어 사용하는 것이 가장 좋다. 대부분의 향신료는 가루로 만든 뒤 몇 시간 내에 향이 사라지기 시작한다.

향신료 볶기
몇몇 요리에서는 향신료를 미리 기름에 볶아서 향을 옮긴다. 그 뒤 기름을 요리의 향미를 내는 데 사용한다.

진저(생강) 갈기
신선한 진저(생강)의 땅속줄기로부터 고농도의 방향성 액즙을 만들 수 있다. 강판에 간 뒤에 거즈와 행주 등으로 싸서 짜면서 액즙을 낸다.

향신료의 선택과 사용

복합적인 향미는 개별적인 향신료(허브)들이 혼합되면서 상승효과로 생긴다. 이와 같은 혼합 향신료는 맛을 조절하고 입맛을 북돋우는 향을 더해 준다. 일부 혼합 향신료는 신맛을 주고, 또 다른 일부는 강렬한 색채감을 준다. 요리에 향신료를 넣는 시기에 따라 맛과 향에 결정적인 차이가 날 수도 있다. 조리의 첫 단계에서 향을 기름에 옮겨 볶거나, 마지막 단계에 넣어 향을 더해 줄 수도 있다. 그 밖에도 사용법이 매우 많아서 향신료가 가져다주는 효과는 실로 매우 다양하다.
이 책의 뒷부분에서는 세계 곳곳에서 사용되는 혼합 향신료의 조리법를 소개하고 있다. 블렌딩이나 요리 방법을 조리의 기초로 삼아 새로운 아이디어를 추가하여 새로운 도전에 나서 보길 바란다. 먼저 조리법대로 시도해 본 뒤에 각자 자신의 취향과 원하는 요리에 맞춰 조리법을 수정하면 좋을 것이다.

세서미(Sesame)/참깨

Sesamum orientale

세서미(참깨)는 씨를 뿌려 재배하는 기록이 남아 있는 가장 오래된 식물 중 하나이다. 이집트인이나 바빌로니아인은 세서미의 씨, 즉 참깨를 으깨 빵에 넣어 먹었다. 이러한 풍습은 오늘날까지도 중동에서 이어지고 있다. 터키 동부에서는 약 기원전 900년에 참깨에서 추출한 기름이 발견된 적도 있다. 참깨에서 압착 및 추출한 기름은 불포화지방산이 풍부하여 요리에 사용하기 좋다. 또한 무더운 날씨에도 잘 부패하지 않고 불쾌한 냄새도 나지 않아 안정적으로 사용할 수 있는 향신료이다.

테이스팅 노트

세서미의 씨, 참깨는 향이 매우 강하지는 않지만, 온화한 견과류와 흙 향이 약하게 풍긴다. 그러나 볶거나 갈아서 페이스트를 만들면 맛이 더욱더 두드러진다. 검은깨는 흰깨보다 흙 향이 강하여 보통은 갈지 않고 사용한다.

사용 부위

씨(통씨나 페이스트, 오일).

구입 및 보관

흰 참깨는 인도, 중동의 슈퍼마켓에서 쉽게 구입할 수 있다. 그리고 연갈색의 참깨 페이스트인 타히니와 인도산의 진절리도 건강식품으로서 구입할 수 있다. 참기름과 페이스트를 비롯하여 검은 참깨는 동양계 식품점에서 구입할 수 있다. 황금색의 참깨는 향이 매우 풍부하여 일본의 요리사들에게 선호되고 있다. 참깨는 밀폐 용기에 담아 보관하면서 필요할 때 볶아서 사용한다.

수확

참깨가 든 꼬투리가 완전히 성숙하기 전에 식물체를 수확한다. 그 뒤 건조시켜서 기계로 껍질을 벗긴다.

통씨

세서미는 열대성의 한해살이식물이며, 품종에 따라 씨의 색상도 연한 금색, 흰색, 빨간색, 갈색, 검은색 등으로 매우 다양하다. 세서미 씨, 즉 참깨는 매우 작고 편평한 타원형이며, 에센셜 오일을 함유하고 있어 왁스와 같이 윤기가 돌면서 매우 부드럽다. 참깨는 일반적으로 크림색을 띠는 것이 많다.

조리법

세서미의 씨인 참깨는 빵 위에 뿌려서 먹거나 찧어서 굽기 전의 반죽에 넣기도 한다. 인도에서는 과자에도 사용한다. 중동의 혼합 향신료인 자타르와 일본의 혼합 향신료인 '시치미(七味)'에도 반드시 들어간다. 중동의 깨와 꿀로 만든 과자인 '할바(halva)'의 주재료이기도 하다. 인도에서는 참깨가 단 음식인 '틸라도(til ladoo)', 참깨볼, 카르다몸으로 향미를 더한 흑설탕인 '재거리(jaggery)'에도 사용되고 있다. 인도의 요리사들은 '진절리(gingili)' 또는 '틸오일(till oil)'이라는 황금빛의 참기름을 각종 요리에 사용하고 있다. '타히니(tahini)'와 참기름은 생참깨로 만든다.

진한 갈색의 참깨 페이스트와 호박색의 참기름은 참깨를 볶아서 사용하기 때문에 견과류의 향이 강하고 색상도 진하다. 이러한 것들은 한국, 중국, 일본에서 각종 요리에 사용된다. 참기름은 저온에서도 쉽게 타기 때문에 식용유가 아니라, 양념 기름으로 사용한다. 참깨 페이스트는 진한 식감이 있어 국수, 쌀밥, 야채에 곁들이는 드레싱에 사용되고 있다.

중국에서는 새우완자와 새우구이에 참깨를 뿌려서 바삭한 식감을 즐기면서 먹는다. 일본에서는 흰 참깨나 참깨를 간장, 설탕과 함께 버무린 뒤에 닭고기, 국수, 야채샐러드에 올린다. 또한 중국과 일본의 요리에서는 검은 참깨를 쌀밥과 야채에 고명으로 뿌리거나 해산물을 가열하기 직전에 코팅하기 위해 사용한다. 참깨를 볶으면 쓴맛이 난다고 주장하는 일부 사람도 있지만, 살짝 볶기만 하면 결코 쓴맛이 나지 않는다. 한편 한국과 일본의 요리사들은 참깨를 주로 볶아서 사용한다. 이 볶은 참깨를 굵은 소금과 혼합한 조미료를 한국에서는 '깨소금'이라고 하며, 야채나 샐러드, 쌀밥에 흩뿌려서 먹는다. 중국에서는 기름에 튀긴 사과토피사탕이나 바나나에 검은 참깨를 묻혀 코팅한다.

향미의 페어링 

· 필수적인 사용

자타르, 깨소금, 시치미.

· 잘 맞는 재료

가지, 애호박, 생선, 푸른 채소, 꿀, 레몬, 국수, 콩류, 쌀, 샐러드용 야채, 설탕.

· 잘 결합하는 허브 및 향신료

카시아(cassia), 카르다몸, 칠리, 시나몬, 클로브(정향), 코리앤더(고수), 진저, 대추, 오레가노, 페퍼, 수맥(옻), 타임.

타히니(Tahini)

중동에서는 연갈색의 타히니를 마늘, 레몬즙과 함께 섞어서 페이스트를 만든 뒤, 야채와 생선 요리에 곁들이는 드레싱의 기본 재료로 사용한다. '병아리콩'이라고도 하는 칙피(chickpea)의 소스, 칙피와 향신료로 만드는 페이스트인 '홈무스(hummus)'에 향미를 더해 줄 때에도 사용한다.

참기름(oriental oil)

참기름은 통상적으로 음식을 내놓기 직전에 첨가한다. 칠리, 마늘, 진저(생강)를 혼합한 양념은 쓰촨성의 요리에서도 인기가 있다.

니젤라(Nigella)

Nigella sativa

니젤라는 예쁜 정원 식물인 '러브인미스트(love-in-a-mist)'의 식물학적인 이름이다. 꽃은 연한 파란색이고, 잎에는 잔털이 무성하다. 본래 씨를 수확할 목적으로 재배되는 서아시아나 남유럽이 원산지인 근연종들은 관상용에 비해 외관이 약간 뒤떨어진다. 인도는 니젤라의 씨인 '칼론지(kalonji)'의 최대 생산국이자, 소비국이다. 작고 검은 씨, 즉 칼론지는 '블랙어니언시드(black onion seed)'라는 잘못된 이름으로 판매되는 경우도 있다.

조리법

니젤라는 플랫브레드(flatbread), 롤 빵, 향긋한 페이스트리 등에 단품으로 또는 세서미 세서미(참깨)나 커민과 함께 뿌려서 먹기도 한다. 인도 벵골 지방에서는 머스터드 씨, 커민, 펜넬, 페뉴그리크 등을 혼합한 향신료인 '판치포론(panch phoron)'에 니젤라를 사용한다. 판치포론은 콩 요리와 야채 요리에 매우 독특한 맛을 내는 식재료이다.
또한 니젤라는 인도 각지에서 쌀밥 요리인 필라프(pilaf), 요구르트나 크림을 주재료로 하는 코르마(korma), 커리, 피클 등에도 많이 사용된다. 이란에서 니젤라는 인기가 높은 향신료로서 피클, 과일, 야채와 함께 사용한다. 그리고 니젤라를 코리앤더, 커민과 함께 찧은 혼합 향신료는 중동의 감자나 혼합 야채 오믈렛에 사용하면 맛에 깊이를 더해 준다.

통씨

인도의 요리사들은 통씨를 볶거나 튀겨서 채식주의 요리나 샐러드에 뿌려 향미를 더해 준다.

테이스팅 노트

니젤라는 향이 강하지 않은데, 문지를 경우에만 오레가노와 같은 다소 온화하고 신선한 초본 식물의 향이 난다. 맛은 견과류와 페퍼와 비슷하다. 쓴맛이 나면서 톡 쏘는 향미가 있고 식감도 좋다. 향은 약간의 흙 냄새와 비슷하다.

사용 부위

씨.

구입 및 보관

통씨를 구입하는 것이 보관에 유리하다. 찧은 씨는 불순물이 든 경우도 있다. 밀폐 용기에 넣으면 향미는 약 2년간 유지된다. 향신료 전문점이나 인도, 중동의 식품점에서 구입할 수 있다.

수확

씨는 윤기가 없는 검정색이다. 표면은 거칠다. 꼬투리는 다 익어서 터지기 전에 수확한다. 그 뒤 말려서 살짝 눌러 부수면 씨를 쉽게 빼낼 수 있다.

향미의 페어링

· 필수적인 사용
판치포론.
· 잘 맞는 재료
빵, 콩류, 쌀, 푸른 채소, 뿌리채소류.
· 잘 결합하는 허브 및 향신료
올스파이스, 카르다몸, 시나몬, 코리앤더, 커민, 펜넬, 진저(생강), 페퍼, 세이버리, 터메릭(강황).

파피(Poppy)/양귀비 씨

Papaver somniferum

양귀비(Opium poppy)는 고대로부터 매우 잘 알려진 식물로서 동지중해 연안과 중앙아시아가 원산지이다. 학명은 '잠을 청하는 파피'라는 뜻이다. 아편의 원료가 되는 것 외에도 꼬투리를 여물기 전에 자르면 나오는 마취 성분의 유액과 익은 씨를 수확하기 위하여 인류가 오래전부터 재배하였다. 단, 오늘날 시장에서 판매되는 양귀비 씨와 건조된 꼬투리에는 마취 성분이 없다.

조리법

서양에서는 파피(양귀비)의 씨를 케이크, 베이글(bagel), 프레첼(pretzel) 등에 뿌리거나 반죽에 넣는다. 또한 꿀이나 설탕과 함께 갈아서 페이스트로 만든 뒤, 얇게 편 반죽으로 과일이나 치즈를 말아 구운 스트루델(strudel)이나 그 밖의 페이스트리의 소에 넣는다.

터키에서는 볶아서 찧은 씨를 과자인 할바에 넣거나 시럽과 견과류로 만든 디저트에 넣는다. 인도에서는 씨를 볶아서 찧은 뒤 향신료와 혼합하여 코르마, 커리, 그레이비 등의 요리에 사용하여 향미를 더해 준다. 벵골 지방의 요리에서도 쓴맛의 야채 스튜인 슉터(shukta)에 넣거나 거친 채소의 표면을 코팅하는 데 널리 사용한다. 또한 드레싱에 넣거나 야채 고명으로도 사용된다.

통씨

파피 씨는 찧어서 가루로 만들기가 어렵다. 따라서 볶은 뒤에 커피 그라인더로 가는 것이 편리하다. 걸쭉한 요리를 만들기 위해 사용하는 경우에는 소량의 물에 몇 시간 불린 뒤 물기를 짜서 사용한다.

테이스팅 노트

암갈색의 씨는 향이 약간 견과류와 같이 고소하다. 맛은 매우 강하고 아몬드와 비슷하다. 노란색의 씨는 향이 더 가볍고 순하다. 볶거나 구우면 향이 더욱더 강해진다. 단백질과 오일을 풍부하게 함유한 것도 큰 특징이다.

사용 부위

씨.

구입 및 보관

파피 씨는 푸른빛이 도는 회색, 유백색, 갈색 등으로 색상이 매우 다양하다. 터키와 중동에서는 갈색인 것이 일반적이다. 푸른빛이 도는 회색의 씨는 유럽에서 주로 사용되며, 슈퍼마켓에서도 쉽게 구입할 수 있다. 흰색의 씨는 인도에서 주로 많이 사용되며, 향신료 전문점이나 식품점에서 구입할 수 있다. 씨는 오일 성분을 다량으로 함유하고 있어 특유의 향이 곧바로 나기 때문에 소량으로 구입하여 곧바로 사용한다. 밀폐 용기에 담아 보관하고, 몇 개월 이상 보관할 경우에는 냉동시키는 것이 좋다.

수확

씨가 자라면서 황갈색으로 변하면 기계로 수확한 뒤 꼬투리를 따서 건조시킨다.

향미의 페어링

· 잘 맞는 재료

가지, 그린빈, 빵, 페이스트리, 콜리플라워, 감자, 주키니호박(courgettes).

테이스팅 노트

말라브는 달콤한 향이 나면서 동시에 아몬드와 체리의 냄새도 풍긴다. 부드러운 견과류와 달콤한 아몬드의 향미로 입안에 군침이 돌 정도이지만 뒷맛은 약간 쓰다.

사용 부위

씨의 부드러운 속살.

구입 및 보관

말라브는 갈아 두면 향이 빨리 사라진다. 따라서 통씨를 구입하는 것이 가장 좋다. 그리고 밀폐 용기에 담아서 보관한다. 중동과 그리스에서는 거리의 식품점과 인터넷의 향신료 매장에서 구입할 수 있다.

수확

부드러운 낱알의 씨는 체리 열매로부터 추출하여 건조시킨다. 작은 타원형으로서 베이지색이나 연한 갈색을 띤다.

향미의 페어링

· 잘 맞는 재료

아몬드, 살구, 대추야자, 피스타치오, 장미수, 호두.

· 잘 결합하는 허브 및 향신료

아니스, 시나몬, 클로브(정향), 매스틱(mastic), 니겔라, 너트메그(육두구), 파피씨, 세서미(참깨).

말라브(Mahlab)

Prunus mahaleb

말라브는 중동과 서유럽의 전 지역에서 자생하는 야생 체리나무로부터 수확되는 낱알 씨의 향신료이다. 오늘날 중동 이외의 지역에서는 잘 알려져 있지 않다. 나무에서는 작고 얇은 과육질의 블랙체리(black cherry)가 열린다. 말라브는 그리스, 키프로스, 터키, 그리고 시리아에서 사우디아라비아에 이르는 아랍국들에서 빵과 페이스트리에 향미를 더해 주기 위해 사용되고 있다.

조리법

말라브 가루는 특히 축제 기간에 빵이나 페이스트리를 굽는 데 사용한다. 톡 쏘는 향미의 말라브 향신료는 그리스에서는 부활절 빵인 츠레키(tsoureki), 아르메니아에서는 스위트 롤빵인 최레크(çörek), 아랍에서는 마암몰(ma'ammol), 레바논에서는 기독교인들의 부활절을 위한 대추와 견과류를 넣은 페이트리에 사용된다. 그리고 터키에서는 회교 사원에 불을 밝히고 5일간의 성스러운 축제일 밤에 먹는 음식, 칸딜링(kandil ring)에도 사용된다. 또한 설탕 절임에도 사용되고 있다. 과일과 함께 사용하는 페이스트리나 빵에 약간의 향신료와 다른 과일들과 함께 말라브를 사용해 보는 것도 좋다. 말라브는 커피 그라인더로 갈면 가장 좋다. 약간의 설탕이나 소금을 함께 넣고 갈면 더욱더 쉽게 가루가 될 것이다.

낱알 씨의 가루

말라브 가루의 색상은 옅은 크림색이다. 시간이 지나면 점차 색상이 어두워지거나 노란색으로 변한다.

낱알 씨

겉면이 베이지색인 말라브 낱알 씨의 속은 크림색을 띤다. 그 식감은 부드럽고 쫀득쫀득하다.

와틀(Wattle)

Acacia species

수백 종에 이르는 아카시아속의 한 식물로서 오스트레일리아가 원산지이다. 식용에 적합한 것은 단지 몇 종에 불과하다. 바르디부시(bardi bush, *A. victoriae*)와 멀가(mulga, *A. aneura*)의 두 종이 씨를 채취하기 위해 가장 많이 재배된다. 여물지 않은 초록색의 씨를 건조시켜 볶아서 갈면 커피와 같이 선명한 갈색으로 변한다. 와틀은 최근에 미식가들 사이에서도 큰 인기를 끌고 있다.

조리법

와틀 씨는 물에 담그거나 삶으면 향이 나지만, 끓이거나 졸이면 쓴맛이 날 수도 있기 때문에 조리에 주의해야 한다. 뜨거운 물에 불린 뒤 액체를 걸러 내고 사용하기도 한다. 와틀 씨는 디저트, 특히 무스(mousse), 아이스크림, 치즈케이크 등의 크림을 기반으로 하는 요리에 제격이다. 요구르트를 기반으로 한 디저트, 또는 케이크용 크림 소에 향을 내기 위해 사용되기도 한다. 달콤한 빵의 반죽과도 페어링이 훌륭하다. 소량만 넣으면 빵이나 버터푸딩의 맛을 내는 데 도움이 된다. 또한 와틀 씨를 우려낸 물을 커피 대신에 마시기도 한다.

씨 가루

영양이 풍부한 와틀 씨는 오래전부터 오스트레일리아의 원주민들이 요리에 사용하였다. 이러한 원주민들의 전통 요리인 '부시푸드(bushfood)'에 대한 관심이 높아지면서 새로운 수요가 발생해 지금은 공급이 부족한 상황이다.

테이스팅 노트 

와틀 씨는 감칠맛이 도는 토스트와도 같은 향이 나면서 커피를 연상시킨다. 향미는 커피와 갓 로스팅한 헤이즐넛 향기 속에서 약간은 초콜릿의 맛도 느껴진다.

사용 부위 

씨(통째로 볶은 것이나 가루).

구입 및 보관 

오스트레일리아에서는 향신료 전문점이나 육가공품을 파는 델리카트슨(delicatessen)에서 와틀 씨를 구입할 수 있다. 북반구에서는 몇몇 향신료 업체들이 취급하고 있어 인터넷상에서 구입할 수 있다. 밀폐 용기에 넣으면 2년간 보관할 수 있다.

수확 

야생에서 채취한 와틀 씨는 가공이 어려워 가격이 매우 높다. 씨가 든 초록색의 꼬투리는 증기에 찌면 벌어진다. 약한 불에 볶고 식힌 뒤에 갈아서 가루로 만든다. 이와 같은 작업은 지금도 오스트레일리아에서 원주민 여성들이 진행하고 있다.

시나몬(Cinnamon)

Cinnamomum verum / C. zelanicum

진정한 시나몬은 스리랑카가 원산지이다. 카시아와 마찬가지로 녹나뭇과 상록수의 목피이다. 높은 수익을 내는 스리랑카의 시나몬은 약 200년 동안 서구 열강들이 독점하였다. 가장 먼저 독점한 나라는 포트투갈이었고, 다음으로는 네덜란드, 영국순이었다. 18세기 말경에는 인도네시아의 자바섬, 인도, 세이셸제도(Seychelles)에서도 재배되면서 시나몬 무역의 독점 구도도 깨지게 되었다.

스틱

연갈색이나 햇볕에 그을린 색의 건조 껍질 조각들을 길고 호리호리하면서 매끈한 스틱 모양으로 휘만 것이다.

시나몬의 등급

시나몬에는 여러 등급이 있다. 스틱도 두께에 따라 유럽 대륙, 멕시코, 함부르크의 유형으로 분류된다. 얇은 유럽 대륙형 스틱은 향이 최상이다. 또한 스틱의 상태에 따라서도 등급이 매겨진다. 퀼링(quilling)은 취급 도중에 부서진 스틱이고, 페더링(feathering)은 스틱처럼 길게 휘말기에는 크기가 작은 조각들을 가리킨다. 칩(chip)은 껍질을 깎다가 남은 부스러기로서 가장 등급이 낮은 것이다. 페더링과 칩 등급은 보통 갈아서 시나몬 가루로 만든다.

테이스팅 노트

시나몬은 무척 기분이 좋은 달콤한 향미와 나무와 같은 섬세하면서도 강렬한 향이 큰 특징이다. 클로브(정향)와 시트러스계의 향미가 있는데, 매우 온화하면서 향기롭다. 에센셜 오일에 함유된 성분인 유제놀(eugenol)이 시나몬 특유의 향을 낸다. 카시아와는 다르게 클로브(정향)와 같은 향이 난다.

사용 부위

건조시킨 목피를 휘만 스틱, 가루

구입 및 보관

시나몬 가루(색상이 연할수록 품질이 좋다)는 쉽게 구입할 수 있지만, 용기를 개봉하면 향이 빨리 사라지기 때문에 소량씩 구입하여 사용하는 것이 좋다. 홀스틱은 향신료 전문점, 델리카트슨, 슈퍼마켓 등에서 구입할 수 있다. 밀폐 용기에 넣으면 2~3년 정도 향이 유지된다.

재배 방법

스리랑카의 시나몬 농원들은 콜롬보 남부 해안가의 평원 지대에 있다. 묘목은 엄지손가락만 한 크기의 여린 새싹들이 촘촘하게 돋아나면서 자란다. 우기가 되면 여린 가지를 자른 뒤 껍질을 벗겨 낸다. 인부들은 놀라울 정도로 능숙한 솜씨로 껍질을 종이처럼 얇게 깎아 내어 손으로 휘말아 길이 1m의 스틱 형태로 만든다. 그 뒤 스틱들을 그늘진 장소에서 약간 건조시킨다.

조리법

시나몬의 섬세한 향미는 모든 종류의 디저트나 향신료 빵, 케이크와도 잘 어울린다. 그 밖에도 초콜릿이나 사과, 바나나, 서양배 등의 과일과도 페어링이 좋다. 구운 사과와 함께 애플파이에도 사용되고, 녹인 버터로 볶아서 럼주로 향을 낸 바나나나, 서양배를 레드와인으로 조릴 경우에도 함께 사용된다.

중동이나 인도의 고기와 야채의 요리에서는 시나몬의 향미가 맹활약한다. 모로코의 요리사들은 어린양이나 닭의 고기에 사용하는 소스인 타진, 밀가루 분식인 쿠스쿠스(couscous)에 곁들이는 스튜에도 널리 사용한다. 또한 비둘기고기와 아몬드를 소로 채운 페이스트리를 밑에 깐 바삭바삭한 파이인 파스티야(pastilla)에 향미를 내는 데는 최고이다. 그리고 살구 소스를 곁들이는 아랍의 양고기 스튜인 미시니셰야(mishnisheya)에서도 시나몬과 다른 향신료들을 함께 사용한다. 이란에서는 쌀을 넣어 만드는 스튜인 코레쉬(khoresh)에서도 시나몬이 중요한 역할을 한다.

멕시코에서는 시나몬을 커피나 초콜릿 음료에 향을 내기 위해 사용한다. 특히 시나몬을 우린 음료는 중앙, 남아메리카 대부분의 지역에서 사람들로부터 인기가 높다. 시나몬, 클로브(정향), 설탕, 얇게 썬 오렌지를 와인에 넣고 데우면 향이 훌륭한 멀더와인(mulled wine)을 즐길 수 있다.

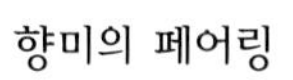

향미의 페어링

· 잘 맞는 재료

아몬드, 사과, 살구, 가지, 바나나, 초콜릿, 커피, 송아지고기, 서양배, 닭고기, 오리고기, 쌀.

· 잘 결합하는 허브 및 향신료

클로브(정향), 카르다몸, 코리앤더 씨, 커민, 진저(생강), 매스틱, 타마린드, 터메릭(강황).

껍질 분말

시나몬 가루는 향이 곧바로 난다. 스틱은 부수거나 액체에 넣어 조리해야만 향이 난다.

테이스팅 노트

카시아는 시나몬과 마찬가지로 온화하고도 목재의 향도 나지만, 그 향의 세기는 훨씬 더 강하다. 왜냐하면 휘발성 오일을 함유하고 있기 때문이다. 뚜렷한 매운맛과 깔끔한 떫은맛 속에서도 은은한 단맛도 감돈다. 베트나미즈카시아는 휘발성 오일이 가장 많이 함유되어 있어 향미도 매우 강하다.

사용 부위

건조 목피와 스틱, 목피 가루, 카시아버드(cassia bud)라는 설익은 건조 열매, 인디언카시아의 잎.

구입 및 보관

카시아는 가정에서 갈아서 가루로 만들기가 어렵다. 소량의 카시아 가루와 함께 조각이나 스틱을 상점에서 구입하는 것이 더 좋다. 조각이나 스틱을 밀폐 용기에 보관하면 2년 정도는 향을 유지할 수 있다. 목피, 싹, 잎은 향신료 전문점에서 구입할 수 있는데, 가능하면 밀폐 용기에 담아서 보관하는 것이 좋다.

수확

목피가 쉽게 벗겨지는 우기에 수확이 시작된다. 목피를 휘말아서 건조시켜 스틱을 만든다. 에센셜 오일의 함유량, 길이, 색상에 따라 등급을 매긴다. 카시아의 목피는 시나몬보다도 두툼하고 거칠면서 코르크층의 외피가 있다. 완전히 건조시켜 가루로 만들어 판매한다.

카시아(Cassia)

Cinnamomum cassia

카시아는 인도의 아삼 지역과 미얀마의 북부가 원산지인 녹나뭇과 식물의 목피를 건조시킨 것이다. 기원전 2700년부터 중국에서 약초로 사용하였다는 기록이 있다. 오늘날에는 중국 남부와 베트남에서 생산하여 전 세계로 수출하고 있다. 그중 품질이 가장 좋은 것은 베트남 북부에서 생산된 것이다. 카시아와 시나몬은 수많은 나라에서 상호 구별하지 않은 채로 사용되고 있다. 미국에서 카시아는 '시나몬' 또는 '카시아시나몬'으로 판매되지만, 실은 그 맛과 향이 스리랑카 원산의 시나몬보다도 훨씬 더 강하여 선호되고 있다.

조리법

중국에서는 카시아가 없어서는 안 될 필수 향신료이다. 찜, 닭이나 오리고기 등 육류를 조리할 경우에 소스에 향미를 내기 위해 통째로 사용하기 때문이다. 또한 카시아의 가루는 다섯 가지의 혼합 향신료인 오향분에도 항상 들어간다.

인도에서는 커리와 필라프에 향미를 더해 주고, 독일과 러시아에서는 초콜릿에 향을 가할 때 사용한다. 맛과 향이 섬세한 디저트에는 카시아보다는 시나몬이 더 낫다는 사람도 있지만, 사과, 자두, 건조 무화과나 자두에는 카시아가 훨씬 더 잘 어울린다.

카시아는 빵을 굽거나 단맛의 음식에 사용하는 혼합 향신료에도 사용된다. 카시아의 매콤한 향미는 오리와 돼지고기 등의 육류

목피

목피의 안쪽은 적갈색을 띠며 매끈하고, 바깥쪽은 회갈색을 띠며 거칠다.

스틱

카시아의 목피는 두껍고 단단하며 대충 건조시킨 반면에, 얇고 부드러운 시나몬의 목피는 돌돌 잘 휘말려 있다.

에도 잘 맞고, 호박이나 고구마, 콩 요리에도 매우 잘 어울린다. 동아시아의 여러 나라에서는 카시아의 싹을 단맛이 강한 피클이나 과일 콩포트에 사용하고 있다.

또한 인디언카시아(Indian Cassia, *Cinnamomum tamala*)의 잎은 서서히 조리하는 요리에 넣은 뒤 완료가 되면 손님에게 제공하기 전에 들어낸다. '인도의 베이리프'라고도 하는데, 사실 향미는 베이리프와 전혀 다르다. 인디언카시아의 잎이 없다면 베이리프보다는 오히려 클로브(정향)나 카시아를 사용하는 것이 더 좋다. 북인도에서는 인디언카시아의 잎을 각종 고기와 향신료를 넣고 만드는 쌀밥 요리인 비리야니(biriyani)나 소스인 코르마, 그리고 혼합 향신료인 가람마살라(garam masala)에도 널리 사용하고 있다.

'인더니전카시아(Indonesian cassia)'라고도 하는 코린테카시아(Korintje cassia, *C. burmanni*)는 수마트라섬이 원산지이다. 깊은 색상과 기분이 좋은 매콤한 향미를 지니지만, 카시아나 베트나미즈카시아(Vietnamese cassia)보다는 향미의 깊이가 적다.

향미의 페어링

· 필수적인 사용
오향분.

· 잘 맞는 재료
사과, 자두, 건자두, 고기, 닭이나 오리 등의 육류, 콩류, 뿌리채소류.

· 잘 결합하는 허브 및 향신료
클로브(정향), 카르다몸, 코리앤더 씨, 커민, 펜넬, 진저, 너트메그(육두구), 육메이스(mace)(육두구 껍질), 쓰촨페퍼(Sichuan pepper), 스타아니스, 터메릭(강황).

싹

시아의 싹은 작은 클로브(정향)
약간 비슷하다. 단단하게
문 회갈색의 씨는 매우 작아
름진 꽃받침 속에 겨우 보일
도이다. 싹은 향이 매우
하면서 온화하다. 맛은
향같이 달콤하면서도
얼하게 자극성이 있지만
피보다는 훨씬 더 순하다.

건조된 인디언카시아의 잎

디언카시아의 잎은 타원형이고, 3개의
잎맥이 나 있다. 북인도에서 요리에 자
사용한다. 건조시킨 잎에서는 처음에
신료 티의 향이 난다.
속 말다 보면 시트러스
의 향을 바탕으로
로브(정향)와 시나몬의
화하고도 사향과도 같은
이 느껴진다.

테이스팅 노트

잘 익은 씨는 페퍼와도 같은 꽃 향이 나고, 목재와도 같은 달콤하면서도 고소한 향이 난다. 맛은 달콤하면서 부드럽고, 뚜렷한 오렌지 껍질의 향미도 난다.

사용 부위

씨(건조시킨 것).

구입 및 보관

코리앤더는 인도의 식품점에서 대부분 취급하고 있어 쉽게 구입할 수 있다. 구입할 때는 통씨를 구입하는 것이 좋다. 필요에 따라 갈아서 사용하면 된다. 그러나 미리 갈아 놓으면 향미가 이내 사라져 버린다. 코리앤더와 커민의 씨를 혼합한 향신료를 '다나지라(dhana-jeera)'라고 하는데, 인도아대륙 전역에서 큰 인기를 끌고 있다.

수확

씨의 색상이 초록색에서 베이지색을 거쳐 연갈색으로 변화하면 수확할 수 있다. 전통적으로는 수확한 뒤에 완전히 건조될 때까지 2~3일간 그대로 둔 뒤 탈곡하여 그늘진 장소에서 다시 건조시킨다. 완전히 건조되지 않은 것들은 체로 걸러서 햇볕에 건조시킨다. 일부 지역에서는 인위적인 방법으로 건조시키기도 한다.

코리앤더(Coriander)/고수 씨

Coriandrum sativum

허브나 향신료로 요리사에게 중요하게 여겨지는 여러 식물들이 있지만, 그 중에서도 가장 폭넓게 사용되고 있는 것이 바로 코리앤더(고수)이다. 원산지인 서아시아와 지중해 지역뿐만 아니라, 향신료 작물로서 동유럽, 인도, 북아메리카, 중앙아메리카에서도 재배되고 있다. 코리앤더는 이 모든 지역에서 향신료로서 일상적으로 사용되고 있고, 초본 식물인 허브와 함께 사용되기도 한다.

모로코 품종의 씨

구형인 모로코 품종은 타원형인 인도 품종보다 일반적으로 구입하기가 쉽다.

씨 가루

씨는 쉽게 부서져 가루로 만들기 쉽다. 갈기 전에 볶아 주면 향이 더욱더 강해진다.

조리법

코리앤더는 향이 매우 순하기 때문에 요리사들은 다른 향신료들보다 훨씬 더 많은 양으로 사용한다. 볶은 코리앤더는 여러 종류의 커리 가루와 가람마살라에 기초 향미를 제공한다. 북아프리카 지역의 요리사들은 레드칠리를 재료로 만드는 매운 향신료 소스인 하리사(harisa)를 비롯하여, 튀니지의 타빌(tabil), 모로코의 라스엘하누트(ras el hanout) 등의 혼합 향신료에도 코리앤더를 항상 사용한다. 그 밖의 지역에서도 조지아의 크멜리수넬리(khmeli-suneli), 이란의 아드위(advieh), 중동의 바하라트(baharat) 등의 혼합 향신료에도 보통 사용된다. 이러한 지역 전체에서 코리앤더는 채소 요리, 스튜, 소시지에 향미를 주는 향신료로서 인기가 매우 높다. 코리앤더로 향을 가하고 으깬 그린올리브는 키프로스의 명물 요리가 되었다. 유럽과 미국에서는 코리앤더를 피클용 향신료로 사용하며, 새콤달콤한 피클과 처트니에 기분 좋은 온화한 느낌의 향을 준다. 또한 동인도에서는 마살라에 넣고, 멕시코에서는 커민과 함께 사용한다. 프랑스의 야채 요리인 아라그레크(à la grecque)는 코리앤더의 향이 특히 인상적이다. 그리고 마리네이드와 생선 조리용의 쿠르브이용(court bouillon)에 향미를 더해 주고, 수프의 저장에도 도움을 주는 향신료이다. 코리앤더는 또한 영국의 달달한 혼합 향신료에도 들어가며, 케이크나 비스킷에도 사용된다. 그 향은 사과, 자두, 서양배, 모과 등의 가을철 과일에 잘 어울리고, 그 과일들로 파이를 굽거나 콩포트를 만들 때 사용하면 맛과 향이 더욱더 좋아진다.

향미의 페어링

· 필수적인 사용
하리사, 이집트의 향미료인 듀카(dukka), 대부분의 마살라.

· 잘 맞는 재료
사과, 닭고기, 시트러스계의 과일, 생선, 햄, 버섯, 양파, 자두, 돼지고기, 감자, 콩류.

· 잘 결합하는 허브 및 향신료
올스파이스, 칠리, 시나몬, 클로브(정향), 커민, 펜넬, 마늘, 진저(생강), 메이스.

인도 품종의 씨
코리앤더의 씨와 잎은 향이 서로 다르지만, 모두 인도나 멕시코의 요리에 향미를 북돋우는데 꼭 사용된다.

씨 가루
인도 품종은 모로코 품종보다도 향이 더 달콤한 것이 특징이다.

테이스팅 노트

주니퍼의 향미는 기분을 좋게 하는 목재 향처럼 약간 씁쓰름하여 마치 진과 비슷하다. 맛은 깨끗하고 산뜻하며, 은은한 단맛과 함께 소나무나 수지의 향미가 느껴진다.

사용 부위

열매(신선하거나 건조시킨 것).

구입 및 보관

주니퍼 열매는 보통 씨를 그대로 건조시킨 상태로 판매한다. 과육이 상당히 부드럽고 쉽게 상하기 때문에 온전히 건조시킨 것을 구입해야 한다. 밀폐 용기에 넣으면 몇 개월간 보관할 수 있다.

수확

주니퍼는 상록관목으로서 매우 훌륭한 원예식물이다. 검보라색의 매끈한 열매는 크기가 작은 완두콩만 하다. 열매가 무르익는 데에는 2~3년이나 걸리기 때문에 녹색 열매와 검보라색의 열매가 같은 나무에 동시에 열린다. 열매에는 재배된 것과 야생 나무에서 딴 것이 있다. 나무에는 매우 날카롭고 못 모양의 잎들이 나 있어 열매를 채취하는 작업에는 위험이 뒤따른다. 열매는 가을에 잘 익은 것을 딴다. 갓 수확한 열매에는 청록색의 꽃이 붙어 있는데, 건조시키는 동안에 떨어져 나간다.

주니퍼(Juniper)

Juniperus communis

주니퍼는 가시가 있는 상록관목으로서 북반구의 대부분 지역에서 자생하고, 특히 백악의 구릉지에서 잘 자란다. 편백나뭇과에 속하는 식물 중에서도 유일하게 식용 과일이 달린다. 고대 로마인들은 베리류의 열매를 페퍼와 혼합한 뒤 활기를 북돋우기 위하여 사용하였고, 중세 시대에는 페스트가 공기로 전염되는 것을 막기 위하여 불에 태워 연기를 냈다고 한다. 17세기부터 주니퍼는 술 등에도 향신료로 사용되었다.

통열매

남반구에서 재배된 열매가 향이 더 강하다. 토스카나에서 휴가를 보내는 중에 야생 주니퍼를 우연히 발견한다면 꼭 따서 먹어 보길 바란다. 영국의 슈퍼마켓에서 판매되는 주니퍼 열매는 대부분이 동유럽산이다.

조리법

중앙유럽과 북유럽에서 주니퍼는 육류나 사냥고기에 사용하는 향신료로서 매우 인기가 높다. 특히 기름진 음식에 페어링이 좋다. 스칸디나비아인들은 염장 고기나 사슴고기에 사용하는 마리네이드, 돼지구이에 곁들이는 레드와인 마리네이드 등에 넣는다. 프랑스 북부에서는 주니퍼를 사슴고기와 파테에 사용하고, 벨기에에서는 송아지신장고기를 조리할 때, 주니퍼를 진과 함께 넣는다. 알자스나 독일에서는 사워크라우트에 사용한다.
베리류인 열매는 쉽게 갈아서 매콤하고 달콤한 요리를 비롯하여 수많은 요리에 사용하여 온화하면서도 자극적인 향미를 더해 줄 수 있다. 소금, 마늘과 함께 양, 돼지, 송아지, 사냥고기 등에 버무릴 수 있다. 으깬 열매는 절임용 소금물이나 마리네이드에도 들어간다. 잘게 다져서 소량으로 넣어도 파테 등의 요리를 선명하게 물들인다. 에센셜 오일은 공기와 접촉하면 금방 휘발되어 사라진다. 따라서 요리가 완성되기 직전에 찧거나 갈아서 사용한다. 또한 주니퍼는 물을 타 먹는 과일 주스인 코디얼(cordial)과 스피릿이나 핀란드의 호밀맥주 등에 향미를 내기 위하여 자주 사용되고 있다. 그린베리로 향을 낸 진은 네덜란드에서 처음으로 생산되었는데, 그 이름은 네덜란드의 술인 예네이버(jenever)에서 유래되었다. 예네이브와 코런베인(corenwijn)은 차게 하여 유리잔에 제공되는데, 향이 매우 풍부한 진으로 평가를 받고 있다. 다른 진과 마찬가지로 칵테일을 만들 경우에는 희석하지 않고 사용한다. 작은 양조장에서 만든 새로운 진에는 다양한 향신료를 사용하여 향미가 매우 복합적인 것들이 많은데, 그중에서도 주니퍼는 필수 향신료로 큰 사랑을 받고 있다.

향미의 페어링

· 필수적인 사용
사과, 소고기, 양배추, 오리고기, 사냥 고기, 거위, 돼지고기.

· 잘 결합하는 허브 및 향신료
베이리프, 캐러웨이, 셀러리, 마늘, 마조람, 머틀, 페퍼, 로즈메리, 세이버리, 타임.

고기와 버무린 열매

주니퍼의 열매를 마늘, 암염과 함께 절구에 넣고 찧어서 돼지, 송아지 등의 고기에 버무려서 향이 배도록 한다.

로즈(Rose)/장미

Rosa species

유럽의 요리사들은 장미를 향을 내는 향신료로 여기는 일은 거의 없다. 그러나 아랍 세계의 모든 지역, 터키, 이란에서부터 동쪽으로는 인도 북부에 이르기까지, 건조시킨 장미 꽃봉오리와 꽃잎, 장미수가 다양한 방법으로 소비되고 있다. 터키와 불가리아는 장미유(에센셜 오일)와 장미수의 주생산국이지만, 장미 자체는 이란과 모로코에서 대량으로 수입하고 있다. 동양이 원산지로 장미의 일종인 해당화(*Rosa rugosa*)는 요리와 약용으로 동아시아 일대에서 재배되고 있다. 중국에서는 장미 꽃잎을 플레이버드티 외에 설탕에 향을 내는 데 사용하기도 한다.

테이스팅 노트

요리에 향을 내기 위해 사용하는 장미는 일반적으로 향이 매우 강한 종이다. 그러한 장미로는 일명 '다마스크장미(*Rosa damascena*)'가 있는데, 발칸반도, 터키, 중동의 수많은 나라에서 사용되고 있다. 모로코에서는 사향의 향이 나는 장미도 재배되고 있다. 이 장미의 꽃봉오리는 건조시키면 향이 매우 오래 지속된다.

사용 부위

꽃봉오리, 꽃잎.

구입 및 보관

장미수나 장미유는 중동, 인도, 이란, 터키 등의 식품점에서 구입할 수 있다. 불가리아, 터키, 파키스탄에서 생산된 향이 훌륭한 로즈페틀잼도 마찬가지이다. 일부 상점에서는 건조시킨 장미 꽃봉오리도 구입할 수 있다. 꽃봉오리는 대개 밀폐 용기에 넣어 1년 정도 보관할 수 있다. 필요에 따라 가루로 만든 뒤 사용한다.

수확

장미 꽃봉오리와 꽃잎은 초여름에 수확된다. 건조 및 증류하여 고농도의 장미유를 만든 뒤 물에 희석하여 장미수를 만든다.

건조 꽃봉오리

꽃봉오리와 꽃잎은 향이 최대로 풍기는, 해가 뜨기 전인 새벽에 수확한다.

조리법

인도에서는 건조시킨 보라색의 장미 꽃잎을 가루로 만들어 마리네이드와 코르마에 향을 더하기 위하여 사용한다. 특히 벵골과 펀자브 지역에서는 장미수를 '굴라브자문(gulab jamun)'(굴라브는 장미를 뜻한다)과 '라스굴라(rasgulla)' 등의 디저트나 달콤한 요구르트 음료인 '라시(lassi)'나 라이스푸딩인 '키르(kheer)'에 인상적인 향미를 더해 주기 위하여 사용한다. 장미 향은 터키 사탕 등의 과자류, 중동의 페이스트리, 향신료 요리 등에서도 풍긴다. 꽃잎을 시럽에 담그면 디저트와 음료에도 잘 어울린다. 특히 매우 섬세하고 향긋한 향이 풍기는 장미 셔벗은 터키의 관혼상제에 꼭 등장한다. 그리고 장미 꽃잎은 설탕이 든 용기에 넣으면 장미 향이 설탕에 배어 크림과 케이크에 달콤한 향을 더해 준다.

이란의 요리사들은 장미 꽃봉오리를 주로 사용한다. 건조시킨 꽃잎을 갈아서 시나몬이나 커민, 카르다몸과 함께 블렌딩한 뒤 쌀밥에 넣어 매혹적인 향을 더해 준다. 라임 가루를 넣어 블렌딩한 것은 플레이버 스튜에 사용된다. 장미 꽃잎의 가루는 요구르트, 오이 샐러드, 냉국을 장식하는 고명으로 사용된다. 모로코에서는 장미수와 꽃봉오리를 혼합 향신료인 '라스엘하누트(ras el hanout)'의 재료로 사용한다.

튀니지의 요리사들은 장미 꽃봉오리를 최고의 식재료로 평가하면서 수많은 향신료와 블렌딩하여 다양한 요리에 사용한다. 곱게 간 시나몬과 장미 꽃봉오리를 혼합한 '바라트(bharat)'는 블랙페퍼와 함께 고기구이나 모과나 살구를 넣는 스튜, 양고기나 생선을 넣는 쿠스쿠스 등에 사용한다. 튀니지인들의 유대 요리에서는 바라트를 쿠스쿠스와 함께 고기완자에 사용한다.

향미의 페어링

· 필수적인 사용

이란의 아드위, 모로코의 라스엘하누트, 튀니지의 바라트.

· 잘 맞는 재료

사과, 살구, 밤, 양, 닭, 오리 등의 육류, 모과, 쌀, 디저트와 페이스트리, 요구르트.

· 잘 결합하는 허브 및 향신료

칠리, 카르다몸, 시나몬, 클로브(정향), 코리앤더 씨, 커민, 페퍼, 사프란, 터메릭(강황).

쌀 요리를 위한 아드위

장미 꽃잎, 시나몬, 커민의 씨는 이란의 쌀 요리에 향을 내는 데 사용한다(조리법 279쪽).

테이스팅 노트

신선한 바닐라의 꼬투리에는 향이나 맛이 거의 나지 않는다. 그런데 발효시키면 매우 풍부하고 온화하면서도 강렬한 방향성 성분이 생성된다. 그로 인해 리코리스(감초)나 담배와 같은 섬세하고도 달콤한 향이 나면서 과일이나 크림의 향미도 난다. 그 밖에도 스모키하고 매콤한 향과 함께 건포도나 건자두와 같은 향도 난다.

사용 부위

절인 꼬투리.

구입 및 보관

슈퍼마켓보다 향신료 전문점에서 양질의 꼬투리를 구입하는 것이 좋다. 바닐라 꼬투리를 밀폐 용기에 넣어 그늘진 곳에 보관하면 향미가 2년 이상 보존된다. 바닐라유를 살 경우에는 병에 알코올 함유비가 약 35%로 라벨에 표기된 '내추럴 바닐라 엑스트랙트'를 구입한다.

수확

바닐라 꼬투리는 노란색으로 물들면 수확한다. 숙성이 일정 수준에 이르면 뜨거운 물에 담갔다가 낮에는 햇볕에 말리고, 밤에는 담요를 덮어 축축하게 한다. 꼬투리는 쭈그러들면서 검은색으로 변하는 과정에서 효소가 화학 반응을 일으켜 방향성 성분인 바닐린이 생성된다. 약 5kg의 신선한 꼬투리로 약 1kg의 숙성 바닐라를 만들 수 있다.

바닐라(Vanilla)

Vanilla planifolia

바닐라는 덩굴성 난과 여러해살이식물의 열매로서 중앙아메리카가 원산지이다. 바닐라는 인류가 오래전부터 보존 처리를 통해 조미료로 사용해 왔다. 남아메리카에서 아즈텍족의 지배를 받던 부족들은 바닐린 결정을 추출하기 위하여 콩과 같이 과일들을 발효시키는 고도의 방법들을 이미 활용하고 있었다. 스페인 침략자들은 바닐라로 향을 낸 초콜릿을 아즈테카 왕의 '목테주마(Moctezuma)' 궁전에서 먹어 본 뒤, 그 바닐라와 초콜릿을 선박을 통해 스페인으로 가져갔다. 그리고 스페인 사람들은 '꼬투리'를 뜻하는 '바니아(vania)'를 차용하여 '바닐라(vanilla)'라고 이름을 붙였다. 오늘날 바닐라는 멕시코와 인도양의 프랑스령인 레위니옹(Réunion), 마다가스카르, 타히티, 인도네시아 등의 나라들로부터 전 세계로 수출되고 있다.

건조시킨 통꼬투리

고품질의 바닐라 꼬투리는 흑갈색이나 검은색을 띠고, 가느다라면서 약간 주름이 져 있다. 만지면 부드럽고 촉촉하면서 좋은 향기를 풍긴다.

씨

작고 끈적거리는 검은 씨는 칼끝으로 꼬투리 속에서 긁어내서 사용한다.

조리법

인도양의 마다가스카르나 그 동부의 레위니옹의 버본바닐라(Bourbon vanilla)는 크림 향이 매우 진하고 풍부한 것이 특징이다. 그리고 멕시코산은 향이 매우 복합적이고 섬세하다는 평을 받고 있다. 타히티산은 매혹적인 꽃과 과일의 향이, 인도네시아산은 스모키한 강한 향이 나는 등 원산지에 따라 바닐라의 향미도 매우 다양하다. 고품질의 꼬투리는 지브레(givre)라는 바닐린 결정이 하얀 프로스팅처럼 붙어 있다. 꼬투리는 주로 생크림, 커스터드, 아이스크림에 향미를 더하기 위하여 사용된다. 요리 속에 작은 점 모양으로 끈적거리는 씨가 들어 있으면, 바닐라가 실제로 사용되었다는 증거이다.

시럽이나 크림에 절인 바닐라 통꼬투리는 씻어서 건조시켜 다시 사용할 수 있다. 바닐라는 케이크, 타르트, 과일을 졸인 시럽에 향을 내기 위하여 사용된다. 꼬투리를 잘라서 과일 위에 놓고 오븐에 구워도 맛있다. 바닐라와 초콜릿은 잘 어울려 오래전부터 블렌딩하였고, 오늘날에는 티와 커피에 향미를 더해 주기 위하여 사용하기도 한다. 또한 바닐라는 요리에도 많이 사용되는데, 특히 바닷가재, 가리비, 홍합과 같은 해산물이나 닭고기와도 잘 어울린다. 뿌리채소류와 함께 사용하면 단맛을 높여 준다. 멕시코에서는 바닐라를 검은콩과 함께 사용한다.

향미의 페어링

· 잘 맞는 재료

사과, 멜론, 배, 서양배, 루바브, 스트로베리, 어패류, 크림, 우유, 달걀.

· 잘 결합하는 허브 및 향신료

클로브(정향), 카르다몸, 칠리, 시나몬, 라벤더, 사프란.

가향 설탕

가격이 비싼 바닐라 설탕을 사는 것보다는 백설탕 용기 안에 신선하거나 또는 여러 회 사용한 바닐라 꼬투리를 넣어 향을 내는 것도 하나의 좋은 방법이다.

바닐라유

꼬투리를 알코올에 넣어 추출한 바닐라유는 향이 달콤하고 맛이 매우 섬세하다. 펄프 잔여물로부터 추출한 인공 바닐라유는 뒷맛으로 쓴맛이 나고 향도 좋지 않아 사용을 권하지 않는다.

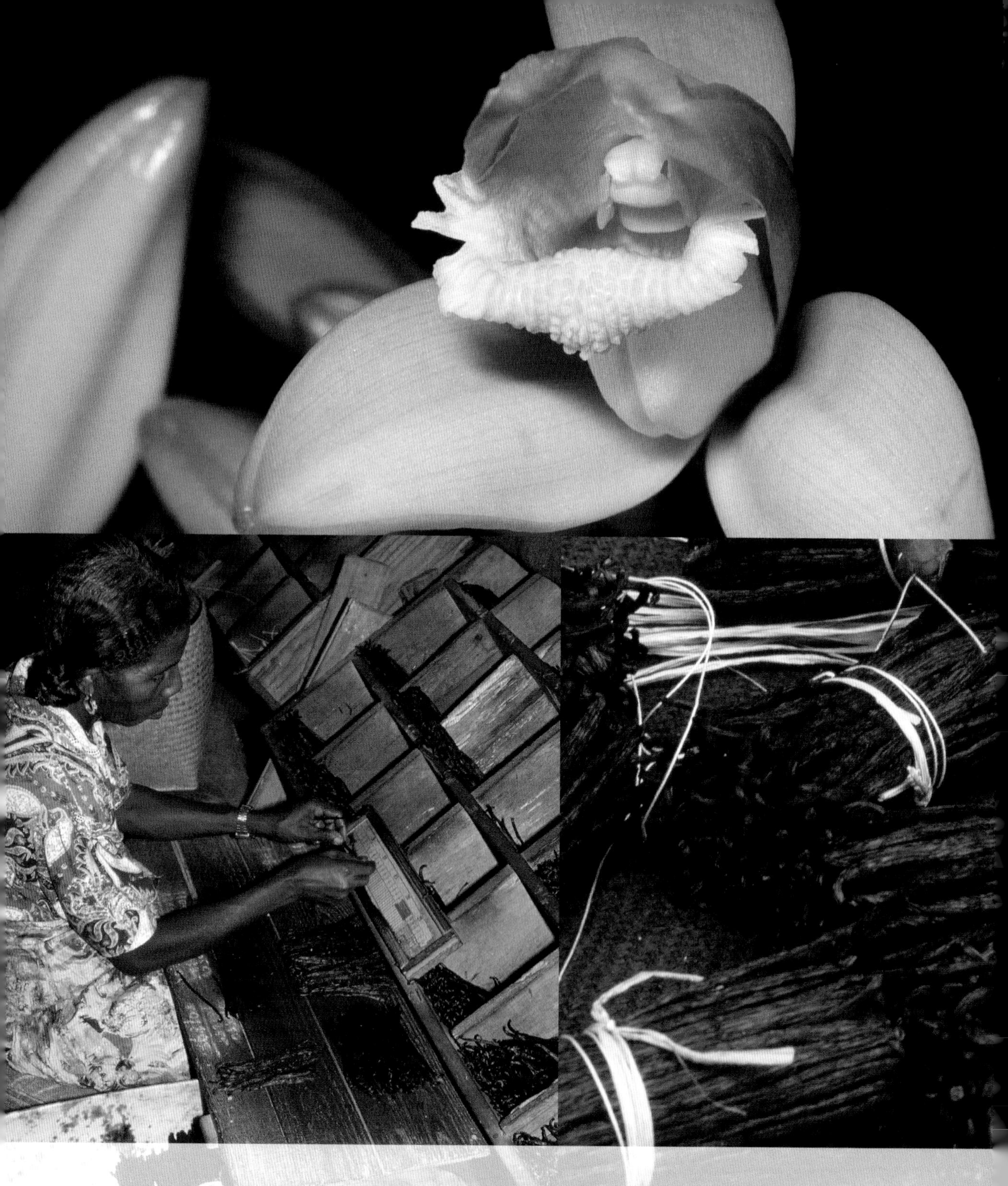

바닐라는 사프란과 마찬가지로 생산에 수많은 노동력을 필요로 한다. 따라서 사프란 다음으로 비싼 향신료이다.

꽃가루받이를 직접 수작업으로 일으켜야 하고, 꼬투리의 수확에도 손길이 많이 갈 뿐만 아니라 가공에도 꽤 오랜 시간이 걸린다.

아쿠드주라(Akudjura)

Solanum species

영어권에서는 '부시토마토(bush tomato)'라고도 하는 아쿠드주라(*S. centrale*)는 야생 토마토의 일종으로서 오스트레일리아 중서부의 사막이 원산지이다. 독성이 있는 다른 야생종의 토마토와는 달리 아쿠드주라는 사람이 먹을 수 있다. 오스트레일리아의 원주민들이 오래전부터 주요 식량으로 재배 및 수확하였지만, 오늘날에는 향신료의 쓰임새로 더 널리 주목을 받고 있다. 큰 열매를 맺는 캥거루애플(kangaroo apple, *S. aviculare*)이라는 품종도 같이 재배되고 있다.

조리법

아쿠드주라는 건토마토나 파프리카 대신에 사용된다. 샐러드, 수프, 달걀 요리, 야채볶음에 뿌리면 독특한 맛과 향을 즐길 수 있다. 그 향미의 매력에 빠진 사람도 있을 정도이다. 오스트레일리아에서는 통째로 캐서롤에 넣거나 '부시터커(bush tucker)'와 같은 전통적인 빵에 넣어 먹기도 한다.

건조시킨 아쿠드주라의 가루는 달콤한 비스킷이나 처트니, 드레싱, 초절임 야채, 살사에 넣어 먹기도 한다. 아쿠드주라, 와틀, 마운틴페퍼(mountain pepper)의 혼합 향신료는 검은색 계통의 향신료와 마찬가지로 케이준 요리나 생선과도 페어링이 훌륭하다. 육류나 바비큐에 사용하는 마리네이드, 특히 지방분이 적은 캥거루고기에 많이 사용된다.

통과일

아쿠드주라는 달거나 짭짜름한 요리와 매우 잘 맞는다. 토마토를 기반으로 하는 소스와 고기 스튜, 특히 '굴라시(goulash)'(헝가리 고기 스튜)에 독특한 향미를 더해 준다.

으깬 열매

아쿠드주라는 재배 기간의 강수량에 따라 주황색이나 갈색을 띤다

테이스팅 노트

아쿠드주라의 향은 마치 구운 캐러멜과 초콜릿의 향과도 같다. 맛은 캐러멜이나 '타마릴로(tamarillo)'(토마토와 비슷한 맛의 가짓과 식물) 또는 토마토와 비슷하다. 씁쓰름한 뒷맛이 오래 남는다.

사용 부위

열매(건조시킨 것).

구입 및 보관

아쿠드주라는 통열매로 구입할 수 있다. 조리하기 전에 약 20~30분간 물에 불린다. 황갈색의 가루 상품은 구입이 더욱더 쉽다.

수확

아쿠드주라는 아직까지 재배 방법이 딱히 없기 때문에 야생에서 수확한 것만 구입할 수 있다. 노란색의 열매를 나무에 맺힌 채로 자연 건조시키면 크기가 포도 크기까지 쪼그라들면서 초콜릿 색상으로 변한다. 식감이 마치 건포도와 같이 쫄깃쫄깃하다. '데저트레이즌(desert rasin)'이라고도 한다. 햇볕에 건조시킨면 독성이 있는 알칼로이드 성분인 '솔라닌(solanine)'의 함유량도 줄어든다.

향미의 페어링

· 잘 맞는 재료

사과, 치즈 요리, 생선, 저지방 육류, 양파, 페퍼, 감자.

· 잘 결합하는 허브 및 향신료

코리앤더 씨, 레몬, 머틀, 마운틴페퍼, 타임, 와틀.

핑크페퍼(Pink pepper)

Schinus terebinthifolius

핑크페퍼는 브라질리언페퍼나무의 열매로서 브라질 외에도 아르헨티나와 파라과이가 원산지인 것도 있다. 이 나무는 수많은 지역에서 관엽수와 정원수, 차광나무로 키우고 있다. 증식력도 왕성하여 오늘날 전 세계의 모든 온대 지역에서 자생하고 있다. 휘발성 에센셜 오일에 함유된 모노테르펜(mono-terpene) 성분은 장을 자극하지만, 통상적인 조리법의 양으로는 인체에 해가 없는 것으로 알려져 있다. 인도양 서부에 있는 프랑스령의 레위니옹섬은 핑크페퍼를 대량으로 생산하는 유일한 곳이다.

조리법

핑크페퍼의 열매는 오늘날 다양한 요리에 향미를 내는 데 사용하고 있다. 예를 들면, 페퍼스테이크(pepper steak)(소고기 요리의 일종)를 준비하는 과정에서 필요에 따라 소량씩 넣는다. 절이면 열매가 연화되면서 쉽게 으깨질 수 있다. 건조 열매는 얇은 껍질의 외곽부가 단단한 씨를 둘러싸고 있다.

주로 생선이나 닭고기에 사용할 것을 권장하지만, 주니퍼와 같이 사냥 고기나 그 밖의 기름진 음식에도 잘 맞는다. 또한 핑크페퍼는 바닷가재, 송아지고기, 돼지고기 등 다양한 식재료에 곁들이는 매우 섬세한 향미의 소스를 만드는 데에도 사용할 수 있다.

통열매

절구에 넣어 공이로 찧거나 칼등으로 찧아서 사용할 수 있다.

테이스팅 노트

으깬 열매에서는 소나무의 향이 뚜렷이 나면서 신선한 과일 향도 난다. 또한 과일, 수지와 같은 맛도 난다. 주니퍼와 같이 달콤한 향도 풍기는데, 강하지는 않다. 블랙페퍼와 마찬가지로 매운맛인 피페린(piperine) 성분의 오일을 함유하지만, 페퍼와 같이 매운맛이 강하지는 않다.

사용 부위

열매(건조시킨 것).

구입 및 보관

건조시킨 핑크페퍼는 슈퍼마켓에서 구입할 수 있다. 냉동시킨 열매는 색상이 아름답고 향도 훌륭하다. 소금물이나 식초에 담근 병조림이나 통조림도 구입할 수 있다. 건조시킨 열매는 종종 색채감을 더해주기 위해 블랙페퍼나 화이트페퍼, 그린페퍼에 넣기도 한다. 핑크페퍼는 통째로 밀폐 용기에 담아 보관하고, 필요할 때마다 으깨거나 가루로 만들어 사용한다.

수확

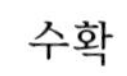

가을이 오면 작고 하얀 씨방에 수분이 많은 초록색의 열매를 맺는다. 점차 무르익어 색상이 붉고 선명한 색으로 바뀌면 수확한다.

향미의 페어링

· 잘 맞는 재료
생선, 사냥 고기, 기름진 육류, 닭이나 오리 등의 가금류.

· 잘 결합하는 허브 및 향신료
처빌, 펜넬, 걸랭걸(양강근), 맥러트라임 잎, 레몬그라스, 민트, 파슬리, 블랙페퍼, 그린페퍼.

테이스팅 노트

파프리카의 향은 매우 섬세하고 은은하다. 캐러멜 향, 과일 향, 스모키 향이 나는 것도 있지만, 대부분은 코를 찌르는 듯한 자극적인 매운맛을 지니고 있다. 달콤하면서 스모키한 것에서부터 농후하고 온화한 것, 그리고 씁쓰름한 향과 함께 약간 자극성이 있는 것까지 향미가 매우 다양하다.

사용 부위

건조시킨 열매. 파프리카는 수많은 종류의 레드칠리들로 만들어진다.

구입 및 보관

포르투갈과 모로코의 파프리카는 스페인의 파프리카와 향미가 비슷하다. 헝가리나 발칸반도의 파프리카는 약간 더 매운 것이 특징이다. 한편 미국의 파프리카는 향미가 순하다. 일반적으로 파프리카는 신선도를 유지하기 위해 밀폐 용기에 넣어 어두운 장소에서 보관한다. 헝가리나 발칸반도의 여러 나라에서는 파프리카 페이스트와 파프리카 소스도 생산하고 있다.

수확

일단 건조시킨 칠리에서 씨를 떼어내고, 외피와 씨를 따로 갈아서 가루로 만든다. 파프리카의 종류에 따라 블렌딩한다. 스페인의 피멘톤데라베라는 스모키한 향을 내기 위해 훈연한다.

파프리카(Paprika)

Capsicum annuum species

칠리는 본래 아메리카 대륙이 원산지이다. 1492년 콜럼버스가 아메리카 대륙을 발견한 뒤로 스페인에서 처음으로 재배되었다. 칠리를 건조시켜 갈아서 파프리카, 즉 피멘톤(pimenton)을 처음으로 만든 것도 스페인 사람들이다. 종자가 터키로 전해지면서 오스만 제국 곳곳에서 재배되었다. 헝가리에서는 1604년에 처음으로 칠리가 재배되었는데, 100년 뒤에는 일반 농민들 사이로 재배가 확산되었다는 기록이 남아 있다. 상류층에서 파프리카를 먹기 시작한 것은 비교적 훗날인 19세기 이후의 일이다.

파프리카 가루

파프리카 가루는 단맛, 약간 매운맛, 아주 매운맛의 세 종류로 나뉜다. 가루에 포함된 씨와 잎맥의 양에 따라 그 향미가 결정된다.

헝가리의 파프리카

헝가리의 요리사들은 보통 서로 다른 등급의 파프리카를 주방에 두고 요리에 맞춰 사용한다.

조리법

헝가리 요리에서는 파프리카가 빠질 수 없는 향신료이자, 착색료이다. 식용유인 라드(lard)로 파프리카와 양파를 살짝 볶아서 수프인 굴라시(goulash), 송아지와 치킨의 파프리카 조림, 오리와 거위의 스튜인 푀르쾰트(Pörkölt)의 기초 향미를 만든다. 또한 쌀과 면 요리, 그리고 감자 등의 많은 채소에 색채감과 향미를 더해 준다.

세르비아의 요리사들도 파프리카를 헝가리와 마찬가지로 같은 용도로 사용한다. 헝가리에서와 발칸반도의 여러 국가들, 터키 등에서는 일반적으로 블랙페퍼보다는 파프리카와 칠리 플레이크를 식탁에서 더 자주 볼 정도이다.

스페인에서는 파프리카를 다양한 재료를 올리브유에 볶은 향미료인 소프리토(sofrito)를 비롯하여 여러 조림 요리에 기초 재료로 사용한다. 쌀이나 감자, 생선 요리와 페어링이 좋고 오믈렛에도 들어간다. 또한 견과류가 들어가는 토마토소스인 로메스코(romesco)에도 결코 빠질 수 없다.

모로코에서는 혼합 향신료, 육류용 소스인 타진, 생선용 소스인 체르뮬라(chermoula) 등에 폭넓게 사용하고 있다. 터키에서는 수프, 야채나 고기 요리, 특히 내장 요리에 향미를 더하는 데 사용한다. 인도에서는 주로 요리를 붉게 착색하는 데 사용한다. 예를 들면, 소시지를 비롯하여 육가공품에 필수적인 향미료로 사용하는 것이다. 조리에서 주의해야 할 점은 오래 가열하면 쓴맛이 나오기 때문에 지나치게 가열하지 않도록 한다.

스페인의 파프리카

피멘톤데라베라(pimentón de la Vera)는 고품질의 파프리카이다. 땔감에 훈연하는 가공 방법으로 독특한 감칠맛과 중간 정도의 매운맛을 낸다.

파프리카의 분류

파프리카는 보통 캔이나 밀봉된 팩에 공인 라벨을 붙여 판매한다.

헝가리 파프리카 : 헝가리 남부의 세게드(Szeged)와 칼로차(Kalosca) 지역에서 주로 생산된다. 두 산지의 이름은 포장재에 보통 표기되어 있다.

퀼뢴레게스(Különleges, 스페셜, 델리케이트) : 매우 곱게 갈아서 붉은색이 선명하고 윤택이 도는 가루 형태이다. 씨가 거의 들어 있지 않아 주로 단맛이 나고, 매운맛은 거의 없다.

에데스네메스(Edesnemes, 노블 스위트) : 거무스레한 붉은색을 띠고 향미가 달콤하면서도 원숙하다. 매운맛이 약간 있고 쓴맛은 없다. 상당히 곱게 간 가루 형태이다.

델리카테스(Delicatess, 델리카트슨) : 과일 향미가 나면서 매운맛이 살짝 난다. 밝고 선명한 붉은색을 띤다.

페데스(Fédes, 세미스위트) : 잎맥을 더 많이 함유하고 있어 단맛은 적고 매운맛이 강하다.

로차(Rozsa, 로즈) : 진한 분홍색을 띠고 매운맛이 더욱더 강하다. 열매를 통째로 가루로 만든다.

에로스(Eros, 스트롱) : 등급이 낮은 열매를 통째로 가루로 만든다. 매운맛이 더욱더 강하고 쓴맛이 뒷맛으로 남는다. 적갈색을 띠고 거친 것이 칠리 가루와 비슷하다.

스페인 파프리카 : 대부분 라베라(La Vera)에서 생산되는데, 원산지로 알려져 있다. 무르시아(Murcia) 지역에서는 단맛의 파프리카가 소량으로 생산된다.

둘세(Dulce, 스위트, 마일드) : 붉은색을 띠고 스모키한 향과 매콤한 향미가 난다.

아그리둘세(Agridulce, 비터스위트) : 짙은 붉은색을 띠고 씁쓰름하면서도 매운맛이 있다.

피칸테(Picante, 핫) : 적갈색을 띠고, 깔끔하면서도 개운한 매운맛이 있다. 스페인 파프리카는 '엑스트러(extra)', '실렉트(select)', '오디너리(ordinary)'의 등급으로 판매된다.

타마린드(Tamarind)

Tamarindus indica

타마린드는 콩과 마찬가지로 타마린드나무에 열리는 꼬투리에서 채취한다. 아프리카 동부의 마다가스카르섬이 원산지일 것으로 보고 있다. 타마린드는 아프리카 기원의 향신료 중에서도 가장 중요한 것으로 취급되고 있다. 키가 크고 외관이 훌륭한 상록수인 타마린드나무는 인도에서는 선사 시대부터 이미 재배되었다. 그 이름은 아랍어로 '인도의 과일'이라는 뜻의 '타마르 이 힌디(thamar-i-hindi)'에서 유래하였다. 타마린드나무의 생산 연령은 최대 200년에 이른다. 영국에서는 우스터셔소스(Worcestershire sauce)와 같은 조미료를 생산하기 위해 오랫동안 인도에서 수입해 왔다.

테이스팅 노트

타마린드는 약한 향과 신맛이 있지만, 달콤하면서도 과일의 맛도 있다. 신맛의 주성분은 타르타르산(tartaric acid)이다. 산지에 따라 신맛의 정도가 다르다. 태국산 타마린드는 베트남산이나 인도네시아산보다 맛이 훨씬 더 부드럽고 신맛도 적다.

사용 부위

꼬투리(익은 것), 잎.

구입 및 보관

씨가 들어 있거나 또는 씨가 들어 있지 않은 건조시킨 덩어리 형태, 진하고 건조시킨 페이스트, 또는 흑갈색의 추출액 형태로 판매되고 있다. 인도 식품점과 향신료 전문점에서 구입할 수 있다. 슈퍼마켓에서는 보통 추출액과 페이스트를 구입할 수 있다.

어떤 상태이든지 간에 타마린드는 거의 무기한으로 저장할 수 있다. 잎(신선한), 건조시킨 꼬투리 슬라이스, 타마린드 가루도 종종 찾아볼 수 있다.

수확

타마린드의 담황색 씨방은 점차 적갈색의 긴 꼬투리로 변한다. 흑갈색의 꼬투리는 섬유질로 되어 있어 끈기가 있는데, 부서지기 쉬운 외곽에서부터 과육을 빼낸다. 과육에는 광택이 있는 검은 씨가 들어 있다. 그것을 가공하면 타마린드 페이스트와 추출액을 만들 수 있다.

통꼬투리

베트남과 태국에서는 설익은 꼬투리를 신맛의 수프나 스튜에 넣는다. 타마린드가 자생하는 지역인 태국과 필리핀에서는 여리고 부드러운 잎과 꽃을 종종 커리, 처트니에 사용한다.

조리법

인도와 동남아시아에서 타마린드는 신미료로서(서양에서는 레몬이나 라임을 대신해 사용) 커리와 삼바르(sambhar)(인도식 매운 스튜), 처트니, 마리네이드, 잼, 피클, 셔벗 등에 사용된다. 타마린드는 고안빈달루(Goan vindaloo)와 구자라티(Gujarati) 채소 스튜 등 남인도의 여러 매운 요리에 신맛을 더해 준다. 또한 설탕, 칠리와 함께 졸여 시럽과 비슷하게 만드는 생선용 디핑소스에도 들어간다.

태국의 똠얌 수프와 중국의 산라탕(hot and sour ones)에도 사용된다. 인도네시아어로 아젬(asem)이라는 용어는 '타마린드'와 '사워(신맛)'를 뜻한다. 매운맛, 단맛의 소스와 마리네이드에도 사용된다. 자바섬에서는 새콤달콤한 요리에 레몬보다 더 많이 사용된다. 인도에서는 씨를 갈아서 케이크에도 사용한다. 이란에서는 야채를 소로 넣은 요리를 감칠맛 나는 타마린드 국물에 넣는다. 중동에서는 타마린드 시럽으로 레모네이드와 비슷하게 만든 음료가 인기이다. 중앙아메리카와 서인도제도에도 캔형 타마린드 드링크가 판매되고 있다. 그대로 마시거나 열대 과일 펀치에 넣거나 아이스크림을 넣은 밀크셰이크에 넣어 먹기도 한다.

자메이카에서는 스튜에 넣거나 쌀과 함께 요리한다. 코스타리카에서는 사워 소스를 만들 때, 태국, 베트남, 필리핀, 자메이카, 쿠바 등에서는 설탕 과자를 만들거나 설탕을 묻힌 사탕을 만들 때 사용한다.

타마린드를 소금과 함께 생선이나 육류에 바르거나 간장, 진저(생강)와 함께 돼지고기나 어린양고기의 마리네이드에 사용하여도 좋다.

향미의 페어링 

· 필수적인 사용

우스터셔소스.

· 잘 맞는 재료

양배추, 닭고기, 어패류, 송아지, 렌틸콩, 버섯, 땅콩, 돼지고기 닭, 오리 등 육류, 대부분의 채소.

· 잘 결합하는 허브 및 향신료

칠리, 애서페터더(asafoetida)(아위), 코리앤더 잎, 커민, 걸랭걸(양강근), 마늘, 진저(생강), 머스터드, 슈림프 페이스트, 간장, 설탕(흑설탕, 종려당), 터메릭(강황).

덩어리

타마린드 덩어리를 사용하려면, 1큰술만큼 작은 조각을 소량의 물에 10~15분간 불린다. 살짝 저어가면서 과육을 푼 뒤 섬유질과 씨를 걸러서 제거한다.

농축 타마린드 소스

타마린드 추출액에서는 몰라세를 연상시키는 향과 함께 날카로운 신맛이 난다. 1~2큰술을 떠서 소량의 물에 넣고 잘 저어 준다.

페이스트

타마린드의 가공품을 요리에 첨가하면, 얼큰한 칠리와 매콤한 향신료의 강한 향미를 누그러뜨린다.

수맥(Sumac)/옻

Rhus coriaria

수맥(옻)나무는 높이 약 3m까지 무성하게 자라면서 연회색이 도는 붉은색의 열매를 맺는다. 이 열매가 바로 향신료로 사용된다. 이란의 원산지를 비롯하여 드문드문 나무가 있는 언덕, 지중해 주변 아나톨리아 고지(터키)의 평원 등 중동 각지에 자생한다.

조리법

수맥(옻)은 아랍, 특히 레바논 요리에서 신미료로서 필수적으로 사용된다. 수맥은 맛이 얼얼하고 맵고 소금과 마찬가지로 요리에 향미를 이끌어 낸다. 열매를 그대로 사용할 경우에는 쪼개어 물에 20~30분간 불린 뒤 완전히 짜서 즙을 낸다. 즙은 마리네이드와 샐러드드레싱, 고기와 야채 요리에 사용되고, 또한 상큼한 음료로 마셔도 된다.

레바논인과 시리아인들은 생선 요리에 사용하고, 이란인이나 조지아인들은 케밥에, 이라크인이나 터키인들은 야채 요리에 사용하는 등 수맥의 활용도는 매우 폭넓다. 수맥은 플랫브레드에 뿌려서 먹어도 맛있다. 레바논 빵이나 파투시(fattoush)라는 샐러드에 강렬한 맛을 더하기 위해 사용한다. 또한, 향신료와 허브 블렌딩, 자타르에도 필수적인 식재료이다.

테이스팅 노트

수맥은 은은한 향이 있다. 과일과도 같은 상쾌한 신맛과 함께 약간 떫은맛도 있다.

사용 부위

열매(건조시킨 것).

구입 및 보관

수맥은 재배 지역 이외에서는 일반적으로 굵거나 고운 가루 형태로 구입할 수 있다. 밀폐 용기에 넣으면 몇 개월간은 보관할 수 있다. 통씨는 1년 이상 보관할 수 있다.

수확

수맥의 잎은 가을에 색상이 아름답게 물든다. 하얀 꽃에서는 점차 원뿔형의 열매(작고 둥근 검붉은 열매)들이 송이를 이루며 열린다. 열매는 완전히 여물기 직전에 수확하고, 햇볕에 건조시켜 적갈색의 가루로 만든다.

향미의 페어링

· 필수적인 사용

자타르(중동의 혼합 향신료).

· 잘 맞는 재료

가지, 닭고기, 병아리콩, 어패류, 어린양고기, 렌틸콩, 양파, 잣, 호두, 요구르트, 파투시(중동 샐러드).

· 잘 맞는 허브 및 향신료

올스파이스, 칠리, 코리앤더, 커민, 마늘, 민트, 파프리카, 파슬리, 세서미(참깨), 석류, 타임.

열매 가루

열매의 색상은 붉은색에서부터 적갈색, 갈색에 이르기까지 산지에 따라서 매우 다양하다.

자타르(za'atar)

수맥의 열매 가루는 세서미(참깨 임 가루와 함께 중동의 대표적인 향신료를 만드는 데 사용된다(283쪽).

바베리(Barberry)/매자

Berberis vulgaris

매자나무속의 수많은 종들과 근연속인 마호니아(Mahonia)의 종들은 유럽, 아시아, 북아프리카, 북아메리카의 온대 지역에 자생한다. 울창하고 가시로 덮인 여러해살이 관목으로 가장자리가 톱니 모양의 잎을 가지고 있고, 식용 열매를 맺는다. 바베리(매자)의 열매는 약간 빨갛고, 마호니아의 열매는 파란색이다. 바베리는 중앙아시아와 코카서스 지방에서 향신료로 사용된다. 뉴잉글랜드 지방에서는 잘 익은 바베리를 파이와 잼, 시럽에 사용한다. 설익은 그린바베리도 사용되기도 한다.

조리법

바베리는 대개 시럽이나 식초에 담가 저장하고, 신맛의 향미를 내는 데 사용한다. 펙틴(pectin)이 풍부하고, 설탕에 졸여 간편하게 잼이나 청을 만들 수 있다. 중앙아시아와 이란에서는 건조시킨 열매를 필라프에 색채감과 신맛의 향미를 더해 주기 위해 사용한다. 또한 소를 넣는 요리, 스튜, 육류 요리에도 많이 사용한다. 건조시킨 열매는 버터나 기름에 살짝 볶아 향이 나도록 하여 쌀 요리에 뿌리기도 한다.

인도에서는 건조시킨 바베리를 디저트에 넣어 커런트와 비슷한 신맛을 낸다. 신선한 열매를 어린양고기나 1년 이상 키운 양의 고기인 머튼(mutton)에 뿌려서 맛있게 조리하는 방법도 있다.

건조시킨 통열매

작고 타원형의 열매는 식감이 부드럽고, 상큼하면서도 약간 새콤한 향미가 있다. 붉은색이 선명한 것을 고른다. 거무스름한 열매는 오래된 것으로서 향미가 거의 없을 수도 있다.

테이스팅 노트 

잘 익은 열매는 상쾌한 신맛이 난다. 건조시킨 열매는 향이 약하게 나며서 신맛의 커런트와 비슷하지만 매콤한 향도 인상적이다. 맛은 상큼하고 새콤달콤하며, 사과산에서 나오는 날카로움을 느낄 수 있다.

사용 부위 

열매(신선하거나 건조시킨 것).

구입 및 보관 

건조시킨 열매는 이란의 식료품점 외의 산지에서는 구입하기 어렵다. 묘목은 전문 종묘점에서 구입할 수 있는데, 매우 아름답고 매력적인 관목으로 성장한다. 야생에서 자라거나 또는 재배한 바베리나무에서는 장갑을 끼고 열매를 쉽게 따서 건조시킬 수 있다. 건조시킨 열매는 몇 개월간 보관할 수 있다. 냉동실에 넣으면 색상과 향미를 오래 유지할 수 있다.

수확 

씨에 달린 작고 타원형의 열매는 7월부터 늦여름까지 수확할 수 있다. 이란이나 코카서스 지방의 국가, 그 동부의 나라에서는 지금도 야생 바베리의 열매를 따서 햇볕에 건조시킨 뒤 주방에서 보관하여 사용한다.

향미의 페어링 

· 잘 맞는 재료

아몬드, 어린양고기, 피스타치오, 닭, 오리 등 육류, 쌀, 요구르트.

· 잘 결합하는 허브 및 향신료

베이, 카르다몸, 시나몬, 코리앤더, 커민, 딜, 파슬리, 사프란.

 테이스팅 노트

작은 열매는 다육질이고, 달콤한 맛과 신맛이 있다. 열매에는 맛과 향이 균형을 이룬 것도 있고, 떫은맛이 강한 것도 있다. 인도산 석류에는 씁쓰름한 뒷맛이 있다. 즙은 연분홍색에서부터 진홍색에 이르기까지 매우 다양하다. 단맛 속에서도 신선하고도 날카로운 맛이 있다.

 사용 부위

씨(신선하거나 건조시킨 것).

 구입 및 보관

석류는 서늘한 장소에서 몇 주간 보관할 수 있다. 석류를 보관하면 향미와 즙의 함유 성분을 농축시킬 수 있다. 그리고 추출한 씨와 즙은 냉동 보관할 수도 있다. 거무스름하면서 진하고 걸쭉한 석류 몰라세는 이란과 중동의 식료품점과 슈퍼마켓에서 구입할 수 있다. 인도의 식품점에서는 아나르다나(건조시킨 씨)를 진하고 검붉은 통씨나 가루 씨의 형태로 구입할 수 있다. 아나르다나와 몰라세는 잘 보관해야 한다.

 수확

열매는 10월에 무르익는데, 외피가 터져서 씨가 튀어나오기 전에 수확한다. 북인도에서는 새콤하고 쓴 야생 석류의 씨를 2주간 건조시켜 아나르다나를 만든다.

파미그래니트(Pomegranate)/석류

Punica granatum

파미그래니트(석류)는 작은 낙엽성 나무로서 잎이 가늘면서 질기고, 선명한 주황색의 꽃을 피우며, 열매는 베이지색이나 빨간색 껍질로 뒤덮여 달린다. 이란에서 히말라야산맥에 이르는 지역이 원산지로서 지중해 연안 곳곳에서 오래전부터 재배되었다. 석류는 오늘날 인도의 아열대 지역, 동남아시아의 건조 지역, 인도네시아, 중국, 아프리카의 열대 지역 등 수많은 지역에서 자생하고 있다. 수령이 매우 길지만, 15~20년 지나면 성장력이 떨어진다.

조리법

중동과 중앙아시아에서는 신선한 통씨를 샐러드를 비롯하여 '후무스(humus)'나 '타이나(tahina)'와 같은 페이스트, 그리고 디저트에 고명으로 뿌린다. 닭고기에 매우 잘 어울리며, 스튜에 넣거나 과일 샐러드, 오이 샐러드에 색채감을 더해 준다.

작은 씨들을 압출하여 주스를 만드는데, 더욱 더 달콤한 품종의 주스는 중동에서도 인기가 높은 음료이다. 조지아에서는 톡 쏘는 신맛의 주스를 육류나 생선용의 소스에 널리 사용한다. 석류의 '몰라세(molasses)', 즉 걸쭉하고 진한 시럽도 즙으로부터 만든다. 몰라세를 닭고기 등 육류에 솔로 바르면 마리네이드의 역할을 한다. 또한 서서히 조리하는 요리에도 넣는다.

몰라세의 맛과 산도는 산지에 따라 다양하다. 아랍과 인도의 몰라세는 자극성의 신맛이 강하게 난다. 이란에서 생산

되는 당도가 높은 석류는 매운 레드칠리와 호두가 주재료인 중동의 '무함마라(muhammarah)' 요리와 호두로 농후한 맛을 낸 이란의 오리나 닭고기 요리인 '페센잔(fesenjan)'에 필수적인 재료이다. 또한 이란의 겨울철 수프도 석류 몰라세를 기본 재료로 만든다.

건조시킨 씨인 '아나르다나(anardana)'는 검붉은 건포도와 같이 보이는데, 바삭바삭한 식감이 매우 좋다. 과일과 같이 혀에 톡 쏘는 듯한 향은 북인도에서도 인기가 높다. 커리와 처트니에 넣어 빵이나 매콤한 페이스트리의 소에 사용하거나 야채찜에 사용한다. 펀자브 지역에서는 콩 요리에 향미를 내는 데 사용한다.

석류의 씨는 인도의 망고 향신료인 '암추르(amchoor)'보다도 요리에 더 섬세하고도 새콤한 맛을 더해 줄 수 있다. 또한 타마린드과 마찬가지로 물에 불려 짜거나 직접 요리에 뿌려서 사용한다.

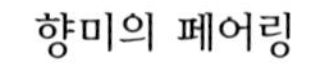

향미의 페어링

· **잘 맞는 재료**

아보카도, 비트, 오이, 생선, 양, 잣, 닭이나 오리 등 육류, 콩류, 시금치, 호두.

· **잘 결합하는 및 향신료**

올스파이스, 카르다몸, 칠리, 시나몬, 클로브(정향), 코리앤더 씨, 커민, 페뉴그리크, 진저(생강), 골파르(golpar)(퍼시언호그위드), 장미 꽃봉오리, 터메릭(강황).

아나르다나(Anardana) (건조시킨 씨)

건조시킨 씨는 상쾌하고 새콤한 냄새와 함께 새콤달콤한 맛이 난다.

라세(Molasses)

류의 몰라세는 매력적인 신맛으로 억제된 달콤한 일의 맛이 특징이다. 향은 몰라세의 석류 시럽인 레나딘(grenadine)보다도 더 강하다.

코쿰(Kokum)

Garcinia indica

코쿰은 매우 날씬하고 우아한 상록수의 열매이다. '과실의 여왕'이라는 망고스틴(mangosteen)과 같은 가르키니아속에 속한다. 인도 서부의 뭄바이에서부터 코친(Cochin)에 이르는 가는 띠 모양의 말라바르(Malabar) 해안의 열대 우림이 원산지로서 거의 예외 없이 자생한다. 마하라슈트라(Maharashtra)나 카르나타카(Karnataka), 케랄라(Kerala)의 원산지에서는 인도의 다른 지방에서의 타마린드와 마찬가지로 코쿰 열매와 껍질로 신미료를 만들어 사용한다. 최근 들어 미국, 중동, 오스트레일리아에서 인기를 얻고 있지만, 영국 등의 유럽에는 그 존재가 잘 알려져 있지 않다.

테이스팅 노트

코쿰은 약간 과일 같으면서 발사믹한 향이 난다. 새콤달콤한 맛, 타닌의 떫은맛이 나며, 종종 강한 짠맛을 동반한다. 건조시킨 열매에서는 은은하고도 단 뒷맛이 난다. 이는 사과산과 타르타르산으로 인한 것이다. 식감이 매우 부드럽다.

사용 부위

열매(건조시킨 것), 껍질.

구입 및 보관

건조시킨 껍질은 인도의 식품점이나 향신료 전문점에서 구입할 수 있다. 코쿰 페이스트도 물론 구입이 가능하다. 껍질도 페이스트도 밀폐 용기에 넣으면 최대 1년간 보관할 수 있다. 껍질의 색이 짙을수록 품질이 좋은 코쿰이다. 코쿰은 흔히 라벨에서 '블랙망고스틴(black mangosteen)'이라 표기되어 판매된다.

수확

코쿰은 작고 둥글고 끈적거리는 열매로서 자두만 하다. 겉면은 울퉁불퉁하게 거칠다. 완전히 익으면 짙은 보라색을 띠면서 열매 속에 6개 이상의 매우 큰 씨가 있다. 열매는 통째로나 쪼개어 건조시킨다. 또는 껍질을 벗기고 과즙에 담근 뒤 햇볕에 건조시킨다. 현지에서는 '새콤한 껍질'이라는 뜻으로 '암술(amsul)'이라고도 하는데, 표면이 마치 가죽같이 거칠다.

향미의 페어링

· 잘 맞는 재료

가지, 콩, 어패류, 렌틸콩, 오크라(okra)(아욱과 식물), 플랜틴(plantain)(바나나의 일종), 감자, 호박.

· 잘 결합하는 허브 및 향신료

칠리, 카르다몸, 코코넛밀크, 코리앤더, 커민, 페뉴그리크, 마늘, 진저(생강), 머스터드 씨, 터메릭(강황).

조리법

코쿰은 타마린드에 비해 순한 향미의 신미료로 사용된다. 건조시킨 껍질을 물에 불려서 연화시킨 뒤 꼭 짜서 사용한다. 그 뒤 즙을 내어 콩류와 야채를 조리할 때 사용한다. 코쿰 껍질은 종종 소금에 버무려져 있기 때문에 요리에 사용할 경우에는 너무 짜지 않도록 주의한다.

코쿰 조각을 삶아서 거른 뒤, 강판에 간 진저(생강), 다진 양파, 칠리, 커민, 코리앤더 등을 뒤섞은 요리는 인도에서 매우 친숙한 애피타이저이다. 또한 매운 코코넛 베이스의 피시 커리에 곁들이는 차가운 식재료로 넣기도 한다. 인도의 케랄라주에서 코쿰은 '피시타마린드(fish tamarind)'라고 한다. 향기롭고 색상도 아름다운 음료인 '솔카디(solkadhi)'를 만드는 경우에도 코쿰은 흑설탕인 재거리와 코코넛밀크와 함께 사용된다.

암추르(Amchoor)

Mangifera indica

암추르는 망고 열매로 만든다. 상록수의 망고나무는 단단한 회색 줄기와 짙은 녹색 잎을 지닌다. 인도와 동남아시아가 원산지이지만, 오늘날에는 열매의 수확을 위해 수많은 지역에서 재배되고 있다. 1년마다 열매를 맺고, 생산 연령도 100년 이상이나 된다. 망고나무의 모든 부분(목피, 진액, 잎, 꽃, 씨)은 다양 방법으로 활용되고 있다. 열매는 신선한 상태로 먹을 수 있고, 설익은 것이든지, 농익은 것이든지 간에 처트니나 피클을 만들어 먹을 수 있다.

조리법

암추르는 남인도에서 타마린드를 사용하듯이, 북인도에서 신미료로 사용된다. 야채 스튜나 수프와 감자 '파코라(pakora)'(인도의 튀김 요리), '사모사(samosa)'의 소 재료로 사용되어 열대 과일 특유의 자극적인 향미를 더해 준다. 야채볶음, 빵과 페이스트리의 소로도 훌륭하다. 암추르는 깔끔한 맛과 떫은맛이 있는 펀자브 지방의 혼합 향신료인 '차트마살라(chat masala)'에 필수적인 식재료이다. 차트마살라는 야채와 콩 요리, 과일 샐러드 등에도 사용된다. 암추르는 육류나 생선의 살을 부드럽게 하는 마리네이드에도, 인도식 화덕인 탄두르(tandoor)로 굽는 고기에도 잘 어울린다. 또한 약간의 신맛이 나는 향을 내는 식재료로서 인도의 콩 조림인 '달(dal)'과 처트니에도 종종 사용된다.

암추르 가루

암추르 가루는 쉽게 부서지고 잘 섞이기 때문에 물을 따로 넣지 않아도 요리에 신맛을 훌륭하게 줄 수 있다.

테이스팅 노트

암추르는 건과일의 신선하면서도 새콤달콤한 향이 난다. 드라이한 떫은맛이 나면서 달콤한 향미도 있다. 구연산 특유의 신맛이 나는데, 그 신맛의 정도는 암추르 가루 1작은술은 레몬즙 3큰술에 해당된다.

사용 부위

열매를 저미거나 갈아서 만든 가루.

구입 및 보관

암추르의 가루는 통상적으로 인도의 식품점이나 아시아계 식품점에서 구입할 수 있다. 영어로 '망고 파우더(mango powder)'라는 라벨이 붙어 있다. 건조시킨 슬라이스 조각은 보통 밝은 갈색을 띠고 감촉이 매우 거칠다. 슬라이스는 3~4개월간 보관할 수 있다. 곱게 간 가루는 섬유질의 촉감이 나면서 베이지색을 띤다. 밀폐 용기에 넣으면 약 1년간 보관할 수 있다.

수확

설익은 초록색의 망고 열매는 반야생나무에서 따거나 바람으로 인해 땅에 떨어진 것을 수확한다. 껍질을 벗긴 뒤 얇게 저며 햇볕에 건조시킨다. 벌레의 침입을 막기 위해 터메릭(강황)을 묻혀 놓기도 한다. 시장에서는 대부분 암추르 가루를 판매하지만, 종종 건조시킨 슬라이스도 판매한다.

향미의 페어링

· 필수적인 사용

차트마살라.

· 잘 맞는 재료

가지, 오크라, 콜리플라워, 감자, 콩류.

· 잘 결합하는 허브 및 향신료

칠리, 클로브(정향), 코리앤더, 커민, 진저(생강), 민트.

레몬그라스(Lemon grass)

Cymbopogon citratus

레몬그라스는 섬유질이 풍부한 열대성 초본 식물로서 크고 밀집된 형태로 빠르게 자란다. 잎의 가장자리는 매우 날카롭다.
온화한 기후에서 무성하게 자라기 때문에 실내에 두면 겨울철을 날 수 있다. 뿌리줄기의 일부는 동남아시아에서 요리에 사용되어 매우 개성적인 향을 더해 준다. 예전에는 동남아시아의 요리 외에는 레몬그라스의 사용을 찾아볼 수 없었다. 그러나 태국, 말레이시아, 베트남, 인도네시아의 요리에 대한 사람들의 관심이 높아지면서 신선한 레몬그라스도 쉽게 구입할 수 있게 되었다. 오늘날에는 오스트레일리아, 브라질, 멕시코, 서아프리카, 미국의 플로리다주, 캘리포니아주에서도 재배되고 있다.

테이스팅 노트

레몬그라스는 진저(생강)과 비슷한 향이 나면서 상큼한 신맛도 있어 감귤의 깔끔한 향미와 비슷하다. 냉동 건조시킨 것은 향이 오래 유지되지만, 외부 공기와 접하여 자연 건조시킨 것은 휘발성 오일이 날아가 버린다. 레몬그라스의 껍질을 갈아서 만든 가루는 매우 강한 향을 풍긴다.

사용 부위

줄기의 아랫동(연녹색의 띤 하얀 부분).

구입 및 보관

레몬그라스는 청과전과 슈퍼마켓에서 구입할 수 있다. 주름지지 않고 마르지 않은 단단한 줄기를 고른다. 신선한 것은 비닐백에 넣어 냉장고에서 2~3주간, 냉동하면 6개월간 보관할 수 있다. 냉동 건조시킨 것은 향이 매우 좋은데, 밀폐 용기에 넣으면 장기적으로도 보관할 수 있다. 건조시킨 것이나 퓌레로 판매하는 것에서는 향을 거의 느낄 수 없다.

수확

싱가포르, 태국, 베트남의 일반 가정에서는 정원에 구획을 정해 레몬그라스를 따로 재배하고 있다. 요리에 사용할 때마다 1~2개의 줄기를 따서 사용한다. 대량 생산하는 농원에서는 3~4개월마다 수확하는데, 판매에 앞서 줄기에서 잎을 모두 제거한다.

신선한 통줄기

레몬그라스에는 레몬 특유의 방향성 성분인 시트랄(citral)이 함유되어 있다. 그 성분은 다른 야채에 미묘하고도 지속적인 레몬 향을 준다.

조리법

레몬그라스를 스튜나 커리에 향미를 더하기 위해 통째로 사용할 경우에는 줄기의 껍질을 두 겹 정도 벗긴 뒤 다진다. 특히 레몬그라스를 수프와 샐러드에 사용할 경우에는 윗동을 잘라서 버리고 나머지 부분을 얇게 채로 썰어서 사용한다. 아랫동부터 시작하여 단단한 부위까지 잘게 썬다. 큰 조각은 딱딱한 섬유질로 되어 있어 식감이 상당히 좋지 않다. 그러나 레몬그라스를 다른 향신료나 허브와 함께 갈아서 페이스트로 만들면 커리, 스튜, 볶음 요리에 향미를 더해 주는 좋은 향신료가 된다.

레몬그라스는 싱가포르와 말레이반도 남부의 '논야(Nyonya)'(중국 요리와 다양한 향신료를 혼합한 요리)의 중요한 재료이다. 태국의 라프, 커리와 수프, 베트남의 샐러드, 춘권, 그리고 닭고기와 돼지고기에 넣는 인도네시아의 '붐부스(bumbus)'(혼합 향신료)에도 사용된다. 스

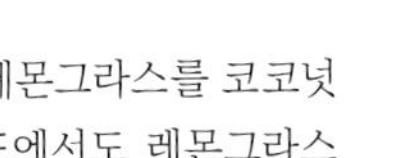

리랑카의 요리사들은 레몬그라스를 코코넛과 함께 사용한다. 인도에서도 레몬그라스가 자생한다. 그러나 식재료로 사용하기보다는 대부분 허브티로 우려내 먹는다.

유럽의 여러 나라에서도 레몬그라스를 식재료로 사용하고 있다. 어패류, 특히 새우나 가리비에 잘 맞고, 생선이나 닭고기를 푹 삶아 만드는 수프에도 넣는다. '프렌치드레싱(french dressing)'에 향미를 더하기 위해서 곱게 다진 소량의 줄기를 24시간 동안 담가 둔다. 레몬그라스는 단품으로 또는 진저(생강)와 펜넬 씨와 함께 사용한다. 과일류와도 잘 어울리기 때문에 복숭아와 서양배를 조리는 시럽에 향미료로도 사용된다.

향미의 페어링

· 잘 맞는 재료

소고기, 닭고기, 어패류, 면, 고기 내장, 돼지고기, 대부분의 채소.

· 잘 결합하는 허브 및 향신료

바질, 칠리, 시나몬, 클로브(정향), 코코넛밀크, 코리앤더 잎, 걸랭걸(양강근), 마늘, 진저, 터메릭(강황).

쪼갠 줄기

줄기를 부수면 레몬 향의 주성분인 휘발성 오일이 배어 나온다.

곱게 저민 줄기

생레몬그라스를 둥글게 채로 썰면, 그 속에 여러 겹의 보라색 고리가 보인다.

테이스팅 노트

잎에서는 강렬한 향이 풍기고, 마치 순수한 시트러스 같다. 레몬과 라임 같은 느낌은 별로 없지만, 향이 뚜렷하고 오래 지속되면서 매우 섬세하다. 껍질은 강한 시트러스계의 향이 나면서 맛이 씁쓰름하다. 건조시킨 잎과 껍질의 향은 신선한 것보다는 덜하다.

사용 부위

잎(신선한), 과피.

구입 및 보관

신선한 잎은 아시아계 식품점과 인터넷에서 구입할 수 있다. 비닐 백에 넣어 냉장고에서 몇 주간 저장할 수 있다. 잎은 냉동 보관하면 식감이나 향을 1년간 유지할 수 있다. 열매는 단단하면서 크기에 비해 묵직한 것이 품질이 좋다. 다른 시트러스계의 열매와 마찬가지로 냉장고나 서늘하고 어두운 장소에서 보관한다. 건조시킨 잎과 껍질을 구입할 경우에는 칙칙한 노란색보다 초록색인 것을 고른다. 모두 밀폐 용기에 넣어 보관한다. 잎은 6~8개월간 보관할 수 있다. 일부 식품점에서는 소금물에 절인 껍질도 판매한다.

수확

맥러트라임은 관목 상록수로서 잎과 열매를 수확한다. 신선하거나 건조시킨 상태로 판매한다.

맥러트라임/카피르라임 (Makrut lime, Kaffir lime)

Citrus hystemri

맥러트라임의 껍질과 잎은 오랫동안 동남아시아 음식에 시트러스계의 인상적인 향미를 더해 주기 위해 사용되었다. 캄보디아, 인도네시아, 말레이시아, 미얀마, 태국을 방문하면 순식간에 그 향미를 알아볼 수 있는 생선이나 닭고기 요리, 수프나 향신료 페이스트를 접할 수 있다. 오늘날 맥러트라임은 미국의 플로리다주, 캘리포니아주, 그리고 오스트레일리아에서도 재배되고 있다. 영어 명칭인 '카피르라임(kaffiir lime)'은 '카피르(kaffiir)'가 흑인을 뜻하기 때문에 용어의 사용을 피하는 나라도 많다. 따라서 카피르라임 대신에 태국어 명칭인 '맥러트라임(Makrut lime)'을 많이 사용하고 있다.

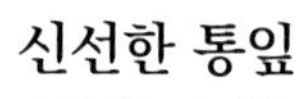

신선한 통잎

억센 잎은 한 잎자루에 2개의 잎이 달리면서 이중 형태로 자란다. 위쪽의 잎은 광택이 나면서 짙은 초록색을 띠고, 아래쪽의 잎은 광택이 없는 대신에 색상이 밝다.

채를 썬 잎

채를 썬 잎은 음식을 손님에게 제공하기 전에 보통 제거한다. 잎을 야채로 사용할 경우에는 두 개의 잎을 따로 떼고, 잎 가운데의 잎맥을 제거한 뒤에 여러 장을 포개어 채로 썬다.

조리법

맥러트라임의 잎은 태국에서 수프와 샐러드, 볶음, 커리에 주로 사용되는데, 혀에 짜릿한 시트러스의 향미를 준다. 강판에 간 껍질은 커리 페이스트와 라프(미트 샐러드), 어육 완자에 넣는다. 인도네시아와 말레이시아에서는 잎과 껍질을 생선과 닭의 요리에 사용한다.

요리에는 가능하다면 신선한 잎을 사용한다. 그리고 건조시킨 잎은 샐러드에 사용해서는 안 된다. 잎은 요리가 완성된 뒤 손님에게 제공하기 전에 제거하지만, 맑은 국물에 고명으로 올릴 경우에는 날이 잘 드는 식칼로 바늘처럼 가늘게 채로 썰어 넣어 먹을 수도 있다. 잎은 열에 가하면 향이 오래간다.

소금물에 절인 껍질을 구입한 경우에는 사용하기 전에 잘 씻은 뒤 중과피(껍질 안쪽에 묻은 흰 힘줄 같은 부분)를 문질러 제거한다. 채로 썰어 건조시킨 껍질은 조림 요리에 넣기 전에 살짝 물에 불리면 좋다. 건피는 쓴맛이 있어 소량만 사용한다. 서양 요리에서는 시트러스의 향을 더해 주기 위해 맥러트라임의 잎을 닭고기 캐서롤, 생선찜이나 구이, 닭고기나 생선에 곁들이는 소스에 넣는다.

신선한 통과일

열매는 서양배와 같이 표면이 울퉁불퉁하고 주름져 있다. 크기는 지름이 7~8cm 정도 되고, 색상은 연두색을 띤다. 열매에서 나오는 소량의 진액은 신맛이 너무 강렬하여 거의 사용하지 않는다.

향미의 페어링 

· 필수적인 사용
태국 커리 페이스트, 인도네시아 삼발.

· 잘 맞는 재료
어패류, 버섯, 면, 돼지고기, 닭, 오리 등의 육류, 쌀, 푸른 채소.

· 잘 결합하는 허브 및 향신료
오리엔털바질, 칠리, 코코넛밀크, 코리앤더, 양강근, 진저, 레몬그라스, 라우람, 세서미(참깨), 스타아니스.

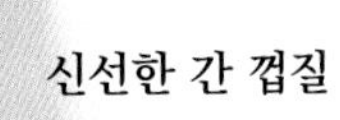

신선한 간 껍질

매우 얇은 껍질은 시트러스용 강판으로 갈면 뭉치기 때문에 보다 구멍이 작은 강판을 사용하는 것이 좋다. 쓴맛이 나는 속껍질이 들어가지 않도록 주의해서 손질한다.

걸랭걸(Galangal)/양강근

Alpinia species

걸랭걸(양강근)은 크기에 따른 두 종류의 주요 품종이 있다. 자바섬이 원산지인 그레이터걸랭걸(*A. galangal*)과 중국 남부 해안 지역이 원산지인 레서걸랭걸(*A. officinarum*)이 있다. 그레이터걸랭걸은 그 이름처럼 레서걸랭걸보다도 더 크게 성장하면서 굵은 뿌리줄기를 뻗는다. 두 종 모두 동남아시아, 인도네시아, 인도 아대륙의 곳곳에서 널리 재배되고 있다. 동남아시아의 요리에서는 그레이터걸랭걸이 선호되기 때문에 레서걸랭걸은 거의 사용되지 않는다. 영어 명칭은 아랍어인 '칼란잔(khalanjan)'에서 유래되었다.

테이스팅 노트

그레이터걸랭걸은 향이 진저(생강)나 장뇌와 비슷하다. 진저(생강)와 카르다몸을 혼합한 듯한 향 속에 레몬과 같은 신맛이 있다. 레서걸랭걸은 향미가 약간 유칼립투스와 같다. 그레이터걸랭걸보다 자극성이 더 강하여 페퍼와 진저(생강)의 혼합 향신료를 연상시킨다.

사용 부위

뿌리줄기.

구입 및 보관

신선한 걸랭걸(양강근)은 아시아의 식품점이나 슈퍼마켓에서 구입할 수 있다. 냉장고에서 2주간 보관할 수 있고, 냉동 보관도 할 수 있다. 건조시킨 걸랭걸(양강근)의 절편과 가루는 보다 더 쉽게 구입할 수 있다. 걸랭걸(양강근) 가루는 2개월간 보관할 수 있다. 건조 절편은 적어도 1년 정도는 향이 유지된다. 소금물에 절인것은 신선한 것을 대용할 수 있다. 그러나 반드시 잘 헹군 뒤에 사용해야 한다. 그레이터걸랭걸은 동남아시아에서 지역마다 다른 이름으로 불리고 있다. 태국에서는 '카(kha)', 말레이시아에서는 '렝콰스(lengkuas)', 인도네시아에서는 '라오스(laos)'라고 한다. 레서걸랭걸의 뿌리줄기는 그레이터걸랭걸보다도 굵기가 가늘다. 겉면은 적갈색을, 내면은 빨간색을 띤다.

수확

뿌리줄기를 캔 뒤에 터메릭(196쪽)과 진저(222쪽)와 같은 방법으로 손질한다.

그레이터걸랭걸(Greater galangal) *A. galanga*

그레이터걸랭걸은 뿌리줄기가 굵고 혹 모양이며, 밝은 황갈색의 외피에 짙은 갈색의 고리 모양 무늬가 있다. 어린 순은 분홍색의 기운이 감돈다.

뿌리줄기 절편

신선한 것은 담황색을 띠고 섬유질이 풍부하다. 어느 정도 자란 것은 진저보다도 더 단단해 마치 나무토막과 같다.

조리법

동남아시아에서는 신선한 그레이터걸랭걸을 커리, 스튜, 삼발, 사테이(satay)(동남아 꼬치 고기), 수프, 소스 등에 사용하고 있다. 말레이 반도의 논야 요리에 사용되는 락사 향신료에서는 빠질 수 없는 식재료이다. 태국에서는 몇몇 커리 페이스트에서 반드시 사용된다. 그 밖의 아시아 요리에서는 어패류의 비린내를 없애기 위하여 사용하는 경우가 많다. 물론 태국에서도 그와 같은 용도로 많이 사용하고 있다. 그레이터걸랭걸은 닭고기 요리와 매콤하고 신맛이 나는 국물과 잘 어울린다. 특히 닭고기와 코코넛밀크의 수프인 똠카까이(tom kha kai)에는 향을 내기 위해 반드시 사용한다.

그레이터걸랭걸은 진저같이 껍질을 벗겨서 갈거나 다질 수 있다. 건조시킨 것보다는 신선한 것이 선호되지만, 건조시킨 것도 30분 정도 물에 불린 뒤 수프와 소스에 사용한다. 식감이 마치 딱딱한 나무토막과 같기 때문에 손님에게 제공하기 전에 보통 제거한다. 가루는 중동, 북아프리카, 모로코 각지에서 혼합 향신료에 사용한다. 동남아시아에서는 으깬 걸랭걸(양강근)을 라임주스에 넣은 청량음료가 인기를 끌고 있다. 한편 레서걸랭걸은 주로 청량음료나 힐링 수프에 사용이 한정되어 있다.

향미의 페어링

· 필수적인 사용
태국 커리 페이스트.

· 잘 맞는 소재
고기, 어패류.

· 잘 결합하는 허브 및 향신료
칠리, 코코넛밀크, 펜넬, 피시 소스, 마늘, 진저, 레몬그라스, 레몬즙, 맥러트라임, 샬롯, 타마린드.

건조시킨 뿌리줄기 절편

건조시킨 뿌리줄기는 물에 충분히 불린 뒤에 수프와 스튜에 향미를 내는 데 사용한다.

뿌리줄기의 가루

레서걸랭걸의 뿌리줄기를 간 갈색의 가루는 진저(생강)와 같은 자극적인 향과 매운맛이 난다. 그레이터걸랭걸은 베이지색을 띠고, 매콤한 향과 함께 순한 진저(생강)의 향미가 풍긴다.

그 밖의 걸랭걸(양강근) 재배종

레서걸랭걸(*A. officinarum*)과 비슷한 특성을 지니고 있는 몇몇 종의 식물들은 통상적으로 구분 없이 통틀어서 '레서걸랭걸'이라고 부른다. 확실히 구별하기는 어렵지만, 그러한 식물 중에서도 최소한 아래의 두 종류는 동남아시아에서도 그 독특한 개성으로 인하여 레서걸랭걸과는 구분하여 부르면서 사용하고 있다고 한다.

아로마 진저(Aromatic ginger) *Kaempferia galanga*

이 작은 야생 식물은 '상사화(resurrection lilly)'라고도 한다. 그리고 지역에 따라서 달리 불린다. 인도네시아에서는 '켄큐르(kencur)', 말레이시아에서 '세쿠르(cekur)', 태국에서 '프로홈(prohom)'이라고 한다. 이 식물의 새잎은 태국식 피시 커리와, 말레이식 샐러드에 보통 곁들여서 제공된다.

적갈색의 뿌리줄기는 길이가 보통 5cm 이하이며, 약간 노르스름한 흰 색의 과육이 특징이다. 인도네시아에서는 켄큐르를 다져서 다양한 요리에 사용한다. 중국에서는 구은 뿌리줄기를 소금과 기름에 섞어서 닭고기구이와 함께 제공한다. 스리랑카에서는 구운 뒤 갈아서 고기와 향신료를 넣어 지은 쌀밥인 '비르야니(biryanis)'나 커리에 사용한다. 켄큐르는 보통 건조시켜 절편이나 가루의 형태로 판매된다. 전체적으로 걸랭걸(양강근)보다는 진저(생강)에 더 가깝다. 자극적이면서 장뇌와 비슷한 향의 뿌리줄기는 매우 소량으로 사용한다. 한 가지 혼란스러운 점이 있다면, 켄큐르라는 용어는 진저과의 향신료 식물인 '제도어리(zedoary)'를 가리키기도 한다는 점이다.

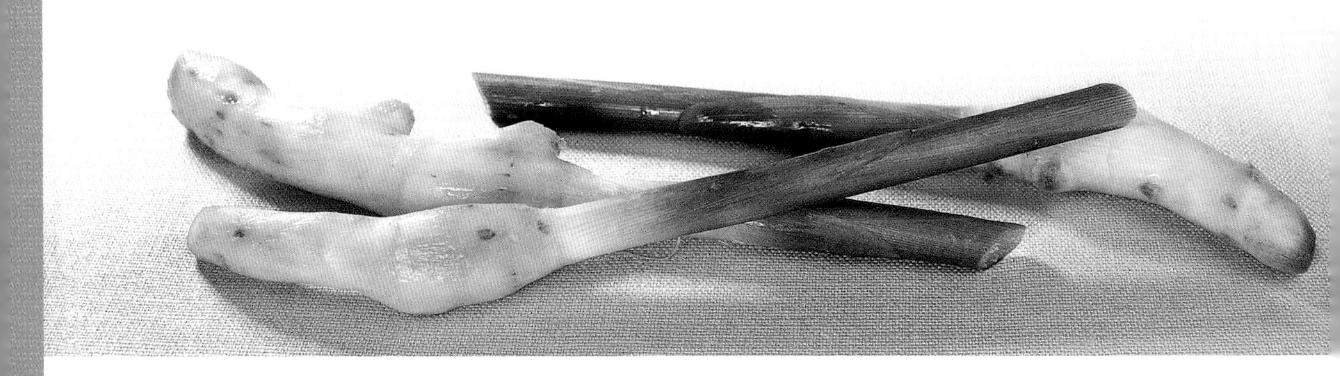

핑거루트(Fingerroot)

Boesenbergia pandurata / Kaempferia pandurata

핑거루트는 '차이니즈키즈(Chinese keys)'라고도 하며, 동남아시아 전역에서 자생하고 있다. 높이가 최대 50cm밖에 자라지 않는 작은 식물로서 땅속에는 뿌리줄기와 기다란 저장근이 있다. 태국, 베트남, 캄보디아, 인도네시아에서 요리에 주로 사용한다. 그 밖의 지역에서는 약초로 사용한다.

뿌리줄기는 식감이 바싹바싹하고, 달콤한 향과 상큼한 레몬 맛이 있다. 신선한 상태로 사용하는 것이 가장 좋으며, 주로 샐러드, 수프, 피시 커리, 볶음 요리에 사용된다. 또 태국의 커리 페이스트와 캄보디아의 향신료 페이스트인 '그리엉(kroeung)'에도 사용된다. 건조시킨 것은 약 30분간 물에 불려서 사용한다. 태국에서는 '그라차이(krachai)', 캄보디아에서는 '그체아이(k'cheay)', 인도네시아에서는 '떼무꾼찌(temu kunci)'라고 한다.

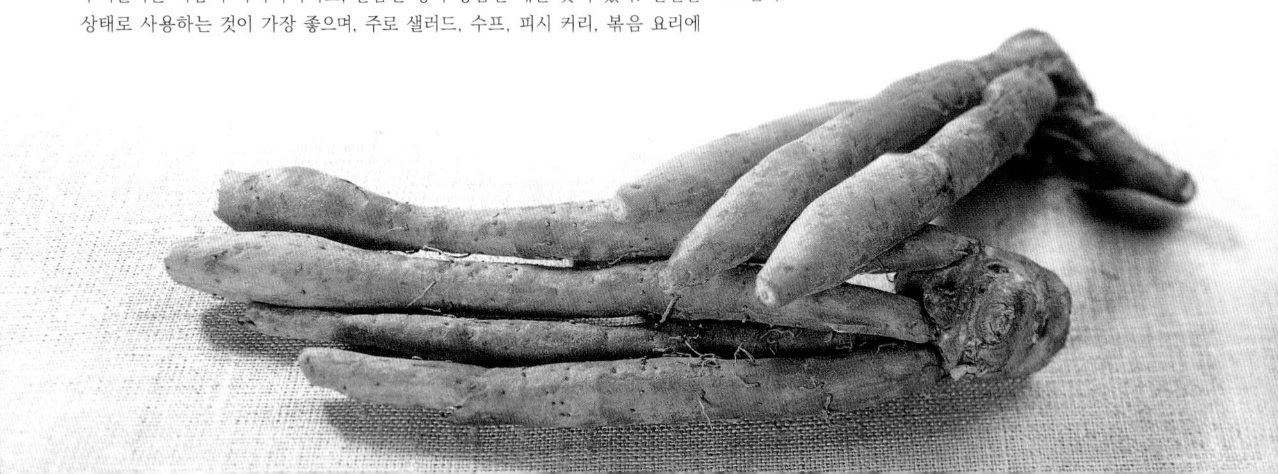

레몬머틀(Lemon myrtle)

Backhousia citriodora

키가 큰 레몬머틀나무는 오스트레일리아 북동부 연안의 열대 우림지인 퀸즐랜드주가 원산지이다. 남유럽, 남아메리카, 남아프리카에서도 자생하고, 중국과 동남아시아에서는 에센셜 오일을 위해 재배되고 있다. 그동안 오스트레일리아의 일반 가정에서만 식재료로 주로 사용하였지만, 최근에는 다른 지역에서도 사용하고 있다.

조리법

레몬머틀은 용도가 매우 폭넓다. 주로 레몬그라스와 레몬 껍질과 함께 소량으로 사용하는 것이 좋다. 오랫동안 가열하면 레몬 향이 사라지면서 약간 불쾌한 유칼립투스의 향갈이 변한다. 따라서 긴 시간 오븐으로 굽는 케이크보다 쇼트브레드, 비스킷, 팬케이크 등의 반죽에 더 잘 어울린다. 또한 볶음 요리와 피시 케이크(어육을 튀긴 영국 요리)에도 페어링이 훌륭하다. 식초, 설탕, 바질, 올리브유 등과 함께 디핑소스, 샐러드드레싱으로도 사용된다. 레모네이드와 허브티로도 맛있게 즐길 수 있다. 마요네즈, 소스, 닭고기 또는 어패류의 마리네이드의 향미에 강세를 줄 수 있다. 다른 향신료와 섞어서 바비큐와 석쇠 구이용용 닭고기나 생선에 버무려도 좋다.

건조 통잎

고농도의 시트럴 성분이 휘발성 오일에 함유되어 있어 레몬 맛이 매우 강렬하게 난다(레몬의 30배).

건조 잎 가루

오스트레일리아 외의 지역에서는 건조시킨 잎을 갈아서 만든 레몬머틀 가루만 구입할 수 있다.

테이스팅 노트

레몬그라스나 레몬버베나와 같이 레몬 향이 매우 강렬하다. 건조시킨 잎은 가루로 만들면 향이 더욱더 높아진다. 그 맛은 마치 레몬 껍질의 노란 부분을 간 레몬제스트(lemon zest) 정도로 매우 강렬하다. 유칼립투스와 장뇌의 향이 뒷맛으로 길게 이어진다.

사용 부위

잎(신선하거나 건조시킨 것).

구입 및 보관

레몬머틀은 건조시킨 잎과 연두색의 가루 형태로 향신료 전문점, 슈퍼마켓, 그리고 인터넷몰에서 구입할 수 있다. 밀폐 용기에 담아 서늘하고 어두운 장소에서 보관한다. 레몬머틀 가루는 소량으로 구입해 사용하는 것이 좋다.

수확

짙은 색의 성숙한 잎은 일 년 내내 수확할 수 있다. 건조시키면 향미가 더 강해진다. 고품질의 건조 잎은 신선한 잎보다도 향미가 더 월등할 수도 있다.

향미의 페어링

· 잘 맞는 재료

닭고기, 어패류, 대부분의 과일, 돼지고기, 쌀, 요구르트.

· 잘 결합하는 허브 및 향신료

부시토마토, 아니스 씨, 바질, 칠리, 펜넬, 걸랭걸(양강근), 진저(생강), 마운틴페퍼, 파슬리, 페퍼, 타임.

시트러스(Citrus)/감귤류

Citrus species

시트러스계 과일은 요리에 신맛을 내는 데 더할 나위 없이 좋은 식재료이다. 일본에서는 시트러스계의 작은 과일로 '유자'를 주로 사용한다. 중국인들은 건조시킨 오렌지 껍질이나 일명 '감귤'이라는 탄제린(tangerine)의 껍질로 향을 낸다. 페르시아만 연안 국가나 이란에서는 건조 라임을 더 선호하고, 튀니지에서는 광귤(bitter orange)의 과육과 껍질을 피클액에 사용한다. 서양에서는 시트러스계의 과즙과 신선한 껍질을 요리에 신맛을 더해 주기기 위해 사용한다. 그 밖에도 설탕에 절인 껍질은 디저트나 케이크에 주로 사용한다. 카리브제도와 멕시코에서는 음식을 조리할 때 라임이 결코 빠지지 않는다.

테이스팅 노트

유자즙은 시트러스계의 향이 날카롭고 풍부하다. 껍질은 향이 섬세하여 매력적이다. 건조 라임을 갈아서 만든 가루에서는 건과일의 단맛과 신맛이 난다. 라임 자체는 향이 강렬하지는 않다. 오렌지 껍질은 향이 매우 뚜렷한데, 품종에 따라서 신맛과 쓴맛의 향미가 약간씩 다르다.

사용 부위

껍질(신선하거나 건조시킨 것), 압출 즙.

구입 및 보관

신선한 생유자는 아시아 이외의 지역에서는 쉽게 구입할 수 없다. 그러나 건조시킨 껍질과 유자청은 오늘날 유럽의 슈퍼마켓에서도 구입할 수 있다. 아시아의 식품점에서는 보통 탄제린의 건조 껍질을 판매하고 있다. 중동과 이란 식품점에서는 건조 광귤 껍질, 건조 라임, 모로코산 염장 레몬을 구입할 수 있다. 북아메리카에서 대량으로 생산되는 모호와 오렌지 마리네이드는 오늘날 라틴아메리카의 식품점에서도 구입할 수도 있다. 물론 일반 가정에서 쉽게 만들 수 있다. 건조 껍질과 설탕에 절인 껍질, 그리고 과일은 밀폐 용기에 넣으면 장기간 보관할 수 있다.

수확

유자의 제철 수확기는 11월부터 이듬해 1월까지로 매우 짧다. 광귤의 경우는 1월이나 2월에 수확되고, 칠레산은 초가을에 수확된다. 그 밖의 시트러스계의 과일과 건조 껍질은 일 년 내내 구입할 수 있다.

염장 레몬

모로코에서는 과즙에 저장한 염장 레몬 껍질을 잘게 다져서 타진의 향을 내는 데 사용된다. 또한 닭고기 요리에 들어 있는 그린올리브와도 페어링이 훌륭하다. 소금기가 있는 과즙은 샐러드드레싱에도 잘 맞는다.

조리법

신선한 유자 껍질을 얇게 채로 썬 것과 건조시켜 간 껍질 가루는 일본에서 국물, 조림(전골), 유자 된장에 향을 더해 주는 조미료로 사용된다. 일본의 전통적인 유자 떡인 유베시(Yubeshi, ゆべし)는 유자의 속을 도려내 찹쌀, 간장, 달콤한 시럽을 채운 뒤 쪄서 만든다. 다 완성되면 건조시킨 뒤 얇게 썰어서 제공한다. 유럽에서는 유자즙을 샐러드, 드레싱, 초콜릿 등에 향을 내기 위하여 사용한다.

건조시킨 탄제린의 껍질은 쓰촨성(四川省)이나 후난성(湖南省)의 요리에 주로 사용된다. 미지근한 물에 15분간 불린 뒤에 잘게 썰어서 볶음 요리에 사용하거나, 돼지고기, 오리고기 등의 기름진 찜 요리에 통째로 사용한다. 쓰촨페퍼와 스타아니스 외에도 진한 간장이나 술에도 잘 어울린다.

페르시아만 연안 국가에서는 '오만라임(Oman lime)'이라는 작고 건조시킨 라임이나 라임 가루를 생선, 닭, 양의 스튜와 필라프(볶음밥의 일종)에 사용한다. 페르시아만 요리에서는 수많은 향신료들이 사용되는데, 건조 라임은 카르다몸, 클로브(정향), 올스파이스, 페퍼, 진저(생강), 시나몬, 코리앤더 등과 매우 잘 어울린다. 페르시아만 북부의 이란에서는 건조 라임이 같은 방법으로 스튜, 특히 어린양고기로 만드는 스튜에 향을 내는 데 중요한 역할을 한다. 이란인들은 라임 향이 나는 요리에 코리앤더, 딜, 파슬리, 페뉴그리크과 같은 허브와 리크(leek), 파, 시금치 등의 푸른 채소들을 곁들인다. 이란에서는 건조 라임이 상비용 식재료이다. 즙과 껍질은 스튜에도 잘 어울리는데, 특히 향은 오리고기, 닭고기, 토끼고기 등에도 페어링이 좋다.

카리브해의 쿠바에서 친숙한 소스인 '모호(mojo)'는 라임, 레몬, 그레이프푸르트(grapefruit)와 광귤의 과즙에 각종 향신료, 과일, 신선한 허브 등을 넣어서 만든다. 마리네이드, 디핑소스, 샐러드드레싱에 사용하거나 야채, 생선, 석쇠에 굽는 요리의 소스에도 사용한다.

건조 껍질 채

대량 생산된 건조 탄제린과 오렌지의 껍질은 짙은 갈색을 띠고, 쉽게 부서진다. 일반 가정에서 직접 건조할 경우에는 오렌지와 탄제린의 과육을 먹고 과피에서 속껍질을 모두 제거한 뒤, 선반 등에 올려놓아 4~5일간 그대로 둔다. 시간이 지나면 향이 점차 강해진다.

건조 통라임

건조 통라임은 구멍을 내 통째로 스튜에 넣는다. 가열 조리하면 부드러워지고, 과즙을 모두 짜서 추출하여 요리의 일부분으로 제공하기도 한다.

테이스팅 노트

향은 펜넬이나 아니스의 향과 비슷하다. 아니스나 스타아니스는 에센셜 오일에 아네톨(anethole) 성분을 함유하고 있다. 리코리스 향이 풍기면서 온화함이 느껴진다. 알싸한 자극성과 함께 은은한 너트메그(육두구)의 향미도 풍겨 달콤하면서 개운한 뒷맛이 있다.

사용 부위

스타아니스 통째, 쪼갠 조각, 볶아서 찧은 가루.

구입 및 보관

스타아니스는 통째 또는 쪼갠 형태를 구입할 수 있다. 밀폐 용기에 넣고 어둡고 서늘한 장소에 두면 1년간 보관할 수 있다. 가루 형태는 소량으로 구입한다. 가루는 같은 방법으로 하면 2~3개월간 보관할 수 있다.

수확

스타아니스는 팔각이라는 상록수의 열매로서 중국이 원산지이다. 오늘날에는 인도, 일본, 필리핀에서도 자생한다. 높이 약 8m까지 자라고, 작은 황록색의 꽃을 피운다. 열매는 6년 만에 처음으로 맺는데, 최대 100년 동안 계속해서 열매를 맺는다. 열매는 여물기 전에 채취하여 햇볕에 건조시키는데, 시간이 갈수록 점차 굳어지고 색상도 진해지는 내피에서는 방향족 화합물들이 생성된다.

스타아니스(Star anise)/팔각

Illicium verum

보기에도 깜찍한 향신료인 스타아니스는 중국 남부와 베트남이 원산지로서 약용과 조리용의 오랜 역사를 간직하고 있다. 유럽에서는 17세기에 들어서야 알려지게 되었다. 시럽과 코디얼(cordial), 잼에 사용하였던 당시의 조리법도 현재 남아 있다. 오늘날 서양의 요리사들은 스타아니스를 어패류에 향미를 더해 주기 위해 사용한다. 또한 무화과나 서양배를 조리는 시럽이나 열대 과일에 향미를 더할 때에도 사용한다.

통꼬투리와 통씨

스타아니스는 통째로 요리의 고명으로 사용된다. 꼬투리는 팔각의 별 모양이다. 다 익은 적갈색의 꼬투리는 매우 딱딱하고 큰 것은 지름이 3cm 정도 된다.

내피

내피는 카누 모양으로 약간 벌어져 있다. 그 속에는 윤기가 도는 갈색의 씨가 있다. 내피는 씨보다 향이 더 강하다.

조리법

중국에서는 스타아니스를 육수, 찜닭, 돼지고기용 마리네이드로 사용하거나, 향신료와 간장으로 조린 닭고기, 오리고기, 돼지고기 등의 요리에도 사용한다. 그 밖에도 티에그에 향을 내기 위하여, 중국 오향분의 주재료로 사용하기도 한다.

베트남의 요리사들은 찜, 육수, 녹말 등으로 맛을 낸 베트남 국수인 '포(pho)'에 즐겨 사용한다. 스타아니스의 향은 남인도의 몇몇 케랄라 요리에서도 접할 수 있다. 북인도에서는 아니스(anise)의 값싼 대용품으로도 사용한다. 서양에서 스타아니스는 식사 전에 마시는 술인 '파스티스(pastis)'나 '아니제트(anisette)' 등의 달콤한 리큐어에 향미를 더하거나, 껌과 과자류에 향을 가하기 위하여 사용하는 일 외에는 거의 사용되지 않는다. 해산물과 과일 요리에 향미를 더해 줄 뿐만 아니라, 리크, 호박, 뿌리채소류의 단맛을 살려 주기도 한다.

향미의 페어링

· 필수적인 사용

오향분.

· 잘 맞는 재료

닭고기(조림육수), 어패류(쿠르브이용을 위한 육수), 무화과, 열대성 과일, 리크, 소꼬리, 돼지고기, 호박, 뿌리채소류.

· 잘 결합하는 허브 및 향신료

카시아, 칠리, 시나몬, 코리앤더 씨, 펜넬 씨, 마늘, 진저(생강), 레몬그라스, 라임 껍질, 쓰촨페퍼, 간장, 탄제린 껍질.

쪼갠 건조 꼬투리

건조 꼬투리는 쉽게 부서진다. 향이 매우 강하여 필요한 양만큼 소량씩 사용한다.

건조 꼬투리 가루

꼬투리와 씨를 절구나 전동 블렌더에 함께 넣고 찧거나 갈아서 곧바로 사용하면 최고의 향미를 느낄 수 있다.

테이스팅 노트

씨의 향미는 달콤하면서 온화하여 리코리스(감초)와 비슷하다. 일반적으로 약간 과일 맛이 난다. 인디언아니스는 약간 쓴맛이 난다. 잎은 씨와 향이 같은데, 달콤하면서도 은은한 페퍼의 바탕 냄새 위에 리코리스의 향이 떠돈다. 씨는 펜넬과 스타아니스보다도 향미가 더 은은하다.

사용 부위

씨, 잎.

구입 및 보관

아니스는 씨를 뿌려 재배할 수 있다. 묘목은 허브 종묘점에서 구입할 수 있다. 향신료로는 통째로 사는 것이 좋다. 줄기와 겉껍질이 최소한으로 달려 있는 것을 확인하고 구입한다. 비닐 백에 넣으면 향미는 적어도 2년 정도 유지된다.

수확

열매가 익기 직전에 줄기째로 뽑아서 그대로 건조시킨다. 탈곡한 뒤 선반에 씨를 고르게 펴 놓고 약간 그늘진 장소에서 다시 건조시킨다. 직접 재배한 아니스를 건조시킬 때는 씨가 달린 채로 비닐 백에 넣어 통풍이 잘되는 장소에서 매달아 놓는다.

향미의 페어링

· 잘 맞는 재료

사과, 밤, 무화과, 어패류, 견과류, 호박, 뿌리채소류.

· 잘 결합하는 허브 및 향신료

올스파이스, 카르다몸, 시나몬, 클로브(정향), 커민, 펜넬(회향), 마늘, 니젤라, 너트메그(육두구), 페퍼, 스타아니스, 아요완(ajowan).

아니스(Anise)

Pimpinella anisum

이 우아한 식물은 중동과 동지중해 연안 지역이 원산지이다. 식물학적으로 캐러웨이, 커민, 딜, 펜넬 등과 근연 관계에 있다. 오늘날에는 유럽, 아시아, 북아메리카의 곳곳에서 재배되고 있다. 오래전부터 약초로 사용되었지만, 로마인들은 소화를 돕기 위하여 식후에 먹는 케이크에 향미를 더해 주기 위하여 사용하였다. 아니스 또는 아니시드(aniseed)로 불리는 식물은 씨를 채취할 목적으로 재배되지만, 여린 잎도 허브로서 사용할 수 있다.

조리법

유럽 요리에서는 아니스의 씨인 아니시드를 향을 내기 위하여 주로 사용한다. 예를 들면, 케이크, 빵, 쿠키, 과일 요리를 비롯해, 호밀빵, 스칸디나비아반도의 돼지고기 스튜, 뿌리채소류 요리 등에 향을 내기 위해 사용한다. 포르투갈인들은 밤을 물에 삶을 때 섬세한 향을 더하기 위하여 한 줌의 아니시드를 넣는다. 그리고 아니스와 무화과는 페어링이 매우 훌륭한데, 스페인의 카탈루냐(Catalonia) 지방에서는 아니스로 향을 낸 아몬드와 건무화과를 잘게 다져서 케이크를 만든다. 이탈리아에서는 아니스와 아니시드로 무화과와 견과일인 '살라미(salami)'에 향미를 더해 준다. 지중해 연안 지역에서는 아니스로 생선 스튜에 향미를 주고, 아니스의 에센셜 오일은 식전주인 아페리티프(aperitif)를 비롯하여 우조(ouzo), 파스티스, 아니제트 등과 같은 리큐어의 가향제로도 많이 사용한다. 중동과 인도에서는 아니스를 주로 빵과 짭짜름한 요리에 사용한다. 인도에서는 아니시드를 볶아서 야채와 피시 커리에 첨가하여 향을 더해 주거나, 기름에 튀겨 렌틸콩 요리에 고명으로 올린다. 또 아니스는 소화를 촉진하는 효능이 뛰어나 식사의 마지막 코스에서 다른 향신료와 함께 담배의 형태로 나오기도 한다. 모로코와 튀니지에서는 아니스로 빵에 향을 더하고, 레바논에서는 튀김 요리인 프리터(fritter)와 향신료를 넣은 커스터드에 향미를 더하기 위해 사용한다.

통씨

씨의 색상은 연갈색에서부터 밝은 색의 테두리가 있는 회녹색에 이르기까지 매우 다양하다.

리코리스(Liquorice)

Glycyrhiza species

리코리스 식물은 여러해살이 관목으로서 파란색이나 라일락색의 완두콩과 같은 꽃을 피운다. 리코리스 식물에는 세 가지의 중요한 종이 있다. 먼저 남동유럽과 서남아시아가 원산지인 글라브라종(*Glycyrhiza glabra*), 극동에서 자생하면서 '러시안리코리스'나 '퍼시언리코리스'라고 하는 글란둘리페라종(Glycyrhiza glandulifera), 중국 북부의 초원 지대가 원산지로서 아시아에서 주로 사용하는 우랄렌시스종(Glycyrhiza uralensis)이다. 리코리스 식물은 유럽에서는 약 1000년 정도, 중국에서는 약 2000년 정도 재배해 왔다. 오늘날에도 리코리스는 기침약, 거담제, 변비약 등으로 사용되고 있다.

조리법

리코리스는 이탈리아의 삼부카(sambuca), 프랑스의 파스티스 등 리큐어에 향을 더하는 데 알맞다. 이슬람인들은 금식 기간인 라마단에 마시는 청량음료에도 사용한다. 모로코에서는 리코리스 가루를 달팽이 및 낙지 요리에 향을 내기 위하여 사용하고, 혼합 향신료인 라스엘하누트의 재료로 중요하게 사용한다. 중국에서도 리코리스를 오향분이나 간장에 향을 더하기 위하여 사용한다. 향신료가 가미된 아시아의 육수와 마리네이드에는 일반적으로 리코리스가 다른 향신료들과 함께 들어간다.
네덜란드인들은 리코리스로부터 진액을 추출하여 검고 소금기 있는 리코리스드롭(liquorice drop)을 만든다. 리코리스는 모양이나 굳기가 매우 다양하다. 영국에는 다채로운 색깔의 리코리스사탕도 판매되고, 16세기에 설립된 요크셔의 수도원과 연관시킨 '폰테프랙트케이크(pontefract cake)'라는 약용 리코리스사탕도 있다.
아시아에서는 리코리스 줄기를 껌 대용으로 씹기도 한다. 터키에서는 신선한 뿌리를 즐겨 먹고, 가루는 볶음 요리에 사용한다.
유럽에서는 리코리스를 아이스크림에 향을 내기 위하여 사용한다.

가루

곱게 간 리코리스 가루는 달콤한 향이 난다. 중국에서는 일반 상점에서 쉽게 구입할 수 있다.

테이스팅 노트

리코리스 향은 달콤하면서도 온화하고, 약효도 있다. 맛은 매우 달고 흙 향이 나면서 마치 아니스와 비슷하지만 쓴맛이 길게 이어지면서 뒷맛이 약간 짜다.

사용 부위

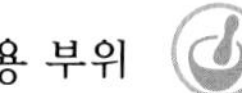

뿌리, 뿌리줄기, 밝은 노란색의 뿌리 절편.

구입 및 보관

건조시킨 리코리스 뿌리는 향신료 전문점에서 구입할 수 있다. 건조 상태가 좋은 것은 거의 무기한으로 보관할 수 있다. 필요에 따라서 자르거나 갈아서 사용한다. 리코리스 가루는 회녹색을 띠고 향도 매우 강렬하다. 특히 가루는 밀폐 용기에 넣어 보관해야 한다. 줄기와 가지도 건조시키면 오래 보관할 수 있다.

수확

리코리스 식물은 씨를 뿌리거나 뿌리를 잘라 꺾꽂이로 재배할 수 있다. 비옥한 사질토에서 햇볕을 충분히 받으면 잘 자란다. 뿌리는 가을철에 캔 뒤 몇 개월간 건조시켜 사용한다. 뿌리는 일반적으로 으깨어 사용하지만, 업체에서는 뿌리를 삶아서 액체를 증발시킨 뒤에 다시 탈수시켜 고농도의 추출물을 얻는다. 가향제로 사용하기 위해 감초산(glycyrrhizic)을 추출하는 업체도 있다.

향미의 페어링

· **잘 결합하는 허브 및 향신료**
카시아, 클로브(정향), 코리앤더 씨, 펜넬(회향), 진저(생강), 쓰촨페퍼, 스타아니스.

테이스팅 노트

사프란의 향은 특유하여 곧바로 알아차릴 수 있다. 향이 매우 풍부하고 자극성이 있고, 사향 같으면서도 꽃 향이 나고, 달콤한 향이 오랫동안 지속된다. 맛은 섬세하고 온화하면서 흙 향이 나고 사향 같으면서 쓴맛이 길게 이어진다. 향미의 특성은 산지에 따라서 약간씩 다르다.

사용 부위

암술.

구입 및 보관

건조시킨 암술(필라멘트 또는 스레드라고 한다)을 구입한다. 사프란 가루에는 이물질이 쉽게 혼입될 수 있다. 사프란 가닥은 밀폐 용기에 넣어 서늘하고 어두운 장소에 보관하면 향미를 2~3년간 유지할 수 있다. 사프란은 신뢰도가 높은 상점에서 구입하는 것이 좋다. 전 세계의 여행지에 있는 상점에서는 종종 터메릭(강황), 마리골드 꽃잎, 홍화가 사프란으로 둔갑되어 판매되고 있기 때문이다. 사프란은 찌르는 듯한 자극적인 향은 나지 않기 때문에 구입하기 전에 반드시 냄새를 맡아서 확인한다. 사프란을 정기적으로 사용하는 경우에는 향신료 전문점에서 대량으로 구입하는 것이 좋다.

수확

사프란크로쿠스는 가을에 제비꽃색의 꽃을 피운다. 새벽에 꽃에서 3개의 붉은 암술을 수확한다. 소량씩 체 위에 고르게 펴 놓고 약한 불로 가열한다. 건조된 암술은 짙은 붉은색이나 주황색을 띠고 쉽게 부스러진다.

사프란(Saffron)

Crocus sativus

향신료로 사용되는 사프란은 지중해 연안과 서아시아가 원산지인 사프란 크로쿠스(saffron crocus)라는 식물의 암술을 건조시킨 것이다. 원산지의 고대 문명에서는 사프란을 염료로 사용하거나 요리와 와인에 향을 더해 주기 위하여 사용하였다. 사프란의 주요 생산국인 스페인의 라만차(La Mancha) 평원 일대에는 수확기에 암술을 볶을 때 풍기는 관능적인 향이 진동을 한다. 2.5kg의 암술을 수확하는 데는 사프란크로커스 식물이 약 8만 개체나 필요하다. 더욱이 이로부터 얻을 수 있는 향신료 사프란은 불과 500g밖에 되지 않는다. 이는 사프란이 향신료 중에서도 세계에서 가장 값이 비싼 이유를 잘 설명해 주고 있다.

사프란 가닥

최고 품질의 사프란은 짙은 붉은색을 띤다. 스페인산과 카슈미르산의 사프란은 '쿠페(coupe)', 이란산은 '사르골(sargol)'이라 구분하여 부른다. 암술에서 채취되는 굵고 샛노란 실 모양의 사프란이 많이 있을수록 품질 등급이 높다. 스페인산이나 카슈미르산의 '만차(Mancha)', 이란산의 '포샬(poshal)'이나 '카얌(kayam)' 등이 유명하다. 양질의 사프란은 그리스와 이탈리아에서도 재배된다. 한편, 품질 등급이 낮은 사프란은 붉은색이 아니라 갈색을 띠고, 길이가 짧고 두께도 두껍다.

이란산의 포셜(Iranian poshal)

짙은 붉은색을 띠고, 약간 노란색이 깃든 실 같은 모습이다.

카슈미르산의 쿠페 (Kashmiri coupe)

짙은 자홍색을 띠고, 실같이 길고 견고하면서 매끈하다.

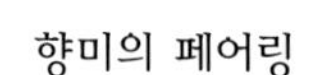

조리법

사프란은 불교 승려들의 법복을 물들이는 염료로서, 또는 스페인 볶음 요리인 파에야(paella)와 이탈리아의 쌀 요리인 리소토(risotto)에 색채감을 더해 주는 향신료로 유명하다. 요리에 사용할 경우에는 대부분 물에 불려 색소를 추출하여 사용한다. 조리의 시작 단계에서 추출액을 넣으면 요리의 색채가 더욱더 선명해진다. 조리의 후반부에 넣으면 향이 더 강해질 수 있다. 약같이 쓴맛이 있기 때문에 많이 사용하지 않는 것이 좋다. 수분이 필요 없는 요리에서는 가느다란 실 모양의 사프란을 잘게 다져서 넣고 휘저어 준다. 완전히 건조되지 않았을 경우에는 살짝 볶은 뒤에 가루를 내 사용한다.

일부 문화권에서는 축제나 기념식에 내는 특별한 요리에 사프란을 반드시 사용한다. 지중해 지역에서는 수많은 생선 수프와 스튜에 특징적인 향미를 주기 위하여 사프란을 사용한다. 프로방스의 생선 스튜인 부야베스(bouillabaisse)와 카탈루냐의 해산물 스튜인 사르수엘라(zarzuela) 등은 가장 유명하다. 홍합과 감자의 간단한 스튜와, 화이트와인을 부어 구운 생선에 사프란을 활용하면 매우 우아한 맛이 생긴다. 발렌시아, 파에야, 밀라노식 알라리소토(alla risotto), 이란식 폴로(polow), 무어식 비리야니 또는 간단한 야채 필라프에 사프란이 들어가는 데 그 맛과 향은 일품이다.

스웨덴에서는 12월 13일 성 루치아의 날(St. Locia's day)에 축제용으로 사프란의 빵과 케이크를 만든다. 영국 콘월 지방의 전통적인 사프란 케이크와 빵은 제법이 쉬운데 반해, 그 맛과 향은 매우 훌륭하다. 그러나 오늘날에는 영국에서 거의 찾아볼 수 없게 되었다. 유럽풍의 사프란아이스크림에서부터 중동의 향신료 수지인 매스틱(mastic)을 사용한 음식, 그리고 인도의 아이스크림인 쿨피(kulfi)에 이르기까지 시도해 볼 만한 음식들이 많다.

향미의 페어링

· 잘 맞는 재료

아스파라거스, 당근, 닭고기, 달걀, 어패류, 리크, 버섯, 꿩고기, 호박, 토끼고기, 쌀, 시금치.

· 잘 결합하는 허브 및 향신료

아니스, 카르다몸, 시나몬, 펜넬(회향), 진저(생강), 매스틱, 너트메그(육두구), 파프리카, 페퍼, 장미 꽃봉오리, 장미수.

스페인산의 만차 (Spanish mancha)

스페인산 만차 사프란은 노란색 기운이 든 붉은 오렌지색을 띤다.

사프란 가루

사프란 가닥들을 갈아서 만든 가루이다. 불순물이나 낮은 등급의 혼입이 쉬워서 가격이 저렴하다.

사프란은 지구상에서 가장 값비싼 향신료이다. 오늘날까지도 고강도의 수작업으로 생산되기 때문에 바닐라보다 가격이 10배나 높다.

500g의 향신료 사프란을 생산하기 위해서는 사프란크로쿠스 식물이
약 8만 개체수나 필요하다.

카르다몸(Cardamon)

Elettaria cardamomum

카르다몸은 큰 열매를 맺는 여러해살이 관목으로서 남인도의 서고츠산맥(일명 '카르다몸의 언덕'이라고 한다)이 원산지이다. 스리랑카에서는 카르다몸의 근연종이 자생하고 있다. 두 종은 오늘날 원산지 이외의 탄자니아, 베트남, 파푸아뉴기니, 과테말라에서도 재배되고 있다. 특히 과테말라는 카르다몸의 주요 수출국이다. 인도에서는 카르다몸을 약 2000년 전부터 계속해서 사용하고 있다. 카라반들이 유럽으로 전하고, 바이킹들이 콘스탄티노플에서 스칸디나비아반도로 전하였던 오래된 역사도 있다. 스칸디나비아반도에서는 카르다몸이 오늘날까지도 높은 인기를 자랑하고 있다.

테이스팅 노트

카르다몸은 향이 매우 강하지만, 순하면서도 과일 같은 향도 난다. 맛은 꽃 향이 나면서 레몬 맛과 비슷하다. 에센셜 오일에 시네올(cineole) 성분이 함유되어 있어서 장뇌와 유칼립투스의 향이 뒤섞여서 난다. 톡 쏘는 듯한 자극적이면서도 스모키하고, 온화하면서도 약간은 쓴 향미가 있다. 여기에 약간은 깔끔하고 신선한 느낌도 있다.

사용 부위

씨(건조시킨 것).

구입 및 보관

꼬투리는 밀폐 용기에 넣으면 1년 이상 보관할 수 있다. 그러나 향과 색깔이 서서히 옅어진다. 씨는 공기와 접하면 휘발성 오일이 날아가 버린다. 특히 씨를 가루로 만들면 휘발성 오일은 더 빨리 사라진다. 시장에서 구입할 수 있는 카르다몸 가루는 껍데기와 같은 불순물이 들어 있는 경우가 많다. 따라서 통씨를 구입하여 필요할 때마다 직접 갈아서 사용하는 것이 좋다.

수확

열매는 9월에서 12월 사이에 여무는데, 익은 것부터 순차적으로 수확한다. 그렇게 수확하지 않으면 꼬투리가 터져서 벌어진다. 열매는 3~4일간 햇볕을 쬐어 건조시킨다. 건조된 꼬투리 중에서도 품질이 좋은 것은 단단하면서도 초록빛이 감도는 호박색을 띤다. 남인도 케랄라산의 초록색 꼬투리는 전통적으로 품질과 가격의 기준이 정해져 있다. 과테말라산도 남인도산과 대등한 고품질을 자랑한다.

통꼬투리

카르다몸은 초록색을 띠고 통통한 통꼬투리를 구입하는 것이 좋다. 색이 바랜 꼬투리는 향이 좋지 않다.

씨

타원형의 꼬투리에는 단면이 삼각형이면서 갈색이나 검은색인 씨가 약 15~20개 정도 들어 있다. 찐득찐득한 것일수록 신선도도 높다.

조리법

카르다몸은 달콤할 뿐만 아니라 짭짜름한 향미도 풍부하다. 인도의 혼합 향신료에서는 카르다몸이 결코 빠질 수 없는 재료이다. 설탕 절임, 페이스트리, 푸딩, 인도식 아이스크림(쿨피)에도 들어간다. 또한 음식의 소화를 돕기 위해 펜넬, 아니스, 빈랑 열매(areca nut) 등과 함께 요리에 사용되고, 구취를 제거하기 위한 씹는담배에도 사용된다.

인도에서는 흔히 플레이버드 티에 사용하고, 아랍 국가에서는 커피에 넣어 향미를 더해 준다. 아랍계 유목민인 베두인(Bedouin)의 문화권에서는 손님에게 존경의 뜻을 표하기 위하여 카르다몸이 든 음료를 제일 먼저 내놓는다고 한다. 그리고 레바논, 시리아, 페르시아만 연안국, 에티오피아의 혼합 향신료에도 꼭 들어간다. 스칸디나비아반도의 국가들은 지금도 여전히 유럽 최대의 수입국들이다. 독일과 러시아에서는 향신료를 사용한 케이크와 페이스트리, 빵을 비롯하여 가끔은 햄버그와 '미트로프(meat loaf)'에도 사용한다. 통꼬투리는 살짝 부수어 쌀과 함께 삶은 요리나 캐서롤에 향을 더해 주기 위해 사용한다. 인도에서는 진한 마리네이드액으로 크림소스를 만들고, 고기를 넣어 서서히 삶는 수많은 요리에서도 카르다몸은 매우 중요한 식재료이다. 외피를 벗겨 낸 씨는 살짝 볶거나 구워서 가루를 낸 뒤 요리에 넣는다.

한편, 카르다몸은 구운 사과, 삶은 서양배, 과일 샐러드와도 페어링이 훌륭하다. 디저트로 먹는 오렌지와 커피는 물론이고, 구운 오리고기, 삶은 닭고기, 마리네이드 외에도 자극적인 향미의 와인에도 잘 어울린다. 피클, 특히 청어 피클에 꼭 사용해 볼 것을 권한다.

향미의 페어링 

· 필수적인 사용
에티오피아의 혼합 향신료인 베르베르(berbere), 커리 가루, 인도 혼합 향신료인 마살라, 필라프, 인도식 라이스푸딩인 키르, 저그(zhug).

· 잘 맞는 재료
사과, 오렌지, 서양배, 콩류, 고구마 등 뿌리채소류.

· 잘 결합하는 허브와 향신료
캐러웨이, 칠리, 시나몬, 클로브(정향), 코리앤더 씨, 커민, 진저(생강), 파프리카, 페퍼, 사프란, 요구르트.

필라프용 향신료

인도의 볶음밥인 필라프는 그린카르다몸의 꼬투리, 시나몬 몇 조각, 클로브(정향), 커민 씨, 블랙페퍼를 쌀에 넣고 향을 먼저 낸 뒤에 조리한다(조리법 323쪽).

테이스팅 노트

씨는 탄내와 함께 약간 떫은맛을 지닌 소나무의 향미가 난다. 흙 향도 일부 있다. 씨는 인도 마살라와 남아시아 탄도리(tandoori)풍의 혼합 향신료에 깊은 향미를 더해 준다.

사용 부위

씨(건조시킨 것).

구입 및 보관

쪼그라들지 않은 통꼬투리를 구입하여 밀폐 용기에 넣어 보관한다. 오늘날 인터넷상에서 수많은 종류의 카르다몸을 구입할 수 있다. 양질의 네팔카르다몸이나 차이니즈카르다몸은 각각 인도와 중국의 식품점에서 쉽게 구입할 수 있다.

수확

그린카르다몸의 수확기보다 약간 이른 8월부터 11월 사이에 수확한다. 실내에서 건조시키는데, 건조 과정에서 갈색의 색상이 점차 짙어진다.

블랙카르다몸(Black cardamom)

Amomum and Aframomum species

블랙카르다몸 종류 중에서도 씨가 큰 종들은 재배지에서 널리 사용된다. 이러한 종들은 그린카르다몸의 저렴한 대용품으로서 가루의 형태로 종종 판매된다. 색상은 갈색 계통으로 다양하고, 맛은 그린카르다몸보다는 오히려 장뇌와 더 비슷하다. 가장 대표적인 것으로는 히말라야산맥의 동부가 원산지인 네팔카르다몸(Nepal cardamom, *Amomum subulatum*)이 있다. 이 종은 인도의 요리에서 식재료로 사용되지만, 그린카르다몸의 대용품으로 사용되는 일은 없다.

통꼬투리

주름 무늬가 있는 블랙카르다몸의 꼬투리에는 대개 잔털이 나 있다. 잘 익은 열매는 짙은 붉은색을 띤다.

씨 가루

씨를 그라인더로 갈면 휘발성 오일이 증발하면서 향미도 빠르게 사라진다. 따라서 씨는 필요할 때 적당량을 가루로 만들어 사용한다.

씨

꼬투리 속의 씨는 찐득찐득한 상태이지만, 꺼내서 두면 곧바로 마른다.

조리법

몸을 차게 하는 향신료인 그린카르다몸과는 달리 블랙카르다몸은 몸을 따뜻하게 한다. 그로 인하여 클로브(정향), 시나몬, 블랙페퍼와 함께 가람마살라의 중요한 재료로 사용된다. 과자류와 피클에도 사용해 볼 것을 권해 본다. 야채와 고기 스튜에 통꼬투리를 사용하는 경우에는 손님에게 제공하기 직전에 제거한다. 씨 가루는 소스에 잘 녹아서 강한 향을 줄 수 있다. 본래 향이 강하기 때문에 소량으로 사용해야 한다.

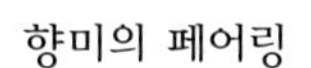

향미의 페어링

· 필수적인 사용
가람마살라.

· 잘 맞는 재료나 식품
필라프, 그 밖의 쌀 요리, 고기 및 야채 커리, 요구르트.

· 잘 결합하는 허브 및 향신료
아요완, 그린카르다몸, 카시아 잎, 칠리, 시나몬, 클로브(정향), 코리앤더 씨, 커민, 너트메그(육두구), 페퍼.

그 밖의 카르다몸

벵골카르다몸(Bengal cardamom) *A. aromaticum*
네팔카르다몸과 향미가 매우 비슷하여 같은 용도로 사용한다.

차이니즈카르다몸(Chinese cardamom) *A. globosum*
열매는 둥글고 짙은 갈색을 띤다. 향미는 수렴적인 떫은맛이고, 몸을 차게 하는 작용이 있다. 입안을 마비시키는 듯한 자극성이 있다. 준다. 주로 약용으로 사용되지만, 볶음 요리에 스타아니스와 함께 사용해 볼 것을 권해 본다.

자비니즈카르다몸(Javanese cardamom) *A. kapulaga*
동남아시아에서 자주 사용하는 종이다.

캠보디언카르다몸
(Cambodian cardamom) *A. kravanh*
태국과 캄보디아가 원산지이며, 동남아시아 지역에서 널리 재배된다.

이시오피언카르다몸
(Ethiopian cardamom) *Afr. korarima*
약간 스모키한 향이 나면서 향미가 상당히 거칠다.

그래인오브파라다이스
(Grains of paradise) *A. melegueta*
씨의 색상과 모양이 블랙카르다몸과 비슷하지만, 종이 전혀 다른 향신료이다.

표준 가람마살라

블랙카르다몸, 코리앤더 씨, 블랙페퍼, 클로브(정향), 시나몬, 인디언카시아의 잎이 표준 조리법이다 (조리법 275쪽).

테이스팅 노트

커민의 향은 매우 강하면서 중후하다. 매콤하면서도 단맛이 난다. 쓴맛 속에서 따뜻한 깊이가 있다. 쌉쌀한 향미가 진하면서 매운맛과 날카로운 흙 향이 오래 지속된다. 향미가 강하여 소량으로 사용해야 한다.

사용 부위

씨(건조시킨 것).

구입 및 보관

커민 씨는 통씨나 가루 형태로 쉽게 구입할 수 있다. 블랙커민은 커민과 코리앤더의 혼합 향신료인 다나지라와 마찬가지로 인터넷상이나 인도 식품점에서 구입할 수 있다. 씨는 밀폐 용기에 넣으면 매운 향미를 수개월 동안 유지할 수 있다. 단, 가루 형태의 커민 씨는 짧은 시간 내에 쉽게 상한다.

수확

겨울에 씨가 갈색으로 변하기 전에 커민의 줄기를 잘라서 탈곡한 뒤 씨를 햇볕 아래에서 건조시킨다. 이 건조 작업은 수많은 나라에서 지금도 여전히 수작업으로 진행하고 있다.

커민(Cumin)

Cuminum cyminum

커민은 미나릿과 초본 식물의 씨로서 이집트 나일 계곡의 특정 지역이 원산지이다. 그러나 동지중해 연안, 북아프리카, 인도, 중국, 미국 등의 열대 지역에서도 오랫동안 재배되어 왔다. 약 4000년 전 이집트와 크레타섬의 미노아 문명에서는 약초로 사용하였다. 또한 고대 로마인들은 커민을 마치 페퍼와 같이 일상 향신료로 사용하였다. 중세까지 커민은 유럽에서 인기가 높았지만, 점차 캐러웨이로 대체되었다. 스페인 탐험가들이 커민을 라틴아메리카로 가져간 뒤부터 그곳에서 큰 인기를 얻었다.

커민 통씨

커민 통씨는 타원형이고 갈색이 감도는 초록색을 띤다. 크기는 지름 약 5mm 정도 된다. 겉모습은 캐러웨이와 비슷하지만, 줄무늬가 보다 더 직선적이다.

씨 가루

커민의 향미를 최상으로 낼 수 있다.

조리법

씨를 볶은 뒤 갈아서 가루로 만들어 사용하거나 기름에 튀겨서 향을 강화하여 사용한다. 스페인에서는 오래전부터 커민, 사프란, 아니스, 시나몬을 혼합하여 다양한 요리에 사용하였다. 오늘날에도 커민은 전 세계의 곳곳에서 실로 다양한 요리에 사용되고 있다. 모로코의 쿠스쿠스와 양고기 스튜, 텍스멕스(Tex-Mex) 스타일의 칠리콘카르네, 멕시코의 혼합 향신료, 북아프리카에서 양고기에 향신료를 넣어 만든 소시지인 메르게즈(merguez) 등이 대표적이다.

유럽에서도 커민을 다양하게 사용한다. 포르투갈에서는 돼지고기 소시지에, 네덜란드에서는 치즈에, 독일에서는 양배추 피클에, 프랑스 알자스에서는 빵 과자인 프레첼(pretzel)에, 스페인에서는 전채 요리인 타파스로서 '무어 케밥(Moorish kebab)'에 사용한다. 중동의 레바논에서는 튀김 요리인 팔라펠(falafel)과 생선 요리에, 터키에서는 완자인 쾨프테(kofte), 그리고 시리아에서는 석류와 호두로 만드는 소스에 넣는다.

그 밖에도 향신료 음식을 선호하는 나라에서는 커민을 빵, 처트니, 야채 초절임인 렐리시(relish), 매콤한 혼합 향신료, 커리 가루, 마살라, 칠리 가루에도 사용한다. 커민 가루와 코리앤더를 혼합하면 인도 요리에서 맛볼 수 있는 특유의 자극적인 향미를 낼 수 있다.

향미의 페어링

· 필수적인 사용

이란의 아드위, 사우디아라비아의 바하라트(baharat), 에티오피아의 베르베르, 미국의 케이준 혼합 향신료, 이집트의 듀카, 인도의 마살라, 방글라데시와 동인도의 판치포론, 동남아시아의 삼발 가루 등 세계 각국의 혼합 향신료.

· 잘 맞는 재료

가지, 콩, 빵, 양배추, 하드치즈, 닭고기, 송아지, 렌틸콩, 양파, 감자, 쌀, 사워크라우트, 호박.

· 잘 결합하는 허브 및 향신료

아요완, 올스파이스, 아니스 씨, 베이, 카르다몸, 칠리, 시나몬, 클로브(정향), 코리앤더, 커리 잎, 펜넬 씨, 페뉴그리크, 마늘, 진저, 메이스, 너트메그(육두구), 머스터드 씨, 오레가노, 파프리카, 페퍼, 타임, 터메릭(강황).

그 밖의 커민류

북인도, 파키스탄, 아프가니스탄, 이란에서는 블랙커민(black cumin, *kala jeera*)과 샤히지라(shahi jeera, *Bunium persicum*)를 구별하지 않고 사용한다. 오히려 커민보다도 인기가 더 높아서 순한 커리인 콜마와 쌀밥 요리인 비리야니와 같은 무어식의 요리에 자주 사용한다. 건조시키면 견과류와 같은 향이 강해진다. 일반적으로 가볍게 볶아서 혼합 향신료나 요리에 사용한다. 블랙커민은 종종 니젤라로 오인되기도 한다.

블랙커민 통씨

블랙커민의 통씨는 일반 커민의 것보다 색상이 더 어둡고 작다. 흙 향과 함께 복합적이면서도 부드러운 향미는 커민과 캐러웨이의 중간쯤 된다. 볶은 씨는 필라프나 빵에 자주 사용된다.

테이스팅 노트

캐러웨이는 톡 쏘는 향이 특징이다. 씁쓰름하고 매콤하면서 아니스와 같은 뒷맛이 있다.

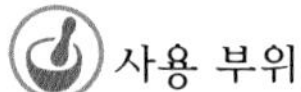

사용 부위

씨(건조시킨 것).

구입 및 보관

캐러웨이 씨는 가루 형태보다 통씨를 구입하는 것이 좋다. 왜냐하면 가루보다는 통씨를 사용하는 것이 일반적이기 때문이다. 씨는 밀폐 용기에 넣으면 최대 6개월간 보관할 수 있다. 조리에 필요할 때 갈아서 사용하는 것이 좋다. 가루 형태로 보관하면 향미가 이내 사라지기 때문이다.

수확

열매가 익기 시작하면 줄기를 자른다. 완전히 익을 때까지 7~10일간 건조시킨 뒤 탈곡한다. 일반 가정에서는 햇볕이 충분히 들고 배수가 잘되는 토양의 정원에서 씨를 뿌려 쉽게 재배할 수 있다. 씨는 심은 지 2년이 지나야 열린다. 씨의 군집체는 이슬이 맺힐 무렵의 새벽에 줄기로부터 자른다. 그렇지 않으면 자유롭게 확산되어 자연 파종될 것이다. 종이 봉지를 줄기에 붙은 씨의 군집체를 씌운 뒤 매달아서 건조시킨다.

캐러웨이(Caraway)

Carum carvi

캐러웨이는 내한성의 미나릿과 두해살이식물로서 아시아나 북·중앙유럽이 원산지이다. 그런데 오늘날에는 모로코, 미국, 캐나다에서도 재배되고 있다. 고대 로마인들은 야채나 생선과 함께 사용하였고, 중세의 요리사들은 수프, 콩, 양배추의 요리에 향을 내기 위하여 사용하는 등 그 식용 역사가 매우 깊은 향신료이다. 17세기 영국에서는 빵, 케이크, 구운 과일에 넣어 먹는 식습관이 유행하였다. 씨를 설탕으로 버무려 당과를 만들었다고 한다. 오늘날에는 네덜란드와 독일이 주요 생산국이다. 캐러웨이의 에센셜 오일은 스칸디나비아반도의 아쿠아비트(aquavit)나 네덜란드의 퀴멜(kummel) 등 증류주에 향을 내기 위하여 사용한다.

통씨

열매 속에 끝이 가늘어지는 활 모양의 씨가 2개씩 들어 있다.
갈색의 딱딱한 껍데기에는 밝은 줄무늬가 있다.

조리법

중앙유럽의 특히 유대인들은 브라운브레드, 호밀빵, 비스킷, 시드케이크에서부터 소시지, 양배추 요리, 수프, 스튜에 이르기까지 캐러웨이를 폭넓게 사용한다. 또한 남독일과 오스트리아에서는 호밀 흑빵류인 '펌퍼니클브레드(pumpernickel bread)'나 돼지구이에 특징적인 향을 주기 위하여 사용한다. 그 밖에도 주니퍼와 함께 샐러드인 콜슬로(coleslaw)나 사워크라우트에도 사용한다. 프랑스의 알자스 지방에서는 묑스테르치즈(Munster cheese)에 곁들이고, 스칸디나비아반도의 네덜란드에서는 퀴멜, 슈냅스(schnapps) 등 아쿠아비트에 향을 내는 데 사용한다.

북아프리카에서는 캐러웨이를 주로 야채 요리에 사용한다. 그 외에도 다양한 용도로 사용되는데, 튀니지에서는 타빌(tabil)이나 하리사와 같은 향신료 소스에, 모로코에서는 전통적인 캐러웨이 수프에 사용한다. 헝가리의 스튜인 굴라시에서도 캐러웨이의 향을 접할 수 있다.

인도 요리의 조리법에 기재된 캐러웨이는 보통 커민의 오역이다. 캐러웨이 자체는 북인도에서만 사용한다. 터키 요리의 조리법에서는 캐러웨이 대신에 니젤라, 즉 '블랙캐러웨이(balck caraway)'를 사용한다.

캐러웨이의 어린잎은 씨보다 자극성이 약하고, 맛과 모양이 딜과 비슷하여, 샐러드, 수프, 신선한 화이트치즈에 사용하면 좋다. 살짝 볶은 야채와 파슬리를 사용하는 대부분의 요리에도 매우 잘 어울린다.

향미의 페어링

· 필수적인 사용

타빌, 하리사.

· 잘 맞는 재료

사과, 빵, 양배추, 오리고기, 거위, 면류, 양파, 돼지고기, 감자, 뿌리채소류, 사워크라우트, 토마토.

· 잘 결합하는 허브 및 향신료

코리앤더 씨, 마늘, 주니퍼, 파슬리, 타임.

튀니지 타빌용 향신료

타빌은 캐러웨이 씨, 코리앤더 씨, 마늘, 칠리를 혼합한 향신료로서 스튜, 야채, 소고기의 요리에 잘 어울린다.

너트메그(Nutmeg)/육두구

Myristica fragrans

너트메그 식물은 상록수로서 '향신료의 섬'이라는 인도네시아의 반다섬(Banda)이 원산지이다. 열매로부터는 두 가지의 독특한 향신료, 즉 '너트메그(육두구)'와 '메이스'를 얻을 수 있다. 6세기에 카라반들이 두 향신료를 이집트로 전한 뒤, 다시 십자군 병사들이 유럽으로 전하였다고 한다.

중국, 인도, 아라비아, 유럽에서는 처음에 약초로 사용하였다. 대항해 시대에 포르투갈인들이 동남아시아의 여러 도서 국가들과 직접 무역을 진행하면서 너트메그가 향신료로서 주목을 받기 시작하였다. 18세기에 들어서는 영국에서 너트메그의 붐이 일어나기도 하였다.

테이스팅 노트

너트메그와 메이스는 신선하고 온화한 향을 지닌다는 점에서는 서로 비슷하다. 미묘한 차이점이 있다면, 너트메그의 향이 메이스보다 더 달콤하면서 장뇌나 잣의 향과 더 비슷하다는 것이다. 맛은 둘 다 온화하다. 그런데 너트메그는 클로브(정향)의 향미가 나면서 좀 더 깊고 씁쓰름하다.

사용 부위

씨의 핵.

구입 및 보관

너트메그는 통씨로 구입하는 것이 가장 좋다. 통씨는 밀폐 용기에 넣으면 무기한으로 보관할 수 있다. 그리고 필요할 때마다 갈아서 사용하면 된다. 미리 갈아 놓으면 향미가 이내 사라져 버린다. 인도네시아의 반다섬과 말레시아의 페낭섬(Penang)의 너트메그와 메이스는 서인도제도산보다 품질이 더 좋다고 평가된다.

수확

살구와도 같이 열매가 노란색으로 익으면 수확한다. 그 뒤 외피, 과육, 가종피(메이스)를 분리한다. 흑갈색의 외피로 둘러싸인 씨를 선반에 올려놓고 6~8주간 건조시킨다. 그 뒤 외피를 부순 뒤 매끈한 갈색의 너트메그를 꺼내 크기에 따라 등급을 매긴다. 수확량은 너트메그가 메이스보다 약 10배 정도 많다. 따라서 메이스의 가격이 더 높다.

통씨

너트메그 통씨는 두꺼운 외피 속에 알맹이가 있고, 외피 주위에 레이스 모양의 가종피가 붙어 있는 등 온전한 형태의 것을 구입하는 것이 좋다.

통껍질

알맹이를 둘러싼 딱딱한 외피는 벗겨서 버린다.

조리법

인도에서는 메이스보다도 너트메그를 더 많이 사용한다. 메이스는 가격이 매우 높아 무굴식 요리에서나 찾아볼 수 있다.

중동의 아랍인들은 두 향신료를 향이 매우 섬세한 양고기 요리에 오랫동안 사용해 왔다. 북아프리카에서는 튀니지의 혼합 향신료와 모로코의 라스엘하누트에 사용한다. 유럽인들은 두 향신료를 달콤하거나 짭짜름한 요리에 일상적으로 사용해 왔다. 대표적인 예로 꿀빵을 비롯하여 과일 디저트나 과일 펀치가 있다. 그 밖에도 스튜, 달걀, 치즈의 요리에도 잘 어울린다.

네덜란드인들은 흰양배추와 콜리플라워, 야채 퓌레, 고기 스튜, 과일 푸딩 등에 너트메그를 듬뿍 넣는다. 이탈리아인들은 혼합 야채 요리, 시금치, 송아지, 파스타용 소와 소스에 소량씩 넣어 먹는다. 프랑스에서는 고기 스튜인 라구(ragout)에 페퍼, 클로브(정향)와 함께 사용한다.

절반 정도 익은 너트메그는 전체적으로 구멍을 뚫어서 시럽에 담갔다가 조린다. 이것이 바로 말레이시아에서 한때 큰 인기를 얻은 설탕 과자이다. 단, 너트메그를 대량으로 섭취하면 환각 증세가 일어나고, 과도할 경우에는 중독 증세를 일으킬 수 있다. 또한 대량의 알코올과 함께 섭취하면 인체에 매우 유해하기 때문에 주의해야 한다.

향미의 페어링

· 필수적인 사용

베이킹이나 푸딩 향신료, 프랑스의 혼합 향신료인 카트레피스(quatre epices), 라스엘하누트, 튀니지의 혼합 향신료.

· 잘 맞는 재료

양배추, 당근, 치즈 또는 치즈 요리, 닭고기, 달걀, 생선이나 해산물 차우더, 송아지, 밀크 요리, 양파, 감자, 호박 파이, 시금치, 고구마, 송아지고기.

· 잘 결합하는 허브 및 향신료

클로브(정향), 카르다몸, 시나몬, 코리앤더, 커민, 로즈제라늄, 진저(생강), 메이스, 페퍼, 장미 꽃봉오리, 타임.

가루

너트메그는 통째로 보관하면서 필요할 때 갈아서 사용한다.
아래 사진에서와 같이 뚜껑이 있는 강판 속에 보관해도 된다.

너트메그와 메이스는 같은 열매 속에 함께 자란다. 메이스는 선명한 붉은 가종피로 열매가 터지면 먼저 나타난다.

두 향신료 모두 세계 곳곳에서 재배되어 큰 산업이 형성되어 있으며, 외피를 벗기는 작업은 오늘날에도 대부분 수작업으로 이루어진다.

메이스(Mace)

Myristica fragrans

열매는 크기와 모양이 살구와 비슷하다. 그 열매 속에 있는 알맹이가 바로 향신료인 너트메그이다. 이 알맹이 주위를 레이스와 같이 가종피가 감싸고 있는데, 이것이 바로 또 다른 향신료인 메이스이다. 너트메그와 메이스는 모두 16세기 대항해 시대에 포르투갈인들의 중요 무역 상품이었는데, 네덜란드인들이 그 무역을 더 활성화시켰고, 1796년에는 영국인들이 인도네시아의 '향신료의 섬'을 점령하면서 무역은 더욱더 성행하였다. 그 뒤 너트메그의 식물은 말레이시아의 페낭섬, 스리랑카, 수마트라, 그리고 서인도제도에서도 재배가 시작되었다. 오늘날에는 카리브해의 남부 도서 국가인 그레나다에서 세계 총생산량의 3분의 1을 생산하고 있다.

테이스팅 노트

메이스는 신선하고 온화한 너트메그의 향 속에서 페퍼와 클로브(정향)의 향도 풍기면서 생동감이 넘치는 향신료이다. 맛은 섬세한 향 속에서 은은한 레몬과도 같은 단맛이 나고 매우 쓴 뒷맛이 있다.

사용 부위

씨를 감싸는 가종피.

구입 및 보관

메이스는 통메이스보다는 가루 상품을 더 쉽게 구입할 수 있다. 그러나 통메이스도 구입할 만한 가치가 있다. 밀폐 용기에 넣으면 거의 무기한으로 보관할 수 있고, 필요한 경우에 적당량으로 갈아서 사용하면 된다.

수확

너트메그 식물에서 익은 열매를 딴 뒤 외피와 하얀 과육을 제거하면 씨가 나온다. 얇고 딱딱한 레이스와도 같은 모양으로 선명한 주홍색의 가종피인 메이스를 눌러서 편평하게 만든 뒤 몇 시간 동안 건조시킨다. 그레나다산 메이스는 어두운 장소에서 약 4개월 동안 건조시키는데, 그 과정에서 진한 황색으로 변한다. 인도네시아산 메이스는 오랫동안 건조시켜도 색상은 변하지 않고 오렌지색을 띤 빨간색을 유지한다.

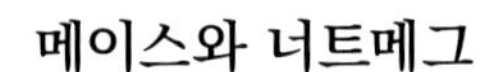

메이스와 너트메그

두 향신료는 동일한 식물체에서 얻어지기 때문에 향미가 비슷하다.
메이스는 요리에 향을 살짝 내고 싶은 경우에 적합하다.

블레이드메이스(blade mace)
손가락으로 누르면 쉽게 부서지면서 오일이 배어 나온다.

메이스 가루
메이스 가루의 향은 다른 가루 향신료보다 더 지속적이다.

조리법

동남아시아와 중국에서는 메이스와 너트메그를 요리보다는 약용으로 더 많이 사용한다. 일부 지역에서는 가격이 저렴한 너트메그가 메이스보다 인기가 더 높지만, 구별하지 않고 사용하는 사람들도 많다.

메이스는 베샤멜(bechamel) 소스, 양파 소스, 맑은 수프, 조개 요리, 고기조림에서부터 치즈 수플레(souffle), 초콜릿 음료, 크림치즈 디저트에 이르기까지 수많은 요리에 폭넓게 사용된다.

너트메그보다는 메이스가 요리에 색을 배도록 하지 않기 때문에 주요 식재료의 색채감을 살리고 싶은 경우에는 메이스를 사용하는 것이 좋다. 통메이스를 수프와 스튜에 향을 내기 위하여 사용한 경우에는 손님에게 제공하기 전에 제거한다.

인도네시아에서는 너트메그 열매에서 메이스와 너트메그를 제거한 뒤 바깥쪽의 과육을 설탕에 절인다. 술라웨시섬에서는 햇볕에 건조시킨 과육에 종려당을 뿌리는 독특한 방법으로 설탕 절임을 만든다.

향미의 페어링

· 필수적인 사용
피클용 향신료.

· 잘 맞는 재료
양배추, 당근, 치즈와 치즈 요리, 닭고기, 달걀, 어패류의 차우더, 양, 밀크 요리, 양파, 파테, 테린, 감자, 호박 파이, 시금치, 고구마, 송아지.

· 잘 결합하는 허브와 향신료
카르다몸, 시나몬, 클로브(정향), 코리앤더, 커민, 로즈제라늄, 진저(생강), 너트메그, 파프리카, 페퍼, 장미 꽃봉오리, 타임.

아로마 가람마살라

카르다몸, 시나몬, 메이스, 블랙페퍼, 클로브(정향)을 혼합한 가람마살라(조리법 276쪽)는 카르다몸의 향이 특히 두드러진다.

터메릭(Turmeric)/강황

Curcuma longa

터메릭(강황)은 진저과의 튼실한 여러해살이식물로서 남아시아가 원산지이다. 고대로부터 향신료, 염료, 약으로 중요하게 사용되었다. 향신료 중에서는 가격이 저렴한 편에 속한다. 민속성이 강한 관혼상제 등의 의식에서도 사용되었다. 인도네시아에서는 결혼식에서 쌀이나 소의 피부를 노랗게 물들이는 데 사용한다. 터메릭의 주요 생산국은 인도인데, 수확량의 90% 이상을 국내에서 소비한다. 중국, 인도네시아, 말레이시아, 파키스탄, 스리랑카, 베트남 등의 아시아 국가들 외에도 아이티, 자메이카, 페루 등의 중남미 국가에서도 생산하고 있다.

테이스팅 노트

신선한 터메릭은 쫄깃하고 진저(생강)와 비슷한 시트러스계의 향을 바탕으로 기분이 좋은 흙 향이 풍긴다. 건조시킨 터메릭에는 꽃과 시트러스계의 과일의 향, 진저(생강) 향, 목재 향이 복합적으로 풍긴다. 맛은 약간 쓰고 새콤하면서도 매운맛이 적당히 난다. 한마디로 온화한 사향의 향미와 비슷하다.

사용 부위

뿌리줄기(신선하거나 건조시킨 것).

구입 및 보관

신선한 터메릭은 아시아계 식품점에서 구입할 수 있다. 서늘하고 건조한 장소 또는 냉장고의 야채실에서 2주 정도 보관할 수 있고, 냉동 보관도 할 수 있다. 한편, 건조 터메릭은 밀폐 용기에 넣으면 2년 이상 보관할 수 있다. 인도에서는 남부 케랄라주의 도시 알레피(Alleppey)나 마드라스(Madras) 지역에서 생산된 터메릭 가루를 최고의 품질로 여긴다. 알레피산의 터메릭은 에센셜 오일과 노란 색소 성분인 커큐민(curcumin)을 고농도로 함유하여 향미가 매우 강하다. 터메릭 가루를 밀폐 용기에 보관하면 향미를 1년 정도 유지할 수 있다.

수확

갓 수확한 뿌리줄기는 신선한 상태로, 또는 뜨거운 물에 살짝 데쳐서 10~15일간 햇볕에 건조시킨 뒤 판매한다. 건조된 단단한 뿌리줄기는 잘 닦고 등급을 매긴 뒤 가루로 만든다. 가루로 만드는 과정에서 무게는 4분의 3으로 줄어든다.

통뿌리줄기

신선한 터메릭의 뿌리줄기는 매우 굵고 단단하다. 얇게 저미거나 잘게 다져서 또는 강판에 갈아서 사용한다.

뿌리절기 절편

껍질을 벗긴 뒤 얇게 저민 터메릭을 피클이나 야채 초절임인 렐리시에 넣는다. 터메릭은 요리를 샛노랗게 물들이는 일 외에도 방부제로서의 기능도 한다.

조리법

터메릭(강황)은 다른 향신료와 균형을 잡아 주는 기능을 하여 다양한 혼합 향신료에서 사용되고 있다. 단, 소량으로 사용해야 한다. 동남아시아에서는 신선한 터메릭을 칠리, 레몬그라스, 걸랭걸(양강근), 마늘, 샬롯, 타마린드 등과 혼합하여 사용한다. 그 밖에 건조시킨 슈림프 페이스트와 쿠쿠이나무의 열매인 캔들너트(candlenut)를 혼합한 향신료 페이스트에도 사용한다.

요리에는 잘게 다지거나 갈아서 넣는데, 향신료 국수인 락사의 육수, 스튜, 야채 요리 등에 사용된다. 인도네시아나 말레이시아에서는 터메릭을 으깨 추출한 즙을 경사스러운 행사에서 사용되는 쌀을 노랗게 물들인다. 향기로운 잎은 말레이시아에서 음식을 싸는 데 사용하고, 태국에서는 싹을 야채로 먹는다.

인도와 서인도제도에서는 터메릭 가루를 다른 향신료와 섞어서 마살라, 커리 가루, 페이스트의 기본 재료로 사용하고, 야채와 렌틸콩 요리에 온화한 향을 내며 주황색으로 물들인다. 북아프리카에서는 타진과 스튜에 주로 사용하지만, 모로코에서는 대표적인 혼합 향신료인 라스엘하누트와 하리라에 사용한다. 이란에서는 쌀밥에 끼얹는 농후한 스튜 소스인 게이메(gheimeh)에 터메릭과 건조 라임을 넣어 향미를 더해 준다. 유럽에서는 치즈, 마가린, 머스터드를 염색하는 데 사용하고 있다. 피클과 렐리시를 만들 경우에는 동서양에서 모두 터메릭을 반드시 사용한다.

향미의 페어링

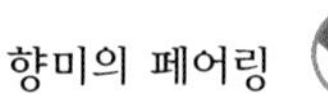

· 필수적인 사용
마살라, 커리 가루나 페이스트, 라스엘하누트.

· 잘 맞는 소재
가지, 콩, 달걀, 생선, 렌틸콩, 고기, 닭이나 오리 등의 육류, 쌀, 뿌리채소류, 시금치.

· 잘 결합하는 허브 및 향신료
칠리, 클로브(정향), 코코넛밀크, 코리앤더 잎이나 씨, 커민, 커리 잎, 펜넬(회향), 걸랭걸(양강근), 마늘, 진저(생강), 맥러트라임 잎, 레몬그라스, 머스터드 씨, 파프리카, 페퍼, 라우람.

건조시킨 통뿌리줄기

건조 통뿌리줄기는 노란색의 나무토막처럼 보인다. 일반 가정에서 가루로 만들기는 어렵지만, 가능하면 가루로 만들어 사용하는 것이 좋다.

터메릭 가루

터메릭이 손이나 도구, 그리고 옷에 묻으면 노랗게 얼룩지기 때문에 취급에 주의해야 한다.

테이스팅 노트

신선한 제도어리는 기분 좋은 사향과도 같은 향미 속에 진저(생강)를 연상시키는 은은한 쓴맛이 난다. 전체적으로는 청량한 느낌이다. 맛은 그린망고와도 같다는 평가도 있다. 이와 같은 맛으로 인도에서는 '망고 터메릭'이라는 뜻으로 '암브할라드(amb halad)'라고도 한다.

사용 부위

뿌리줄기(신선하거나 건조시킨 것), 새싹, 꽃봉오리, 잎.

구입 및 보관

아시아계의 식료품점에서는 신선한 제도어리를 '화이트터메릭(white turmeric)'이라는 품명으로 판매하고 있다. 연갈색의 껍질과 레몬 색의 아삭한 과육이 특징적이다. 냉장고에서는 2주간 보관할 수 있다. 제도어리의 건절편과 가루 상품도 아시아계의 식료품점에서 구입할 수 있다. 다만 가루 상품은 붉은색으로 착색되어 있다.

수확

굵고 노란 뿌리줄기가 다 자라는 데는 약 2년이 걸린다. 열처리한 것과 얇게 썬 절편이 대부분이지만, 온전한 상태로 말려서 판매하기도 한다. 회갈색의 건절편은 촉감이 매우 단단하면서도 거칠다.

제도어리(Zedoary)

Curcuma species

제도어리는 진저과의 여러해살이식물로서 동남아시아와 인도네시아의 아열대 우림 지역이 원산지이다. 6세기에 유럽으로 전파된 뒤 약과 향수의 원료로 사용되었다. 중세에 들어 근연종인 걸랭걸(양강근)과 함께 부엌 요리에 사용되면서 큰 인기를 얻었다. 그 뒤 점차 동남아시아 지역에서만 일상 요리에 사용하게 되었고, 그 밖의 지역에서는 사용하지 않게 되었다. 그런데 최근 들어 동남아시아의 요리가 유럽에서 다시 주목을 받게 되면서 신선한 제도어리에 대한 관심이 증가하고 있다. 제도어리는 지역에 따라서 신선한 상태로 사용하거나 건조시켜 사용한다. 인도네시아에서는 '향기로운 진저'라는 뜻으로 '켄쿠르(kencur, *Kaempferia galanga*)'라고도 한다.

신선한 뿌리줄기

신선한 제도어리는 오늘날 구입하기가 쉬워졌다. 다른 신선한 향신료와 혼합하여 사용하거나 다른 요리에 곁들이기 위하여 사용된다. 갈색의 껍질은 사용하기 전에 제거한다.

조리법

여기서는 인도와 동남아시아에서의 조리법을 소개한다. 인도네시아에서는 새싹을 야채로, 꽃봉오리를 샐러드로, 향이 오래가는 잎을 생선을 싸서 향을 내는 데 사용한다. 인도 서부의 뭄바이에서는 신선한 제도어리를 넣은 야채수프가 인기를 끌고 있다. 태국에서는 잘게 다지거나 얇게 채로 썰어 샐러드나 생야채에 다채로움을 더하여 매운 디핑소스인 남쁘릭과 함께 제공된다. 그 밖에도 잘게 다져서 샬롯, 레몬그라스, 코리앤더 잎과 함께 향신료 페이스트를 만든 뒤에 코코넛밀크와 섞어서 야채 요리에 사용한다.

인도와 인도네시아에서는 신선한 제도어리로 만든 피클이 인기가 매우 높다. 그 밖에도 건조 제도어리는 커리나 조미료를 만드는 데 사용되거나 건조 터메릭이나 진저(생강) 대신에 사용되기도 한다. 남인도와 인도네시아에서는 주로 닭고기와 양고기에 향미를 더해 주기 위해 사용한다.

향미의 페어링

· 잘 맞는 재료

병아리콩, 커리, 스튜, 생선, 렌틸콩, 닭과 오리 등의 육류, 아시아의 각종 수프, 푸른 채소.

· 잘 결합하는 허브 및 향신료

칠리, 코코넛밀크, 코리앤더 잎, 마늘, 진저(생강), 맥러트라임 잎, 레몬그라스, 터메릭(강황).

그 밖의 제도어리

요리책에서 상호 교환하여 사용할 수 있는 제도어리는 몇 종이 있다. 일반 제도어리(*C. zedoaria*)는 뿌리줄기가 굵고 둥글지만, 뿌리줄기가 기다란 종도 있다. 후자는 맛이 순하고 생김새가 터메릭과 비슷하지만 색이 더 연하여 흔히 영어로는 '화이트터메릭', 태국어로는 '카민카오(khamin khao)'라고도 한다. 그 외에도 레우코리자종(*C. leucorrhiza*)과 앙구스티폴리아종(*C. angustifolia*)의 뿌리줄기는 '인디언애로루트(Indian arrowroot)'라는 전분의 원료나 이유식의 점도를 높이는 재료로 사용되고 있다.

뿌리줄기 건절편

건조 제도어리에는 은은한 장뇌 향이 있어 사향과도 같은 좋은 느낌이 든다. 자극성이 있는 향미로 건진저(생강)와 매우 비슷하다. 톡 쏘는 느낌은 별로 없지만, 쓴맛이 나는 시트러스계의 향이 여운으로 남는다.

커리 잎(Curry leaf)

Murraya koenigii

커리 잎은 히말라야산맥의 구릉 지대를 비롯하여 인도의 수많은 지역 외에 태국 북부와 스리랑카에서도 자생하는 커리나무의 잎이다. 남인도에서는 수 세기에 걸쳐서 일반 가정의 텃밭에서 소규모로 재배되었다. 그런데 오늘날에는 오스트레일리아의 북부에서도 큰 농원이 조성될 정도로 그 수요가 늘면서 대량으로 생산되고 있다.

테이스팅 노트

신선한 잎을 비비거나 찢으면 매우 기분이 좋은 향이 난다. 시트러스계의 달콤한 향과 사향과도 같은 매콤한 향이 공존한다. 맛은 온화하면서도 기분이 좋은 레몬의 신맛과 쓴맛이 은은하게 느껴진다. 건조시킨 잎에서는 향이 거의 나지 않는다. 따라서 다량으로 사용하여도 요리에는 향미를 줄 수 없다.

사용 부위

잎.

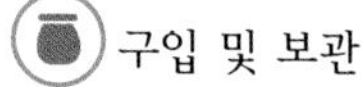

구입 및 보관

인도나 아시아계의 식료품점에서는 신선한 커리 잎을 쉽게 구입할 수 있다. 상품에는 '미타님(meetha neem)'이나 '카리파타(kari patta)'라는 라벨이 보통 붙어 있다. 밀폐 용기에 넣고 냉동실에서 보관하는 것이 가장 좋다. 그러나 냉장실에서도 1주일 이상 보관할 수 있다. 건조시킨 잎보다는 신선한 잎을 사용할 것을 권장한다.

수확

커리 잎은 낙엽수의 잎이지만 열대 지역에서는 연중 수확할 수 있다. 인도 동부의 타밀나두주(Tamil Nadu)와 남동부의 안드라프라데시주(Andhra Pradesh)의 상점에서는 농원에서 갓 수확된 신선한 상태의 잎줄기들을 작은 단으로 묶어서 판매한다. 색상과 신선도를 오래 유지하는 데는 진공 건조가 가장 좋은 방식이다.

향미의 페어링

· 잘 맞는 재료

생선, 송아지, 렌틸콩, 쌀, 해산물, 대부분의 채소.

· 잘 결합하는 허브 및 향신료

칠리, 카르다몸, 코코넛, 코리앤더 잎, 커민, 페뉴그리크, 마늘, 머스터드 씨, 페퍼, 터메릭(강황).

신선한 잎

가는 줄기에 선명한 초록색의 작은 잎이 20개 정도 달려 있다.

조리법

커리 잎은 요리에 사용하기 직전에 줄기에서 떼어 내 사용한다. 인도에서는 남인도 요리에서 널리 사용되고, 특히 매콤한 수프인 삼발에는 필수적으로 들어간다. 그 외에도 서인도의 구자라트주에서는 야채 요리에 사용되고, 케랄라주, 첸나이(마드라스)에서는 장시간 끓이는 고기 스튜, 피시 커리, 커리 혼합 향신료에 기본 재료로 자주 사용된다. 다른 지역에서는 커리 조리의 마지막에 보통 넣는다.

스리랑카의 커리용 혼합 향신료에도 커리 잎은 어김없이 들어간다. 스리랑카의 커리 가루는 색이나 맛이 인도의 커리 가루보다 더 진하다. 스리랑카산의 시나몬, 카르다몸 등 각종 재료들과 함께 혼합하여 강한 불로 볶아서 만든다. 인도에서 피지섬과 남아프리카로 이주한 사람들이 커리 잎도 함께 전하면서 남아프로카의 타밀 요리에서는 빠질 수 없는 향신료가 되었다.

커리 잎으로 요리에 향미를 내는 데는 여러 방법들이 있다. 커리 잎을 머스터드 씨, 애서페티더(asafoetida)(아위), 양파와 함께 남아시아의 버터인 기(ghee)나 기름에 살짝 볶을 경우에는 다른 향신료들보다 먼저 넣고 향미를 낸다. 동일한 향신료로의 혼합은 또한 템프링(tempering)으로서 요리의 마지막에 넣기도 한다. 렌틸콩 요리에서는 대부분이 그렇다.

잘게 채로 썰거나 다진 커리 잎은 처트니, 렐리시, 해산물 마리네이드에 사용된다. 통잎은 피클에도 부가 재료로 들어간다.

서양인들은 커리 잎을 신선한 상태로 커리 요리에 넣으면 섬세하고 매콤한 향을 줄 수 있다는 사실을 최근에야 깨닫기 시작하였다. 초보 요리사들은 대부분 잎이 달린 줄기를 그대로 사용하면서 손님에게 요리를 제공하기 직전에 제거한다. 그러나 조리된 잎은 식감이 상당히 부드럽고 맛도 좋기 때문에 꼭 먹어 보길 권해 본다. 그 매력에 깊이 빠질 것으로 기대된다.

스리랑카식의 커리 가루

이 커리 가루는 커리 잎, 코리앤더 잎, 커민, 페뉴그리크, 쌀, 칠리, 블랙페퍼, 클로브(정향), 그린카르다몸, 시나몬 등으로 구성되어 있다(조리법 278쪽).

아나토(Annatto)

Bixa orellana

아나토는 조그만 상록수에서 열리는 적황색의 씨로서 남아메리카의 열대 지역이 원산지이다. 콜럼버스 시대 이전부터 씨는 남아메리카에서 이미 음식의 착색제, 직물, 보디 페인트 등으로서 광범위하게 사용되었다. 서방 세계에서도 아나토는 버터, 치즈, 훈연 생선에서부터 화장품에 이르기까지 폭넓게 사용되고 있다. 오늘날에는 브라질과 필리핀이 주요 생산국이지만, 그 밖에도 중앙아메리카, 카리브해 연안, 아시아 일부 지역에서도 재배하고 있다. 참고로 아나토는 멕시코 나와틀어인 '아치오테(achiote)'에서 유래되었다.

테이스팅 노트

씨에서는 약한 꽃 향이나 페퍼민트 향이 난다. 약간 쓴맛이 있고 섬세한 흙 향과 함께 페퍼와 같은 향미도 난다. 요리에 향미를 더할 경우에는 착색을 위한 경우보다 더 많이 사용한다. 그 결과 기분이 좋은 흙 향이 더욱더 풍부해진다.

사용 부위

씨(건조시킨 것).

구입 및 보관

아나토의 씨는 통째로 또는 가루로 사용되는데, 서인도제도의 상점이나 향신료 전문점에서 구입할 수 있다. 상품을 고를 경우에는 칙칙한 갈색은 피하고 붉은 적갈색의 씨를 고른다. 통씨나 가루는 밀폐된 유리병에 담아 서늘하고 어두운 장소에서 보관한다. 씨는 3년 정도 보관할 수 있다. 아치오테 페이스트는 인터넷상에서 구입할 수 있다.

수확

큰 장미와 비슷한 꽃을 피우고, 가지 끝에서는 가시가 많으면서 새빨간 꼬투리가 달린다. 하나의 꼬투리 속에는 약 50개의 붉은 씨가 들어 있다. 완전히 익은 꼬투리만 수확한 뒤 찢어서 연 뒤 물에 담가 불린다. 과육은 착색 가공용으로 압축하고, 씨는 건조시켜 향신료로 만든다.

씨 가루

건조 아나토의 씨는 매우 단단하여 전동 그라인더를 사용해야 갈 수 있다.

건조시킨 통씨

통씨는 주로 착색제로 사용된다. ½작은술의 건조시킨 아나토 씨를 1큰술의 뜨거운 물에 약 1시간 동안 두면 물이 짙은 주황색으로 변한다.

조리법

아나토의 씨는 뜨거운 물에 불린 뒤 육수, 스튜, 쌀 등을 물들이는 데 보통 사용한다. 여기서는 중남미 국가들과 동남아시아에서의 조리법을 소개한다.

카리브해 지역에서는 씨를 기름에 튀겨 진한 황금색이나 주황색의 기름을 추출한다. 이 기름은 밀폐된 유리병에 담아 냉장고에 넣어 두면 수개월간 보관할 수 있다. 자메이카에서는 아나토 씨를 양파, 칠리와 함께 '솔트피시앤아키(saltfish and ackee)'의 소스에 사용한다. 솔트피시앤아키는 자메이카산의 과실인 아키(acke)와 소금에 절인 대구를 볶은 요리이다. 페루에서는 돼지고기 마리네이드에 자주 사용한다. 베네수엘라에서는 마늘, 파프리카, 허브와 함께 맛을 내는 페이스트로 사용한다.

멕시코에서는 아치오테 페이스트와 유카탄반도의 요리인 레카도로호(Recado rojo)에 넣어 지역의 대표적인 요리인 포요피빌(pollo pibil)의 기본 재료로 사용한다. 포요피빌은 양념한 닭고기를 바나나 잎으로 싸서 오븐에 구운 요리이다. 아치오테 페이스트도 마찬가지로 생선이나 돼지고기에 발라서 굽는 데 사용한다. 또한 아나토는 옥수수가루 반죽을 옥수수 껍질로 싸서 찐 요리인 타말레(tamale)에도 들어간다. 필리핀에서는 아나토 가루를 수프나 스튜를 착색하는 데 사용한다. 베트남의 요리사들은 아나토로 착색한 기름을 각종 요리에 색채감을 더해 주기 위하여 사용한다.

레카도로호(Recado rojo)

붉은색의 아나토 페이스트는 멕시코 유카탄반도의 요리에서는 결코 빼놓을 수 없다. 요리에서 아나토 씨는 블랙페퍼, 클로브(정향), 커민, 코리앤더 씨, 건조 오레가노, 마늘, 오렌지즙(또는 와인식초)과 함께 사용된다. 여기에 작고 매운 레드칠리가 추가되기도 한다(조리법 288쪽).

향미의 페어링

· 필수적인 사용

레카도로호.

· 잘 맞는 재료

소고기, 달걀, 생선(특히 염장 대구), 오크라, 양파, 페퍼, 돼지고기, 닭, 오리 등의 육류, 콩류, 쌀, 호박, 고구마, 토마토, 땅콩, 대부분의 채소, 스페인 양념인 피피안(pipian).

· 잘 결합하는 허브 및 향신료

올스파이스, 칠리, 감귤즙, 클로브(정향), 커민, 에파조테, 마늘, 오레가노, 파프리카.

테이스팅 노트

소금이나 식초를 살짝 씻어 낸 케이퍼 피클에서는 맵싸하면서 레몬과 같은 향미가 난다. 머스터드 오일인 글리코시드(glycoside)로 인해 약간 매운맛이 나는데, 호스래디시나 와사비의 매운맛과는 약간 다르다.

사용 부위

꽃봉오리, 열매(설익은 것).

구입 및 보관

프랑스 남부산의 케이퍼는 크기에 따라 '농파레이유(nonpareille)'에서 '카포티(capottes)'에 이르기까지 등급이 매겨지는데, 작은 것일수록 품질이 좋다. 품질이 좋은 산지로는 이탈리아, 특히 판테렐리아섬(Pantelleria)이 유명하다. 그 밖에도 키프로스, 몰타와 같은 지중해섬들, 그리고 스페인과 캘리포니아가 있다. 케이퍼 피클은 장기간 보관할 수 있다. 유리병을 개봉한 뒤에 피클액을 바꾸거나 첨가하면 안 된다. 특히 식초를 첨가해서는 절대 안 된다. 뉴욕의 요리사들은 케이퍼를 절이는 방법으로 야생 파의 일종인 램프(ramp)의 씨를 절이는 데에도 도전하고 있다. 램프는 야생 리크(*Allium tricoccum*)로서 야생 마늘인 램선(ramson)과 비슷하다.

수확

케이퍼의 꽃봉오리는 적당한 크기로 자라면 수확한 뒤 하루나 이틀 정도 시들게 한다. 그리고 크기에 따라 등급별로 분류해 식초에 담그거나 건조시켜 소금에 절인다. 판테렐리아섬과 시칠리아섬에서 생산된 강한 향미의 케이퍼는 건조시켜 소금에 절인다. 소금에 절인 케이퍼의 향미와 식감은 식초에 절인 피클보다도 훨씬 더 좋다.

케이퍼(Capers)

Capparis species

케이퍼는 서아시아와 중앙아시아의 건조 지역이 원산지이다. 지중해를 기준으로 남쪽은 사하라 사막, 동쪽은 이란 북부에 이르기까지 자생하는 작은 관목이다. 케이퍼는 오늘날 기후가 비슷한 수많은 지역에서 성공적으로 재배되고 있다. 케이퍼의 한 변종인 인테르미스종(*C. s.* var. *inermis*)에는 가시가 없지만, 열대 지역의 야생 케이퍼인 스피노사종(*C. spinosa*)은 이름 그대로 가시가 나 있다. 북인도에서 식재료로 사용되는 것은 '카리라(karira, *C. decidua*)'라고 한다.

케이퍼

케이퍼는 일반적으로 피클을 만들거나 건조시킨 뒤 소금에 절인다. 등급은 원산지, 저장법, 크기에 따라 결정된다.

조리법

케이퍼는 다양한 소스에 사용된다. 예를 들면, 화이트소스의 일종인 라비고트(Ravigote)와 마요네즈를 기본으로 하는 프랑스 소스인 레물라드(Rémoulade), 타르타르와 토마토를 기본으로 하는 살사알라푸타네스카(salsa alla puttanesca) 등 수많은 소스의 중요한 재료이다.

영국의 전통적인 케이퍼 소스로는 머튼(mutton)이 있는데, 육질이 단단한 생선과도 잘 어울린다. 이 밖에도 영국에서는 다양한 방법으로 케이퍼를 사용해 생선을 조리하고 장식한다. 닭고기도 마찬가지이다.

또, 이탈리아의 시칠리아와 에올리에제도의 염장 대구, 즉 솔트코드(salt cod)와 같은 생선 요리에는 일반적으로 케이퍼와 그린올리브를 곁들인다. 스페인에서는 생선튀김에 케이퍼와 함께 아몬드, 마늘, 파슬리를 곁들인다. 그리고 블랙올리브(balck olive)와 케이퍼는 프로방스의 다용도 소스인 타프나드(tapenade)에 기본적으로 사용되고, 닭고기나 토끼고기의 캐서롤과도 잘 맞는다. 또한 케이퍼는 기름진 고기에 향미를 더해주고, 피자에서는 장식용으로 활용된다.

헝가리나 오스트리아에서는 양젖으로 만든 립타우아치즈(Liptauer cheese)에 향미를 더해주기 위하여 케이퍼를 곁들인다. 물론 케이퍼와 케이퍼베리는 모두 올리브처럼 그 자체로 먹어도 맛있다. 또한, 냉육, 훈연 생선, 치즈와 함께 렐리시의 재료로 사용할 뿐만 아니라, 샐러드의 장식용으로도 사용할 수 있다. 소금에 절이거나 피클로 만든 케이퍼는 사용하기 직전에 물로 헹구고, 조리의 마지막에 넣는 것이 좋다. 장시간 조리하면 좋지 않은 쓴 향미가 나기 때문이다.

향미의 페어링

· 필수적인 사용

타프나드, 그 밖의 다양한 소스.

· 잘 맞는 재료

아티초크, 가지, 어패류, 청대콩, 작은 오이 피클인 거킨(gherkin), 기름진 고기(양), 올리브, 감자, 닭이나 오리 등의 육류, 토마토.

· 잘 결합하는 허브 및 향신료

안초비, 바질, 셀러리, 마늘, 레몬, 머스터드, 올리브, 오레가노, 파슬리, 로켓, 타라곤.

케이퍼베리

케이퍼베리는 케이퍼종 나무에 맺힌 작고 설익은 열매이다. 보통은 식초에 절여 먹는다. 맛은 식초에 절인 케이퍼 잎보다 훨씬 더 부드럽다.

잎과 새순

유리병에 든 잎과 새순은 쉽게 구입할 수 있다. 잎과 설익은 꽃봉오리에는 기분 좋은 케이퍼의 향이 난다. 굵은 줄기는 가시가 있기 때문에 버리는 것이 좋다.

테이스팅 노트

신선한 잎은 초본 식물의 떫은맛 가운데 약한 자극성이 있다. 건조시킨 잎은 건초와 같은 좋은 향이 난다. 독특한 향이 나는 신선한 잎은 일부 커리 가루의 향을 내는 데 꼭 사용된다. 맛은 셀러리나 러비지와 비슷하지만, 쓴맛이 나는 것이 특징이다. 질감은 밀가루와 같이 보드랍다.

사용 부위

잎(신선하거나 건조시킨 것), 씨.

구입 및 보관

이란이나 인도의 식료품점에서는 신선한 잎을 구입할 수 있다. 구입한 지 2~3일 내에 사용하고, 나머지는 냉장고에 보관한다. 건조시킨 잎은 누런색이 아니라 녹색의 잎을 고르고, 밀폐 용기에 담아 보관한다. 씨도 이란이나 인도에서는 식료품점, 향신료 전문점 등에서 구입할 수 있다. 밀폐 용기에 보관하면 1년 정도 향미를 유지할 수 있다. 사용할 때 필요량만큼 볶거나 갈아서 사용한다.

수확

페뉴그리크는 햇볕이 잘 드는 비옥한 땅에서 잘 자란다. 잎과 씨를 함께 수확한다. 흰색이나 노란색의 꽃에서는 길고 뾰족한 꼬투리가 달린다. 그 속의 익은 열매는 수확하여 씨를 건조시킨다.

향미의 페어링

· 필수적인 사용
남인도의 삼발 가루, 방글라데시 및 동인도의 판치포론, 에티오피아 베르베르, 예멘의 힐베(Hilbeh)

· 잘 맞는 재료
피시 커리, 대부분의 채소, 송아지, 감자, 콩류, 쌀, 토마토.

· 잘 결합하는 허브 및 향신료
클로브(정향), 카르다몸, 시나몬, 커민, 코리앤더, 펜넬 씨, 마늘, 건조 라임, 니젤라, 페퍼.

페뉴그리크(Fenugreek)

Trigonella foenum-graecum

페뉴그리크는 향신료와 약으로서 오랫동안 사용해 온 허브로서 서아시아나 남동유럽이 원산지이다. 학명의 '트리고넬라(Trigonella)'는 '삼각형의 씨'를 뜻한다. 특히 알프스산맥과 코카서스 지역에 자생하는 블루페뉴그리크(Blue fenugreek)는 스위스에서는 잎을 건조시켜 초록색의 가루로 만들어 사용하고, 조지아에서는 씨를 향신료로 사용한다.

조리법

페뉴그리크는 단백질, 미네랄, 비타민이 매우 풍부하여 인도에서는 채식주의자들이 널리 섭취하고 있다. 채식주의자들은 신선한 페뉴그리크의 잎을 채소로서 널리 사용하는데, 주로 감자, 시금치, 쌀과 함께 조리한다. 신선한 잎은 잘게 다져 납작한 빵인 난(naan)과 구운 빵인 차파티(chapatti)의 반죽에 넣는다. 건조시킨 잎은 소스와 그레이비에 향을 더하기 위해 사용한다. 신선하거나 건조시킨 잎은 인도의 전통적인 허브와 어린양 스튜인 고르메사브지(ghormeh sabzi)에도 반드시 들어간다.

씨는 인도의 피클과 처트니, 남인도의 혼합 향신료인 삼발 가루, 그리고 벵골 지역의 판치포론에도 사용된다. 특히 남인도에서는 콩찜인 달(dal)과 피시 커리에 많이 사용되고, 씨 가루는 밀가루와 섞어서 향토 빵인 도사이(dosai)를 만든다. 이집트와 에티오피아에서는 페뉴그리크를 빵에 향미를 더하거나 혼합 향신료인 베르베르의 재료로 사용한다. 터키나 아르메니아에서는 페뉴그리크 가루를 칠리나 마늘과 혼합하여 최상의 훈제 소고기인 파스트르마(pastirma)에 사용한다. 페뉴그리크의 싹은 토마토, 올리브와 함께 프렌치드레싱에 섞어서 샐러드에 사용한다.

통씨

씨를 살짝 볶으면 순한 향기와 함께 견과류와 메이플 시럽 같은 맛이 난다. 장시간 가열하면 쓴맛이 강해지므로 볶은 뒤 곧바로 사용한다. 씨를 페이스트로 만들 때는 몇 시간 물에 불린다.

아요완(Ajowan)

Trachyspermum ammi

아요완은 남인도가 원산지인 미나릿과의 작은 한해살이식물로서 캐러웨이와 커민의 근연종이다. 인도 외에는 파키스탄, 아프가니스탄, 이란, 이집트에서 재배된다. 아요완의 씨는 인도 전역에서 사용되는 인기 향신료이다. 에센셜 오일은 합성 티몰이 생산되기 전까지 전 세계 티몰(소독성의 페놀)의 주원료였다.

조리법

아요완은 매우 신중하게 사용해야 한다. 많이 사용하면 요리에서 쓴맛이 나기 때문이다. 가열하면 타임이나 오레가노와 같이 순한 향미가 나지만, 동시에 페퍼와 같은 강한 향미도 풍긴다.

아요완은 전분질의 음식과 페어링이 매우 훌륭하여, 남서아시아에서는 빵이나 기름에 튀긴 스낵을 조리할 때 많이 사용한다. 건조시킨 콩과 함께 조리하면, 위장 내에서 가스의 발생을 억제한다. 피클이나 뿌리채소에 향을 더해 주거나 커리 가루를 혼합하는 데 사용한다.

인도 북서부의 구자라트주에서는 야채 요리의 단골 메뉴이며, 튀김 요리인 바자(bhajia)나 파코라(pakora)에도 사용된다. 보통 칠리페퍼, 코리앤더와 함께 사용되어 크레페(crepes)에 향미를 더해 준다. 북인도에서는 아요완을 다른 향신료와 함께 녹인 버터인 기에 넣고 튀긴 뒤에 요리에 넣는다. 유럽에도 잘 알려진 아요완은 파삭파삭한 봄베이믹스(Bombay mix)라는 스낵에 향미를 더해 주는 향신료로도 유명하다.

씨 가루

씨는 통째로 또는 가루 형태로 주로 사용한다. 조리하기 직전에 갈아서 사용하는 것이 좋다.

통씨

씨는 작은 타원형으로 겉면에 홈이 있다. 색상은 회녹색에서 적갈색에 이르고, 샐러드 씨와 매우 닮았다.

테이스팅 노트

아요완 씨를 갈면, 다소 타임의 냄새가 난다. 에센셜 오일에 함유된 성분인 티몰(thymol)로 인해 맛이 맵싸하고 쓰다. 아요완 씨를 씹으면 혀가 저릴 정도이다.

사용 부위

씨(건조시킨 것).

구입 및 보관

종종 '카롬(carom)'이라고도 하는 아요완은 인도의 식료품점에서 구입할 수 있다. 씨는 밀폐 용기에 담아 무기한으로 보관할 수 있다. 향을 강화하려면 씨를 요리에 넣기 직전에 으깨 사용한다. 절구에 넣고 공이로 찧으면 쉽게 가루로 만들 수 있다.

수확

줄기는 5월~6월에 열매가 익을 때 자른다. 줄기째로 건조시켜 탈곡한다.

향미의 페어링

· 필수적인 사용

에티오피아의 베르베르, 인도의 차트마살라(Chaat masala) 등의 매운 혼합 향신료.

· 잘 맞는 재료

생선, 그린빈, 콩류, 뿌리채소류.

· 잘 결합하는 허브 및 향신료

클로브(정향), 카르다몸, 시나몬, 커민, 펜넬 씨, 마늘, 진저(생강), 페퍼, 터메릭(강황)

테이스팅 노트

매스틱은 은은한 잣 향이 나고, 맛은 상쾌하면서도 미네랄과 같으면서 약간의 쓴맛이 있다. 또한 구강 세척의 강한 효과도 있다. 오늘날에는 치약의 원료로도 많이 사용되고 있다.

사용 부위

수지(건조시킨 것). 요리에 넣기 직전에 갈아서 사용한다.

구입 및 보관

매스틱은 가격이 비싸기 때문에 소량씩 판매하고, 또한 요리에도 소량으로 사용한다. 그리스와 중동의 식료품점, 향신료 전문점에서 구입할 수 있다. 서늘한 장소에서 보관하는 것이 좋다.

수확

매스틱나무는 성장이 매우 느린 옻나뭇과의 상록수이다. 심은 지 5~6년째부터 수지인 매스틱을 채취할 수 있는데, 수지 생산 수령은 50~60년 정도 된다. 수확기는 7월~10월이다. 옹이가 많은 줄기에 비스듬하게 칼집을 내면 끈끈한 매스틱 수지가 서서히 배어 나온다. 매스틱은 공기와 접촉하면 나무껍질 표면에서 굳어지면서 방울이 맺히는데, 그중 일부는 땅에 떨어진다. 그러한 매스틱을 수집하여 세척한 뒤 수작업으로 늘어놓고 건조시킨다.

향미의 페어링

· 잘 맞는 재료

아몬드, 살구, 신선한 치즈, 대추야자, 밀크디저트, 피스타치오 열매, 장미수, 오렌지플라워워터, 호두.

· 잘 결합하는 허브 및 향신료

올스파이스, 카르다몸, 시나몬, 클로브(정향), 말라브(mahlab), 니젤라, 파피 씨, 세서미(참깨).

매스틱(Mastic)

Pistacia lentiscuc

매스틱은 그리스 키오스섬(Chios)이 원산지인 매스틱나무의 껍질에서 채취하는 수지로서 오직 그곳에만 생산된다. 매스틱은 옹이 투성이의 나무껍질 표면 근처에 풍부히 저장되어 있다. 수지의 덩어리는 타원형도 있고, 직사각형의 '눈물'이라는 뜻으로 '티어스(tears)'라는 것도 있다. 색상은 반투명의 연한 황금색이다. 매스틱은 쉽게 부서지지만, 씹으면 껌처럼 끈적거린다.

조리법

매스틱은 주로 구운 과자, 디저트, 설탕 과자에 사용된다. 그리스인들은 축하용 빵, 특히 부활절 빵인 '츠레키(tsoureki)'에 향미를 내는 데 사용하고, 키프로스인들은 부활절 치즈 페이스트리인 플라우네스(flaounes)에 사용한다. 키오스섬의 매스틱은 대부분 터키와 아랍 국가에 수출되는데, 주로 설탕, 장미, 오렌지플라워워터와 함께 밀크 푸딩, 건과일, 페이스트리용 견과류의 소, 터키시딜라이트(설탕과 견과류 등으로 만든 터키 과자), 잼 등의 다양한 음식에 향미를 내는 데 사용한다. 아이스크림에 넣으면 식감이 더욱더 좋아진다. 매스틱 수프, 매스틱 스튜, 매스틱 과자는 키오스섬 인근에 있는 터키의 항구도시 이즈미르(Izmir)의 특산물이다.

매스틱 티어스(mastic tears)

매스틱 티어스는 고대 그리스 시대부터 추잉껌으로 사용되어 왔다. 오늘날에는 입안을 상쾌하게 만드는 청량제와 소화제로 사용되고 있다.

사플라워(Safflower)/홍화, 잇꽃

Carthamus tinctorius

사플라워(홍화)는 엉겅퀴와 비슷한 작물로서 고대로부터 약이나 염료, 식품 착색제, 향신료로 사용하기 위하여 산지에서 소규모로 재배되어 왔다. 오늘날에는 세계 각지에서 씨로 기름을 짜는 종유 식물로서 재배되고 있다. 참고로 사플라워를 세계에서 가장 비싼 향신료인 사프란으로 속여서 판매하는 불법 유통업체들도 종종 있다. 일부 국가에서는 사플라워가 지금도 사프란으로 잘못 알려져 있다.

조리법

사플라워는 쌀, 스튜, 수프를 연한 황금색으로 물들인다. 사프란 같은 진한 색상과 복합적인 향미는 내지 않는다. 인도와 아랍 국가들에서는 사플라워 꽃잎을 그대로 요리에 넣거나, 뜨거운 물에 넣어 염색액을 채취한다. 포르투갈의 요리사들은 사플라워를 생선 스튜용 페이스트나, 식초 소스에 넣어 생선튀김에 곁들인다. 터키에서는 요리에 직접 사용하는 일 외에도 곁들여서 먹기도 한다. 조지아에서는 혼합 향신료인 크멜리수넬리에 꼭 넣어 먹는다. 사플라워 오일(홍화씨유)는 심장병을 예방하는 효능이 있는 일가불포화지방산을 풍부하게 함유하고 있다.

건조 꽃잎

사플라워는 키가 크고 곧게 자라는 식물이다. 잎은 타원형으로 테두리에 가시가 많고, 꽃은 둥근 모양으로 핀다. 꽃잎이 노란색 기운이 감도는 짙은 붉은색으로 변하면 수확하는데, 건조시키면 노란색이 선명한 오렌지색이나 적갈색으로 변한다.

테이스팅 노트 

사플라워는 향이 약하며, 초본 식물의 향과 약간의 가죽 냄새가 난다. 향미는 약간 쓴맛이면서 톡 쏘는 듯하여 자극적이다. 색소 성분인 카르타민(cathamin)과 사프롤러옐로(saflor yellow)를 함유하고 있지만, 향을 강하게 풍기는 에센셜 오일은 거의 없다.

사용 부위 

꽃(건조시킨 것).

구입 및 보관 

사플라워는 인터넷몰이나 여느 향신료 전문점에서 구입할 수 있다. 일부 국가에서는 슈퍼마켓에서도 구입할 수 있다. 꽃은 건조시킨 꽃잎을 압축하여 판매되기도 한다. 사플라워를 자주 사용하는 터키에서는 '터키시사프란(Turkish saffron)'이란 이름으로 판매되기도 한다. 밀폐 용기에 보관하며, 6~8개월 정도 지나면 향도 약화된다.

수확 

여름철에 꽃을 수확한 뒤에 햇볕에 말려 가루로 만든다.

향미의 페어링 

· 잘 맞는 재료
생선, 쌀, 뿌리채소류.
· 잘 결합하는 허브 및 향신료
칠리, 코리앤더 잎, 커민, 마늘, 파프리카, 파슬리.

페퍼(Pepper)/후추

Piper nigrum

페퍼(후추)에 대한 추구가 향신료 무역의 역사를 만들었다고 해도 결코 과언이 아니다. 인도의 말라바르(Malabar) 해안이 산지인 페퍼콘(peppercorn)과 롱페퍼(long pepper)는 약 3000년 전에 유럽으로 유입되었다. 그 무역로는 각 나라들에서 매우 중요하였기 때문에 무역로를 둘러싼 분쟁은 끊이지 않았다. 당시 페퍼의 중요성은 서기 408년에 고츠인들이 로마를 포위하였을 때 공물로서 페퍼를 요구하였다는 일화를 통해서도 짐작할 수 있다. 그 밖에도 페퍼는 집세나 신부 지참금, 세금 등의 지불을 위한 통화로서 사용되었는데, 무게 단위로 황금과 교환되었다. 페퍼는 오늘날에도 여전히 부가가치가 높은 향신료로 건재하고 있다. 주요 생산국으로는 인도, 인도네시아, 브라질, 말레이시아, 베트남이 있다.

테이스팅 노트

블랙페퍼는 온화한 목재 향과 레몬의 향이 나는 가운데 미묘한 과일 향과 맵싸한 향이 난다. 화끈거릴 정도로 매운맛과 함께 뒷맛이 찌르는 듯하다. 화이트페퍼는 약간 퀴퀴한 냄새가 나서 향이 별로 좋지 않지만, 맵싸하고 날카로운 맛에 이어 달콤한 뒷맛이 있다.

사용 부위

열매(농익은 것이나 설익은 것).

구입 및 보관

페퍼콘은 햇볕에 건조시키는 것이 가장 좋다. 인위적으로 가열하여 고온에서 건조시키면 휘발성 오일이 날아가면서 향미가 일부 상실된다. 블랙페퍼나 화이트페퍼는 모두 갈아 놓으면 향미가 이내 사라지기 때문에 조리에 필요할 때마다 갈거나 찧어서 사용하는 것이 가장 좋다. 밀폐 용기에 넣으면 약 1년간 보관할 수 있다.

수확

설익은 그린페퍼를 수확한 뒤에 단기간에 발효시킨 뒤 건조하면 블랙페퍼를 만들 수 있다. 건조되는 동안에 그린페퍼는 오그라지거나 주름지면서 검은색이나 짙은 갈색으로 변한다. 화이트페퍼는 노란 기운이 감도는 붉은색을 띠면서 다 익어 갈 때 수확하여 물에 담가 외피를 무르게 불린다. 그 뒤 외피를 벗기고 씻어서 햇볕에 건조시킨다.

통페퍼콘

통페퍼콘은 크고 균일하면서 진갈색 내지 검은색일수록 가격이 높다. 자극적이고 맵싸한 맛보다 향이 더 중요하다. 화이트페퍼는 인도네시아의 문톡(Muntok) 지역에서 생산되는 것이 최고의 품질로 평가된다.

페퍼 가루

화이트페퍼 가루는 크림소스와 페어링이 좋다.

으깬 페퍼

페퍼콘을 굵게 으깨 사용하면 스테이크나 마리네이드에 자극적인 향미를 더해 줄 수 있다.

페퍼는 원산지마다 다른 특징들을 보인다. 따라서 페퍼는 재배지에 따라서 분류된다. 향미는 에센셜 오일로 인해 차이가 나는데, 알칼로이드인 피페린의 함유량이 많을수록 자극성과 매운맛이 강해진다. 블랙페퍼는 향과 맵싸한 맛이 나지만, 화이트페퍼는 맵싸한 맛은 있지만 향은 거의 없다. 그 이유는 화이트페퍼가 가공 과정에서 에센셜 오일이 함유된 외피가 제거되기 때문이다. 그런데 에센셜 오일과 피페린의 함유량은 페퍼의 산지마다 다양하다. 세계 최고 품질의 페퍼는 인도 케랄라주 말라바르 해안의 와야나드(Wyanade) 지역에서 생산된 것으로서, 향긋한 과일 향과 산뜻한 자극성이 일품이다. 케랄라주의 텔리체리(Tellicherry)에서 생산되는 것은 열매의 크기가 가장 크다.

인도네시아 람풍주(Lampung)가 산지인 페퍼는 작고 흑회색의 열매에 피페린이 다량으로 함유되어 있다. 에센셜 오일도 소량으로 들어 있어 향보다는 강한 매운맛이 큰 특징이다. 말레이시아 사라왁주(Sarawak)가 산지인 페퍼콘은 인도네시아산 페퍼콘보다도 향이 순하지만 더 맵싸하고 자극성이 크다. 브라질이 산지인 페퍼는 피페린의 함유량이 적어 자극성과 맵싸한 맛이 강하지 않다. 베트남산 페퍼는 색상이 연하고 향미도 순하다(214페이지에서 계속)

레드페퍼콘(Red peppercorns)

붉은색이나 분홍색의 페퍼콘은 완전히 익은 과실이며, 일반적으로 소금물이나 식초에 절인 것을 구입할 수 있다. 외피가 비교적 부드럽고 섬세하면서도 달콤한 과일의 향미를 즐길 수 있다. 내부의 핵은 매운맛이 부드러우면서도 오래간다.

그린페퍼콘 (Green peppercorns)

그린페퍼는 향이 은은하고, 맵싸한 맛은 강하지 않고 상큼한 것이 큰 특징이다. 그린페퍼콘은 냉동 건조나 탈수시켜 건조하여 상품으로 팔거나, 또는 소금물이나 식초에 절여 통조림으로 판매한다. 신선한 그린페퍼콘이나 레드페퍼콘은 냉장고에서 보관한다.

평화롭게 자라는 **페퍼(후추)나무**를 보면, 과거에 그것을 둘러싸고 격렬한 전쟁이 벌어졌다는 사실을 도저히 상상할 수조차도 없다.

서양에서는 항상 소금과 함께 조미료로 사용하듯이, 페퍼(후추)는 상품 가치가 가장 높은 향신료 중 하나이다.

향미의 페어링

· 필수적인 사용
사우디아라비아의 바하라트, 에티오피아의 베르베르, 인도의 가람마살라, 모로코의 라스엘하누트, 프랑스의 카트레피스 등 각국의 혼합 향신료.

· 잘 맞는 재료
대부분의 음식.

· 잘 결합하는 허브 및 향신료
바질, 카르다몸, 클로브(정향), 코코넛밀크, 코리앤더, 커민, 마늘, 진저(생강), 레몬라임, 너트메그(육두구), 파슬리, 로즈메리,
타임, 터메릭(강황).

그 밖의 페퍼

롱페퍼의 품종으로는 롱굼종(*P. longum*)과 레트로팍툼종(*P. retrofactum*)이 있으며, 각각 인도와 인도네시아가 원산지이다. 롱페퍼는 아시아나 동아프리카, 북아프리카 지역에서 서서히 삶는 요리와 피클에 사용한다. 열매가 아직 작고 녹색일 때 수확한 뒤에 햇볕에 건조시키면 회색빛이 감도는 검은색의 꽃차례와 같은 모양이 된다.
롱페퍼는 대개 통째로 사용한다. 달콤한 향이 나고, 입안에서는 블랙페퍼와 같은 맛이 나다가 날카로우면서도 저리는 뒷맛이 난다. 인도네시아산의 롱페퍼는 인도산보다 약간 더 길고, 자극적이면서 맵싸한 맛이 난다.

조리법

페퍼 자체는 맛이 달지도 짭짜름하지도 않지만, 향은 매우 자극적이면서 맵싸하다. 대부분 짭짜름한 요리에 사용되지만, 과일, 달콤한 빵, 케이크 등의 단맛 음식에 사용할 수도 있다. 조리 중에 다른 향신료의 향을 살려 주면서 페퍼 자체의 향도 지속적으로 유지된다.
블랙페퍼의 향은 전 세계의 음식에서 찾아볼 수 있다. 라틴아메리카와 남아시아의 칠리에 친숙한 사람들조차도 페퍼콘을 선호하는 실정이다. 페퍼콘을 육수, 샐러드드레싱, 소스에 넣어 향미를 내거나, 갈아서 혼합 향신료나 마리네이드에 넣기도 한다. 페퍼 가루는 석쇠나 오븐에 굽는 생선이나 육류에 뿌리거나, 감칠맛이 나는 스튜나 커리에 넣으면 향미를 더해 준다. 그 밖에도 녹인 버터로 볶는 야채와 훈제 생선에도 뿌려서 향미를 더욱더 높여 줄 수도 있다.
화이트페퍼는 색이 연한 소스나 크림수프의 색상을 살리기 위하여 사용된다. 맵싸한 맛이 강하기 때문에 사용량에 주의해야 한다. 프랑스에서는 블랙페퍼의 향과 화이트페퍼의 맵싸한 맛을 조화시킨 혼합 향신료인 '미뇨네트페퍼(Mignonette pepper)'가 인기를 끌고 있다.
소금물에 절인 페퍼콘은 사용하기 전에 물로 씻는다. 그린페퍼는 시나몬, 진저(생강), 베이리프, 펜넬 씨, 레몬그라스와 마찬가지로 단맛의 음식과 매우 잘 어울린다. 돼지고기나 닭고기(페퍼콘과 진저(생강)를 으깨 버터에 섞고 껍질에 발라서 굽는다), 바닷가재, 게, 생선, 특히 연어에 미묘한 향미를 더해 준다. 통페퍼콘을 뿌린 스테이크는 디종머스터드(Dijon mustard)와 매우 잘 어울린다. 레드페퍼도 같은 용도로 사용하면 좋다.

미뇨네트페퍼(Mignonette pepper)

블랙페퍼(블랙페퍼)나 화이트페퍼의 통열매는 프랑스에서 조미료로 자주 사용된다.

쿠베브(Cubeb)

Piper cubeba

쿠베브는 후춧과의 열대성 덩굴 식물의 열매로서 자바섬을 비롯한 인도네시아의 섬들이 원산지이다. 16세기부터 자바섬에서 재배된 뒤 약 200년 동안 유럽에서 블랙페퍼의 대용품으로 큰 인기를 끌었지만, 19세기 접어들면서 거의 사용되지 않았다. 쿠베브는 오늘날 유럽에는 거의 알려지지 않았지만, 향신료의 애호가들 사이에서는 관심이 다시 증가하고 있다.

조리법

'자바페퍼(Java pepper)' 또는 '테일드페퍼(tailed pepper)'라고도 하는 쿠베브는 인도네시아에서 요리에 자주 사용된다. 쿠베브가 재배되는 스리랑카에서는 극히 일부 지역에서만 사용되고 있다. 아랍 상인들이 7세기부터 무역을 통해 거래하였는데, 한때에는 아랍 요리의 인기 향신료로 사용되었다. 모로코의 혼합 향신료인 라스엘하누트에는 지금도 사용하고 있다. 그 밖에도 북아프리카의 양 또는 머튼의 소스인 타진에 향미를 더하기 위하여, 또는 장시간 조리는 스튜에 올스파이스의 대용품으로 사용된다. 쿠베브는 육류와 야채 요리에도 잘 맞는다. 한편 쿠베브는 종종 '가짜 쿠베브'라고 하는 아프리카 품종인 아샨티페퍼(Ashanti pepper, *P. guineense*)나 베닌페퍼(Benin pepper, *P. clusi*)로 오인되기도 한다.

통열매

쿠베브의 열매는 페퍼콘보다 약간 더 크고 표면에 홈과 주름이 있다. 그리고 짧고 곧은 줄기가 붙어 있다. 씨가 한 알 들어 있는 열매와 속이 빈 열매가 있다.

테이스팅 노트

쿠베브는 페퍼와 비슷하게 온화하면서도 향긋한 향과 유카립투스와 테레빈유와 같은 은은한 향미가 뒤섞여 전체적으로는 올스파이스와 비슷하다. 신선한 쿠베브는 올스파이스보다 향이 더 강하고 잣 같은 씁쓰름한 향이 지속적으로 난다. 그런데 가열 조리하면 올스파이스와도 같은 온화한 향미를 풍긴다.

사용 부위

열매(설익은 것).

구입 및 보관

쿠베브는 인터넷몰이나 향신료 전문점에서 적당량으로 구입하는 것이 좋다. 향은 오래 지속되지만, 조리할 때 필요량만큼 갈아서 소량으로 사용하는 것이 좋다. 통째로 밀폐 용기에 넣으면 2년 이상 보관할 수 있다.

수확

설익은 초록색의 열매를 수확한 뒤 햇볕에 건조시키면 갈색이 감도는 검은색으로 색상이 바뀐다.

향미의 페어링

· 잘 맞는 재료

베이리프, 카르다몸, 시나몬, 커리 잎, 로즈메리, 세이지, 타임, 터메릭(강황).

테이스팅 노트

향과 맛에 대해서는 각 잎에 대한 설명을 참조.

사용 부위

잎(신선하거나 건조시킨 것).

구입 및 보관

대부분의 방향성 잎들은 건조시킨 상태로 인터넷몰을 통해 구입할 수 있다. 잎이 건조된 상태라면 향미가 오래간다. 그러나 신선한 잎을 구입하였다면 비닐 백에 넣어 냉동시킨는 것이 좋다. 신선하거나 건조시킨 호야산타의 잎은 미국에서는 라틴계 식료품점에서, 신선한 라랏 잎은 동남아시아계 식료품점에서 구입할 수 있다. 건조 상태의 살람 잎은 네덜란드에서는 인도네시아계 식료품점에서, 건조시킨 아보카도의 잎은 미국에서는 라틴계 식료품점에서 구입할 수 있다.

수확

방향성 잎들의 한 예로 들면, 아보카도의 묘목은 미국의 전문 종묘점에서도 구입할 수 있다. 살람나무는 네덜란드에서도 구입할 수 있다. 방향성 잎들은 항상 수확할 수 있지만, 신선한 잎을 사용하는 것이 가장 좋다. 잎은 그늘에서 건조시킨 뒤 봉지에 넣어 판매한다.

방향성 잎

다양한 식물 종들

다양한 식물들의 방향성 잎들은 세계 각지에서 요리에 향미를 내는 데 사용된다. 여기서 소개하는 식물의 잎들은 베이리프와 비슷하다는 이야기들이 많다. 사용 방법은 비슷하지만 향미의 특성은 전혀 다르다. 이 잎들은 널리 알려지지는 않았지만, 점차 원산지 외에서도 인터넷을 통해 구입할 수 있게 되었다.

호야산타(Hoja santa) *Piper auritum*

후춧과의 식물로서 흔히 멕시컨페퍼의 잎이라고 한다. 중앙아메리카나 미국의 텍사스주에서 자생한다. 신선한 잎은 약간 맵싸하면서 민트와 아니스와 같은 은은한 향미가 있다. 또한 사향과도 같은 향미도 난다. 건조시킨 잎은 시트러스계의 향미를 풍기고 아니스나 펜넬과 같은 온화한 향미가 있다.

라랏(Lá lót) *Piper sarmentosum*

태국과 베트남에서 주로 사용하는 이 페퍼의 잎은 약간 매콤한 맛이 난다. 잎은 큰 원형이나 하트 모양이고, 윤기가 있다. 인도에서 소화제로 씹는 허브인 베텔페퍼(betel pepper, *P. betle*)의 잎과 오인하기도 한다.

조리법

대표적인 방향성 잎들의 조리법을 소개한다. 큰 하트 모양의 호야산타(Hoja santa) 잎은 멕시코의 요리, 특히 베라크루즈주(Veracruz)와 오아하카주(Oaxaca) 음식의 대명사적인 향신료이다. 찌거나 굽는 생선과 닭고기를 쌀 때 사용하는 일 외에도 생선과 닭고기의 캐서롤에 곁들이거나 밑에 깔거나 타말레 요리에 향미를 내는 데에 사용된다. 다른 허브와 혼합하여 초록색의 몰레 소스에도 사용한다. 잘 맞는 향신료로는 칠리, 마늘, 멕시컨민트마리골드, 파프리카 등이 있다. 잘게 다진 펜넬 잎과 아보카도 잎은 호야산타와 마찬가지로 타말레에 향미를 내기 위하여 사용된다. 태국인들은 구운 코코넛, 땅콩, 진저(생강), 샬롯, 칠리 등을 라랏(Lá lót) 잎으로 말아서 손님에게 제공한다. 베트남에서는 방향성 잎들을 춘권, 소고기구이를 싸는 데나 수프의 향신료로 사용한다. 살람(salam)의 잎은 인도네시아의 혼합 야채 수프를 비롯해 야채볶음, 소고기와 함께 제공된다. 또한 닭고기와 오리고기의 찜에, 발리섬에서는 돼지고기구이에 사용된다. 건조시킨 것은 신선한 것보다 향이 약하다. 그러나 가열 조리하면 향이 더욱더 발전되면서 강해진다. 살람은 다른 동남아시아의 방향성 식물, 칠리, 마늘, 걸랭걸(양강근), 진저(생강)를 비롯해 레몬그라스, 타마린드, 코코넛, 페퍼, 시나몬, 클로브(정향), 너트메그(육두구) 등 수많은 향신료들과 잘 어울린다.

건조시키거나 신선한 아보카도의 잎은 멕시코 지역에서 타말레, 스튜, 고기구이에 향을 내기 위해, 또는 요리를 싸기 위하여 사용된다. 그 잎들은 일반적으로 통째로나 갈아서 사용되고, 또한 살짝 데치기도 한다.

살람(Salam) *Eugenia polyantha*

살람나무는 클로브(정향)와 같은 도금양과의 식물로서 말레이시아와 인도네시아가 원산지이다. 특히 잎은 인도네시아에서는 음식에 일상적으로 사용한다. 레몬과 같은 향이 매우 독특하여 대용품이 거의 없을 정도이다. 단, 커리 잎은 대용해 볼 만하다.

아보카도(Avocado) *Persea americana*

아보카도 잎은 윤기가 돌고, 은은한 헤이즐넛과 아니스 또는 감초와도 같은 향미가 풍긴다. 아보카도가 자생하는 기후에서는 훌륭한 열매만을 목적으로 재배한다. 여기에 향긋한 향이 나는 잎까지 수확할 수 있다면, 그야말로 일거양득인 셈이다.

마운틴페퍼(Mountain pepper)

Tasmannia lanceolata

마운틴페퍼는 식물학적으로 페퍼와는 관련이 없는 관목수로서 오스트레일리아 태즈메이니아섬과 빅토리아주, 뉴사우스웨일스주의 고산 지대가 원산지이다. 초기 개척자들이 열매를 갈아서 가루로 만들면 향신료로 사용할 수 있다는 사실을 처음 알아냈다. 1811년의 식민지 역사학자인 대니얼 만(Daniel Mann)은 그의 저서에서 "페퍼보다 더 자극적이고 맵싸한 맛을 지닌 향신료 나무"로 기록하고 있다.

조리법

마운틴페퍼는 맵싸한 향미가 강하여 잎을 갈아서 가루로 만들어 페퍼 대신에 사용할 경우에는 페퍼 사용량의 절반, 열매를 갈아서 사용할 경우에는 절반보다 더 적은 양을 사용해야 한다. 또한 마운틴페퍼는 다른 향신료와 함께 다양하게 활용할 수 있다. 특히 와틀이나 레몬머틀과 같은 오스트레일리아의 향신료와 페어링이 좋다. 마운틴페퍼를 레몬머틀, 타임과 함께 버무려 사용하면 양이나 캥거루 등과 같은 육류의 맛을 훨씬 더 높일 수 있다. 또한 열매를 가루로 만든 것이나 통열매를 서서히 장시간 조리하는 고기 스튜나 콩 요리에 사용하면 좋다. 특히 장시간 조리하면 날카로운 매운맛이 순해진다. 마운틴페퍼의 열매는 소고기나 사냥 고기에 곁들이는 프랑스의 전통 소스인 푸아브라드(poivrade)에도 사용된다. 오스트레일리아가 산지인 도리고페퍼(Dorrigo pepper, *T. stipitata*)의 잎과 열매는 자생지인 도리고 산맥에서 유래한 향신료로 유명하다.

신선한 잎

마운틴페퍼의 잎은 뒷맛이 길게 이어지며, 블랙페퍼보다는 오히려 쓰촨페퍼를 연상시키는 향미가 있다. 건조시킨 것보다는 신선한 것이 매운맛이 더 자극적이고 강하다.

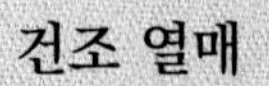

건조 열매

마운틴페퍼의 건조 열매는 가루 형태로 판매된다. 금이 가고 기름기가 많은 것이 블랙페퍼와 비슷하기 때문에 식별이 쉽다.

테이스팅 노트

마운틴페퍼는 식물 전체에서 좋은 향이 난다. 잎은 시트러스계의 향과 함께 온화한 목재 향이 난다. 맛은 감귤류와 비슷하다. 신선한 열매는 달콤한 과일의 맛이 나는 가운데 장뇌의 향이 이어지면서 맵싸하고 얼얼한 자극이 입안을 저리게 한다.

사용 부위

잎(신선하거나 건조시킨 것),
열매(신선하거나 건조시킨 것).

구입 및 보관

오스트레일리아에서는 신선하거나 건조시킨 잎을 쉽게 구입할 수 있다. 신선한 열매는 밀폐 용기에 넣으면 냉장고에서 몇 주간 보관할 수 있다. 열매는 잎보다 자극성이 강하기 때문에 소량으로 사용한다. 오스트레일리아 이외의 지역에서는 잎을 건조시켜 가루로 만든 상품들을 구입할 수 있다. 가루 상태는 밀폐 용기에 보관하여도 향이 약해지기 때문에 소량으로 구입하여 사용하는 것이 좋다.

수확

잎은 수확한 뒤 신선한 상태로, 또는 건조시켜 출하한다. 잘 익은 열매는 건조시키거나 소금물에 절여서 상품으로 만든다.

향미의 페어링

· 잘 맞는 재료
사냥 고기, 소고기, 양, 콩류, 호박, 뿌리채류.
· 잘 결합하는 허브 및 향신료
베이리프, 마늘, 주니퍼, 레몬머틀, 오레가노, 머스터드, 파슬리, 레드와인, 로즈메리, 타임, 와틀.

그래인오브파라다이스 (Grains of paradise)

Amomum melegueta

그래인오브파라다이스는 트럼펫 모양의 꽃을 피우는 갈대와 비슷한 여러해살이 식물의 씨로서 서아프리카의 습한 열대 해안가인 기니만 연안의 라이베리아에서부터 나이지리아에 걸쳐서 자생한다. '기니페퍼(Guinea pepper)', '멜레구에타페퍼(Melegueta pepper)', '앨리게이터페퍼(Alligaror pepper)'라고도 한다. 당초 사하라사막을 가로지르는 카라반의 무역로를 경유하여 13세기에 유럽으로 유입된 이 향신료로는 페퍼 대용품으로 높이 평가되었다. 오늘날에도 여전히 같은 지역에서 계속 생산되고 있고, 특히 가나가 주요 수출국이다.

조리법

그래인오브파라다이스는 오늘날 서양의 요리에서 자주 사용되지는 않지만, 페퍼의 가격이 싸지고 쉽게 구할 수 있게 되기 직전까지는 꾸준히 인기를 유지해 왔다. 초창기에는 와인과 맥주에 자극성이 강한 향미를 더하기 위하여 사용되었다. 17세기에는 각성제로 인기를 끌었던 스페인의 화이트와인인 핫삭(hot sock)에 향신료로 사용되었다. 그러나 19세기 중반에 이르러 이 향신료에 대한 관심이 거의 사라져 버렸다. 오늘날에는 스칸디나비아반도 지역에서 아쿠아비트로 사용되는 것 외에 서아프리카와 서인도제도에서 조미료로 자주 사용하고 있다. 북서아프리카의 마그레브국가에서는 모로코의 라스엘하누트, 튀니지의 콸라트다카 등의 혼합 향신료에 주요 재료로 사용되고 있다. 그래인오브파라다이스와 페어링이 좋은 요리로는 양 찜요리와 가지, 감자, 호박 등의 야채 요리가 있고, 멀드와인과도 잘 맞는다. 조리에 사용하기 직전에 갈아서 마무리 단계에서 넣는 것이 좋다. 특히 카르다몸, 진저(생강)와 함께 섞으면 페퍼 대신에 사용할 수도 있다.

굵게 으깬 씨
씨를 으깨면 적갈색의 껍질이 벗겨지면서 하얀 과육이 드러난다.

씨 가루
그래인오브파라다이스를 갈면 입자가 곱고 향도 매우 훌륭해진다.

통씨
껍질 속에는 하얀 과육이 있고, 그 속에 60~100개의 작은 적갈색 씨인 그래인오브파라다이스가 들어 있다.

테이스팅 노트

그래인오브파라다이스는 카르다몸과 근연종이지만, 맛에 장뇌의 특성이 없기 때문에 과일의 향미와 맵싸하고 자극적인 향미를 동시에 즐길 수 있다. 향은 페퍼와 비슷하지만 더 강하지는 않다.

사용 부위

씨.

구입 및 보관

그래인오브파라다이스는 시중에서 쉽게 구입할 수 없고, 인터넷몰이나 향신료 전문점에서나 구입할 수 있다. 서인도제도와 아프리카의 식료품점이나 건강 식품점에서 가끔 판매한다. 통째로 밀폐 용기에 넣어 보관하면 향미를 수년간 유지할 수 있다. 조리할 때 필요량만큼 갈아서 사용한다.

수확

열매는 붉은색 줄이 있는 노란색 피막에 싸여 모양도, 크기도 마치 무화과와 비슷하다. 피막이 건조되면 견과류와 같이 갈색을 띠며 딱딱해진다. 그 안에 밤색의 조그만 피라미드 모양의 씨가 가득 들어 있다.

향미의 페어링

· 필수적인 사용
콸라트다카, 라스엘하누트.

· 잘 맞는 재료
가지, 감자, 양, 닭, 오리 등의 육류, 쌀, 호박, 토마토, 뿌리채소류.

· 잘 결합하는 허브 및 향신료
올스파이스, 시나몬, 클로브(정향), 커민, 진저(생강), 너트메그(육두구)

쓰촨페퍼, 산초 (Sichuan pepper & sancho)

Zanthoxylum simulans & Z. piperitum

쓰촨페퍼는 중국 쓰촨성의 전통 음식에, 산초는 일본 요리에 각각 사용되지만, 이 두 향신료는 모두 운향과인 초피나무의 열매를 건조시킨 것이다. 종종 '플라워페퍼(flower pepper)', '저패니즈페퍼(Japanese pepper)'라고도 한다. 옛날에는 파가라(fagara)속으로 분류되었지만, 지금은 다른 속으로 분류된다. 겉보기에는 페퍼속의 덩굴식물에서 수확되는 검은색 또는 흰색의 페퍼콘과 비슷하다.

테이스팅 노트

쓰촨페퍼는 향이 매우 풍부한데, 목재 향이 나면서 다소 맵싸하다가 감귤 껍질의 향이 살짝 풍긴다. 산초는 향이 날카로우면서 맵싸하다. 두 향신료 모두 입에 저린 느낌을 준다. 산초나무의 어린잎은 민트나 바질과 같은 향을 풍긴다. 일본에서는 요리의 장식용으로 올리기도 한다.

사용 부위

열매(건조시킨 것), 잎(신선한 것).

구입 및 보관

쓰촨페퍼는 아시아계 식료품점과 향신료 전문점에서 통열매나 가루의 형태로 구입할 수 있다. 산초는 대개 굵은 가루의 형태로 구입할 수 있다. 쪼갠 열매를 밀폐 용기에 보관하면 가루 형태보다도 더 오랫동안 향을 유지할 수 있다. 산초나무의 어린잎은 수확철이 짧아 구입하기가 어렵다. 만약 어린잎을 구입하였다면 봉지에 넣어 냉장고에서 수일간 보관할 수 있다.

수확

적갈색의 열매는 햇볕에 말리면 과피가 벌어진다. 검은색의 씨는 쓴맛이 매우 강하여 대부분 버려진다. 어린잎은 봄에 수확하여 신선한 상태로 사용한다.

열매(통째로 또는 절편)

통째든지, 쪼갠 절편 상태든지 간에 열매에서 쓴맛이 나는 씨를 제거한 뒤에 판매된다. 봉지 속을 확인하여 씨가 있으면 골라낸다.

산초 가루

열매는 단독으로 또는 소금과 함께 볶은 뒤에 갈아서 가루로 만들어 조미료로 사용한다.

조리법

쓰촨페퍼는 중국 오향분에 꼭 들어가는 중요한 재료이다. 쓰촨페퍼의 열매를 요리에 사용하려면, 먼저 3~4분간 볶아서 방향성 오일이 배어 나오도록 한다. 이때 열 조절을 잘해야 한다. 센 불로 가열하여 검게 변하면 버려야 하기 때문이다. 볶은 뒤 충분히 식으면 갈아서 가루를 낸다. 전동그라인더를 사용하면 편리하다. 체에 걸러 과피를 버리고 밀폐 용기에 담아 보관한다. 향이 빠르게 사라지기 때문에 소량씩 갈아서 사용하는 것이 좋다. 볶은 쓰촨페퍼의 열매는 중국의 향신료 소금을 만드는 데에도 사용된다. 쓰촨페퍼는 닭고기나 오리고기 등의 육류를 볶거나 굽거나 기름에 튀길 때나 야채볶음에도 사용된다. 그린빈, 버섯, 가지와 함께 사용하면 페어링이 좋다. 산초는 일본 식탁에서 자주 사용하는 7가지의 향신료를 섞은 조미료인 시치미(七味)에도 반드시 들어간다. 기름진 생선이나 고기의 냄새를 제거하는 데 효과적이다. 산초나무의 어린잎으로 만든 향신료인 키노메(きのめ, kinome)는 향미가 신선하면서 순하고, 식감이 부드러워 향미료로서 인기가 높다. 주로 수프, 조림 요리, 샐러드에 곁들여서 사용된다.

향미의 페어링

· 필수적인 사용
오향분, 중국의 향신료 소금, 일본의 혼합 향신료인 시치미.

· 잘 결합하는 허브 및 향신료
검은콩, 칠리, 감귤, 마늘, 진저, 참기름, 세서미(참깨), 간장, 스타아니스(팔각).

시치미(七味, しちみ)

시치미는 일본의 혼합 향신료로서 우동, 국, 냄비 요리, 닭꼬치 등에 향미를 더해 주기 위해 사용된다. 고춧가루, 산초, 검은깨, 흰깨, 탄제린의 진피, 김가루, 파피(양귀비) 씨를 혼합하여 만든다(조리법 271쪽).

진저(ginger)/생강

Zingiber officinale

진저(생강)는 식물의 뿌리줄기로서 언뜻 보기에 대나무와 비슷하다. 약 3000년 이상 전부터 중국 남부와 인도에서 재배되어 향신료로 사용되어 왔다. 고대 중국의 문헌에는 공자(孔子, B.C. 551~B.C. 479)의 생필품이라 기록되어 있고, 고대 산스크리트어의 문헌에는 인도 요리에 자극적이고 맵싸한 향미를 주는 향신료 중 하나로 기록되어 있다. 아시아에서 진저는 혼합 향신료인 마살라에 건조시켜 사용하는 일 외에 대부분 날것으로 사용한다. 최근 진저는 오스트레일리아 북부의 퀸즐랜드주에서도 재배되고 있다.

테이스팅 노트

신선한 진저는 목재 향과 시트러스계의 향을 바탕으로 온화하면서도 청량한 향이 강하게 풍긴다. 맵싸한 맛으로 혀에 짜릿하면서도 날카로운 자극을 준다. 다 자라기 전에 수확한 뿌리줄기, 즉 햇진저는 수확기가 끝날 무렵에 채취한 것보다 맛과 향이 순하면서 섬유질도 훨씬 더 적다.

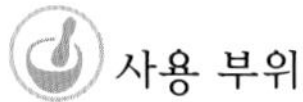

사용 부위

뿌리줄기(신선한 것).

구입 및 보관

신선한 진저의 뿌리줄기를 식료품점에서 구입할 경우에는 단단하고 주름이 없고 통통하면서도 무거운 것을 고른다. 냉장고 야채실에 넣으면 7~10일간 보관할 수 있다. 얇게 썰어서 초절임한 것과 냉동 페이스트의 상품도 구입할 수 있다. 진저의 시럽 절임과 설탕 절임은 서늘하고 건조시킨 장소에서 2년까지, 진저 초절임은 6개월간 보관할 수 있다.

수확

진저의 뿌리줄기는 첫 파종 뒤에 2~5개월이 지날 무렵에 캐는 것이 가장 좋다. 육질이 단단하지 않고 연하기 때문이다. 신선한 상태로 사용할 경우에는 씻어서 며칠간 건조시킨 뒤에 보관한다. 진저를 보존 처리하거나 설탕에 절이기 위해서는 먼저 껍질을 까고 잘라서 소금물에 며칠간 절인 뒤 물에 담가서 끓인다. 그 뒤 시럽에 계속 담가 놓는다. 또는 건져서 설탕을 묻힌 뒤 건조시킨다.

신선한 뿌리줄기

신선한 진저는 노란 과육을 연갈색의 껍질이 감싸고 있다. 신선하면서도 섬유질이 적은 것이 품질이 좋다.

뿌리줄기 절편

뿌리줄기의 절편은 일반적으로 마리네이드 등의 요리에서는 껍질을 까지 않고 사용하고, 손님에게 제공하기 직전에 제거한다.

조리법

신선한 진저(생강)는 아시아 전역에서 짭짜름한 요리에 사용되고 있다. 중국에서는 생선의 비린내나 육류의 누린내를 제거하기 위해 갈아서 또는 잘게 썰어서 사용한다. 엄지손가락 반만 한 크기로 자른 절편은 강한 향을 최대한 살리기 위해 껍질째 조리한 뒤 먹기 전에 제거한다. 진저와 페어링이 좋은 야채는 양배추와 같은 잎채소이다. 요리에서는 수프, 소스, 마리네이드 등에 활용된다.

한국, 일본, 중국에서는 신선한 진저를 다용도로 사용한다. 특히 요리에서 생선의 비린내를 제거할 때는 반드시 사용한다. 진저를 강판에 갓 갈은 것이나 액즙은 튀김용 소스나 드레싱에, 또한 굽거나 기름에 튀긴 음식에도 곁들여서 먹는다. 한국인들은 진저를 잘게 다져서 마늘과 함께 절임, 김치 등의 수많은 요리에 사용한다. 동남아시아에서는 걸랭걸(양강근)이나 진저를 다양한 요리에서 같이 사용하지만, 최근에는 진저보다 걸랭걸(양강근)을 더 많이 사용한다. 진저와 마늘은 페어링이 매우 훌륭하여 북인도에서는 진저와 마늘 페이스트를 기름에 볶은 뒤 향을 이끌어 내 수많은 요리의 기본 양념으로 사용한다. 남인도에서는 일반적으로 진저를 마늘, 칠리, 터메릭(강황)과 함께 사용한다. 그리고 처트니와 렐리시, 또는 고기와 어패류의 양념장인 마리네이드나 샐러드에도 넣는다. 혼합 향신료인 차트마살라, 라임즙과 함께 콩 요리에 곁들이는 샐러드드레싱에 넣기도 한다. 진저를 칠리, 설탕, 피시 소스, 물 등과 혼합하면 베트남의 생선용 디핑소스도 만들 수 있다.

신선한 진저를 강판에 간 뒤 보자기에 싸서 손으로 쥐어짜면 진저즙을 낼 수 있다. 또한 약간의 물과 진저를 푸드프로세서에 넣고 갈아서 눈이 고운체에 밭쳐서 낼 수도 있다. 진저즙은 주로 섬세한 진저 향이 필요한 소스나 마리네이드에 주로 사용하는데, 육류 위에 직접 뿌리기도 한다. 신선한 진저는 유럽과 미국의 음식 문화에도 뿌리를 깊게 내려서 오늘날에는 서양이 기원인 요리에서도 쉽게 찾아볼 수 있다.

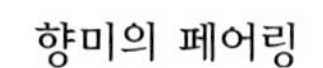

향미의 페어링

· 잘 맞는 재료
그린빈, 소고기, 비트, 브로콜리, 양배추, 닭고기, 시트러스계의 과일, 게, 생선, 멜론, 파스닙, 파인애플, 호박, 애호박.

· 잘 결합하는 허브 및 향신료
바질, 칠리, 코코넛, 코리앤더, 피시 소스, 걸랭걸(양강근), 마늘, 맥러트라임, 레몬그라스, 라임즙, 민트, 간장, 타마린드, 터메릭(강황).

신선한 진저(생강)즙

신선한 진저의 뿌리줄기를 강판에서 갈아서 보자기로 싸서 쥐어짜면 각종 소스와 드레싱에 사용할 수 있는 풍부한 향미의 즙을 만들 수 있다.

햇진저(생강)

촉촉한 반투명의 껍질이 있는 매우 연한 색의 햇진저(생강)는 초여름에 아시아계의 식료품점에서 종종 찾아볼 수 있다. 새순은 분홍색이고 과육은 유백색을 띠면서 아삭아삭하다. 깔끔하고 산뜻한 향을 풍긴다. 맛은 진저와 같지만 날카로운 맛은 덜하다. 뿌리줄기는 매우 연질이어서 껍질을 벗기지 않고도 사용할 수 있다. 얇게 자른 절편은 볶음 요리의 재료로 사용되고, 특히 게와 같은 해산물의 요리에 많이 사용된다. 또는 회에 야채로 곁들여서 먹기도 한다. 중국에서는 진저를 주로 피클(초절임)로 만들어 먹는다. 얇게 저민 진저 절편을 그린빈, 토마토, 비트 샐러드에 넣어 먹기도 한다.

진저(생강) 초절임

일본에서는 진저(생강) 초절임을 '가리(がり)'라고 한다. 진저를 얇게 저며서 새콤달콤한 식초에 절인 뒤 초밥에 반드시 곁들이는 양념으로서 소화를 촉진하는 기능이 있다. 예쁜 분홍색을 띠면서 맛이 매우 순하다. 가리에서 물기를 뺀 뒤 잘게 다져서 어패류와 야채샐러드에 넣으면, 색다른 향미를 맛볼 수 있다. 일본의 홍진저 또는 진저 초절임인 '베니쇼가(紅生姜)'는 진저를 채로 썬 뒤 들깨 잎으로 붉게 물들인 매실 식초에 담가 착색한 것이다. 가리보다 자극성이 강하여 커리와 규동 등과 함께 낸다. '하지카미(薑)'는 진저의 순을 초절임한 것으로서 생선구이와 함께 품격 있게 제공된다. 가리, 베니쇼가, 하지카미는 모두 아시아계 식료품점에서 봉지나 병조림의 형태로 구입할 수 있다.

하지카미(薑, はじかみ)
화려한 빨간색이나 섬세한 분홍색을 띠는 하지카미는 진저의 부드러운 순이나 새싹을 사용하여 만든다.

베니쇼가(紅生姜, べにしょうが)
자극적이면서 맵싸한 베니쇼가는 진저의 뿌리줄기에 소금을 뿌린 뒤 물기를 빼내고 홍매실 식초에 절인다. 붉고 선명한 색채의 베니쇼가를 야키소바나 커리에 곁들이면 색상과 맛에 날카로운 대비감을 안겨 준다.

가리(がり)
진저 뿌리줄기를 얇게 저면서 새콤달콤한 식초에 절인 것이다. 초밥을 좋아하는 사람들이라면 누구나 즐긴다.

진저(생강) 절임

시럽이나 설탕에 절인 진저는 맛있는 과자로도 인기가 높다. 또한 달콤한 소스와 아이스크림, 케이크와 타르트에 자극적인 향미를 더해 준다. 중국과 오스트레일리아가 주요 생산국으로서 대량으로 생산되고 있다.

양하(襄荷)

양하(*Zingiber mioga*)는 진저과의 여러해살이식물로서 새싹의 향미가 온화하여 한국, 일본, 중국 등에서 인기가 높다. 얇게 저민 양하 절편은 수프, 두부, 샐러드, 야채 요리에 향미를 내기 위하여 사용된다. 특히 양하 초절임은 구이 요리에 곁들이는 데 제격이다. 내한성이 있는 양하는 오늘날 뉴질랜드에서 수출용 작물로서 대량으로 재배되고 있다. 제철에는 신선한 양하나 초절임을 아시아계 식료품점에서 쉽게 구입할 수 있다.

진저(생강) 꽃

토치진저(Torch Ginger, *Nicolaia elatior*)라는 야생 진저의 꽃봉오리와 새순은 태국과 말레이시아에서 다양한 요리에 사용된다. 꽃봉오리와 새순은 태국의 디핑소스인 남쁘릭에 찍어서 생으로 먹기도 하고, 얇게 저며서 샐러드에 넣기도 한다. 또한 동남아시아에서는 채로 썰어서 향신료 국수인 락사의 육수에 고명으로 올리거나 피시 커리에 향을 더해 주기 위하여 사용한다. 꽃봉오리는 아시아 이외의 지역에서는 좀처럼 찾아보기가 힘들다.

아로마 진저(생강)(170쪽 참조)

신선한 양하 꽃봉오리

양하 꽃봉오리는 봄에 수확된다. 맵싸하기보다는 향이 순한 허브와 같이 매우 섬세하고도 아삭한 향미가 있다.

진저(생강) 시럽 절임

진저의 뿌리줄기는 진한 시럽에 넣고 반복적으로 조리면 과육에 시럽이 배어 맛있는 시럽 절임이 완성된다. 줄기와 뿌리줄기를 모두 사용하여 '스텀진저(sterm ginger)' 라고도 한다.

진저(생강) 설탕 절임

약간 맵싸한 향미로 자극성이 있는 이 설탕 절임은 햇진저 덩어리를 진한 시럽에 조린 뒤에 건조시켜서 설탕을 묻힌 것이다.

테이스팅 노트

건진저는 신선한 진저보다는 향미가 약하지만, 칼집을 내거나 가루로 만들면 레몬 향미가 은은하게 풍기면서 마치 페퍼의 온화한 향미와 비슷하다. 맛은 매우 자극적이고 맵싸하면서 목을 찌르는 듯하다.

사용 부위

뿌리줄기(건조시킨 것).

구입 및 보관

건진저는 뿌리줄기를 자른 절편이나 가루 형태로 구입할 수 있다. 품질에 따라서 맛과 향에 큰 차이를 보인다. 품질이 좋은 것은 자극적이면서 레몬과 비슷한 향미가 난다. 반대로 품질이 낮은 것은 맛이 매우 날카롭고 얼얼하면서 섬유질이 많다. 뿌리줄기의 진저를 구입하여 강판으로 갈 수도 있지만, 일반적으로 시중에서 가루 상품을 소량씩 구입하는 것이 좋다. 밀폐 용기에 넣어 두면 품질이 좋은 경우에는 향미가 2년 이상 동안 유지된다.

수확

진저를 심고 나서 9~10개월 뒤에 충분히 자라서 매운맛이 나고 뿌리줄기에 섬유질이 많아지면 수확한 뒤 햇볕에 건조시킨다. 최고 등급의 건진저는 일반적으로 겹질을 깐 상태로 유통 및 판매된다. 그 밖의 등급은 겹질 채로 또는 겹질을 벗긴 뒤 삶아서 판매하고 있다.

건진저(Dried ginger)/건생강

Zingiber officinale

중동이나 유럽에서는 카라반들이 처음에 건진저(건생강)를 들여왔던 역사로 인하여 신선한 진저보다는 건진저의 사용법이 보다 더 발달하였다. 고대 아시리아인이나 바빌로니아인들도 이집트인, 그리스인, 로마인들과 마찬가지로 건진저를 주로 요리에 사용하였다. 9세기까지 건진저는 유럽 전역의 일반 가정에서 조미료로 사용되었다. 16세기에 이르러 스페인과 포르투갈의 사람들은 새로이 개척한 열대 기후의 식민지에서 진저를 재배하기 시작하였다.

건진저 가루

진저 가루는 빵, 케이크, 페이스트리에 광범위하게 사용하고 있다. 건진저는 신선한 진저와는 또 다른 향미를 내기 때문에 대용할 수는 없다.

건뿌리줄기

건조 뿌리줄기는 연한 베이지색일 띠는데, 칼집을 내면 온화한 느낌의 향이 풍긴다. 통째로 피클용 향신료로 많이 사용한다.

조리법

아시아에서는 건진저를 혼합 향신료에 많이 사용하고 있다. 서양에서도 한때 혼합 향신료에 많이 사용하였지만, 지금은 프랑스의 혼합 향신료인 카트레피스에 넣거나 피클용 향신료를 만들 때에만 주로 사용한다. 특히 호박, 당근, 고구마 등에 향미를 내는 데 훌륭한 효과를 발휘한다. 아랍권에서는 건진저를 다른 향신료와 함께 타진, 밀가루 요리인 쿠스쿠스를 비롯해 과일과 함께 서서히 조리는 고기 요리에 사용한다. 진저빵, 케이크, 비스킷용 향신료로 많이 사용되고, 상업용으로는 진저비어, 와인, 음료 등에서도 폭넓게 사용된다. 과일 중에서도 바나나, 서양배, 파인애플, 오렌지와 특히 잘 어울리고, 과일 잼에 넣으면 향미를 높여 준다.

건진저(건생강)의 종류

건진저의 품질과 향미는 원산지에 따라 큰 차이를 보인다. 또한 건조시키기 전에 손질한 정도에 따라서 등급이 나뉘어져 상거래의 기준이 된다. 껍질을 벗긴 자메이카산 진저 가루는 향이 섬세하고 색상도 연하여 오랫동안 최고의 품질로 평가되었다. 다만 가격이 높고 공급량이 부족한 것이 단점이다. 오늘날 건진저의 주요 수출국으로는 인도를 들 수 있다. 인도산 건진저 중에서도 품질이 가장 높은 것은 코친 지역에서 생산된 것으로서 연갈색을 띠면서 부분적으로 껍질이 벗겨져 있다. 자극적인 레몬의 향과 맛이 일품이다. 중국산의 건진저는 코치산보다 레몬의 향미가 더 강하지만, 맵싸한 맛은 덜하다. 아프리카의 시에라리온이나 나이지리아에서 생산된 것은 장뇌 향이 풍기고 맵싸한 맛이 상당히 강하여 페퍼와도 비슷하다. 오스트레일리아산의 진저는 레몬의 향미가 매우 독특하다.

카트레피스(Quatre epices)

4가지 향신료를 사용하는 프랑스의 전통적인 혼합 향신료로서 돼지고기 등 육류의 요리에 주로 사용한다. 네 향신료는 블랙페퍼, 클로브(정향), 건진저, 너트메그(육두구)이다(조리법 285쪽).

향미의 페어링

· 필수적인 사용
에티오피아의 혼합 향신료 베르베르, 커리와 마살라, 오향분, 피클용 향신료, 카트레피스, 라스엘하누트.

· 잘 맞는 재료
사과, 바나나, 소고기, 시트러스계의 과일, 양, 서양배, 뿌리채소류, 호박 등.

· 잘 결합하는 허브 및 향신료
클로브(정향), 카르다몸, 시나몬, 건과일, 꿀, 너트메그(육두구), 견과류, 염장 레몬, 파프리카, 페퍼, 장미수, 사프란.

테이스팅 노트

올스파이스는 기분 좋은 온화한 향을 풍긴다. 이와 동시에 클로브(정향), 시나몬, 너트메그(육두구), 메이스와 같은 맵싸하고 자극적인 향미도 있다. 방향성 성분은 씨가 아닌 껍질에 대부분 들어 있다.

사용 부위

열매(건조시킨 것).

구입 및 보관

올스파이스는 통열매나 가루 형태로 구입할 수 있다. 갈색의 큰 페퍼콘과도 같이 보이는 모습과 풍부한 향미, 그리고 필요량만큼 쉽게 가루로 만들어 사용할 수 있는 편리함으로 오늘날 큰 인기를 끌고 있다. 또한 밀폐 용기에 넣으면 거의 무기한으로 보관할 수 있다.

수확

자메이카에서는 주로 농장에서 재배하는 나무에서 열매를 수확한다. 통통한 열매가 아직 설익어 녹색일 때 손으로 딴 뒤 며칠간 수분을 증발시키고 선반에서 최장 1주일간 건조시키면 열매는 적갈색으로 변한다. 완전히 건조되면 겉겨를 날린 뒤 크기에 따라 등급을 매긴다. 멕시코와 과테말라의 열대 우림지에서 자연산으로 채취한 것은 열매가 크면서 품질이 낮다.

올스파이스(Allspice)

Pimenta dioica

올스파이스는 서인도제도와 중앙아메리카의 열대 지역이 원산지이다. 대항해 시대에 콜럼버스가 카리브해의 섬에서 자생하는 것을 처음으로 발견하였을 때 '페퍼(후추)'로 잘못 인식하였다. 그로 인해 올스파이스는 스페인어로 페퍼라는 뜻의 '피미엔타(pimienta)'가 되었고, 다시 영어권으로 전해지면서 '피멘토(pimento)'로 된 것이다. 오늘날까지도 올스파이스는 자메이카산이 최고의 품질로 평가되고 있고, 그 영향으로 올스파이스를 '자메이카페퍼'라고도 한다.

건조 통열매

자메이카산의 올스파이스는 요리의 향미를 결정할 수 있는 최고 품질의 에센셜 오일을 함유하고 있다. 에센셜 오일의 주성분인 유제놀은 클로브(정향)의 주요 방향성 성분이기도 하다.

열매 가루

올스파이스는 갈아서 가루로 보관하면, 향미가 이내 사라져 버린다.

조리법

아메리카 대륙이 발견되기 훨씬 이전부터 카리브해 섬의 원주민들은 고기, 생선을 저장 및 보존하기 위하여 올스파이스를 사용해 왔다. 스페인 사람들은 그 저장 방식을 모방하여 에스카베체(escabeche) 등의 마리네이드에 올스파이스를 사용하였다. 자메이카에는 매운 혼합 향신료인 저크시즈닝페이스트(jerk seasoning paste)가 있는데, 올스파이스는 지금도 그 혼합 향신료의 주재료로 사용되고 있다. 이 혼합 향신료를 닭고기나 생선에 묻혀서 구운 것이 바로 그 유명한 요리인 '저크치킨(피시)'이다. 올스파이스는 갈아서 가루로 사용하기보다는 으깨어서 빵, 수프, 스튜, 커리 등에 폭넓게 사용한다. 중동에서는 육류구이에 향미를 더하는 데, 인도에서는 필라프나 일부 커리 요리에 향미를 더하는 데 사용된다. 유럽에서는 통째로 또는 갈아서 피클 등에 사용한다. 또한 케이크, 푸딩, 잼, 과일 파이 등의 과자류에 사용하여 부드러우면서도 온화한 향미를 줄 수 있다. 올스파이스는 과일과도 페어링이 좋다. 특히 파인애플, 자두, 블랙커런트, 사과 등의 향미를 북돋우는 효과도 있다. 세계 수확량의 대부분은 가공식품의 원료로서 상업적으로 사용되고 있다. 케첩, 소스 등의 조미료에서부터 소시지, 미트파이, 스칸디나비아반도의 청어 피클, 사워크라우트에 이르기까지 다양한 식품들에 올스파이스가 사용된다.

과자나 푸딩을 위한 향신료

올스파이스 열매, 코리앤더 씨, 클로브(정향), 메이스, 너트메그(육두구), 시나몬을 함께 갈아서 혼합 향신료로 만든 뒤, 과자를 굽는 데 넣거나 푸딩에 향미를 더해 주기 위해 사용한다.

향미의 페어링

· 필수적인 사용
저크 혼합 향신료.

· 잘 맞는 재료
가지, 대부분의 과일, 호박, 고구마, 뿌리채소류.

· 잘 결합하는 허브 및 향신료
칠리, 클로브(정향), 코리앤더 씨, 마늘, 진저(생강), 메이스, 머스터드, 페퍼, 로즈메리, 타임.

테이스팅 노트

클로브에는 페퍼, 장뇌와 비슷한 향이 나고 뚜렷하면서도 온화한 느낌이 난다. 맛은 상큼하지만 날카로운 매운맛과 쓴맛도 나면서 입이 저리는 듯한 자극이 있다. 올스파이스와 마찬가지로 에센셜 오일에 함유된 유제놀이 클로브의 독특한 향을 결정한다.

사용 부위

꽃봉오리(건조시킨 것).

구입 및 보관

클로브의 꽃봉오리는 크기도 모양도 매우 다양하지만, 깨끗하고 흠집이 없는 것을 고른다. 손톱으로 눌러서 에센셜 오일이 조금 배어 나오면 품질이 좋은 것이다. 밀폐 용기에 넣으면 약 1년간 보관할 수 있다. 클로브는 매우 딱딱하기 때문에 가루로 만들려면 전동그라인더를 사용해야 한다. 가루로 만들면 향미가 이내 사라지기 때문에 조리에 사용하기 직전에 갈아서 사용한다. 클로브 가루를 구입할 경우에는 짙은 갈색인 것을 고른다. 색이 연하면서 가루가 곱지 않은 것은 에센셜 오일이 적게 함유된 줄기를 가루로 만들었을 가능성이 높다.

수확

클로브의 꽃봉오리는 7월~9월, 11월~1월 사이에 작은 꽃술이 보인다. 꽃봉오리의 잎이 분홍색으로 변하면 꽃잎이 열리기 전에 수확한다. 그 뒤 선반에 놓고 햇볕에 건조시키면, 붉은빛이 짙은 갈색으로 변하면서 무게도 줄어든다.

클로브(Cloves)/정향

Syzyium aromaticum

클로브나무는 인도네시아의 화산섬, 몰루카제도 등 열대 지역이 원산지인 작은 상록수이다. 잎에서는 매우 좋은 향이 풍긴다. 꽃잎이 열리기 전에 꽃봉오리를 수확하여 향신료로 가공하기 때문에 농장에서는 안타깝게도 활짝 핀 심홍색 꽃을 찾아볼 수 없다. 클로브는 고대 로마시대에 알렉산드리아를 경유하는 육로를 통해 유럽으로 유입되었다. 인도네시아에서 '향신료의 섬'으로 불리는 몰루카제도는 처음에 포르투갈의 지배를 받다가 나중에는 네덜란드의 지배를 받았다. 네덜란드는 1772년에 프랑스인들이 인도양의 모리셔스에서 씨를 밀수하기 전까지 클로브의 무역을 독점하였다. 원산지인 인도네시아는 오늘날 클로브 생산량의 대부분을 국내에서 소비하고 있다. 대신에 인도양의 잔지바르제도(Zanzibar), 마다가스카르, 탄자니아의 펨바섬(Pemba)이 최근 주요 수출국으로 급부상하였다.

통열매

고품질의 클로브는 줄기가 적갈색을 띠고 크라운이 있다. 감촉이 거칠고 손으로 꺾으면 쉽게 부서진다.

가루

클로브 가루는 인도의 마살라, 커리 가루, 중국의 오향분, 에티오피아의 베르베르, 사우디아라비아의 바하라트 등의 혼합 향신료에 온화한 향미를 더해 준다.

조리법

클로브(정향)는 오늘날 전 세계의 다양한 요리에 사용되고 있다. 그중에서도 특히 짭조름하고 달콤한 요리에 자주 사용된다. 구운 과자, 디저트, 시럽, 잼 등에는 거의 대부분 사용된다고 보면 된다. 유럽에서는 클로브를 피클, 멀드와인에 반드시 사용한다. 프랑스인들은 클로브 1개를 양파 속에 넣어서 스튜, 소스에 향을 더하는 데 사용한다. 영국인들은 클로브 1~2개를 애플파이에 사용하고, 네덜란드인들은 치즈인 나헬카스(Nagelkaas)를 만들 때 사용한다. 그리고 독일에서는 향신료 빵을 만들 때, 미국에서는 갈색설탕으로 버무리는 햄을 만들 때 사용한다. 이탈리아 북부 토리노(Torino) 지역에서는 호두 설탕 절임에 클로브를 사용한다. 중동, 북아프리카에서는 클로브를 고기나 쌀 요리에 사용하거나, 시나몬, 카르다몸과 함께 섞어서 혼합 향신료를 만들기도 한다. 아시아의 커리 가루에는 꼭 사용된다. 인도의 가람마살라, 중국의 오향분, 프랑스의 카트레피스에도 반드시 사용된다. 인도네시아에서는 담뱃잎에 클로브를 섞어서 피우기도 한다.

향미의 페어링 

· 필수적인 사용
카트레피스, 오향분, 가람마살라.

· 잘 맞는 재료
사과, 비트, 붉은양배추, 당근, 초콜릿, 햄, 양파, 오렌지, 돼지고기, 호박, 고구마.

· 잘 결합하는 허브 및 향신료
올스파이스, 베이, 카르다몸, 시나몬, 칠리, 코리앤더 씨, 커리 잎, 펜넬, 진저, 메이스, 너트메그(육두구), 타마린드.

오향분(五香粉)

중국의 오향분은 클로브(정향), 스타아니스(팔각), 카시아, 펜넬 씨, 쓰촨페퍼 등을 사용한 혼합 향신료(항상 5가지를 사용하는 것은 아니다)로서 닭고기, 오리고기, 돼지고기와 잘 어울린다(조리법 272쪽).

클로브나무는 농장에서 주로 재배되며, 키가 높이 자라고 가지도 무성한 식물이다. 꽃봉오리를 수확하지 않고 그대로 두면 매우 섬세하고 아름다운 꽃을 피운다.

꽃봉오리는 오늘날까지도 현대적인 설비에 의지하지 않고 여전히 수작업으로 수확하여 건조 및 저장한다.

애서페터더(Asafoetida)/아위

Ferula species

애서페터더는 건조시킨 수지를 함유한 고무와도 같은 점액 물질로서 아위속 세 종의 식물로부터 채취한다. 애서페터더는 강한 악취를 풍기는 미나릿과의 키가 큰 여러해살이식물로서 이란과 아프가니스탄의 건조 지대가 원산지이다. 로마 시대에 북아프리카의 키레나이카(Cyrenaica) 지역에서 고대 허브인 실피움(silphium)을 더 이상 구할 수 없게 되자, 페르시아와 아르메니아의 애서페터더를 대용하면서 매우 귀중하게 다루어졌다. 그 뒤 무굴 제국이 들어서면서 인도로 유입되었다. 오늘날에는 북인도의 카슈미르 지역에서만 재배되고 있는데, 인도의 다양한 요리에 향신료로 계속해서 사용되고 있다.

테이스팅 노트

애서페터더 가루에서는 절인 마늘과 같은 강하면서도 약간 불쾌한 냄새가 난다. 맛은 쓰고 사향의 향미와 신맛이 난다. 신선한 상태로 먹으면 불쾌한 맛이 나지만, 기름에 살짝 볶으면 양파와 비슷한 맛이 난다.

사용 부위

줄기, 뿌리줄기, 수지(건조시킨 것).

구입 및 보관

인도에서는 지용성과 수용성의 애서페터더가 판매되고 있다. 색상이 밝은 수용성의 '힝(hing)'이 색상이 어두운 지용성의 '힌그라(hingra)'보다 선호도가 더 높다. 서양에서는 보통 덩어리 또는 가루 형태로 상품을 판매한다. 밀폐 용기에 넣으면, 가루는 약 1년, 덩어리는 수년간 보관할 수 있다.

수확

꽃이 피기 직전에 수령이 4년이 넘은 것의 줄기를 자르고 흙을 파서 원뿌리를 캐서 잘라 낸다. 이때 유백색의 수지가 배어 나오면서 공기와 접촉하면 점점 굳어지면서 색상도 짙은 적갈색으로 변한다. 햇볕에 노출되면 수지를 사용할 수 없게 될 우려도 있기 때문에 주의해서 취급해야 한다.

작은 알갱이와 덩어리

애서페터더는 작은 알갱이와 좀 더 크게 자른 덩어리 형태로 구입할 수 있다. 덩어리 상태일 경우에는 냄새가 거의 나지 않지만, 분쇄하면 방향성 오일이 휘발되면서 냄새가 강하게 풍긴다.

조리법

애서페터더는 인도에서 요리에 자주 사용하는 향신료이다. 인도의 서부와 남부에서는 콩 요리와 야채 요리를 비롯해 수프, 피클, 소스, 야채 초절임인 렐리시 등에 향을 내기 위하여 사용한다. 마늘과 양파의 섭취가 금지된 바라문교도와 자이나교도들 사이에서는 매우 귀하게 사용된다. 특히 생선 요리의 향미를 북돋우는 데 큰 기능을 한다. 그러나 원산지인 이란에서는 아이러니하게도 전혀 사용하지 않고, 아프가니스탄에서도 햇볕에 건조시켜 월동 식량으로 사용하는 고기의 저장 및 보존을 위해서 소금과 함께 단지 사용할 뿐이다. 애서페터더는 항상 주의해서 소량으로 사용해야 한다. 왜냐하면 소량만 사용하여도 요리는 물론 삼발 가루 등 혼합 향신료의 향을 강화시키기 때문이다. 마늘을 넣어 가열 조리하는 요리에 함께 사용할 수 있고, 잘게 자른 조각을 조리에 앞서 석쇠나 철판에 문지르는 경우도 있다.

향미의 페어링 

· **필수적인 사용**
인도의 차트마살라, 일부 커리 가루, 삼발 가루.

· **잘 맞는 재료**
날생선, 염장 생선, 곡식류, 석쇠에 굽거나 볶은 고기, 콩류, 대부분의 채소.

으깬 조각

애서페터더 덩어리를 절구에 넣고 쌀가루 등과 같이 흡수성이 좋은 가루 식재료를 함께 넣은 뒤 공이로 찧어서 사용한다. 요리 한 접시분에 대한 사용량은 매우 작은 조각 하나면 충분하다.

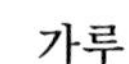

가루

애서페터더는 뭉치지 않도록 전분이나 아라비아고무를 함께 섞은 가루 형태로 보통 판매된다. 갈색의 가루는 촉감이 거칠고 강하지만, 맛은 매우 순하다. 색상이 노란색을 띠는 것은 터메릭(강황)에 섞여 있기 때문이다.

테이스팅 노트

머스터드의 통씨는 사실 향이 없다. 통씨를 갈아서 가루로 만들면 그때서야 자극적이면서도 맵싸한 향미가 난다. 더욱이 열을 가해 조리하면 흙 향이 강하게 풍긴다. 검은 씨는 씹으면 입안에서 향이 강하게 풍긴다. 갈색 씨는 쓴맛이 나면서 약간 맵싸한 좋은 향미가 이어진다. 약간 더 큰 화이트머스터드 씨는 처음부터 강한 단맛이 난다.

사용 부위

씨(건조시킨 것).

구입 및 보관

옐로 및 브라운머스터드 씨는 쉽게 구입할 수 있다. 그러나 블랙머스터드 씨는 쉽게 찾아볼 수 없다. 따라서 브라운머스터드 씨를 대용할 수 있지만, 향이나 매운 정도는 다소 약하다. 머스터드 가루는 고운체에 거른 씨를 분쇄한 것이다. 노랗고 선명한 색상을 띠는 것은 가공할 때 터메릭(강황)이 첨가되었기 때문이다. 옐로머스터드의 가루는 껍질이 포함되어 있기 때문에 비교적 거친 느낌이 든다. 모두 보관성이 좋고 오랫동안 건조시킨 상태를 유지할 수 있다.

수확

머스터드는 씨가 완전히 익기 전에 줄기를 잘라서 수확하여 탈곡한다. 다 익으면 꼬투리가 벌어지면서 씨들이 땅에 떨어지기 때문이다. 블랙머스터드는 특히 꼬투리가 쉽게 터지는 경향이 있다. 따라서 상업용으로는 대부분 브라운머스터드가 재배되고 있다.

머스터드(Mustard)

Brassica species

머스터드는 색상에 따라 블랙머스터드, 화이트 또는 옐로머스터드, 브라운머스터드 등으로 종류가 나뉜다. 블랙머스터드(*B. nigra*)와 화이트 또는 옐로머스터드(*B. alba, Sinapis alba*)는 남유럽과 서아시아가, 브라운머스터드(*B. juncea*)는 인도가 원산지이다. 화이트머스터드는 샐러드용으로 유럽과 북아메리카에서 오랫동안 재배되었다. 로마인들이 머스터드를 향신료로 처음으로 사용하면서 고대 영국에 소개하였다. 중세 시대에 유럽에서는 일반인들도 머스터드를 쉽게 구할 수 있었다. 프랑스인들은 18세기부터 다른 향신료와 혼합하기 시작하였다. 영국인들은 껍질을 제거한 뒤 정제하여 가루로 만들어 사용하였다.

통씨

머스터드의 자극적인 매운맛은 물에 의해 활성화된 효소인 미로시나아제에 의해 결정된다.

화이트머스터드 씨

노란 모래와 같은 화이트머스터드의 씨는 일본에서 사용되는 오리엔탈 품종보다 씨가 더 크다.

블랙머스터드 씨

블랙머스터드의 씨는 타원형이고 브라운머스터드보다 더 크다. 맵싸한 맛은 입안뿐만 아니라 코와 눈도 자극한다.

조리법

서양 요리에서 옐로머스터드의 통씨는 주로 피클과 잼, 그리고 마리네이드에 향미를 내기 위하여 사용된다. 브라운머스터드의 씨는 인도의 요리에서 광범위하게 사용되는데, 점차 블랙머스터드를 대체하고 있다. 그러한 경향은 남인도에서 특히 두드러진다. 통씨를 먼저 살짝 볶은 뒤 기름이나 인도 버터인 기에 다시 덖어서 견과류와 같은 매혹적인 향미를 낸다. 뜨거운 기름은 미로시나아제(myrosinase)를 활성화시키지 않기 때문에 요리를 맵게 만드는 일은 없다.

한편, 인도 북동부의 벵골 지역에서는 생씨를 갈아서 커리나 생선용 머스터드 소스의 페이스트에 넣어 절묘한 향미를 이끌어 낸다.

황금색의 머스터드 오일은 점성이 강하고 매운맛이 상당히 강하다. 보통 브라운머스터드의 씨와 품질이 약간 낮은 다른 품종의 씨를 섞어서 만든 것으로 식용유로 주로 사용된다. 특히 벵골 지역에서는 연기가 날 정도로 가열 및 조리하여 향을 약화시킨 뒤 식혀서 사용한다. 이 맵싸하고 입맛을 북돋우는 향신료는 인도의 수많은 요리에서 특유의 향미를 낸다.

머스터드 가루는 바비큐 소스와 고기 요리에 향미를 더해 주고, 대부분의 뿌리채소와도 잘 맞는다. 특히 가열할수록 향도 날아가기 때문에 조리의 마지막 단계에 넣는 것이 좋다.

머스터드는 씨 이외의 부위도 다양하게 활용된다. 신선한 싹은 머스터드, 크레스와 함께 샐러드에 사용된다. 일본과 유럽에서는 부드러운 잎을 샐러드용 작물로 재배하고 있다. 중국에서는 레드머스터드를 다른 종과 함께 섞어서 슈퍼마켓에서 판매하고 있다. 잘게 채로 썬 잎은 뿌리채소, 감자, 토마토를 사용하는 샐러드에 고명으로 올려도 좋다. 베트남에서는 머스터드의 싹을 돼지고기, 새우, 허브와 함께 각종 요리의 소에 넣는다.

향미의 페어링

· 필수적인 사용
판치포론, 삼발 가루.

· 잘 맞는 재료
소고기, 양배추, 향이 강한 치즈, 닭고기, 커리, 달, 어패류, 냉동 고기, 토끼, 소시지, 꿀.

· 잘 결합하는 허브 및 향신료
칠리, 코리앤더, 커민, 딜, 펜넬, 페뉴그리크, 마늘, 니젤라, 파슬리, 페퍼, 타라곤, 터메릭(강황).

그 밖의 머스터드

백개자(白芥子, *B. juncea*)는 옐로머스터드의 일종이다. 일본에서는 조미료로서 연근 속에 채워 튀기거나 어묵, 조림 등에 맛을 내기 위하여 사용한다.

차플럭(charlock, field mustard) : 유채(*B. campestris*)와 서양유채(*B. napus*)의 두 아종은 머스터드 오일의 원료로 사용된다.

머스터드 오일
머스터드 오일을 높은 온도로 살짝 볶아서 섭취하면 소화가 잘된다.

브라운머스터드 씨
브라운머스터드의 씨는 맵싸한 맛이 길게 지속되고, 그 세기는 블랙머스터드 정도 된다.

머스터드 가공식품

머스터드 씨에 식초와 와인 등을 섞은 가공 조미료로서의 머스터드에 관한 내용이다. 먼저 씨를 물에 불린 뒤 효소인 밀로시나아제를 활성화시켜 매운맛을 발현시킨다. 적당히 매운맛이 나면 식초, 와인 등 산성의 액체 속에 넣어 효소의 활성화를 중단시킨다. 그 뒤 페이스트 상태로 만들고 잠시 두면 가공식품의 머스터드가 완성한다. 이때 향미는 사용하는 산성 액체에 의해 결정된다.
산성 액체가 식초이면 부드럽고 산뜻한 맛, 와인이나 신 과즙이면 좀 더 맵싸한 맛, 맥주이면 강한 매운맛이 난다. 물은 맵싸한 향미를 이끌어 내지만, 효소의 활성화가 계속 진행되기 때문에 물만으로는 안정화된 머스터드를 만들 수 없다.
이렇게 조미료로 가공된 머스터드는 상온에서 밀폐 용기에 넣어 보관하는 것이 좋다. 개봉한 뒤에는 2~3개월간 보관할 수 있지만, 수분이 다소 빠지면서 향도 서서히 달아난다.
머스터드는 각 나라마다 맛과 향이 독특하다. 영국산의 머스터드보다 순한 프랑스산의 머스터드는 대표적인 산지가 세 곳이나 있다. 보르도 산지에서는 옐로머스터드 씨로 만들지만 색상은 갈색을 띤다. 보통 설탕, 허브, 타라곤이 들어간다. 디종(Dijon) 산지에서는 브라운머스터드 씨로 만들며, 화이트와인

모머스터드

파리 근교에 위치한 모(meaux) 산지에서는 17세기부터 머스터드를 생산하고 있다. 보통 석기병에 들어 있는데, 이 씨알이 굵은 머스터드는 입안을 감도는 매운맛이 난다. 아주 훌륭한 테이블용 머스터드이다.

보르도머스터드

이 머스터드는 페이스트 속에 껍질이 남아 있고 색상이 짙은 것이 특징이다. 은은한 매운맛이 소시지와 치즈 요리에 잘 어울린다.

디종머스터드

이 머스터드는 제품의 라벨에 원산지가 표기되어 있다. 연한 색상에 부드러우면서도 뚜렷한 향미로 최고의 머스터드로 평가된다. 소스와 샐러드드레싱에 페어링이 훌륭하기로 전 세계적으로 유명하다.

이나 신 과실즙, 소량의 첨가물이 들어간다. 모(meaux) 산지에서는 상당히 매운맛의 머스터드를 만드는데, 곡식을 찧은 가루, 그린페퍼, 칠리가 들어간다.
독일 바이에른 산지의 머스터드는 보르도산과 같은 유형이지만, 뒤셀도르프 산지의 머스터드는 디종 산지의 것과 마찬가지로 상당히 매운맛이 난다. 네덜란드 즈볼러(Zwolle) 산지에서는 독특하게도 연어 마리네이드와 잘 어울리는 딜로 향미를 낸다. 미국산 머스터드는 향미가 순하고 점도가 낮다. 옐로머스터드에 터메릭을 약간 과도하게 넣어 만든다. 향이 좋고 순한 사보라(Savora) 머스터드는 1900년경 영국에서 개발되었는데, 오늘날에는 남아메리카의 곳곳에서 사랑을 받고 있다. 영국산 머스터드의 가루를 사용할 경우에는 찬물에 넣어 약 10분간 불린 뒤에 산뜻하고 매콤한 맛을 이끌어 낸다. 그런데 보관이 어려운 단점도 있다. 머스터드 페이스트는 주로 소꼬리를 비롯한 육류 캐서롤의 조미료로 사용하거나 소고기구이, 햄, 냉제고기 등의 소스로 사용한다. 비네그레트 소스, 마요네즈 등 많은 냉소스, 야채샐러드, 야채 요리의 전반, 생선조림이나 훈제 생선의 드레싱으로 사용해도 잘 어울린다. 그 밖에도 수많은 치즈 요리와 페어링이 좋다. 머스터드 소스를 조리가 끝날 무렵에 넣으면 토끼 등의 고기찜을 비롯하여 다양한 캐서롤의 향미를 더욱더 높여 준다. 꿀이나 흑설탕을 넣어 만든 스위트머스터드는 닭고기, 햄, 돼지고기에 맞는 글레이즈와 과일 샐러드에 얼얼하면서도 맵싸한 맛을 더해 줄 수 있다.

어메리칸머스터드

순하고 달콤한 이 머스터드는 핫도그의 애호가들에게 인기가 매우 높다. 노랗고 선명한 색을 내기 위하여 터메릭(강황)을 과도하게 사용하면 향미가 손상될 수 있어 주의가 필요하다.

잉글리시머스터드

이 머스터드의 가루는 옐로머스터드와 브라운머스터드를 잘게 갈아서 쌀, 밀, 향신료 등을 혼합해 만든다. 매운맛이 강하고 약간 신맛이 난다. 소고기구이나 소꼬리 요리에 잘 어울린다.

카시스머스터드

디종머스터드 가루에 과일 향과 붉은 색채를 주는 크렘드카시스(creme de cassis) 리큐어가 사용된다.

타라곤머스터드

타라곤머스터드는 연갈색의 머스터드에 타라곤, 녹색 식품용 착색료를 넣어 만든다. 생선, 닭고기 요리용의 소스와 잘 어울린다.

칠리류(Chillies)

Capsicum species

칠리류는 중남아메리카, 카리브제도가 원산지인 식물의 열매로서 수천 년 동안 재배되어 왔다. 콜럼버스가 종묘를 스페인으로 들여온 뒤 스페인 사람들이 그 향미가 맵다는 뜻으로 '피멘토(페퍼)'라고 이름을 붙였다. 사실 페퍼(후추)와는 전혀 관련이 없지만, 칠리의 열매는 오늘날에도 여전히 '스위트페퍼(sweet pepper)', '카옌페퍼(cayenne pepper)'라고 한다. 오늘날에 칠리는 세계 최대의 향신료 작물로서 수백 종들이 열대 지역에서 재배되고 있고, 세계 인구 약 4분의 1의 사람들이 매일 같이 칠리를 소비하고 있다.

테이스팅 노트

칠리는 순하면서 약간 알싸한 것에서부터 폭발적으로 매운 것에 이르기까지 그 정도가 매우 폭넓다. 카옌페퍼(*C. frutescens*)는 대부분의 경우에 멕시코산 칠리(*C. annuum*)보다 맵다. 가장 매운 것은 중국산 칠리의 일종인 하바네로종(habanero, *C. chinense*)이다. 일반적으로 칠리는 크고 두툼한 것이 작고 껍질이 얇은 것보다 맛과 향이 순하다.

사용 부위

열매(신선하거 건조시킨 것). 설익은 칠리는 색상이 초록색인데, 점차 익어 가면서 노란색, 주황색, 빨강색, 갈색, 보라색으로 변한다.

구입 및 보관

신선한 칠리는 껍질이 윤기가 돌고 매끄러우면서도 단단하다. 냉장고의 야채실에서 1주일 이상 보관할 수 있다. 뜨거운 물에 살짝 데치거나 냉동시킬 수도 있다. 단, 냉동시키면 칠리의 향과 알싸한 매운맛이 사라져 버린다. 건조시킨 칠리는 품종에 따라서 모양이 각양각색이다. 원산지, 품종, 향의 특징이나 매운맛의 세기는 전문 매장의 직원에게 물어 보는 것이 좋다. 건조 칠리는 밀폐 용기에 넣으면 거의 무기한으로 보관할 수 있다.

수확

칠리는 대부분 한해살이식물로서 재배된다. 그린칠리는 심은 지 3개월 만에 수확할 수 있다. 통상적으로 완전히 익은 상태로 사용하는 품종은 수확하기까지 시간이 오래 걸린다. 칠리는 햇볕에 자연 건조시키는 방법 외에도 설비 속에서 인공적으로 건조시키는 경우도 있다.

신선한 통칠리

칠리는 색상, 모양, 크기가 매우 다양하다. 어린 완두콩만한 것에서부터 길이 30cm나 되는 것에 이르기까지 천차만별이다. 칠리에서는 자극적이고 맵싸한 맛뿐만 아니라, 과일, 꽃, 스모키, 견과류, 담배, 리코리스의 향미 등이 어우러지면서 그 상승효과로 식욕을 자극한다.

조리법

칠리는 비타민 A나 C의 훌륭한 공급원이자, 무미건조시킨 일상의 식탁에 맛과 향을 더해주는 식재료로서 수많은 사람들에게 부가가치를 가져다주고 있다. 칠리는 원산지에서는 물론이고, 아시아, 아프리카, 미국 남서부 등에서 널리 소비되고 있다. 인도는 신선한 녹색의 칠리와 건조시킨 레드칠리(대부분 가루 형태로 사용)의 세계 최대의 생산국이자, 소비국으로서 각 지역마다 토착종들이 재배되고 있다. 멕시코에서는 칠리를 신선한 상태로 또는 건조시킨 상태로 매우 다양하고 능숙하게 조리에 사용하고 있다. 칠리의 알싸하면서도 매운맛은 씨와 하얀 심 부분, 그리고 껍질 등에 함유된 캡사이신(capsaicin) 성분으로 인한 것이다. 캡사이신 함유량은 칠리의 품종과 성숙도에 따라 다르다. 씨와 하얀 심을 제거하면 칠리의 매운맛이 줄어든다. 캡사이신은 소화 작용을 촉진시키고, 발한 작용으로 체온을 내려주며, 혈액 순환도 원활히 한다. 중동에서는 칠리를 주로 가루 형태로 요리에 사용한다. 그중에서도 흑자색이나 거의 검은색에 가까운 터키의 우르파(urfa)산의 칠리는 스모키하면서 감칠맛이 돈다. 시리아의 알레포(Aleppo)산의 칠리 가루는 짙은 붉은색을 띠면서 더욱더 매운맛이 난다.

향미의 페어링

· 필수적인 사용

칠리 가루(실제로는 혼합 향신료), 커리 가루와 커리 페이스트, 하리사(튀니지), 저크 시즈닝(자메이카), 김치 양념장(한국), 몰레(멕시코), 남쁘릭(태국), 피피안(멕시코), 로메스코 소스(스페인), 삼발(인도네시아) 등 각국의 혼합 향신료.

· 잘 결합하는 허브 및 향신료

대부분의 향신료, 베이, 코리앤더, 라우람, 코코넛밀크, 레몬(레몬즙).

*참조 : 칠리의 매운맛은 세기에 따라 등급이 나뉜다. 가장 순한 마일드페퍼(mild pepper)의 1등급에서부터 가장 매운 스카치보네트(scotch bonnets)의 10등급까지 총 10단계로 분류된다.

칠리 가루

칠리 가루는 건조시켜 매운맛이 강한 레드칠리로 만든다. 향보다는 매콤한 맛이 더 우세하고, 품종에 따라서 매운맛의 세기도 5~9/10까지 다양하다.

건조 통칠리

칠리를 건조시키면 향미가 바뀐다. 설익은 그린칠리를 건조시키면 붉은색으로 변하면서 맛도 더욱더 성숙해진다.

칠리 플레이크

헝가리, 터키, 중동 지역에서는 칠리 중에서도 매운맛이 순한 것과 적당히 매운 것을 서로 혼합하여 전체 매운맛의 세기를 2~5/10 정도로 만든 뒤 조미료로 사용한다. 매운맛이 상당히 강한 칠리 플레이크는 한국과 일본에서 주로 조미료로 사용하고 있다.

칠리 채(실고추)

레드칠리는 한국의 요리에서 절대 불가결한 식재료이다. 얇게 채를 썬 것(실칠리)은 고명으로 올린다.

칠리 가공식품

오늘날 전 세계에서는 칠리 가루, 칠리 페이스트, 칠리 소스, 칠리 오일 등 칠리를 가공한 다양한 식품들이 생산되고 있다. 고품질의 칠리 가루는 과일 향과 흙 향이 풍기면서 자극적이고 맵싸한 맛도 난다. 천연 오일을 미량으로 함유하고 있어 손가락으로 만지면 얼룩이 약간 묻을 수 있다. 밝은 주황색의 칠리에는 날카로운 맛을 내는 씨들이 많이 들어 있다. 살사피칸테(salsa picante)와 핫페퍼 소스는 칠리를 사용하여 만드는 순하면서도 살짝 매운 소스이다. 토마토, 양파, 마늘, 허브 등을 기반으로 한 진한 소스에는 순한 것도, 매운 것도 있지만, 그중에서도 가장 매운 것은 인도네시아의 삼발과 태국의 칠리잼이다.

칠리 페이스트는 남아메리카에서도 널리 사용된다. 중국인들은 간장, 검은콩, 진저(생강), 마늘 등을 사용하여 매운맛이 중간 정도인 소스를 만든다. 한국의 고추장은 레드칠리(홍고추), 메주, 쌀가루를 섞어서 만드는 점성질의 양념장이다.

칠리 오일

건조시킨 레드칠리로 만든 시즈닝 오일은 시장에서 쉽게 구입할 수 있지만, 일반 가정에서도 직접 만들 수도 있다. 유리병의 3분의 1을 건조시킨 레드칠리를 가득 채운 뒤에 해바라기 씨유를 바특이 부어 1개월 정도 그대로 둔다. 중국 쓰촨성에서는 칠리 플레이크(고춧가루)를 뜨거운 기름에 몇 시간 동안 넣어 두었다가 식혀서 걸러내어 매우 선명한 붉은색의 칠리오일(고추기름)을 만든다. 이러한 칠리 오일은 다른 소스에 넣거나, 또는 디핑소스로 사용할 수도 있다.

칠리 가루

칠리 가루는 커민, 건조 오레가노, 파프리카, 마늘 가루 등과 혼합하여 칠리콘카르네에 사용된다. 특히 미국 남서부에서는 수많은 요리에 향미를 높이기 위하여 사용하고 있다. 매운맛의 등급은 1~3/10 정도 된다.

옐로칠리 가루

옐로칠리 가루는 색상이 노란색, 붉은색, 마호가니색 등 매우 다양하다. 남아메리카에서 애용되고 있으며, 맛도 순한 것에서부터 매운 것에 이르기까지 폭넓다.

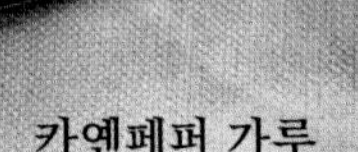

카옌페퍼 가루

가장 일반적인 칠리 가루이다. 카옌페퍼 가루는 맛이 가장 자극적이고 맵싸하며, 완전히 익은레드칠리로 만든다. 향미는 약간 시큼하고 스모키하면서 알싸하다. 매운맛의 등급은 8/10 정도 된다.

칠리 식초 소스

칠리 가루를 다른 향신료와 식초와 함께 혼합한 것으로서 불타는 매운맛이 난다. 대표적인 것으로는 타바스코(Tabasco) 소스가 있다.

칠리 소스

칠리 소스는 칠리가 재배되는 산지에서 대부분 사용되고 있다. 가장 간단한 형태로는 칠리를 통째로 소금물이나 식초에 담가 만든다. 열을 가해 조리하거나 그대로 사용해 만든 소스는 디핑소스나 조미료로서 다양한 요리에 활용된다.

칠리잼과 삼발

칠리 페이스트와 진한 소스는 볶음 요리나 서서히 조리는 요리의 향미에 액센트를 더해 준다. 칠리잼(293쪽)과 삼발(295쪽)의 조리법에도 소개되어 있다.

멕시코의 칠리

여기서는 세계 각국에서 재배되어 매우 독특하게 사용되는 칠리들을 소개한다. 먼저 멕시코에서는 신선한 칠리와 건조시킨 칠리의 이름을 달리 부르고 있다. 또한 요리에 따라서 사용하는 칠리도 달라진다. 크고 두툼한 칠리인 '포블라노(poblano)'는 야채로서 각종 요리의 소에 사용된다. 할라페뇨(jalapeño), 세라노(serrano) 칠리는 살사, 소를 채우는 요리, 피클 등에 사용되고, 건조시킨 안초(ancho)와 파시야(pasilla) 칠리는 가루로 만들어 소스에 점도를 높이기 위해 사용된다. 신선한 칠리를 사용할 경우에는 그린칠리가 선호된다. 종종 껍질을 벗긴 뒤 살짝 구워서 조리에 사용하기도 한다.

세라노(Serrano) *C. annuum*

원통형이고 연녹색을 띤다. 신선한 초본 식물의 향이 나고 씨와 심에서는 강한 매운맛이 난다. 아삭아삭하여 식감이 좋다. 완전히 익으면 선명한 붉은색을 띤다. 소스에 사용된다. 매운맛 등급 6~7/10.

할라페뇨(Jalapeño) *C. annuum*

전체적으로 밝은 녹색을 띠고 어뢰와 같은 모양이다. 과육이 두
고 통통하다. 향미가 비교적 가볍고 매운맛도 중간 정도이다. 붉
게 익은 것은 단맛이 나고, 매운맛은 강하지 않다. 피클 통조림
엔에스카베체(en escabeche)는 가정에서 조미료로 사용된다.
운맛 등급은 5~6/10.

하바네로(Habanero) *C. chinense*

초롱불 모양이며 녹색을 띤다. 익으면서 노란색, 오렌지, 진한 붉은색으로 변한다. 작은 과육은 얇고 마치 과일 같다. 매운맛은 아주 강렬하기로 유명하다. 대부분은 멕시코의 유카탄주에서 소비된다. 신선한 상태로 또는 볶아서 콩과 소스에 사용된다. 매콤한 소스에 하바네로, 소금, 라임주스를 넣고 볶는 요리도 있다. 매운맛의 등급은 10/10.

칠라카(Chilaca) *C. annuum*

얇고 검붉은 색을 띠고 윤기가 도는 껍질에는 세로 줄무늬가 있
리코리스의 향이 은은하게 풍기는 것이 특징이다. 볶아서 껍질
벗긴 뒤 치즈와 함께 야채 요리나 소스에 사용된다. 피클로 만
상품들도 볼 수 있다. 매운맛의 등급은 6~7/10.

그 밖의 칠리

물라토(Mulato, *C. annuum*) : 안초와 비슷하지만 초콜릿의 브라운색을 띤다. 맛은 농후하고, 건체리의 향이 난다. 안초보다는 달고, 매운맛은 중간 정도이다. 살짝 볶은 뒤 갈아서 소스에 주로 사용한다. 매운맛의 등급은 3~5/10.

데아르볼(De arbol, *C. annuum*) : 신선한 것은 거의 찾아볼 수 없다. 건조시켜도 붉고 선명한 색상을 유지한다. 활처럼 휘어진 모양이고, 과육이 얇고 껍질이 매끈하다. 불타는 듯이 매운맛과 약간 타닌의 맛이 난다. 퓌레로 만들어 스튜에 넣거나 테이블 소스로 사용한다. 매운맛 등급은 8/10.

포블라노(Poblano, *C. annuum*) : 짙은 녹색으로 광택이 있고 줄기 밑에 홈이 있다. 과육이 두껍고 앞쪽이 삼각형 모양이다. 껍질을 벗기고 볶은 것은 각종 요리의 소와 볶음 요리에 사용된다. 향미가 매우 진하여 옥수수, 토마토와 페어링이 좋다. 매운맛 등급은 3~4/10.

파시야(Pasilla, *C. annuum*) : 칠라카(chilaca) 칠리를 건조킨 것이다. 가늘고 긴 주름이 잡혀 있고, 색상은 검은색에 가깝다. 떫은 맛과 초본 식물의 향이 있어 요리에 감칠맛을 지속적으로 더해 준다. 살짝 볶아서 테이블 소스나 생선용 조리 소스에 사용한다. 매운맛 등급은 6~7/10.

구에로(Guero), *C. annuum*) : 연한 노란색을 띠면서 길고 끝이 뾰족한 모양이다. 과육이 얇고, 껍질이 매끈하다. 꽃 향이 은은하게 풍기고, 순한 맛 또는 중간 매운맛이 있다. 신선한 상태로 살사 등에 사용된다. 매운맛 등급은 4~5/10.

카스카벨(Cascabel) *C. annuum*

구슬 모양이고 껍질은 적갈색을 띤다. 향미는 약간 신맛이 나면서 스모키한 느낌이다. 살짝 볶으면 향긋하고 구수한 견과류의 향이 난다. 토마티요와 섞어서 살사를 만들거나 가루로 만들어 스튜에 넣기도 한다. 매운맛 등급은 4~5/10.

치포틀레(Chipotle) *C. annuum*

할라페뇨를 훈연 건조시킨 것이다. 갈색이나 커피색을 띠면서 주름진 모양으로 껍질이 거칠다. 스모키한 냄새도 난다. 통째로 수프나 스튜에 향미를 더하기 위해 사용되거나 퓌레로 만들어 소스에 넣기도 한다. 피클 통조림은 조미료로 사용된다. 매운맛의 등급은 5~6/10.

안초(Ancho) *C. annuum*

포블라노 칠리를 건조시킨 것이다. 껍질은 짙은 적갈색을 띠면서 주름지고, 담배, 자두, 건포도의 감칠맛과 함께 과일의 향미도 난다. 맵싸한 맛도 있다. 시장에서 가루나 덩어리 형태로 구입할 수 있다. 매운맛의 등급은 3~4/10.

구아히요(Guajillo) *C. annuum*

앞쪽이 뭉텅하다. 껍질은 갈색이나 밤색을 띠고 매끄러우면서도 단단하다. 신맛이 상당하여 혀에 날카롭고도 자극적이다. 물에 불린 뒤 옥수수빵에 고기를 넣은 엔칠라다(enchilada)의 매운 소스에 사용하거나 스튜에 넣기도 한다. 고명으로 올리면 보기에도 좋다. 매운맛의 등급은 4/10.

미국 남서부·카리브해의 칠리

서인도제도의 원주민들은 마리네이드와 렐리시(야채 초절임), 스튜에 매운 칠리를 사용하는 경우가 많다. 초기의 핫소스는 칠리와 카사바의 즙을 섞은 형태였지만, 오늘날에는 마늘, 어니언(양파), 여러 향신료들을 혼합해 향미의 깊이를 더하여 사용하고 있다. 미국 남서부에서는 멕시코 요리에 영향을 받은 토속 요리에 멕시코의 칠리를 사용하고 있다. 현지에서 재배되는 뉴멕시컨칠리는 녹색, 붉은색인 것이 있는데, 모두 건조시키면 맛이 순해진다. 붉고 선명한 색의 칠리를 모빌 모양으로 매단 뒤 건조하여 가루로 만들어서 '치마요칠리파우더(Chimayo chile power)'나 '칠리콜로라도(chile colorado)'라는 상품으로 판매하고 있다.

저메이컨핫(Jamaican hot) *C. chinense*

방울토마토 모양으로 생겼다. 과육은 얇고 껍질은 붉고 선명한 색상이다. 달콤한 맛과 함께 매운맛이 강렬하다. 살사, 피클, 커리 등에 사용된다. 매운맛의 등급은 9/10.

뉴멕시코(New Mexico) *C. annuum*

선명한 녹색이나 강렬한 붉은색을 띤다. 달콤하면서도 흙 향이 ㄴ다. 볶은 뒤에 껍질을 벗겨 사용하지만, 냉동 보관하는 수도 있다 초록색 칠리는 과카몰리, 타코, 타말레에 잘 어울린다. 붉은색 칠리는 소스, 수프, 처트니에 넣는다. 건조시켜 감칠맛이 나면, 레드 칠리 소스나 렐리시에 사용한다. 매운맛의 등급은 2~3/10.

스카치보네트(Scotch bonnet) *C. chinense*

연녹색, 오렌지색, 빨간색으로 색채가 다양하다. 언뜻 보기에 하바네로와 근연종으로 생각될 수도 있지만, 상부가 주름지고 밑 부위가 편평하여 차이점을 보인다. 강렬한 매운맛 가운데 과일 향과 스모키한 향미도 느낄 수 있다. 카리브해 연안의 수많은 핫소스와 자메이카의 저크시즈닝에 사용되고 있다. 매운맛의 등급은 10/10.

타바스코(Tabasco) *C. frutescens*

노란색의 얇은 과육은 익어 갈수록 주황색이나 붉은색으로 변한다. 셀러리의 향미를 간직하여 맛이 날카로우면서도 자극적이다 주로 타바스코 소스에 사용된다. 매운맛의 등급은 8/10.

라틴아메리카의 칠리

라틴아메리카에서는 칠리를 '아히(aji)'라고 한다. 안데스산맥 주변 국가에서는 음식에 향미를 더해 주는 조미료로 사용된다. 칠리와 퀼퀴냐(Quilquiña, *Porophylum ruderale*)를 넣은 살사는 식탁에 올라가는 대부분의 음식에 사용된다. 수많은 칠리에는 각기 산지명이 붙어 있다. 맛이 순한 것에서부터 매운 것, 쓴 것 등 그 종류가 다양하다. 몇몇 건조 칠리는 건포도나 자두와 같이 진하고 풍부한 향미를 지닌다. 브라질의 바이아주(Bahia)에서는 칠리를 거의 모든 요리에 사용한다. 그 밖의 지역에서도 칠리 페이스트, 칠리 소스는 일상생활의 주요 조미료로 사용되고 있다.

로코토(Rocoto) *C. pubescens*

안데스산맥이 원산지이다. 색상은 노란색이나 주황색이다. 보통 신선한 상태로 소스나 조미료에 사용한다. 또한 고기와 치즈로 요리의 소를 채우는 데 자주 사용된다. 매운맛의 등급은 8~9/10.

미라솔(Mirasol) *C. annuum*

페루에서 인기가 높은 칠리이다. 건조시킨 것은 '구아히요(guajillo)'라고 한다. 초록색, 노란색, 적갈색의 것들이 있다. 과일의 향미가 나서 요리의 고명으로 많이 올린다. 육류, 콩, 야채와도 페어링이 좋다. 매운맛의 등급은 5/10.

아히아마리요(Ají amarillo) *C. chinense*

페루에서 사용되는 칠리이다. 신선한 상태이거나 건조시킨 것이나 '쿠스케뇨(cusqueno)'라고 한다. 건포도와 같은 향미가 난다. 뿌리채소류와 기니피그(guinea pig) 등의 육류, 세비체(중남미의 전채), 그 밖의 해산물 요리에 사용한다. 페이스트 상태로도 사용된다. 매운맛의 등급은 7/10.

그 밖의 칠리들

아히둘세(Aji dulce, *C. annuum*) : 맛이 순하고 달면서 사향과도 같은 향미가 있다. 중앙아메리카, 콜롬비아, 베네수엘라에서 특히 콩과 함께 널리 사용한다. 매운맛의 등급은 1/10.

로코틸로(Rocotillo, *C. chinense*) : 안데스산맥에서 나는 칠리로서 붉고 선명한 색을 띤다. 맛은 순한 편이다. 옥수수, 콩, 뿌리채소류와 함께 조미료로 사용한다. 매운맛의 등급은 3~4/10.

말라게타(Malagueta, *C. frutescens*) : 브라질의 바이아주가 원산지인 칠리이다. 크기가 작고 약간 길쭉하다. 담녹색이나 중간 정도의 녹색을 띤다. 과육은 매우 얇다. 아프리카계 브라질인들은 식탁용 조미료로 사용한다. 포르투갈에서 '말라게타'라는 용어는 '초절임의 작은 칠리'라는 뜻이다. 매운맛의 등급은 8/10.

아시아의 칠리

아시아의 칠리는 라틴아메리카의 칠리보다도 이름을 통해 정확히 구분하기가 더 어렵다. 대부분의 경우 종류에 따라서 활용법도 다르다. 예를 들면, 동남아시아에서는 크기가 크고, 빨간색이나 초록색인 것을 볶은 뒤에 디핑소스에 사용한다. 중간 크기로 껍질이 윤기가 도는 칠리(고추)는 매운맛도 적당하여 인도네시아와 말레이이사에서는 요리에 주로 사용된다. 더욱더 매운 종류는 태국과 인도에서 커리에 항상 사용한다. 일본 품종인 산타카(santaka)와 혼타카(hontaka)는 카옌페퍼와 약간 비슷하다.

타이칠리(Thai chilli) *C. annuum*

타이칠리는 가늘고 길면서 녹색이나 붉은색이다. 과육이 두툼하다. 신선한 상태 또는 건조시켜 사용한다. 통째로 커리나 볶음 요리에 사용하거나 채로 썰어서 페이스트나 디핑소스에 넣기도 한다. 매운맛의 등급은 8/10.

코리언칠리(Korean chilli) *C. annuum*

타이칠리와 근연종인 코리언칠리는 활 모양으로 초록색을 띤다. 신선한 상태로 생선, 육류, 야채 스튜, 볶음 요리 등에 사용한다. 매운맛의 등급은 6~7/10.

버드아이칠리(Bird eye' chilli) *C. frutescens*

크기가 매우 작고 색상은 초록색, 주황색, 빨간색으로 다양하다. 통째로 요리의 마무리에 향미를 더하기 위하여 사용한다. 매운맛이 강렬하여 소량으로 사용해야 한다. 매운맛의 등급은 9/10.

카슈미르칠리(Kashmir chilli) *C. annuum*

진한 빨간색을 띠면서 향이 달콤하지만, 날카로운 쓴맛도 있다. 도에서는 '미르츠(mirch)'라고도 한다. 오늘날에는 카슈미르 의 지역에서도 재배되고 있다. 매운맛의 등급은 7/10.

유럽의 칠리

유럽의 칠리는 본래 몇 종류밖에 되지 않는다. 유통되는 대부분의 칠리는 해외에서 수입된 것들이다. 그런데 최근에 칠리에 관심을 보이는 사람들이 부쩍 늘고 있어 그 재배종들이 늘어나고 있다. 헝가리, 스페인, 포르투갈에서는 본래부터 지역 특산의 재배종들이 사용되어 왔다. 이 지역의 칠리들은 매운맛이 비교적 약하다.

그 밖의 칠리

체리(Cherry, *C. annuum*) : 신선한 상태에서는 주황색이나 붉은색이다. 건조시키면 점차 마호가니색으로 변한다. 과육이 두툼하고 씨들이 많이 들어 있다. 과일의 향미가 나고, 매운맛은 약한 것에서부터 중간 정도에 이르기까지 폭넓다. 피클에 사용한다. 매운맛의 등급은 1~5/10.

페리페리(Peri peri, *C. chinense*) : 포르투갈어로 '작은 칠리'라는 뜻이다. 한때 포르투갈의 식민지였던 세계 각지에서 재배 및 생산되고 있다. 아프리카에서는 버드아이칠리와 비슷한 진둔고칠리(jindungo chilli)가 사용된다. 매운맛의 등급은 9/10.

피멍데스플레트(Piment d'Espelette, *C. annuum*) : 프랑스령인 바스크(Basque) 지역에서 생산되며, 원산지 표기법이 시행되고 있다. 붉고 선명한 색상이며, 폭이 넓고 끝이 가는 형태이다. 달콤한 과일의 향미가 나면서 맵싸하다. 통째로 건조시킨 것과 가루, 퓌레 등 다양하게 판매된다. 매운맛의 등급은 3/10.

긴디야(Guindilla) *C. annuum*

스페인 칠리로서 길고 끝이 가늘다. 껍질은 붉은색이고 매끈하다. 건조시켜서 사용하는데, 큰 것은 물에 불린 뒤 요리에 넣고 제공하기 직전에 제거한다. 매운맛의 등급은 5/10.

뇨라(Ñora) *C. annuum*

맛이 부드럽고 흙 향이 풍긴다. 물에 불린 뒤에 쌀 요리나 스튜에 사용된다. 스페인 카탈루냐 지역의 전통 소스인 로메스코에는 반드시 들어간다. 초리소(chorizo) 등 가공 육제품에 향미를 위해 사용된다. 매운맛의 등급은 1~2/10.

바나나페퍼(Banana Pepper) *C. annuum*

황록색이지만 익어 갈수록 붉은색으로 변한다. 활 모양이고 껍질의 질감이 미끈하다. 맛은 매우 순하다. 신선한 상태로는 샐러드, 스튜에 사용하고, 통째로 볶아서 콩이나 감자와 함께 피클에 곁들여도 좋다. 매운맛의 등급은 1/10.

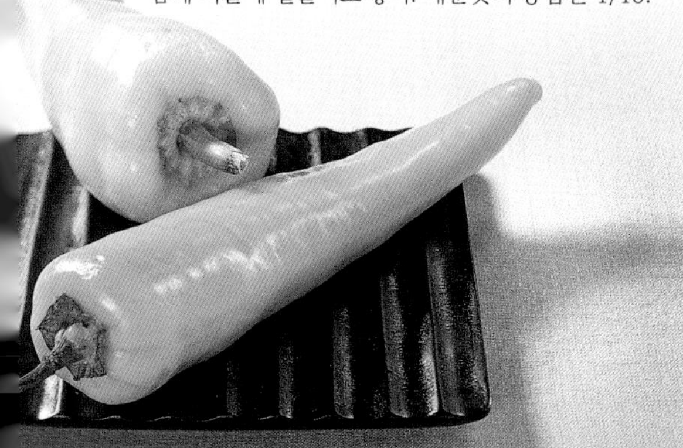

페페론치노(Peperoncino) *C. annuum*

이탈리아의 칠리이다. 긴 활 모양으로 껍질이 주름져 있고 과육은 얇다. 녹색이나 붉은색을 띠는데, 피클이나 토마토 요리에 사용한다. 맛이 은은하고 달다. 매운맛의 등급은 1~4/10.

향신료의 준비 과정

향신료의 다양한 손질 방법들

향신료들을 요리에 넣거나 혼합 향신료나 페이스트로 만들기 위해서는 손질 작업이 필요하다. 향신료를 칼로 자르고, 으깨고, 다지는 과정에서 휘발성 에센셜 오일이 배어 나오면서 향미가 나기 때문이다. 요리에 향미를 내기 위해서는 통째로 또는 굵게 자르는 등 간단하게 손질하면 된다. 손님에게 요리를 제공하기 전에는 반드시 제거해야 한다. 향미가 순한 향신료는 한입 크기로 잘라서 야채로 먹기도 한다. 그러나 대부분의 경우에는 향신료를 얇게 저미거나 잘게 다지거나 가루로 만들 필요가 있다.

으깨기

레몬그라스, 진저(생강), 걸랭걸(양강근), 삼내(상사화 뿌리), 제도어리(화이트터메릭) 등과 같이 신선하고 연질의 향신료는 향미를 높이기 위하여 으깨어서 조리에 사용한 뒤 제거한다(사진은 레몬그라스의 경우).

1 레몬그라스의 줄기 윗동을 제거한다(다른 향신료의 경우에는 껍질을 벗긴다).

2 큰 식칼의 등이나 공이를 사용하여 레몬그라스의 줄기 아랫동(껍질을 벗긴 덩이)을 눌러 으깬다.

진저(생강)즙 추출

아시아에서는 진저의 뿌리를 다져서 보자기에 싼 뒤 손으로 쥐어짜 액즙을 내 요리에 사용한다.

1 진저를 강판에 갈거나 푸드프로세서로 곱게 다진다.

2 거즈나 보자기로 싼 뒤 쥐어짜 즙을 사발에 담는다.

얇게 채로 쓸고 다지기

신선한 향신료는 조리할 요리에 따라서 저미거나 채로 썰거나 잘게 다진다. 진저, 결랭걸(양강근), 제도어리(화이트터메릭)와 같은 향신료는 강판에 가는 것이 편리하다. 레몬그라스는 뿌리 쪽부터 윗동의 섬유질 부위까지 얇게 저민다. 맥러트라임의 잎을 사용할 경우에는 가늘게 채를 썬다.

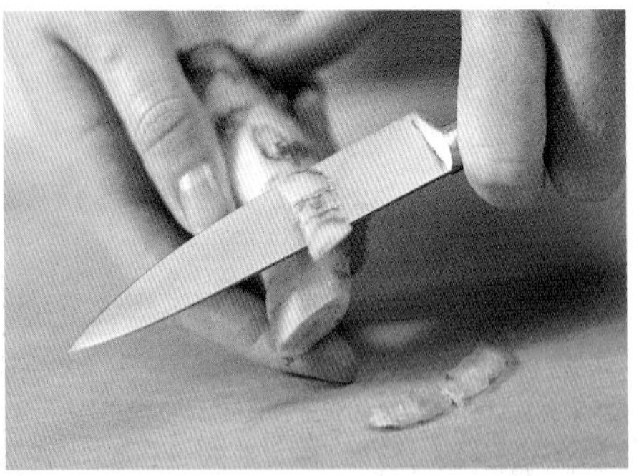

1 신선한 뿌리줄기나 뿌리의 껍질을 깎은 뒤에 목질 부분과 딱딱한 부분을 잘라서 제거한다.

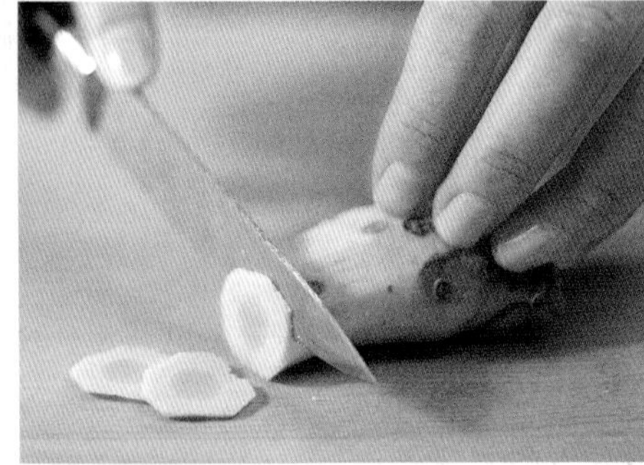

2 예리한 칼날로 섬유질의 결에 수직한 방향으로 얇게 저민다.

3 저민 것을 잘 포개어 곱게 채를 썬다.

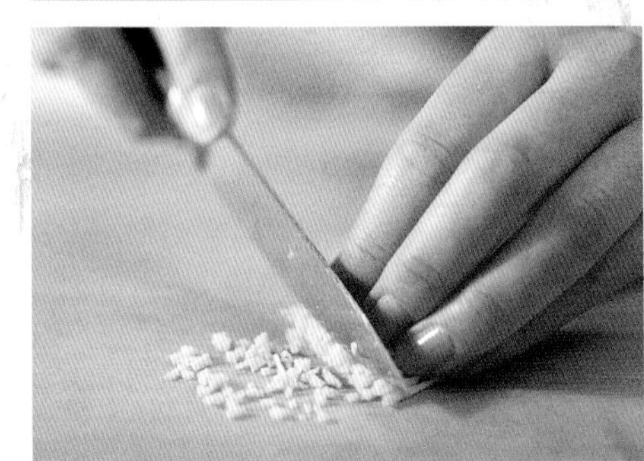

4 채를 썬 향신료를 다시 결에 수직한 방향으로 잘게 다진다. 더 잘게 다지려면 작은 조각들을 한데 모아서 칼날을 위아래로 움직이면서 내리누른다.

강판에 갈기(신선한 향신료)

와사비, 진저과 같은 신선한 뿌리와 뿌리줄기는 강판에 가는 것이 가장 좋다. 와사비, 진저 전용의 일본 강판은 서양 강판보다 향신료를 훨씬 더 곱게 갈 수 있다.

결랭걸(양강근)의 강판 갈기
결랭걸(양강근)을 서양 강판으로 갈면 걸쭉해진다. 즙을 낼 경우에 적합하다.

강판에 갈기(건조시킨 향신료)

향신료는 보통 찧어서 가루로 만들어 사용하지만, 굵고 큰 향신료의 경우는 강판에 가는 것이 보다 더 편리하다. 너트메그(육두구)는 너트메그 전용의 강판을 사용하면 된다. 일반 강판 중에서는 눈이 가는 것이 좋다.

건진저의 강판 갈기
건조시킨 진저(생강), 터메릭(강황), 제도어리는 재질이 매우 딱딱하므로 눈이 가는 시트러스용 강판으로 가는 것이 적합하다.

향신료를 굽거나 볶는 과정

인도에서는 향신료를 통째로 마른 프라이팬에서 볶는다. 이렇게 볶아 주면 향신료의 향미가 응축될 뿐만 아니라 쉽게 부술 수 있다. 향신료를 프라이팬에 볶다가 다른 식재료를 함께 넣어 볶는 방법도 일반적이다. 또한 향신료를 볶아 주면 향미가 기름에 잘 밸 수 있다. 이렇게 하여 향신료의 향미는 요리 전체에 완전히 배는 것이다. 단, 볶는 과정에서 물이나 액체가 들어가면 향신료 자체의 향미는 줄어든다.

향신료를 볶는 방법

씨 향신료 중에서도 특히 머스터드 씨는 볶을 때 톡톡 튀는 경우가 있기 때문에 뚜껑을 반드시 덮어 준다. 향신료의 양이 1큰술 정도이면 2~3분, 그 이상이면 8~10분 정도 볶는다. 그 과정에서 향신료는 갈색으로 바뀐다. 각각의 향신료마다 별도의 볶는 방법이 있다.

1 프라이팬에 기름을 두르지 않고 손을 대면 뜨거움을 느낄 때까지 강한 불로 가열한다.

2 중간 세기의 불로 낮추고 프라이팬에 향신료를 넣는다. 프라이팬을 끊임없이 흔들면서 향신료를 휘어 준다. 향신료의 색이 진해지면서 약간 연기가 오름 동시 구수한 향이 풍길 때까지 볶는다. 색상이 너무 리 변하면서 탈 것 같으면 불의 세기를 낮춰 준다. 볶은 신료를 그릇에 담고 식혀서 가루를 낸다.

오븐과 전자레인지로 볶는 과정

◀ 오븐에 볶는 과정

향신료를 대량으로 볶을 경우에는 온도 250도로 예열한 오븐을 사용하면 편리하다. 향신료를 철판에 고르게 편 뒤에 색상이 진해지면서 구수한 향이 풍길 때까지 오븐 속에 둔 뒤 가끔 흔들거나 휘저어 준다. 볶는 과정이 완료되면 오븐에서 꺼내 식힌 뒤 가루로 만든다.

전자레인지로 볶는 과정

향신료를 편평한 접시에 고르게 편 뒤 비닐 랩을 씌우지 않고 출력을 최대로 높인다. 보통 2~4큰술의 향신료를 볶는 데는 4~5분 정도 걸린다. 가열 도중에 1회 정도 향신료를 휘저어 준다. 볶는 과정이 완료되면 식힌 뒤에 가루로 만든다.

향신료를 잘 볶는 비결

향신료를 볶을 때는 재빠른 동작이 필요하기 때문에 사전에 요리의 재료들을 모두 준비해 두어야 한다. 향신료 중에는 단 몇 초만 볶아야 하는 것이 있는가 하면, 1분 정도로 길게 볶아야 하는 것도 있기 때문이다. 향신료의 색상이 고르게 진해지거나 카르다몸과 같은 꼬투리가 부풀어서 벌어지면 프라이팬을 불에서 재빠르게 내린 뒤 다른 향신료를 추가하거나 이리저리 휘저어서 타는 것을 막아 주어야 한다.

1 해바라기 종유를 두꺼운 프라이팬 전체에 둘러서 약간 연기가 오를 때까지 가열한다.

2 향신료를 조리법의 순서대로 넣고 볶는다. 가열된 기름에 향신료 닿으면 타다닥 소리가 나면서 순식간에 갈색으로 변하는 경우도 따라서 재빠른 동작으로 향신료를 태우지 않도록 해야 한다.

향신료의 찧기, 으깨기, 페이스트 만들기

갓 갈거나 으깬 향신료는 시중에서 판매되는 향신료 가루 상품보다 향미가 더 신선하고 훌륭하다. 1작은술의 코리앤더 씨를 직접 갈아서 1~2시간 정도 곁에 두면 시중의 가루 상품과 향의 차이를 곧바로 알아차릴 수 있다. 또 다시 1작은술을 갈아서 이전에 갈아 놓은 것과 비교해 보면, 앞서 갈아 놓은 것의 향이 약해졌다 사실도 이내 알 것이다.

향신료 갈기

올스파이스, 시나몬, 클로브(정향은)와 같은 일부 향신료는 통째로 사용하여도 향이 좋지만, 대부분의 향신료는 갈거나 으깨야만 본연의 향기가 강하게 풍긴다. 그런데 일부 향신료는 블렌더나 푸드프로세서로 고르게 갈 수 있지만, 또 다른 향신료는 너무 딱딱하여 고르게 갈 수 없다. 그럴 경우에는 다음과 같은 방법을 사용한다.

◀ 절구와 공이로 찧기
튼튼하고 깊숙한 절구와 공이를 준비한다. 촉감이 거친 향신료는 대부분 매우 단단하여 손으로 으깰 수 없다. 이 경우에 향신료를 절구에 넣고 공이로 찧는다.

커피그라인더로 갈기
석류 씨와 같은 일부 향신료는 과육으로 인해 찐득찐득하기 때문에 사용할 수 없는 경우를 제외하고, 대부분의 향신료는 전동 커피그라인더로 가루로 만들 수 있다.

향신료 으깨기

향신료 중에서 일부는 고운 가루로 만들기보다는 단순히 으깨서 사용하는 것이 향미가 더 좋은 경우도 있다. 눈으로 직접 확인하면서 으깨기 때문에 크기를 조절하기도 쉽고, 코를 통해 향의 강도도 확인할 수 있다. 이때는 절구와 공이 또는 도마와 롤러 손잡이를 사용하는 것이 좋다.

◀ 롤러 손잡이로 부수기
절구와 공이가 없을 경우에는 봉지에 담긴 향신료를 단단한 도마 위에 고르게 놓고 롤러 손잡이로 단순히 두드려 으깬다.

향신료 페이스트 만들기

향신료 페이스트는 신선한 향신료(마늘, 진저, 걸랭걸(양강근), 제도어리 등)를 건조시킨 다른 향신료나 허브, 때로는 소량의 물과 함께 섞은 뒤 갈아서 만든다. 이 방법은 인도, 동남아시아, 멕시코 등에서 주로 사용된다. 분쇄할 경우에는 절구와 공이 또는 푸드프로세서를 사용한다.

◀ 건조된 향신료 혼합하기
건조시킨 향신료를 넣는 경우에는 절구나 커피그라인더로 갈아서 먼저 넣는다.

◀ 신선한 향신료를 섞고 찧기
진저(생강)나 마늘 등 신선한 향신료를 간 뒤에 건조 향신료 가루와 섞어서 함께 찧는다. 필요에 따라 물이나 액체를 적당량만큼 넣어 준다.

신선한 칠리의 손질 방법들

신선한 칠리는 모양, 색, 크기 등이 매우 다양하다. 여린 녹색에서부터 잘 익은 붉은색 또는 적갈색인 것에 이르기까지 향미도 각양각색이다. 건조시키면 향미는 더욱더 달라지고 풍부해진다. 신선한 칠리를 통째로 또는 얇게 저며서 사용하는 조리법에서는 씨와 심을 제거한 뒤 볶아서 매운맛을 누그러뜨린 상태로 사용하는 것이 좋다.

신선한 칠리의 굽는 과정

대부분의 칠리는 껍질을 벗기지 않고 사용한다. 그러나 껍질이 딱딱하거나 껍질을 벗기면 식감이 훨씬 부드러워지고 더욱더 매력적인 향미가 나는 경우에는 벗겨서 사용한다. 크기가 작은 칠리는 예열된 철판이나 프라이팬에 넣고 구울 수 있다. 색상이 진해지면서 부드러워질 때까지 굽는다.

1 가스레인지 불을 사용할 경우에는 큰 칠리를 불에 쬐어 과육이 타지 않도록 이리저리 돌려가면서 껍질을 균일하게 검게 태운다. 전기레인지를 사용하는 경우에는 히터 부위에 놓은 프라이팬에 칠리를 넣고 볶는다.

2 껍질이 균일하게 타면 비닐봉지에 넣거나 그릇에 담아 비닐 랩으로 씌운 뒤에 수증기가 맺히도록 약 10~15분간 그대로 둔다.

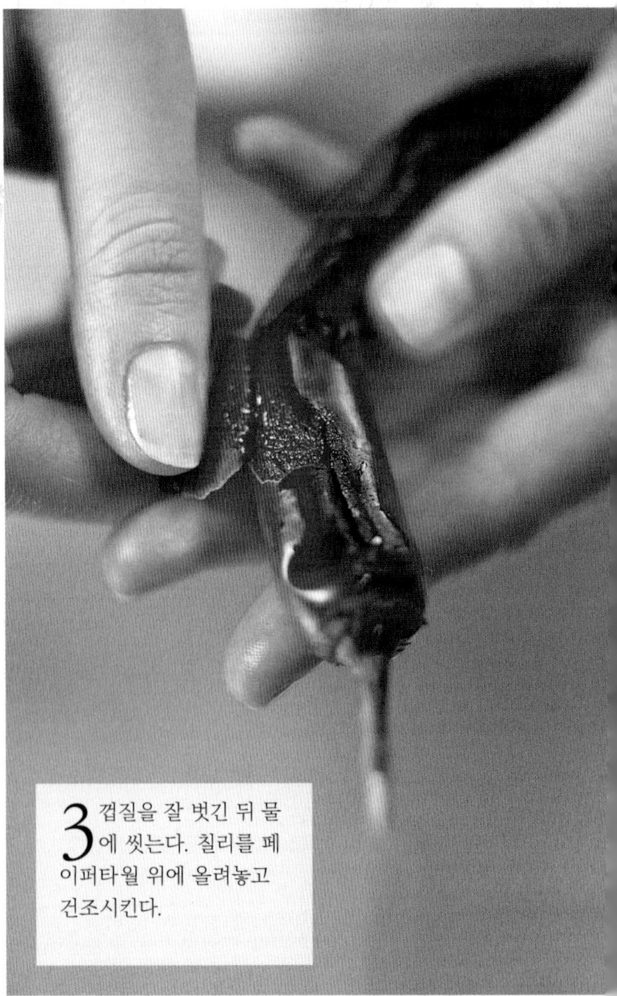

3 껍질을 잘 벗긴 뒤 물에 씻는다. 칠리를 페이퍼타월 위에 올려놓고 건조시킨다.

칠리의 냉동 방법

신선한 칠리는 굽거나 볶은 뒤에 냉동 보관할 수 있다. 나중에 해동할 때 껍질이 자연스럽게 벗겨지기 때문에 미리 껍질을 벗겨 놓을 필요는 없다.

◀ **신선한 칠리의 냉동법**
신선한 칠리는 3분간 데쳐서 체에 밭치고 물기를 뺀다. 물기가 완전히 빠지면 비닐 백에 넣고 냉동시킨다.

신선한 칠리에서 씨와 심을 제거하기

칠리의 매운맛 성분인 캡사이신은 씨, 하얀 심, 껍질 등의 다양한 부위에 함유되어 있다. 이 캡사이신은 단지 매운맛을 낼 뿐만 아니라, 피부와 눈도 자극한다. 따라서 조리하기 전에 씨와 하얀 심을 제거하면 맵고 자극적인 맛을 줄일 수 있다.

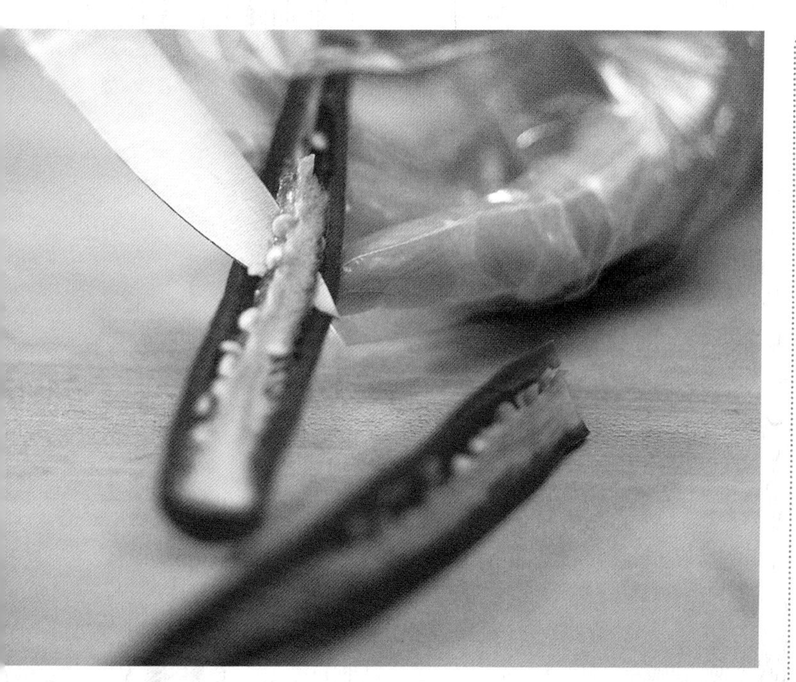

1 꼭지 부분을 잘라 내고 세로로 길게 자른다.

2 씨와 하얀 심을 모두 제거한 뒤 물로 씻어 낸다.

주의 사항

· 칠리를 손질하는 데 익숙지 않아서 자를 때 상처가 났거나 피부가 예민한 경우에는 비닐장갑을 착용하여 캡사이신 성분이 손에 침투되지 않도록 한다.
· 씨와 하얀 심이 칠리에서 가장 매운 부위임을 잊지 말아야 한다. 손질할 때는 눈을 비비지 말아야 한다. 만약 눈을 비볐다면, 즉시 찬물로 눈을 세척한다.
· 칠리를 손질한 뒤에는 깨끗한 물로 손, 조리대, 조리 기구를 청결하게 씻는다.
· 칠리를 손질한 뒤에 손의 피부가 따가울 경우에는 찬물이나 식물성 기름으로 손을 씻어 낸다.
· 칠리를 지나치게 먹어서 입안이 화끈거릴 경우에 물을 마시면 자극이 더욱더 강해진다. 따라서 물을 절대로 마시지 말고, 대신에 빵 한 조각을 먹거나 요구르트나 우유를 마신다.

건조 칠리의 손질 방법들

멕시코와 미국 남서부에서 널리 사용되는 건조 칠리는 매우 크다. 이 건조 칠리는 먼저 볶은 뒤에 찬물이나 뜨거운 물에 담가 퓌레로 만들어서 요리에 사용한다. 볶거나 구우면 건조 칠리에 응축되어 있던 향미가 보다 더 풍성해진다. 맛이 순한 요리에 사용할 경우에는 물에 불리기만 하면 된다. 멕시코에서는 크기가 작은 건조 칠리를 으깨거나 퓌레로 만든 뒤에 소스에 직접 넣는다. 아시아의 요리사들은 건조 칠리를 볶은 뒤 갈아서 사용하기도 한다.

건조 칠리에서 씨와 심을 제거하기

신선한 칠리의 경우와 마찬가지로 조리에 사용하기 전에 씨와 흰 심을 제거하여 매운맛을 약화시킨다. 특히 씨와 하얀 심은 볶거나 굽기 전에 제거하는 것이 가장 좋다. 왜냐하면 칠리를 볶거나 구운 뒤에 곧바로 껍질을 물에 불리거나 으깰 수 있기 때문이다.

◀ **씨 제거하기**
칠리를 깨끗하게 닦은 뒤에 껍질을 찢거나 꼭지를 자르고 흔들어서 씨를 털어낸다.

건조 칠리의 굽기

건조 칠리를 구우면 색상이 짙어지고 부풀어 오르면서 향미가 강해진다. 지나치게 태우면 자극이 강해지고 쓴맛이 나기 때문에 주의해야 한다. 굽고 난 뒤에는 물에 불리거나 가루로 만들 수 있다.

◀ **프라이팬 사용하기**
건조 칠리를 잘 씻은 뒤에 석쇠나 무거운 프라이팬에 올려놓고 1~2분간 가열한다. 태우지 않을 만큼만 가열한 뒤 뒤집어 준다. 그 밖에도 온도 250도로 예열한 오븐에 넣고 2~3분간 가열하는 방법도 있다.

건조 칠리를 물에 불리기

아시아의 향신료 페이스트용으로 작은 크기의 건조 칠리를 물에 불릴 경우에는 칠리를 굽거나 볶지 않는다. 물에서 불리는 시간은 약 15분이면 충분하다.

1 굽거나 깨끗하게 닦은 건조 칠리를 그릇에 넣고 뜨거운 물을 붓는다. 약 30분간 그대로 두어 충분히 불린다. 크고 과육이 두툼한 건조 칠리는 불리는 데 시간이 약간 더 걸린다.

2 연해진 건조 칠리를 체에 걸러서 딱딱한 껍질을 제거한 뒤 다른 재료와 함께 섞어서 소스를 만든다.

건조 칠리의 갈기

건조 칠리를 깨끗하게 닦고 꼭지를 따서 제거한 뒤 손으로 갈기갈기 찢는다. 매운맛을 좋아하면 씨와 하얀 심을 그대로 둔다. 매운맛이 싫다면, 그라인더로 갈기 전에 제거한다.

◀ **커피그라인더로 갈기**
건조 칠리는 전동 커피그라인더로 곱게 갈 수 있다. 건조 칠리를 굽거나 볶아서 갈면 훨씬 더 곱게 만들 수 있다.

소금(Salt)

Sodium chloride

소금은 염화나트륨(NaCl)을 주성분으로 하는 대표적인 미네랄 물질이다. 전 세계에서 생산 및 제조된다. 바닷물 중의 미네랄 성분은 약 3.5%인데, 그중 약 80%가 염화나트륨이다. 소금은 바닷물을 증발시키거나 또는 암염(rock salt)를 가공해 만든다. 사람에게는 필수적인 미네랄 성분이지만, 오늘날에는 소금의 존재를 마치 당연한 듯이 여기면서 그 생산 방법이나 역사에 대해 잘 알지 못하고 있는 경우가 많다. 여기서는 소금의 생산과 역사에 관한 내용을 간략히 소개한다.

고대의 역사

오늘날 제염에 관한 가장 오래된 기록은 약 6000년 전으로까지 거슬러 올라간다. 당시 중국 산시성(山西省)에서는 염수호인 윈청호(运城湖)에서 해마다 여름철에 물이 증발하여 소금을 채취할 수 있었다고 한다. 그로 인하여 소금을 둘러싼 전쟁도 끊이질 않았다고 한다. 물론 그 뒤에도 생산국과 소비국 사이에서 소금을 둘러싼 대립은 역사상 수없이 되풀이되었다. 이와 같이 소금은 고대에도 매우 귀중한 산물이었기 때문에 세계 곳곳에서는 '소금의 무역로'가 형성되었고, 그 길을 따라서 들어선 도시들은 소금 무역으로 인해 크게 번창하였다. 무역상들도 재산을 축적하였고, 동시에 국가들도 큰 부를 이루었다. 이와 함께 고대 국가들은 소금을 전매제로 관리하면서 무역상들에게 높은 세금을 부과하였다(20세기 석유와 매우 닮았다). 로마 시대에는 군인들에게 보상금

몰던(Maldon) 해염

영국 잉글랜드 남동부 이식스주(Essex)의 몰던 지역에서 약 200년 동안 계속 채취되고 있다. 그 제염 방법은 바닷물을 항아리에 넣고 불을 지펴 물이 전부 증발할 때까지 가열한 뒤 항아리를 깨서 소금을 얻는 것이다. 1882년 가족 경영으로 시작한 몰던 해염은 오늘날 그 독특한 굵은 소금의 형태로 세계 최상급의 천일염으로 평가를 받는다.

체셔(Cheshire) 암염

영국 북서부 체셔주에서 채굴되는 암염이다. 로마인들이 체셔주에 정착한 것도 염수천이 있었기 때문이라는 이야기도 있다. 체셔 암염은 약 2000년 전부터 채굴되었다. 오늘날까지도 지하 채굴장에서는 식용 또는 동결 방지용의 암염을 채굴 및 생산하고 있다.

으로 '소금(sāl)'(라틴어)을 지급하였고, 이로부터 '급여'를 뜻하는 용어인 '셀러리(salary)'가 탄생하였다.

이와 같이 소금은 고대로부터 신과 하늘이 내려준 소중한 산물로 간주되었다. 이집트에서는 무덤에 바치는 제물 속에 소금을 넣었다. 베트남에서는 소금도, 물도, 쌀도 내세의 삶을 위한 제물로, 특히 시골에서는 태풍, 홍수, 흉작에 직면하였을 때 생명의 상징으로 모셨다. 그리고 기독교와 유대교에서는 소금이 장수와 영생의 상징이었다. 빵과 소금에서 빵은 음식, 소금은 그러한 음식을 보존시키는 신성한 식품이었다.

소금의 산지

소금의 최대 산지는 역시 바다이다. 그러나 중국의 윈청호, 볼리비아의 우유니호(Uyuni Lake), 미국 록키마운틴호(Rocky Mountains Lake) 등의 염수호나 지하의 암염 광산도 소금의 중요한 산지이다. 독일에는 지하 암염의 양이 약 10만세제곱킬로미터나 된다고 한다.

바닷물이나 호수에 든 소금은 불순물이 혼입되지 않도록 물을 증발시켜 만든다. 불순물이 없는 소금의 결정은 크기가 작고 좌우 대칭을 이룬다. 암염은 전 세계에서 채굴되는데, 세계 최대의 채굴장으로는 캐나다의 고드리치(Goderich)와 파키스탄의 케우라(Khewra) 지역을 들 수 있다. 파키스탄의 암염은 최근에 히말라야 암염으로서 큰 인기를 끌고 있다. 오스트레일리아 시드니의 일반 정육점에서는 암염을 고기 숙성실의 벽에 비치하여 숙성을 촉진시킨다. 폴란드의 비엘리치카(Wieliczka) 지역은 유럽에서도 가장 오래되고 가장 큰 채굴장인데, 지금은 박물관으로 활용되고 있다. 채굴지의 고장 이름은 소금과 관련된 경우가 많다. 독일의 할레(Halle), 오스트리아의 할슈타트(Hallstatt), 잘츠부르크(Salzburg), 미국의 솔트레이크시티(Salt Lake-City), 영국 체셔주의 미들위치(Middlewich), 노스위치(Northwich) 등이다. 특히 마을 이름에 '위치(-wich)'가 붙은 곳이 대표적이다.

소금의 용도

소금은 오래전부터 방부제로서 또는 음식의 보존재로서 사용되었다. 이집트인들은 미라를 보존하기 위해 소금을 방부제로 사용하였고, 중앙아시아와 남아메리카에서는 시신을 보존하기 위하여 염분이 다량으로 함유된 사막의 흙을 뿌렸다.

트라파니(Trapani) 해염

이탈리아 시칠리아주의 해안 도시인 트라파니의 크고 얕은 염전에는 새하얀 소금 피라미드와 풍차가 있어 아름다운 풍광이 자연 연출된다. 염전의 바닷물이 증발하면 소금을 수작업으로 끌어 모아 새하얀 피라미드를 세운다. 필요에 따라 다양한 등급으로 분쇄된다.

플뢰르드셀(fleur de sel)

플뢰르드셀은 소금이 염전 바닥에 완전히 가라앉기 전에 상층부만 끌어모은 해염이다. 굵은 해염보다 결정체가 적어 매우 곱고 불순물도 적다. 프랑스에서는 브리타니(Brittany)의 게랑드(Guerande), 레섬(Ile de Re), 카마그(Camarque)에서 생산되고 있다. 스페인, 포르투갈, 캐나다 밴쿠버에서 생산된 것도 매우 유명하다.

수천 년 전 수렵과 어획으로 식량을 확보하던 생활에서 가축을 사육해 식량을 자급하는 생활로 이행하면서 사람과 가축의 생존에 필요한 소금도 그 수요량이 늘어났다. 식물 조직보다 동물 조직에 염분이 더 많은 양으로 함유되어 있는 것도 그와 같은 이유 때문이다.

지중해 문명에서는 초기부터 음식에 소금을 사용하였다. 로마인들은 염분 함량이 높은 음식들을 주로 섭취하였는데, 특히 생선, 올리브, 각종 채소들은 소금을 뿌려 염장하기도 하였다. 신선한 야채에 '소금(sāl)'(라틴어)을 뿌리면 쓴맛이 사라지면서, 그 결과 '샐러드(salad)'를 먹게 된 것이다. 치즈도 소금에 절인 결과 겨울용 저장 식품이 되었다.

히말라야 암염(또는 핑크 솔트)

히말라야 산지에서 생산된 분홍빛의 암염이다. 결정체가 거의 투명하다. 미량 미네랄을 풍부히 함유하고 있어 건강식품 소비자들에게 인기가 매우 높다. 덩어리 암염은 요리에 곁들이거나 음식을 절이는 데 사용한다.

고대 로마인들은 항아리에 생선 자투리를 넣고 소금을 겹겹이 뿌려 절인 뒤에 돌을 올려놓아 피시 소스인 가룸(garum)이나 리카멘(liquamen) 등을 만들었다. 한국, 중국, 일본 등의 극동아시아에서는 고대부터 생선과 야채를 소금 등으로 절여서 발효시킨 뒤 유산균 음식을 만들어 먹었다. 그 지역에서는 오늘날에도 야채를 절여서 일상적으로 먹고 있다. 소금에 절인 뒤 건조시킨 생선은 동남아시아 각지에서 자주 찾아볼 수 있다. 어패류를 주원료로 발효시킨 소스와 페이스트, 향신료와 콩을 소금물에 절인 식품도 마찬가지이다. 태국에는 남쁠라(nam pla)와 새우 페이스트인 까피(kapi), 캄보디아에는 피시 소스인 뚝트레이(teuk trey)와 프라혹(prahok), 베트남에는 피시 소스인 느억맘(nuoc mam)과 칠리

해초염

해초염은 해초와 해염을 혼합한것이다. 최근에는 염전 지역에서 그 생산량이 크게 늘고 있다. 갈조류, 홍조류, 김, 파래 등의 해초를 건조시킨 뒤 갈아서 해염과 섞어서 만든다. 대부분의 해초는 맵싸한 향을 소금에 주지만, 김은 특이하게도 순하고 달짝지근한 맛을 더해 준다. 해초염은 감자와 달걀의 요리에 잘 어울린다.

스파이스 솔트(Spiced salt)

해염에 다양한 향신료를 혼합한 소금이다. 올스파이스, 카옌페퍼(또는 칠리 가루), 클로브(정향), 코리앤더, 커민 ,메이스, 페퍼 등이 일반적으로 사용된다. 향신료를 잘게 갈아서 굵은 소금과 혼합한다. 육류를 석쇠에 구울 때 또는 굽기 전에 뿌리면 야채나 콩류와도 잘 어울린다.

폴크 솔트(Folk salt)

스웨덴 제염 업체가 1830년부터 키프로스 지역에서 전통적인 방법으로 생산하는 소금이다. 식물성 활성탄을 사용하여 소금의 색상이 검다. 큰 결정체를 손으로 문지르면 쉽게 부서진다. 잘게 다진 파슬리와 함께 하얀 쌀밥에 뿌리면 색채가 대비되어 식욕을 불러일으킨다.

셀러리 솔트(Celery salt)

상업적인 셀러리 솔트는 셀러리 씨를 간 가루나 에센셜 오일을 해염에 첨가한 것이다. 개봉 뒤에는 신선도가 빠르게 떨어지기 때문에 소량씩 구입하여 사용한다. 셀러리의 재배지에서는 씨 가루나 에센셜 오일 대신에 신선한 잎을 잘게 다져서 소금과 혼합해 만들어서 먹는다. 맛과 향이 매우 순하여 칵테일인 블러드메리(Blood Mary)와도 잘 맞는다.

소스인 뜨엉오뜨(tuong ot), 인도네시아와 말레이시아에는 블라찬(blachan)과 새우 페이스트인 트라시(trassi)가 있다.

소금은 농경 생활이 정착된 신석기 시대부터 조미료 또는 식품 보존료로서 음식에 향미를 더해 주고, 생존을 위하여 꼭 필요한 식재료로 사용되어 왔다. 사람에게 소금은 거의 모든 세포에 영양을 주는 성분으로서 물만큼이나 소중하다. 나트륨은 산소를 온몸의 세포 속으로 확산시키고, 신경 신호를 전달시키며, 근육을 움직이게 한다. 그리고 염화물은 체내 소화와 호흡에도 꼭 필요한 물질이다. 사람의 몸은 기능을 발휘할수록 염분이 소모되기 때문에 계속해서 섭취해 줄 필요가 있다. 물론 많은 양이 꼭 필요한 것은 아니다. 오히려 염분을 과다하게 섭취하면 고혈압이나 신부전증을 유발할 위험이 있다. 건강을 유지하는 데는 염분을 1일 5~6g만 섭취하여도 충분하다. 그럼에도 불구하고 사람들은 소금을 보존재로 사용한 가공식품을 통해 염분을 과도하게 섭취하고 있다. 더 나아가 식탁용 소금에는 응고 방지제와 같은 첨가제도 들어 있다. 한편, '코셔 솔트(Kosher salt)'는 그 제염 방법으로 인해 다른 소금보다 입자가 더 굵다. 그 이름은 유대교의 식사법인 '코셔(Kosher)'에서 유래되었다.

허브와 향신료는 소금을 사용하지 않고도 음식에 맛과 향을 내는 데 효과적이다. 예를 들면, 신선한 허브는 파스타 요리를 비롯하여 야채, 생선, 육류, 쌀과도 페어링이 좋다. 특히 육류나 생선용의 마리네이드에 넣으면 향미를 높여 준다. 칠리, 마늘, 진저(생강) 등의 향신료는 볶음 요리에 맛과 향을 더해 주고, 허브와 향신료로 만든 디핑소스는 대부분의 음식에 사용할 수 있다.

녹차 소금

녹차 소금은 최상급 가루 녹차인 맛차(抹茶)와 소금의 결정체를 혼합한 것이다. 그 섬세한 초록색은 요리나 튀김에 뿌리면 신선한 색채감을 더해 준다. 녹차 소금은 일본 식료품점에서 구입할 수 있지만, 일반 가정에서도 쉽게 만들 수도 있다. 굵은 소금 2작은술과 맛차 ½ 작은술을 혼합한다.

깨소금

세서미 씨(참깨)를 볶은 뒤 소금과 혼합한 것이다. 검은깨를 사용하면 시각적인 효과도 볼 수 있다. 소금과 함께 세서미(참깨)의 맛과 향도 무난하게 즐길 수 있다. 디핑소스로 사용하거나 쌀밥이나 야채샐러드의 조미료로 사용한다. 깨소금은 일반 가정에서도 쉽게 만들 수 있다.

스모키 솔트(Smoked salt)

훈연 소금은 냉훈연 과정에서 만들어진다. 가장 일반적으로 사용되는 나무는 오리나무(alder), 사과나무, 히코리나무(hickory), 메스키트나무(masquite) 등이다. 훈연 향의 섬세함이나 세기는 사용하는 나무에 따라 결정된다. 스모키 솔트는 바비큐의 향미까지는 아니지만, 요리에 미묘한 훈연 향을 더해 준다.

머리리버 솔트(Murray River salt)

오스트레일리아 머리강 분지에서 채취된다. 천연 미네랄 성분이 풍부하여 맛이 순하고 식감이 부드럽다. 색상은 하얗거나 불그스름하다.

조리법

허브의 블렌딩

허브는 신선한 것과 건조시킨 것을 다양하게 블렌딩하여 사용할 수 있다. 유럽의 부케가니, 이란식 블렌딩, 향신료를 넣는 라틴아메리카식 블렌딩 등의 기본적인 조합은 조리하는 요리에 따라서 결정된다. 허브들을 블렌딩하였을 때 균형을 이루는 향미가 자신의 취향에 맞지 않는다면, 혼합비를 다시 조정하여 만들면 된다.

부케가니(Bouquet garnis)

부케가니란 '작은 허브(향초) 다발'을 뜻하는 프랑스의 조리 용어이다. 삶는 요리에 향미를 내는 데 주로 사용한다. 허브들을 실로 묶거나 얇은 면포로 싸서 삶는 요리에 넣은 뒤 음식이 완료되면 손님에게 제공하기 전에 제거한다. 부케가니의 기본 블렌딩은 베이리프 1장, 신선한 파슬리 2~3개, 타임 줄기 2~3개이지만, 요리에 따라서 다양하게 조합될 수 있다. 여기서는 몇 가지의 기본 조합을 소개한다.

〈양고기용〉
· 로즈메리, 마늘, 오레가노(또는 마조람), 타임
· 라벤더, 세이버리, 머틀
· 레몬타임, 민트, 파슬리

〈닭, 칠면조고기용〉
· 파슬리, 베이리프, 타라곤, 다진 레몬그라스
· 마조람, 로즈메리, 세이버리
· 레몬타임, 러비지, 파슬리, 리크(바깥 잎)

〈사냥 고기용〉
· 파슬리, 주니퍼베리, 타임, 베이리프
· 레몬밤, 마조람, 민트, 셀러리
· 로즈메리, 머틀, 오렌지 껍질

〈생선고기용〉
· 파슬리, 타라곤, 타임, 레몬 껍질
· 펜넬, 베이리프, 레몬타임
· 딜, 파슬리, 그린어니언, 레몬밤

〈소고기용〉
· 베이리프, 파슬리, 타임, 리크,
· 오레가노, 베이리프, 마늘, 오렌지 껍질
· 타임, 세이버리, 마조람, 히솝(약간만)

〈돼지고기용〉
· 세이지, 셀러리, 파슬리, 타임
· 러비지, 로즈메리, 세이버리
· 오렌지타임, 타라곤, 베이리프

블록커런트세이지

핀제르브(Fines herbes)

프랑스 요리에 사용되는 또 하나의 단골 허브 블렌드이다. 섬세한 향의 여름철 블렌드로서 처빌, 차이브(골파), 파슬리를 각각 같은 양으로, 타라곤을 그 절반의 양으로 잘게 다져서 블렌딩한다. 크림소스, 연한 잎의 야채샐러드에 향미를 더하는 데 최적의 조합이다.

타라곤

페르시야아드(Persillade)

마늘 1쪽과 플랫리프파슬리 한 줌을 잘게 다진다. 손님에게 제공하기 수분 전에 요리에 넣거나 또는 내기 직전에 신선한 상태로 뿌려 준다. 닭과 오리 등의 가금류, 생선, 채소 등의 요리에 매우 싱그러운 향미를 더해 준다. 여기에 빵가루를 섞고 양갈비에 바른 뒤 구워서 먹는 요리도 있다.

그레몰라타(Gremolata)

페르시야아드에 레몬(왁스 처리 안 된 것) 반쪽의 껍질을 갈아서 넣은 것이다. 이탈리아 밀라노에서는 전통적으로 송아지 사태찜에 고명으로 올린다. 그 밖에도 석쇠나 오븐에 굽는 생선, 렌틸콩을 사용한 콩 수프, 샐러드 등에도 잘 어울린다. 또한 소고기, 닭이나 오리고기 등의 육류 스튜에 뿌려 먹기도 한다.

에르브드프로방스 (Herbes de Provence))

원래는 다양한 건조 허브를 사용하지만, 신선한 허브가 있는 경우에는 신선한 것을 사용한다. 다음은 에르브드프로방스 중의 한 조리법이다. 간혹 펜넬 씨, 세이지, 바질, 베이리프, 히숍 등도 사용한다. 육류의 찜과 사냥 고기 요리, 특히 레드와인 소스로 조린 요리, 토마토, 뿌리채소와도 잘 맞는다.

- 타임(건조시킨 것) 3큰술
- 마조람(건조시킨 것) 2큰술
- 로즈메리(건조시킨 것) 1작은술
- 세이버리(건조시킨 것) 1큰술
- 라벤더꽃(건조시킨 것) 1작은술

식재료를 모두 섞어서 잘게 다지거나 갈아서 밀폐 용기에 넣어 두면, 2~3개월간 보관할 수 있다.

파르셀리트(Farcellets)

파르셀리트는 스페인의 카탈루냐어로 '작은 다발(단)'이라는 뜻이다. 베이리프, 세이버리, 오레가노, 타임을 묶은 단이다. 고기나 야채를 장시간 조리하는 요리에 주로 사용하며, 손님에게 제공하기 직전에 제거한다.

칠레의 알리뇨(Aliño)

알리뇨는 스페인어로 '조미료' 또는 '장식'이라는 뜻인데, 남아메리카 전역에서는 허브와 향신료의 블렌드를 뜻한다. 육류와 생선에 바르거나 수프와 캐서롤과 같은 요리에 향미를 내는 데 사용한다. 남미 국가에서는 일반 식료품점에서도 쉽게 구입할 수 있다. 다음 조리법은 미르사 우마나-머라이(Mirtha Umana-Murray)의 저서인『칠레 요리의 삼대(Three Generations of Chilean Cuisine)』에서 발췌한 것이다.

- 타임(건조시킨 것) 1큰술
- 로즈메리(건조시킨 것) 1큰술
- 오레가노(건조시킨 것) 1큰술
- 세지(건조시킨 것) 1큰술
- 민트(건조시킨 것) 1큰술
- 레몬밤(건조시킨 것) 1큰술
- 마조람(건조시킨 것) 1큰술

재료를 모두 섞고 잘게 다져서 밀폐 용기 또는 밀폐 봉투에 담아 냉장고에서 보관한다.

쿠바의 아도보(adobo)

카리브제도의 스페인어권에서는 허브인 소프리토, 향신료, 야채를 블렌딩하여 요리에 많이 사용한다. 아도보는 그와는 다른 허브 블렌드로서 건조시킨 것은 문지르는 용도로, 즙을 낸 것은 마리네이드액으로 사용한다. 다음 조리법에서 과즙을 제외하고는 모두 건조시킨 재료로 사용할 수 있다. 아도보는 중남미 국가에서 자주 사용되는데, 특히 지역에 따라서 향미도 매우 다양하다.

- 타임 잎 1큰술
- 오레가노 잎 1큰술
- 코리앤더의 잎과 줄기 2줌
- 마늘(으깬 것) 3쪽
- 커민(가루) 1작은술
- 블랙페퍼(가루) 2작은술
- 등자 열매 과즙 또는 라임 과즙 100mL

모든 재료는 푸드프로세서로 블렌딩한다. 산성에 강한 용기에 넣으면 냉장고에서 4~5일간 보관할 수 있다. 보통은 조미료로 사용한다.

윈터허브(Winter herbs)

미국의 푸드 작가인 리처드 올니(Richard Olney)가 겨울 저장 식품을 만들 때 주로 사용한 허브 블렌드이다. 건조시킨 타임, 오레가노, 윈터세이버리를 같은 양으로 굵게 다지거나 갈아서 보관한다. 오레가노 대신에서 마조람을 사용할 수도 있다.

허브페퍼(Herbed pepper)

건조된 허브만 사용하고, 허브의 종류와 양은 취향에 따라 조절한다. 이 허브 블렌드는 뿌리채소, 스터핑 치킨, 겨울철 수프에 잘 어울린다.

- 로즈메리(건조시킨 것) 1큰술
- 윈터세이버리(건조시킨 것) 1큰술
- 타임(건조시킨 것) 1큰술
- 마조람(건조시킨 것) 1큰술
- 블랙페퍼(건조시킨 것) 1큰술
- 메이스(건조시킨 것) 1큰술

로즈메리

모든 허브를 섞어 잘게 다지거나 또는 갈아서 체에 밭치고 블랙페퍼와 메이스를 넣는다. 밀폐 용기에 넣으면 2~3개월간 보관할 수 있다. 클로브(정향), 다진 마늘, 곱게 간 레몬 껍질 등을 넣으면 더욱도 향미가 풍부해진다.

지중해식 허브·향신료의 블렌드

- 민트(건조시킨 것) 1큰술
- 세이버리 또는 히솝(건조시킨 것) 1큰술
- 오레가노(건조시킨 것) 1큰술
- 펜넬 씨 1큰술
- 쿠민(가루) 1큰술
- 코리앤더(가루) 1큰술

먼저 허브들을 잘게 다지거나 강판에 간다. 여기에 향신료인 펜넬 씨, 커민, 코리앤더를 넣고 혼합한다. 밀폐 용기 또는 밀폐 봉지에 넣고 냉동실에서 보관한다. 육류를 굽거나 볶기 전에 발라 주거나, 육류와 야채를 함께 장시간 조리할 경우에 넣어 준다.

그린마살라(Green masala)

생선, 닭고기에 페어링이 매우 좋은 인도의 혼합 향신료이다.

- 마늘(신선한 것) 60g(2온스)
- 그린칠리 4~6개
- 진저(신선한 것) 60g
- 코리앤더(잎과 줄기 윗동) 2줌
- 소금 ½작은술

마늘은 껍질을 벗겨 잘게 다진다. 그린칠리는 씨를 제거하고 얇게 썬다. 모든 재료를 푸드프로세서에 넣고 소량의 물을 부은 뒤 페이스트 상태가 될 때까지 교반한다. 밀폐 용기에 넣으면 냉장고에서는 2주간, 냉동실에서는 최대 3개월간 보관할 수 있다. 코리앤더는 취향에 따라 넣지 않아도 된다.

아지카(Adjika)

조지아와 그 주변국에서 일반적으로 사용되는 칠리와 허브 등을 섞은 기본적인 페이스트이다.

- 레드칠리(신선한 것, 씨 제외) 2개
- 마늘(다진 것) 5쪽
- 파슬리(다진 것) 1줌
- 딜(다진 것) 1줌
- 호두(다진 것) 3큰술
- 소금 적당량
- 올리브유 3~4큰술

올리브유 외의 재료들은 푸드프로세서에 넣고 조금씩 섞어 가면서 페이스트 상태로 만든다. 그 뒤 페이스트가 부드러워질 때까지 올리브유를 약간씩 추가한다. 고기 요리와 약한 불로 조리는 콩 요리 등에 사용한다.

크멜리수넬리(Khmeli-suneli)

조지아가 발상지인 허브 및 향신료의 블렌드이다. 수도인 트빌리시(Tbilisi)의 재래 시장에서는 다양한 허브와 향신료들을 혼합한 상품들이 판매되고 있다. 지역이나 가정에 따라서 조리법도 저마다 다르다. 여기서는 그중 한 조리법을 소개한다.

- 코리앤더(가루) 1큰술
- 페뉴그리크 잎(건조시킨 것) 1작은술
- 마리골드 꽃잎(가루) 1작은술
- 민트(건조시킨 것) 1작은술
- 딜(가루) 1작은술
- 서머세이버리(건조시킨 것) 1작은술
- 펜넬 씨 ½작은술
- 시나몬(가루) ½작은술
- 클로브(가루) 2자밤

가루 상태인 것 외의 재료들을 으깨거나 갈아서 가루를 만든 뒤 모든 재료를 혼합한다. 밀폐 용기 또는 밀폐 봉지에 넣으면 냉동실에서 2~3개월간 보관할 수 있다. 여기에 고기를 담그거나 버무려서 석쇠에 굽기도 한다. 야채 요리, 수프, 스튜에도 사용한다.

세이버리

스바누리마릴리(Svanuri marili)

조지아의 스바네티(Svaneti) 산지에서 생산되어, '스바네티 솔트(Svaneti salt)'라고 하는 약간 짜릿한 향신료이다. 소금과 마늘을 기본 재료로 사용하는 스바누리마릴리에는 코카서스산맥에서 나는 약간 매운맛의 블루페뉴그리크가 사용된다. 블루페뉴그리크가 없을 경우에는 일반 페뉴그리크를 사용해도 된다.

- 코리앤더(가루) 1작은술
- 페뉴그리크(가루) 1작은술
- 칠리(가루) 2작은술
- 마늘(으깬 것) 3쪽
- 해염 2큰술

재료들을 모두 혼합하되, 해염은 간을 내며 마지막에 넣는다. 야채와 샐러드에 넣어 맛을 내거나 올리브 오일에 넣어 디핑소스로 사용한다.

시즈닝(Seasoning)

시즈닝은 카리브제도의 영어권에서 고기와 생선의 양념으로 사용되는 페이스트이다. 재료와 분량은 섬과 요리사에 따라 다양하지만, 파슬리, 민트, 타임, 셀러리, 오레가노, 코리앤더, 쿨란트로, 차이브(골파), 그린어니언, 마늘 등의 신선한 허브를 넣는다는 공통점이 있다. 스파이스는 진저(생강), 클로브(정향), '시나몬', 올스파이스, 커리 가루, 파프리카, 페퍼, 칠리 등을 사용하며, 여기에 우스터소스, 등자 열매의 즙, 라임즙, 식초, 기름 등을 넣는다.

시즈닝은 주로 마리네이드액으로 사용하지만, 그 외에 소스나 스튜에 넣기도 한다. 마리네이드액으로 사용할 경우 작은 어패류는 1~2시간, 큰 생선과 육류는 3~4시간, 고기 덩어리와 생통닭은 12시간 정도 재운다.

바잔(Bajan) 시즈닝

바잔은 오늘날 바베이도스(Barbados) 지역의 옛 이름이다. 이 조미료는 이름 그대로 카리브해의 동쪽 섬인 바베이도스에서 발상하였다.

- 파(굵게 다진 것) 6~8개
- 마늘 4쪽
- 파슬리의 잎과 잔가지를 으깨 손질한 것 약간
- 타임 잎 1큰술
- 차이브(골파) 1다발
- 스카치보네트 칠리(씨를 제거하고 굵게 다진 것) 1개
- 라임즙 4큰술

모든 재료들을 푸드프로세서로 혼합하여 페이스트 상태로 만든다. 라임즙과 소금은 맛을 보면서 취향에 맞게 적당량을 넣는다. 산성에 강한 용기에 넣으면 냉장고에서 4~5일간 보관할 수 있다.

트리니다드 시즈닝

- 파(굵게 다진 것) 6~8개
- 양파(굵게 다진 것) 1개
- 마늘(으깬 것) 3쪽
- 쿨란트로 또는 코리앤더(굵게 다진 것) 1다발
- 민트 잎 ½ 줌
- 진저(신선한 것, 굵게 썬 것)
- 그린칠리 1개
- 블랙페퍼(가루) 적당량

모든 재료를 푸드프로세서로 혼합해 페이스트 상태로 만든다. 맛을 보고 취향에 따라 라임과즙이나 소금(모두 분량 외)을 넣는다. 위의 바잔 시즈닝처럼 산에 강한 용기에 담아 냉장고에서 4~5일 보관할 수 있다.

자메이카의 저크 시스닝

허브가 아닌 향신료를 기본 재료로 사용한 시즈닝으로서 주로 돼지고기와 닭고기에 뿌려서 먹는다.

- 스카치보네트 칠리(씨를 제거한 뒤 굵게 다진 것) 3~6개
- 파(굵게 다진 것) 4~6개
- 샬롯(4등분한 것) 3개
- 마늘(으깬 것) 3쪽
- 진저(굵게 다진 것) 작은 1쪽
- 타임 잎(신선한 것) 3큰술
- 올스파이스(가루) 1큰술
- 블랙페퍼(가루) 2작은술
- 시나몬(가루) 1작은술
- 너트메그(으깬 것) ½작은술
- 클로브(가루) ½작은술
- 해바라기 종유 3~4큰술

모든 재료를 푸드프로세서로 혼합한다. 잘 혼합되지 않을 경우에는 물 또는 종유를 조금씩 붓는다. 냉장고에서 6주 정도 보관할 수 있다.

너트메그(육두구)

허브 믹스 플레트

이란에서는 대부분 식사에서 허브를 접시에 가득 담아 먹는다. 갓 딴 민트, 차이브(골파), 파, 파슬리, 딜, 타라곤 등이 전채나 기타 요리에 곁들어 먹는다.

레바논의 전채 요리인 메제에는 신선한 야채와 허브가 항상 등장한다. 오이, 무, 토마토, 코스상추(cos lettuce), 파슬리, 민트, 퍼슬린(쇠비름), 미나리, 파 등이 자주 등장한다.

베트남 음식에도 신선한 허브들이 풍성하게 등장하는데, 바질, 코리앤더, 라우람, 레드 또는 그린퍼릴러(들깨), 민트, 오이, 양상추 등이 접시에 담겨 항상 식탁에 나온다.

이란식 허브 믹스

이란에서는 여름철에는 신선한 허브, 겨울철에는 건조시킨 허브를 요리에 사용한다. 이란의 더운 기후는 허브를 건조시키는 데 적합하여 맛과 향, 그리고 색상을 변질시키지 않고 허브를 건조시킬 수 있다. 이 혼합 허브는 이란의 식재료점에서 구입할 수 있다.

사브지폴로(sabzi polo)
쌀과 허브를 혼합한 요리이다. 파슬리, 코리앤더, 차이브(골파)를 같은 양으로 쌀과 혼합한 것으로서 종종 딜이 들어가는 경우도 있다.

사브지고르메(sabzi ghormeh)
스튜에 허브를 넣은 요리이다. 미나리, 차이브(골파), 코리앤더와 소량의 페뉴그리크, 라임 가루가 반드시 들어간다. 딜이나 민트를 넣는 경우도 있다.

사브지아쉬(sabzi ashe)
수프(국)에 허브를 넣은 요리이다. 파슬리, 차이브(골파), 코리앤더가 반드시 들어가고, 종종 민트, 페뉴그리크를 넣는 경우도 있다.

추브리차(chubritsa)

추브리차는 벨기에어로 서비세이버리를 가리키는데 요리에 널리 사용되는 허브이다. 벨기에서는 샤레나솔(Sharena Sol)이라는 색상도 화려한 식탁용 양념 조미료를 사용하는데, 여기에는 세이버리, 파프리카, 소금이 들어간다. 세이버리에 소량의 페뉴그리크, 스피어민트, 파프리카, 레드칠리, 소금을 넣어 향미가 더 강렬한 허브 블렌딩은 고기 스튜나 콩 요리에 향미를 더하는 경우에 사용한다. 이 허브 블렌딩에는 아몬드나 호박 씨를 넣기도 한다. 건조 허브는 갈아서 체에 받쳐 고운 가루만 걸러낸다. 견과류나 씨류를 추가할 경우에는 한 번 볶은 뒤에 식혀서 사용한다. 이것을 허브 가루와 섞은 뒤에 나머지 재료들과 혼합한다.

모로칸민트

페뉴그리크

향신료 믹스

다양한 향신료를 혼합한 향신료는 수 세기에 걸쳐 세계 각지에서 소비되어 왔다. 특히 중국, 한국, 일본, 인도 아대륙, 중동, 아프리카(특히 동부와 북부), 카리브제도, 라틴아메리카에서는 각 국가나 지역의 요리에서 없어서는 안 될 중요한 식재료로 자리를 잡고 있다. 향신료의 양을 조절하면서 취향에 맞는 향신료 믹스를 만들어 보자.

일본

일본의 요리에서는 식재료 고유의 향미를 이끌어 내는 작업이 매우 중시된다. 콩류, 해초, 육수, 가쓰오부시(鰹節) 등과 같은 향이 나는 식재료는 몇 종류 정도 사용하지만, 향신료를 많이 사용하지는 않는다. 와사비, 산초, 칠리, 머스터드, 진저, 세서미(참깨) 등도 식재료의 고유한 맛을 훼손하지 않는 선에서 적정량으로 사용한다.

시치미(七味)

시치미 토가라시(七味唐辛子), 줄여서 '시치미'라 불리는 혼합 향신료는 일본어로 '7가지의 향미를 지닌 가진 칠리(고추)'라는 뜻인데, 칠리를 포함하여 6가지의 재료들이 들어 있다. 칠리 한 가지만 사용한 것은 '이치미(一味)'라고 한다. 시치미의 재료는 지역에 따라 다양하지만, 자주 사용되는 재료로는 들깨, 머스터드 씨, 칠리(건조시킨 것)가 있다. 그리고 7가지 이상의 재료가 들어간 경우도 마찬가지로 '시치미'라고 한다. 일본에서는 대마의 씨도 사용하는데, 인터넷상에서 쉽게 구입할 수 있다. 그리고 대마 씨 대신에 파피(양귀비) 씨를 사용할 수도 있다.
시치미는 감귤의 껍질인 진피와 해초인 김, 칠리의 향미가 나지만 압도적인 것은 아니다. 아작거리는 식감이 있다. 칠리의 양에 따라 매운맛을 조절할 수 있기 때문에 취향에 맞게 사용하면 된다. 시치미에 유자 껍질을 넣으면 시트러스계의 향미가 더해진다. 우동, 수프, 찌개, 닭꼬치 등에 페어링이 좋다.

- 흰깨 2작은술
- 진피 1작은술
- 김(가루, 파래) 2작은술
- 레드칠리(굵게 다진 것) 2작은술
- 산초 1큰술
- 검은깨 1작은술
- 대마나 파피의 씨(가루) 1작은술

흰깨와 진피를 굵게 간다. 김, 레드칠리(홍고추)를 넣어 계속해서 간다. 나머지 재료를 넣어 밀폐 용기 또는 밀폐 봉지에 담아 냉동실에 보관한다.

깨소금

밥이나 샐러드에 사용하는 매우 간단한 향신료 믹스이다.

- 검은깨(또는 흰깨) 4작은술
- 굵은 소금 2작은술

세서미(참깨)를 프라이팬에 넣고 1~2분간 휘저으면서 볶는다. 어느 정도 식힌 뒤에 소금을 넣고 굵게 갈아서 식감을 살린다. 밀폐 용기에 넣어 보관한다. 한국의 요리에서도 자주 사용되는 조미료이다. 볶은 참깨 60g과 소금 2작은술을 혼합하면 한국의 참깨소금과 비슷한 향미를 낼 수 있다.

세서미(참깨)

중국

중국 요리에서는 향신료를 1종류만 사용하거나 오향분이라는 향신료 믹스로 복잡한 향미를 내기도 한다. 돼지고기나 쇠고기를 삶아 수프를 만들 경우에는 향신료 믹스, 간장, 설탕을 함께 넣어서 맛의 깊이를 더해 준다.

중국의 향신료 소금

향신료 소금은 고기를 바비큐나 석쇠에 구울 경우에 사용한다. 보통은 작은 접시에 담은 뒤 요리에 뿌려 먹거나 찍어서 먹는다.

- 굵은 소금 3큰술
- 오향분 1큰술

두꺼운 프라이팬에 소금과 오향분을 넣고 타지 않도록 흔들면서 볶는다. 5분 정도 지나면 향이 올라오면서 가볍게 볶은 상태가 된다. 접시에 옮겨 어느 정도 식힌 뒤 밀폐 용기에 보관한다. 쓰촨성의 향신료 소금은 쓰촨페퍼 1큰술을 향이 올라올 때까지 볶아서 식힌 뒤에 소금을 혼합하여 만든다.

오향분(五香粉)

중국에서는 짠맛, 신맛, 쓴맛, 매운맛, 단맛의 '오미'가 미각적인 균형을 이루면 몸의 건강상으로, 요리의 향미상으로도 훌륭하다고 생각해 왔다. 오향분에는 건진저, 카르다몸, 리코리스(감초) 등이 들어간다. 찜이나 마리네이드, 고기구이 등에 소량씩 사용한다.

- 스타아니스(팔각) 6개
- 쓰촨페퍼 1큰술
- 펜넬 씨 1큰술
- 클로브(정향) 2작은술
- 카시아(또는 시나몬) 2작은술

모든 향신료를 혼합하여 갈아서 체에 밭쳐 고운 가루만 걸러낸다. 밀폐 용기에 넣어 냉동실에서 보관한다.

태국

태국 요리에서 맛의 포인트는 커리 페이스트, 소스 수프, 디핑소스 등의 복잡한 맛의 콤비네이션에 달려 있다. 허브나 향신료에 피시 소스, 건새우, 새우 페이스트 등을 절묘하게 조합함으로써 야채, 생선, 고기요리에 풍부한 향미가 더해진다. 커리 페이스트는 지역이나 가정마다 독자적인 조리법이 있으며, 장기적으로 보관하지 않고 필요할 때마다 만든다. 대량으로 만들어 보관할 경우에는 밀폐 용기에 넣어 냉장고에서 2주, 또는 조금씩 나누어 냉동 보관할 수도 있다.

레드커리(Red curry) 페이스트

- 레드칠리(건조시킨 것) 10개
- 새우 페이스트(카피) 1작은술
- 코리앤더 씨 1큰술
- 커민 씨 2작은술
- 마늘(다진 것) 5쪽
- 샬롯(다진 것) 6개
- 레몬그라스(하단 3분의 1을 채 썰기) 2개
- 걸랭걸(양강근) 6쪽
- 맥러트라임 껍질(간 것) 1작은술
- 코리앤더의 뿌리(다진 것) 2큰술
- 블랙페퍼(가루) 1작은술

칠리를 잘라서 소량의 미지근한 물에 약 10~15분간 불린다. 새우 페이스트는 은박지로 싼 뒤에 한쪽 면씩 1~2분 동안 데운다. 코리앤더와 커민의 씨도 볶은 뒤 약간 식혀서 잘게 다진다. 모든 재료(레드칠리를 불린 물도 재료에 포함)를 푸드프로세서에 넣고 부드러운 페이스트 상태가 될 때까지 교반하거나 절구에 넣고 공이로 찧는다. 레드커리 페이스트는 소고기, 사냥 고기, 오리고기, 돼지고기와 페어링이 매우 훌륭하다.

쓰촨페퍼

그린커리(Green curry) 페이스트

그린커리 페이스트는 가장 매운 향신료 믹스이지만, 칠리의 양을 줄이거나 씨를 제거하면 매운맛의 세기를 조절할 수 있다. 어패류, 닭고기, 야채와 페어링이 좋다.

- 코리앤더 씨 2작은술
- 커민 씨 1작은술
- 새우 페이스트(카피) 1작은술
- 걸랭걸(양강근) 다진 것 2작은술/건조시킨 것 1작은술
- 크라차이 다진 것 2작은술/건조시킨 것 1작은술
- 레몬그라스 2개(하단 3분의1을 다진 것)
- 맥러트라임 껍질(간 것) 1작은술
- 샬롯(다진 것)4개
- 마늘(다진 것) 3쪽
- 블랙페퍼(가루) 1작은술
- 너트메그(육두구) 가루 ½작은술
- 코리앤더(잎, 줄기, 뿌리를 다진 것) 1다발
- 타이바질 잎(다진 것) 4큰술
- 작은 그린칠리(다진 것) 15개

코리앤더와 커민의 씨를 색이 변할 때까지 볶아서 식힌 뒤에 간다. 새우 페이스트는 은박지로 싼 뒤 양면을 뒤집어가면서 1~2분씩 가열한 뒤 어느 정도 식힌다. 모든 재료를 푸드프로세서에 넣고 부드러운 페이스트 상태가 될 때까지 교반하거나 절구에 넣고 공이로 찧는다.

그린칠리(고추)

마사만커리(Massaman curry) 페이스트

이 페이스트의 이름은 오래전 태국으로 향신료를 나르던 이슬람 무역 상인에서 유래되었다. 여기에 사용하는 향신료 중에서 일부는 인도에서는 일상적으로 사용되는 것들이다. 맛이 풍부하고 온화한 향미를 풍긴다.

- 코리앤더 씨 2큰술
- 커민 씨 2작은술
- 그린카르다몸 꼬투리6개
- 시나몬 스틱 ½ 개
- 클로브(정향) 6개
- 레드칠리(건조시킨 것) 10개
- 너트메그(육두구) 가루 ½작은술
- 메이스(가루) ½작은술
- 새우 페이스트(카피) 1작은술
- 해바라기 종유 2큰술
- 샬롯(다진 것) 5개
- 마늘(다진 것) 4쪽
- 걸랭걸(양강근) 다진 것 1큰술
- 코리앤더의 뿌리(다진 것) 1큰술
- 레몬그라스 2개(하단 3분의 1을 다진 것)

모든 향신료들을 볶아서 식힌다. 카르다몸 껍질을 제거한 뒤 다른 향신료와 함께 갈아서 너트메그(육두구), 메이스와 혼합한다. 새우 페이스트는 알루미늄 포일로 싸서 향이 올라올 때까지 가열한다. 프라이팬에 기름을 두르고 달군 뒤 샬롯과 마늘을 색이 변할 때까지 가열한다. 거기에 걸랭걸(양강근), 코리앤더, 레몬그라스를 넣는다. 1~2분 정도 볶아서 식힌 뒤에 푸드프로세서나 절구에 넣고 갈거나 찧는다. 그리고 다른 모든 재료들과 함께 푸드프로세서에 넣고 부드러운 페이스트가 될 때까지 교반한다.

커민 씨

캄보디아

캄보디아에서는 인근의 국가와 마찬가지로 향신료를 풍성하게 사용한다. 시장에는 칠리, 마늘, 진저(생강), 걸랭걸(양강근), 코코넛, 허브류, 생선 페이스트인 프라혹, 각종 소스들이 산더미처럼 쌓여 있다. 캄보디아의 피시 소스에는 특이하게도 잘게 다진 견과류가 들어간다. 수많은 캄보디아의 요리에는 '그리엉'이라는 허브를 혼합한 페이스트가 많이 사용된다. 그리엉에는 약 8종류의 재료들이 혼합되어 있는데, 주재료에 따라서 붉은색(레드칠리), 노란색(강황), 녹색(레몬그라스)을 띤다.

그리엉(Kroeung)

페이스트는 만든 뒤 곧바로 사용하는 것이 일반적이지만, 밀폐 용기에 넣고 냉장고에서 2~3일간 보관할 수도 있다. 전통적인 방법으로는 절구에 넣고 공이로 찧어 페이스트 상태로 만들지만, 오늘날에는 푸드프로세서를 사용하여 쉽게 만들 수 있다. 이때 물을 약간 넣고 갈 수도 있다.

- 레몬그라스(하단 다진 것) 50g
- 걸랭걸(양강근) 다진 것 1큰술
- 마늘(다진 것) 대1쪽
- 샬롯(다진 것) 2개
- 맥러트라임 잎 5장
- 땅콩(꼬투리) 80g
- 종려당 또는 갈색 설탕 2큰술
- 터메릭(강황)(분말) 1작은술
- 소금 1작은술
- 피시 소스 2작은술
- 코코넛밀크(진한 것) 125mL

모든 재료들을 푸드프로세서에 넣고 페이스트 상태가 될 때까지 교반한다. 상태를 보아 가면서 코코넛밀크, 수프 재료 또는 물을 소량 넣어 부드럽게 만든다. 이 페이스트는 야채, 생선, 육류 등을 기본 재료로 한 커리 페이스트에 다양하게 활용할 수도 있다.

터메릭(강황)

그린그리엉(Green kroeung)

- 레몬그라스(다진 것) 100g
- 걸랭걸(양강근) 다진 것 50g
- 터메릭(강황) 가루 1큰술
- 레서걸랭걸(양강근) 다진 것 ½큰술
- 마늘(다진 것) 4쪽
- 샬롯(다진 것) 4개
- 레드칠리(건조시킨 것) 3개

모든 재료를 푸드프로세서에 넣고 페이스트 상태가 될 때까지 교반한다. 이 페이스트도 다양한 커리 페이스트에 사용할 수 있다.

레몬그라스

인도와 주변 국가들

인도에서 요리사가 되려면 먼저 향신료 블렌더 또는 훌륭한 조제사가 되어야 한다. 마살라는 향신료들을 블렌딩한 것을 의미한다. 향신료의 수는 몇 개에서 10개 이상이나 된다. 향신료는 조리의 각 과정에서 통으로 또는 가루로 사용한다. 전통적으로 쌀 요리와 고기 요리에서는 향신료를 통째로 사용한다. 가장 유명한 향신료 믹스 가루는 '가람마살라'이다. 주로 인도 북부에서 요리에 사용한다. 가람마살라는 일반적으로 조리의 마지막에 넣어서 주재료의 향미도 살리면서 새로운 향미를 더해 주는 방식으로 사용된다. 인도의 마살라는 말레이시아, 남아프리카, 카리브제도까지 전파되었다. 커리 가루의 발상지는 인도 동부의 첸나이(Chennai) 지역이다. 이 지역은 18세기 영국인들이 인도의 요리를 처음 접한 곳이기도 하다.

가람마살라(표준 타입)

가람마살라에는 기본적인 표준 타입과 변화를 준 배리에이션 타입이 있다. 고기 요리와 특히 토마토와 양파 소스를 사용하는 요리에 페어링이 좋다. 또한 매콤한 콩 수프와도 잘 어울린다.

- 블랙카르다몸 2큰술
- 시나몬 스틱 1 ½ 개
- 커민 씨 3큰술
- 통블랙페퍼(블랙페퍼) 2큰술
- 클로브(정향) 1큰술
- 코리앤더 씨 4큰술
- 인디언카시아 잎(다진 것) 2장

카르다몸의 꼬투리를 뜯어서 씨를 꺼낸 뒤 껍데기는 버린다. 인디언카시아의 잎은 잘게 다진다. 재료를 모두 혼합한 뒤 중간 세기의 불로 약 4~6분간 볶는다. 약간 식힌 뒤에 가루로 만들어 체에 밭친다. 밀폐 용기에 넣으면 냉동실에서 2~3개월간 보관할 수 있다.

가람마살라(배리에이션 타입)

구자라티 마살라(Gujarati masala)
세서미(참깨) 1큰술, 펜넬 씨 2작은술, 아요완 씨 1작은술, 레드칠리(건조시킨 것) 3~4개를 추가한다.

카슈미리 마살라 (Kashmiri masala)
블랙카르다몸 대신에 그린카르다몸을 사용한다. 그리고 커민 씨와 메이스 다진 것 2자밤, 너트메그(육두구) ¼개를 추가한다.

펀자비 마살라(Punjabi masala)
코리앤더 씨를 2큰술로, 블랙카르다몸을 1큰술로 줄여서 사용한다. 그린카르다몸 1큰술, 펜넬 씨 2작은술, 메이스 2자밤, 블랙민트 씨 1큰술, 진저(생강) 가루 2작은술, 건조 장미꽃잎 1큰술을 추가한다.

다나지라(Dhana-jeera) 가루

다나지라 가루는 인도 서부의 구자라트주와 마하라슈트라주에서 사용되는 향신료 믹스이다. 일반적으로 코리앤더와 커민의 씨를 4 대 1의 비율로 혼합한 것으로서 마살라의 기본 재료로 사용한다.

봄베이(Bombay) 마살라

코코넛, 깨, 파피 씨가 들어가서 향미와 식감이 풍부한 마살라이다. 렌틸콩과 야채의 요리에 특히 어울린다. 조리 초반부에 넣으면 향미가 덜하기 때문에 대부분 요리가 완성될 무렵에 넣는다.

- 그린카르다몸 8개
- 시나몬 스틱 작은 조각
- 인디언카시아 잎(가루) 또는 커리 잎 2장
- 통블랙페퍼 1개
- 코리앤더 씨 2작은술
- 커민 씨 1작은술
- 클로브(정향) 6개
- 코코넛(건조시킨 것 2큰술
- 세서미(참깨) 2작은술
- 파피(양귀비) 씨 1큰술

카르다몸의 꼬투리를 뜯고 씨를 꺼낸 뒤 껍질은 버린다. 시나몬과 인디언카시아는 갈아서 가루를 만든다. 커리 잎은 줄기에서 따 낸다. 카르다몸 씨, 시나몬, 인디언카시아(또는 커리 잎), 통블랙페퍼, 코리앤더 씨, 커민 씨, 클로브(정향)를 약간 색이 변할 때까지 살짝 볶은 뒤 식힌다. 코코넛, 세서미(참깨), 파피(양귀비) 씨를 약한 불로 색이 변할 때까지 볶는다. 코코넛이 진한 갈색이 되지 않도록 조심한다. 어느 정도 식힌 뒤에 다른 향신료와 함께 다시 볶는다. 밀폐 용기에 넣으면 냉동실에서 2~3개월간 보관할 수 있다.

탄두리(Tandoori) 마살라

서양인들은 인도 요리라고 하면, '탄두리치킨(Tandoori chicken)'을 가장 먼저 머릿속에 떠올린다. 탄두리 고기나 생선에서 약간 스모키한 향미가 나는 것은 점토 오븐에서 굽기 때문이다. 여기에 향신료와 요구르트의 마리네이드가 사용되기 때문에 약간 새콤한 향미도 더해진다. 그리고 탄두리 마살라는 바비큐나 오븐에서 굽는 요리에도 사용할 수 있다. 레스토랑의 검붉은 탄두리 식품을 만들고 싶다면, 인도의 식료품점에서 붉은 착색제를 구입해 사용하면 된다.

이 조리법의 소금은 블랙솔트로 암염이지만, 인도의 식료품점에서는 붉은색의 가루나 덩어리의 형태로 암염을 판매한다. 암염에서는 유황 냄새가 나지만, 조리 과정에서 사라지기 때문에 사용해도 상관없다. 만약 구입이 어려우면, 해염의 양을 좀 더 늘리면 된다.

- 시나몬 스틱 ½ 개
- 코리앤더 씨 1큰술
- 커민 씨 2작은술
- 클로브(정향) 6개
- 메이스 3자밤
- 터메릭(강황) 2작은술
- 진저(가루) 2작은술
- 레드칠리(가루) 1작은술
- 암추르 1작은술
- 블랙솔트(암염) 1작은술
- 해염 1작은술

암추르

시나몬 스틱을 살짝 부수고 나머지 향신료와 모두 혼합한 뒤 갈색으로 변하면서 연기가 나기 시작할 때까지 볶는다. 적당히 식힌 뒤에는 소금을 넣는다. 마지막으로 요구르트 200mL에 탄두리 마살라 2~3작은술을 넣고 잘 섞은 뒤에 사용한다.

벵골 판치포론

모든 향신료를 혼합하여 콩이나 야채 요리에 향미를 더해 주기 위해 사용한다.

- 커민 씨 1큰술
- 펜넬 씨 1큰술
- 머스터드 씨 1큰술
- 니겔라 씨 1큰술
- 페뉴그리크 씨 1큰술

모든 향신료들을 혼합한 뒤 밀폐 용기에 넣어 보관한다. 판치포론을 불에 달군 기름에 미리 넣어 향미를 요리에 옮기거나 판치포론으로 향미를 낸 기름을 렌틸콩 커리(달)에 뿌려서 손님에게 제공하기도 한다.

아로마 가람마살라

카르다몸의 은은한 향이 풍기면서 약간 맵싸한 가람마살라이다. 케밥 외에 버터, 생크림(또는 요구르트)를 사용하는 전통적인 무굴식 요리에 주로 사용된다.

- 그린카르다몸 2큰술
- 시나몬 스틱 ½ 개
- 메이스 2자밤
- 통블랙페퍼 2작은술
- 클로브(정향) 1작은술

카르다몸의 꼬투리를 뜯어 씨를 꺼낸 뒤에 껍질은 버린다. 시나몬 스틱은 작게 부순다. 모든 향신료를 갈아서 가루로 만든 뒤에 체에 밭친다. 밀폐 용기에 넣으면 냉동실에서 2~3개월간 보관할 수 있다.

차트마살라

차트마살라는 과일이나 야채샐러드에 소량으로 곁들여 먹는 것이 일반적이다. 새콤한 맛이 나면서 향미가 매우 신선하다.

- 커민 씨 1작은술
- 통블랙페퍼 1작은술
- 아요완 씨 ½작은술
- 아나르다나 1작은술
- 블랙솔트 1작은술(왼쪽 참조)
- 굵은 해염 1작은술
- 암추르 3작은술
- 애서페터더 ¼작은술
- 민트(건조시킨 것) ½작은술
- 레드칠리(가루) ½작은술

향신료와 소금을 섞고 갈아서 가루로 만든 뒤 나머지 재료들도 섞는다. 밀폐 용기에 넣으면 냉동실에서 2개월간 보관할 수 있다.

생선용 마살라

- 커민 씨 1큰술
- 코리앤더 씨 2큰술
- 아요완 씨 ½작은술
- 진저즙 1큰술

향신료를 갈아서 가루로 만든 뒤에 진저즙을 넣어 준다. 수분이 부족하면 물을 소량 넣어 주어도 된다. 이 마살라는 생선을 굽기 1시간 전에 골고루 발라 준다.

삼발 가루

채식주의자가 많은 남인도에서 흔히 사용하는 조미료이다. 콩류와 야채 요리, 소스, 수프의 양념으로 사용한다. 달(콩 커리)에 넣으면, 걸쭉함과 견과류의 향미가 더해진다.

- 코리앤더 씨 4큰술
- 커민 씨 2큰술
- 통블랙페퍼 1큰술
- 머스터드 씨 1작은술
- 페뉴그리크 씨 2작은술
- 레드칠리(건조시킨 것) 10개
- 애서페터더 ¼작은술
- 터메릭(강황) 1큰술
- 병아리콩인 차나달(chana dal) 1큰술
- 검정 렌틸콩인 우라드달(urad dal) 1큰술
- 해바라기 종유 1큰술

모든 향신료를 혼합하여 4~5분간 볶는다. 향신료의 색이 갈색으로 변하고 향이 올라오기 시작하면 애서페터더와 터메릭(강황)을 넣고 1분간 볶아서 그릇에 담는다. 콩은 갈색이 될 때까지 볶아 준다. 이 볶은 콩을 볶은 향신료가 담긴 그릇에 넣고 섞어서 식으면 갈아서 가루로 만든다. 밀폐 용기에 넣고 보관하면서 2주 이내에 사용한다.

머스터드 씨

마드라스커리(Madras curry) 가루

- 레드칠리(건조시킨 것) 2개
- 코리앤더 씨 4큰술
- 커민 씨 2큰술
- 머스터드 씨 1작은술
- 블랙페퍼 (홀) 1과½ 큰술
- 커리 잎 6장
- 진저(가루) ½작은술
- 터메릭(강황) 1작은술

모든 향신료를 프라이팬에서 볶은 뒤에 식힌다. 커리 잎을 살짝 볶아서 식힌 뒤 볶은 향신료에 추가한다. 이것을 갈아서 가루로 만들어 체에 밭친 뒤 진저(생강)와 터메릭(강황)을 넣는다. 밀폐 용기에 넣으면 냉장고에서 2개월간 보관할 수 있다.

타밀커리(Tamil curry) 가루

타밀 커리의 가루는 남인도의 향신료로서 쌀밥의 향미를 내는 데 사용하거나 야채 커리의 조리 마지막 단계에 넣어 향미를 더해 준다.

- 커리 잎 10개
- 해바라기 종유 1큰술
- 코리앤더 씨 1큰술
- 레드칠리(건조시킨 것) 3개
- 애서페터더 1자밤
- 노란 렌틸콩인 투르달(toor dal) 1작은술
- 우라드달 1작은술

커리 잎을 줄기에서 분리한 뒤 기름을 달군 프라이팬에 넣고 색이 변할 때까지 살짝 볶는다. 볶은 잎을 다른 접시에 담는다. 프라이팬에 나머지 재료들을 모두 넣고 색이 변할 때까지 흔들면서 볶은 뒤에 식힌다. 모든 재료들을 갈아서 가루로 만든다. 밀폐 용기에 넣은 뒤 2주 이내에 사용한다.

마샬(Massalé)

마샬은 인도양의 프랑스령인 모리셔스섬과 레위니옹섬의 향신료 믹스로서, 사용되는 재료의 양은 매우 다양하다. 마샬은 터메릭(강황)과 함께 요리의 향미를 내는 데 사용된다. '카리스(caris)'라고도 한다.

- 코리앤더 씨 2큰술
- 커민 씨 2작은술
- 통블랙페퍼 2작은술
- 그린카르다몸 1작은술
- 클로브(정향) 1작은술
- 시나몬 스틱 작은 조각
- 레드칠리(가루) 1작은술
- 너트메그(육두구) 가루 1작은술

가루 상태의 향신료를 제외한 모든 향신료를 색이 변할 때까지 살짝 볶은 뒤에 식힌다. 그리고 갈아서 가루로 만든다. 여기에 레드칠리와 너트메그(육두구)의 가루를 섞는다. 밀폐 용기에 넣으면 2~3개월간 보관할 수 있다.

너트메그(육두구) 가루

스리랑카의 커리 가루

- 생쌀 1큰술
- 코리앤더 씨 2큰술
- 시나몬 스틱 ½개
- 그린카르다몸 3개
- 클로브(정향) 3개
- 블랙페퍼 1작은술
- 커민 씨 1큰술
- 커리 잎 2개

쌀을 먼저 볶는다. 여기에 줄기에서 떼어 낸 커리 잎과 향신료를 추가한다. 모든 향신료가 갈색으로 변할 때까지 약한 불로 휘저어 가면서 볶는다. 식힌 뒤에 곱게 갈아서 체에 밭친다. 커리 요리에 1~2작은술을 넣어서 먹는다. 페뉴그리크와 레드칠리를 추가하여도 좋다.

말레이커리 페이스트

- 레몬그라스(하단부 3분의 1을 채로 썬 것) 2개
- 걸랭걸(양강근) 다진 것 적당량
- 마늘(다진 것) 6쪽
- 샬롯(다진 것) 2개
- 칠리(씨를 제거한 뒤 다진 것) 6개
- 메이스(가루) 1작은술
- 블랙페퍼 1작은술
- 해바라기 종유 1큰술
- 소금 ½작은술
- 터메릭(강황) 1큰술

모든 재료를 푸드프로세서에 넣고 부드러운 페이스트 상태로 만든다. 필요하면 기름이나 물을 넣어도 좋다. 밀폐 용기에 넣으면 냉장고에서 1주일간 보관할 수 있다.

걸랭걸(양강근)

말레이커리 가루

말레이커리의 가루는 말레이시아에 거주하는 인도계 원주민들로부터 영향을 받은 요리이다. 커리에는 일반적으로 코코넛밀크가 들어가는데, 레몬그라스와 마늘을 넣는 경우도 있다.

- 시나몬 스틱 ½ 개
- 레드칠리(건조시킨 것) 5개
- 그린카르다몸 잎 1작은술
- 클로브(정향) 6개
- 커민 씨 1작은술
- 코리앤더 씨 1큰술
- 터메릭(강황) 가루 2작은술
- 걸랭걸(양강근) 가루 1작은술

덩어리 형태의 향신료를 갈아서 가루로 만든 뒤에 터메릭(강황)과 걸랭걸(양강근)의 가루를 마지막 섞어 준다. 밀페 용기에 넣으면 냉동실에서 2~3개월간 보관할 수 있다.

인도네시아

인도네시아의 전역에서 사용하는 향신료 믹스이다. 각 섬의 전통 음식마다 약간씩 차이가 있다.
향미가 풍부하고, 흰색, 노란색, 빨간색, 오렌지 등 색상도 매우 다양하다.

붐부발리(Bumbu Bali).

- 마늘(다진 것) 2쪽
- 샬롯(다지) 20개
- 레드칠리 6개(씨를 제거하고 다진 것)
- 걸랭걸(양강근) 5cm 정도 다진 것
- 터메릭(강황) 5cm 정도 다진 것
- 아로마 진저(또는 핑거루트) 다진 것 또는 작은 조각
- 캔들너트(마카다미아 대용) 5개
- 새우 페이스트(트라시) 2작은술
- 통블랙페퍼 1작은술
- 코리앤더 씨 1큰술
- 클로브(정향) 3개
- 종려당(갈색 설탕) 1큰술
- 코코넛 오일(식용유) 3큰술
- 레몬그라스(하단을 채로 썬 것) 2개
- 맥러트라임 잎(다진 것) 2장

코코넛 오일, 레몬그라스, 맥러트라임 잎 이외의 재료를 모두 블렌더에 넣어 부드러운 페이스트 상태로 만든다. 필요에 따라 물을 소량 넣는다. 중국 냄비 또는 두꺼운 프라이팬에 기름을 두르고 페이스트와 레몬그라스, 맥러트라임의 잎을 넣는다. 페이스트에서 향이 올라와 약간 색이 변할 때까지 강한 불로 잘 섞으면서 가열한다.
살균한 용기에 담아 요리에 사용하기 전에 일단 식힌다. 보관할 경우에는 상부에 코코넛 오일을 붓고 냉장고나 냉동실에 보관한다.

중동과 북아프리카

이란의 요리는 세서미(참깨), 사프란, 시나몬, 장미 꽃잎, 코리앤더, 소량의 카르다몸, 캐러웨이, 커민을 사용하여 일반적으로 맛이 순한 경향이 있다. 또한, 수맥(옻), 건조 라임, 바베리, 석류 등의 신맛이 나는 향신료도 이란의 요리에서는 없어서는 안 될 식재료이다. '아드위(advieh)'라는 향신료 믹스는 해안에서 내륙 지역에 이르기까지 지역마다 특징이 다양하고, 특정한 요리에 사용된다.

페르시아만 연안국의 사람들은 특히 매운 음식에 열광한다. 향신료라는 뜻으로 '바하라트'라고 하는 향신료 믹스는 나라마다 조리법이 다르다. 향신료에 대한 열정은 아랍 국가에서부터 유대교의 이스라엘을 거쳐 터키에까지 퍼져 있다. 이 지역의 사람들이 통상적으로 사용하는 향신료와 허브의 믹스는 향미가 순한 것들이 많지만, 종종 레드칠리를 플레이크 상태로 사용하여 매운맛을 내기도 한다. 지중해의 동부에서 북아프리카에 이르는 지역의 사람들은 향미가 세련된 향신료 믹스를 좋아한다. 특히 튀니지와 모로코는 그와 같은 경향이 매우 강하다.

스튜용 아드위

- 시나몬 스틱 2개
- 코리앤더 씨 2큰술
- 그린카르다몸 1 ½큰술
- 통블랙페퍼 1큰술
- 커민 씨 1큰술
- 너트메그(육두구) 가루 2작은술
- 라임 가루 2작은술

시나몬을 부순 뒤 나머지 향신료와 함께 갈아서 체에 밭친다. 여기에 너트메그(육두구)와 라임의 가루를 혼합한다. 밀폐 용기에 넣으면 냉동실에서 1개월간 보관할 수 있다.

쌀 요리용 아드위

- 시나몬(가루) 2큰술
- 장미 꽃잎(가루) 2큰술
- 커민(가루) 또는 그린카르다몸 씨 1큰술

향신료를 잘 섞은 뒤에 갓 지은 쌀밥과 허브로써 조리한 이란식 쌀 요리에 향미를 더해 주기 위해 사용한다. 밀폐 용기에 넣으면 냉동실에서 1개월간 보관할 수 있다.

이란의 아드위

레바논의 7가지 향신료 믹스

- 블랙페퍼(가루) 1큰술
- 올스파이스(가루) 1큰술
- 시나몬(가루) 1큰술
- 너트메그(육두구) 가루 1작은술
- 코리앤더(가루) 1작은술
- 클로브(정향) 가루 1작은술
- 진저(가루) 1작은술

모든 향신료를 혼합 뒤에 밀폐 용기에 넣고 냉동실에서 보관한다.

비자르 아슈와(Bizar a'shuwa)

여기서 소개하는 조리법은 알 아자프(Al Azaf)의 저서, 『오만의 요리책(The Omani Cookbook)』의 기록된 조리법에 기초하여, 요리가인 필립 이디선(Phillip Iddison)의 조언을 받아 만든 오만식 향신료 믹스이다.

- 커민 씨 1큰술
- 코리앤더 씨 1큰술
- 카르다몸 씨 1큰술
- 레드칠리(가루) 2 작은술
- 터메릭(강황) ½작은술
- 식초 2~3큰술
- 마늘(다진 것) 2쪽

모든 향신료를 갈아서 레드칠리와 터메릭(강황)의 가루와 혼합한다. 여기에 식초와 마늘을 넣고 페이스트 상태로 만든다. 장시간 조리하는 요리에 넣거나 육류에 발라서 먹는다.

기본 바하라트(Baharat)

향신료 믹스인 바하라트의 혼합비는 나라와 지역마다 다르다. 통향신료들을 살짝 볶으면 향미가 더욱더 발전된다. 두꺼운 프라이팬에 향신료들을 넣고 타지 않도록 흔들어 주면서 가열한다. 3~4분이 지나서 향이 올라오면 접시에 담아 식힌다. 다 식으면 통향신료들을 갈아서 다른 가루 향신료와 혼합한다.

- 통블랙페퍼 2큰술
- 코리앤더 씨 1큰술
- 계피 또는 시나몬 작은 조각
- 커민 씨 2작은술
- 클로브 2작은술
- 그린카르다몸 씨 꼬투리 6개분
- 너트메그(육두구)(분말) ½작은술
- 파프리카(분말) 2큰술

통째로 사용하는 향신료를 모두 갈아서 가루로 만든 뒤 너트메그(육두구), 파프리카의 가루와 혼합한다. 밀폐 용기에 넣으면 냉동실에서 2개월간 보관할 수 있다. 펜넬 씨와 터메릭(강황)을 넣기도 한다. 이 향신료 믹스는 다진 고기를 넣은 빵인 키베(kibeh)sk 토마토 소스, 스튜, 수프에도 사용한다.

이란의 바하라트

- 블랙페퍼(가루) 1큰술
- 커민 씨 1 ½큰술
- 올스파이스 2작은술
- 코리앤더 씨 1큰술
- 그린카르다몸 씨 1큰술
- 클로브(정향) 1작은술
- 시나몬(가루) 1큰술
- 터메릭(강황)(가루) 2작은술
- 진저(가루) 1작은술
- 너트메그(육두구) 가루 1작은술
- 파프리카(가루) 1큰술
- 건조 라임(가루) 1큰술

커민 씨에서 클로브까지 향신료를 통째로 볶은 뒤 식힌다. 그 뒤 갈아서 다른 가루 향신료와 함께 혼합한다. 건조 라임을 직접 갈 경우에는 씨는 반드시 제거한다. 밀폐 용기에 넣어 냉동실에 보관한다.

시리아의 바하라트

- 통블랙페퍼 1큰술
- 올스파이스 2큰술
- 클로브(정향) 15알
- 그린카르다몸 씨 1작은술
- 너트메그(육두구) 가루 2작은술
- 시나몬(가루) 1큰술

통향신료를 볶아서 식힌 뒤에 갈아서 가루로 만든다. 여기에 너트메그(육두구)와 시나몬의 가루를 잘 섞어서 밀폐 용기에 넣어 보관한다. 걸랭걸(양강근)의 가루를 넣는 경우도 있다.

너트메그(육두구)

사우디아라비아의 바하라트

이 향신료 믹스는 '걸프바하라트(Gulf baharat)' 또는 '카브사스파이스(kabsa spices)'라고도 한다. '걸프바하라트'라고 하는 이유는 걸프만 일대에서 쉽게 찾아볼 수 있는 향신료 믹스이기 때문이다. '카브사스파이스'라고 하는 이유는 향신료들의 혼합이 사우디아라비아에서 인기 있는, 닭고기와 쌀을 사용한 요리인 '카브사'에 주로 사용되기 때문이다.

- 그린카르다몸 씨 1큰술
- 커민 씨 1큰술
- 통블랙페퍼 1큰술
- 코리앤더 씨 1큰술
- 펜넬 씨 1큰술
- 사프란(가루) 1작은술
- 시나몬(가루) 2작은술
- 너트메그(육두구)(가루) 1작은술
- 라임(가루) 2작은술

씨 종류의 향신료를 볶고 식힌 뒤에 갈아서 가루로 만든다. 여기에 나머지 가루 향신료를 혼합하여 밀폐 용기에 넣은 뒤 보관한다.

사프란

터키의 바하라트

- 통블랙페퍼 2큰술
- 커민 씨 2큰술
- 코리앤더 씨 1큰술
- 클로브(정향) 10개
- 그린카르다몸 씨 작은술
- 카시아(또는 시나몬) 작은 조각 1개
- 민트(건조시킨 것) 1큰술
- 너트메그(육두구) 가루 1작은술

통블랙페퍼에서 카시아까지 향신료를 모두 볶은 뒤 식힌다. 여기에 민트를 손으로 부수면서 나머지 향신료와 혼합하여 밀폐 용기에 넣어 보관한다.

터키의 레드칠리 페이스트

토마토와 레드칠리의 페이스트는 터키 남동부에서 널리 사용되는 향신료 믹스이다. 터키의 도시인 가지안테프(Gaziantep)에서는 아몬드와 피스타치오의 농장들이 펼쳐져 있고, 요리가 맛있기로 유명하다. 이 조리법에서 레드칠리는 일반 가정에서 햇볕에 건조시킨 것을 사용하면 된다. 햇볕에 건조시킨 레드페퍼와 레드칠리가 있으면 중동의 식료품점에서 구입한 페이스트와 함께 사용하여 오리지널 페이스트도 만들 수 있다.

- 레드페퍼 3개
- 레드칠리 대6개
- 레몬즙 1개분
- 블랙페퍼(가루) 1작은술
- 해염 2작은술

페퍼(후추)와 칠리(고추)를 석쇠나 200도로 예열된 오븐에 놓고 15~20분간 껍질이 검게 변할 때까지 돌려가면서 굽는다. 그리고 뚜껑이 있는 그릇에 담아 식혀서 껍질을 벗긴다. 칠리에서 씨를 제거한다. 만약 껍질이 잘 벗겨지지 않을 경우에는 식칼을 사용한다. 껍질을 벗겼으면 과육을 자른 뒤 퓌레가 될 때까지 만든다. 여기에 레몬즙, 블랙페퍼, 소금을 넣고 간을 맞춘다. 밀폐 용기에 넣고 냉장고에서 보관한다. 고기 요리와 마리네이드 외에도 소스로 요리에 곁들인다.

예멘의 하웨이즈(hawayij)

수프, 석쇠에 구운 육류, 야채 요리에 잘 맞는 향신료 믹스이다.

- 통블랙페퍼 1큰술
- 캐러웨이 씨 1큰술
- 그린카르다몸 씨 1작은술
- 사프란 1작은술
- 터메릭(강황) 1작은술

모든 재료를 블렌더에 넣고 갈아서 가루로 만든다. 밀폐 용기에 넣으면 냉동실에 2개월간 보관할 수 있다.

예멘의 힐베(hilbeh)

- 페뉴그리크 씨 2큰술
- 코리앤더(잎과 줄기) 2줌
- 마늘(다진 것) 4장
- 해염, 블랙페퍼콘(가루) 각 적당량
- 카르다몸의 씨(으깬 것) ¼작은술
- 캐러웨이 씨 2~4개
- 그린칠리(씨를 제거하고 다진 것) 2~4개
- 레몬즙 1~2개분

페뉴그리크를 갈아서 가루로 만들어 그릇에 넣고, 뜨거운 물에 담가 하룻밤 또는 적어도 8시간을 불린다. 그릇 하층부에 겔 상태의 페뉴그리크가 침전하면, 상층부는 모두 버린다.
코리앤더, 마늘, 그 밖의 재료들을 레몬즙과 혼합한다. 여기에 페뉴그리크를 넣고 물을 적당히 넣어 가면서 잘 교반하여 부드러운 페이스트로 만든다. 잘 혼합되었으면 페뉴그리크에서 살짝 거품이 나면서 매운맛과 약간의 쓴맛이 뒤섞인 복잡한 향미가 난다. 맛을 본 뒤 취향에 따라서 레몬즙이나 소금을 추가한다.
힐베는 스튜 조리의 마지막에 넣거나 여러 요리의 마리네이드로 곁들인다. 중동에서는 넓적한 빵을 찍어서 먹는다. 여기에 잘게 다진 토마토를 추가하는 경우도 있다. 인도 북동부 콜카타 지역의 유대계 가정에서는 일반적으로 진저(생강)를 소량 첨가하여 먹는다. 냉장고에서 1주일간 보관할 수 있다.

페뉴그리크 씨

예멘의 저그(Zhug)

향신료 믹스인 저그는 마늘, 칠리와 취향에 맞는 향신료로 만드는 페이스트이다. 예멘의 유대계 요리가 침투된 이스라엘에서 큰 인기를 끌고 있는 조미료이다. 여기서 소개하는 붉은색의 페이스트 외에도 코리앤더의 양을 늘리고, 칠리 대신에 파슬리를 사용한 녹색의 페이스트도 있다.

- 레드페퍼(마일드) 작은 것 2개
- 레드칠리 2개
- 마늘 8쪽
- 코리앤더 씨 2작은술
- 커민 씨 1작은술
- 그린카르다몸 씨 꼬투리 6개분
- 코리앤더(잎과 줄기) 1줌

레드페퍼와 씨를 제거한 레드칠리를 잘게 다진다. 마늘도 굵게 다진다. 모든 재료를 푸드프로세서에 넣고 페이스트 상태로 만든다. 페이스트를 용기에 넣고 위에 기름을 부으면 냉장고에서 1~2주일 정도 보관할 수 있다. 저그는 양념이나 석쇠에 굽는 생선이나 육류에 사용하는 소스에 사용된다. 또한 수프나 스튜의 조리에서 마지막에 넣을 수도 있다. 예멘의 향신료 믹스인 힐베를 1~2작은술 정도 넣어도 좋다.

알레포(Aleppo) 블렌드

이 향신료 믹스는 석쇠로 굽거나 볶은 닭고기나 양고기에 사용하거나 터키식 미트볼인 쾨프테(Köfte)나 고기 완자 튀김인 키베(kibbeh)의 양념으로 사용한다. 알레포는 시리아 북부의 도시명이다.

- 통블랙페퍼 1큰술
- 올스파이스 1큰술
- 그린카르다몸 씨 꼬투리 5개분
- 너트메그(육두구) ½ 개
- 코리앤더 씨 1작은술
- 커민 씨 1작은술
- 시나몬(가루) 1큰술
- 터키나 알레포의 칠리(굵게 다진 것) 또는 파프리카(가루) 1큰술
- 수맥 1작은술

통향신료를 갈아서 가루로 만든 뒤 시나몬, 칠리(또는 파프리카)의 가루와 수맥을 혼합한다. 밀폐 용기에 넣으면 냉동실에서 2~3개월간 보관할 수 있다.

시나몬 스틱

듀카(Dukka)

이집트의 견과류를 사용한 향신료 믹스이다. 각 가정마다 독자적인 조리법이 있으며, 아침 식사와 오후에 즐기는 간식에 사용된다. 최근에는 술안주로도 인기가 높다. 구운 바게트 빵에 토마토소스를 얹은 간편식인 부르스케타(burschetta), 야채볶음, 생선 석쇠구이 등의 다양한 요리에도 사용되고 있다. 양갈비에 조미료로 뿌려서 구워도 좋다.

- 세서미(참깨) 120g
- 헤이즐넛 90g
- 코리앤더 씨 60g
- 커민 씨 30g
- 소금 소량
- 올리브유 적당량

세서미(참깨)는 약간 색이 변할 때까지, 헤이즐넛은 얇은 껍질이 벗겨질 때까지, 코리앤더와 커민의 씨는 색이 변하면서 향이 풍길 때까지 각각 볶은 뒤에 식힌다. 대량으로 만드는 경우는 온도 250도의 오븐에 구은 뒤 식힌다. 헤이즐넛 껍질을 제거한 뒤 모든 재료들을 푸드프로세서에 넣고 굵은 크기의 가루로 만든다. 너무 오랫동안 갈면 견과류와 세서미(참깨)에서 기름이 배어 나와 페이스트 상태가 되어 버리기 때문에 주의해야 한다. 밀폐 용기에 넣어 보관한다. 중동에서는 빵을 이 향신료 믹스, 올리브유와 함께 먹는다.

라스엘하누트(Ras el hanout)

약 20종류의 향신료를 섞은 모로코의 향신료 믹스이다. 허브와 향신료 외에 최음제가 포함되는 경우도 있다. 주재료로는 올스파이스, 애시베리(ash berry), 블랙카르다몸, 그린카르다몸, 카시아, 추파너트(chufa nut), 시나몬, 클로브(정향), 쿠베브, 걸랭걸(양강근), 진저(생강), 그래인오브파라다이스 씨, 라벤더, 메이스, 몽크페퍼(monk's pepper), 니젤라, 너트메그(육두구), 오리스(orris) 뿌리, 블랙페퍼, 롱페퍼, 장미 꽃봉오리, 터메릭(강황)(가루), 잠재적으로 독성을 지닌 벨라돈나(belladonna), 칸타리데스(cantharides) 등이 있다.

수출용 상품들은 사용하기에 무난한 향미로 조절되어 있는 경우가 대부분이다. 튀니지의 라스엘하누트는 장미 꽃봉오리, 블랙페퍼, 쿠베브, 클로브(정향), 시나몬을 사용한 간단한 향신료 믹스이다. 라스엘하누트는 통째로 또는 가루의 형태로 판매되고 있다. 사냥 고기, 양고기, 쿠스쿠스, 쌀 요리에 많이 사용하고 있다.

자타르(Za'atar)

자타르는 타임, 세이버리, 오레가노와 같은 향미를 지닌 허브의 총칭이다. 그와 같은 이름인 이 향신료 믹스는 중동에서는 일상적으로 사용되고 있다. 고기 완자, 케밥, 야채에 뿌리거나 디핑소스로 사용한다. 또한 올리브 오일과 섞어서 페이스트 상태로 만들어 빵에 발라 굽기도 한다.

- 세서미(참깨) 60g
- 수맥(가루) 30g
- 자타르(건조시킨 것) 또는 타임(가루) 30g

세서미(참깨)를 잘 뒤적이면서 수 분간 볶아서 식힌다. 여기에 수맥, 자타르(또는 타임)을 혼합한다. 밀폐 용기에 넣으면 냉동실에서 2~3개월간 보관할 수 있다.

라카마(La kama)

라카마는 라마단의 금식이 끝난 뒤에 먹는 수프인 하리라(harira), 스튜, 닭고기에 사용되는 향신료 믹스이다.

- 블랙페퍼(가루) 1큰술
- 진저(가루) 1큰술
- 터메릭(강황) 1큰술
- 너트메그(육두구) 가루 1작은술
- 커민(가루) 2작은술

모든 향신료를 고르게 혼합한다. 밀폐 용기에 넣으면 냉동실에서 1~2개월간 보관할 수 있다.

타클리아(Taklia)

타클리아는 마늘과 코리앤더를 주재료 사용하는 향신료 믹스이다. 수프와 스튜에 향미를 내는 데 사용한다. 아랍 국가에서는 일상적으로 사용하는 테이블 향신료 믹스이다. 이집트의 국민 요리인 멜로키아(melokhia)와 함께 사용된다.

- 마늘 3쪽
- 소금 적당량
- 해바라기 종유 2큰술
- 코리앤더(가루) 1큰술
- 카옌페퍼(가루) ½작은술

다진 마늘을 소금과 함께 프라이팬에 넣고 색이 변할 때까지 기름에 볶는다. 코리앤더와 카옌페퍼를 넣고 2분 동안 페이스트 상태가 될 때까지 잘 뒤적거리며 볶는다. 이 향신료 믹스는 보관하지 않고 곧바로 사용한다.

튀니지의 바라트(bharat)

바라트는 시나몬(가루)과 장미 꽃봉오리 또는 꽃잎을 같은 양으로 혼합한 매우 간단한 향신료 믹스이다.
간혹 블랙페퍼를 소량으로 넣기도 한다.
생선 요리나 볶거나 석쇠에 굽는 육류, 쿠스쿠스, 타진 등에 사용한다.

시나몬 가루

콸라트다카(Qalat daqqa)

콸라트다카는 튀니지가 발상지인 다섯 종류의 향신료 믹스이다. 일반적으로 양고기와 야채 요리에 사용된다. 특히 호박, 가지, 시금치와 페어링이 훌륭하다. 병아리콩 등의 콩류와 함께 조리에 사용되기도 한다.

- 통블랙페퍼 2작은술
- 클로브(정향) 2작은술
- 그래인오브파라다이스(통째) 1작은술
- 시나몬(가루) 1작은술
- 너트메그(육두구) 가루 3작은술

온전한 향신료를 갈아서 가루로 만든 뒤 시나몬과 너트베그의 가루를 혼합한다. 밀폐 용기에 넣으면 냉동실에서 2~3개월간 보관할 수 있다.

타빌(Tabil)

타빌은 코리앤더를 일컫는 용어인데, 튀니지 고유의 향신료 믹스를 가리키기도 한다.

- 코리앤더 씨 3큰술
- 캐러웨이 씨 1큰술
- 커민(가루) 1작은술
- 마늘(다진 것) 2장
- 레드칠리(덩어리) 2작은술

모든 재료를 혼합한 뒤 굵게 간다. 그리고 기온이 높은 지역에서는 햇볕에 건조시킨다. 또는 온도 130도의 오븐에서 30~45분간 건조시킨다. 수분이 다 빠져 나가면 고운 가루 형태로 간다. 타빌은 스튜, 튀김 요리, 야채 요리, 소고기 요리에도 사용된다. 밀폐 용기에 넣으면 냉동실에서 1~2개월간 보관할 수 있다.

아프리카

'아프리카의 뿔'이라는 아프리카 대륙의 동북단에서 동부 연안지의 사람들은 역사적으로 동방의 향미료에 깊은 영향을 받아 왔다. 서아프리카 지역에서 향신료의 주류는 칠리인데, 현지의 허브와 다른 향신료들과 함께 오랫동안 사용되어 왔다. 남아프리카에서는 인도계, 말레이커리, 삼발, 그리고 매운 페이스트 형태의 조미료인 '블랫장(blatjangs)' 등의 영향을 받았다.

서아프리카의 페퍼 블렌드

페퍼(후추) 블렌드는 생선, 육류, 야채 요리에 맛을 내는 조미료로 사용된다. 건조 상태에서 요리에 넣는 경우도 있고, 양파, 마늘, 토마토, 레드페퍼, 건새우, 야자유를 넣어 페이스트 상태로 만들어 사용하기도 한다.

- 통블랙페퍼 2큰술
- 통화이트페퍼 2큰술
- 쿠베브 1큰술
- 올스파이스 1큰술
- 그래인오브파라다이스(가루) 2작은술
- 진저(가루) 2작은술
- 레드칠리(굵게 다진 것) 1큰술

덩어리 형태의 향신료들을 혼합하여 가루로 만든 뒤 그래인오브파라다이스, 진저(진저), 레드칠리의 가루를 넣어 혼합한다. 밀폐 용기에 넣으면 냉동실에서 2~3개월간 보관할 수 있다.

남아프리카의 커리 가루

남아프리카 케이프주의 혼합 향신료이다. 진저(생강) 페이스트, 마늘, 소금과 함께 사용하고, 터메릭(강황) 2작은술을 추가할 수도 있다.

- 펜넬 씨 2작은술
- 코리앤더 씨 2작은술
- 커민 2작은술
- 시나몬 스틱 작은 조각
- 카르다몸 씨 꼬투리 5개 분량

모든 재료를 혼합하여 갈아서 가루로 만든다. 밀폐 용기에 넣으면, 냉동실에서 2~3개월간 보관할 수 있다.

카르다몸

베르베르(Berbere)

에티오피아나 에리트레아(Eritrea) 지역에서 사용하는 굉장히 매운 향미의 향신료 믹스이다. 가람마살라와 마찬가지로 요리에 맞게 다양한 향신료들을 혼합한다. 처음에 '와트(wat)'는 고기, 야채, 렌틸콩 등의 스튜 조미료로 사용되었다. 그 밖에도 튀김옷, 석쇠 구이 요리에도 사용된다. 코라리마(korarima)라는 에티오피아산 카르다몸은 아시아산의 카르다몸과는 향미가 전혀 다르다. 만약 구할 수 없으면 블랙카르다몸을 대용할 수 있다. 주요 향신료로는 레드칠리, 진저, 클로브(정향)이 있다. 그 밖에도 현지에서만 구할 수 있는 것 등 매우 다양한 향신료들이 추가된다.

- 레드칠리(건조시킨 것) 15~20개
- 코리앤더 씨 1작은술
- 코라리마 또는 블랙카르다몸 씨 꼬투리 5개분
- 통올스파이스 12알
- 커민 씨 1작은술
- 페뉴그리크 씨 1작은술
- 클로브(정향) 8개
- 시나몬 스틱(으깬 것) ½ 개
- 아요완 씨 ½작은술
- 통블랙페퍼 1작은술
- 진저(가루) 1작은술

두꺼운 프라이팬을 데워 레드칠리 휘저으면서 2~3분 덖는다. 다른 모든 스파이스를 넣고 저으면서 섞어 전체적으로 색이 변할 때까지 5~6분 더 덖는다. 어느 정도 식으면 진저(생강)도 넣어 가루로 만든다. 밀폐 용기 또는 밀폐 봉지에 넣으면 냉동실에서 2~3개월간 보관할 수 있다.

와트(Wat)용 향신료 믹스

조리법이 매우 간단하여 쉽게 만들 수 있는 향신료 믹스이다.

- 롱페퍼 3개
- 통블랙페퍼 1큰술
- 클로브(정향) 1큰술
- 너트메그(육두구) ½ 개
- 칠리(가루) 2큰술
- 진저(가루) 2작은술
- 시나몬(가루) 1작은술

롱페퍼, 블랙페퍼, 클로브(정향), 너트메그(육두구)를 복은 뒤 식혀서 가루로 만든다. 칠리, 진저(생강), 시나몬의 가루를 함께 섞는다. 스튜인 와트의 조리에서 마지막에 넣는다. 밀폐 용기에 넣으면 냉동실에서 2~3개월간 보관할 수 있다.

미트미타(Mitmita)

- 칠리(굵게 간 것) 1~2작은술
- 클로브(정향) 가루½작은술
- 커민(가루) 1작은술
- 코리앤더(가루) 1작은술
- 올스파이스(가루) ½작은술
- 진저(가루) 1과½작은술
- 블랙페퍼(가루) 1작은술
- 터메릭(강황) ¼작은술
- 소금 1작은술

모든 재료를 혼합하여 밀폐 용기에 넣고 보관한다. 베르베르와 동일한 용법으로 사용한다.

레드칠리

유럽

오래전 유럽의 부유층들이 즐기던 요리에는 칠리, 시나몬, 클로브(정향), 진저(생강)가 매우 많이 사용되었다. 단맛의 재료로는 꿀에 이어 설탕이 사용되고, 목을 축이는 데는 식초가 사용되었다. 또한 단맛의 식재료는 16세기부터 사용량이 점차 줄어들었고, 17~18세기에 들어서는 향신료가 대중들에게 보급되면서 거의 사용되지 않았다. 19세기 요리책에는 식민지에서 들여온 커리 가루와 '키친 페퍼'라고 하는 향신료 믹스가 등장한다. 오늘날 유럽에서는 다른 지역에서 유래한 향신료 음식들이 큰 인기를 끌고 있다. 반면에 유럽에서 탄생한 향신료 믹스는 요리에 거의 사용되지 않고 있다.

카트레피스(Quatre epices)

카트레피스는 프랑스의 전통적인 향신료 믹스이다. 처음에는 돼지고기 등의 육류 요리에만 사용되었다. 햄을 위한 조미료와 돼지고기의 밑간용으로 사용할 수 있다.

- 통블랙(또는 화이트)페퍼 6작은술
- 클로브(정향) 1작은술
- 너트메그(육두구) 가루 2작은술
- 진저(가루) 1작은술

페퍼(후추)와 클로브(정향)를 고운 가루로 만든다. 여기에 너트메그(육두구)와 진저(생강)의 가루를 혼합한다. 밀폐 용기에 넣으면 냉동실에서 1~2개월간 보관할 수 있다. 진저(생강), 클로브(정향), 너트메그(육두구) 대신에 각각 시나몬, 올스파이스, 메이스를 사용해도 된다.

이탈리아의 향신료 믹스

닭고기와 돼지갈비살의 석쇠 구이, 돼지등심구이에 사용된다. 또한 양어깻등살에 발라서 살구 등의 다양한 건과일과 함께 알루미늄 포일에 싸서 조리하는 요리에도 사용한다.

- 통블랙(또는 화이트)페퍼 3작은술
- 너트메그(육두구) ½ 개
- 주니퍼베리 1작은술
- 클로브(정향) ¼작은술

모든 재료를 블렌더에 넣고 가루로 만든다.
먼저 너트메그(육두구)를 부숴서 넣으면 작업이 쉽다.
밀폐 용기에 넣으면 냉동실에서 3~4개월간 보관할 수 있다.

주니퍼베리

구운 과자나 푸딩용 스파이스

영국의 시장에서 판매되는 향신료 믹스로서 비스킷, 과일케이크, 푸딩 외에 다진 고기에 조미료로 사용된다. 향신료의 종류와 분량은 취향에 따라 달라진다. 조리법에 진저이 들어가는 경우도 있다.

- 시나몬 스틱 ½ 개
- 올스파이스 1큰술
- 코리앤더 씨 1큰술
- 클로브(정향) 2작은술
- 메이스 4조각
- 너트메그(육두구) 가루 2작은술

향신료를 혼합하여 블렌더에 넣고 고운 가루로 만든 뒤 마지막에 너트메그(육두구) 가루를 혼합한다. 밀폐 용기에 넣으면 냉동실에서 2~3개월간 보관할 수 있다.

피클용 스파이스

영국에서 과일이나 야채 피클을 만들 때 사용하는 향신료 믹스이다.

- 진저(건조시킨 것) 2큰술
- 옐로머스터드 씨 ½큰술
- 메이스 2큰술
- 올스파이스 3큰술
- 통블랙페퍼 2큰술
- 클로브(정향) 2½ 큰술
- 코리앤더 씨 2큰술

모든 향신료들을 혼합하여 식초에 절여 피클액을 만든다.향신료는 나중에 쉽게 제거할 수 있도록 얇은 면포에 넣어서 식초에 담근다.

메이스

아메리카

아메리카의 요리는 여러 나라의 음식 문화에 영향을 받았다. 미국과 캐나다에서는 처음에 영국과 프랑스의 향신료 믹스가 주를 이루었지만, 오늘날에는 멕시코, 카리브해, 아프리카에서 유래한 향신료 요리가 널리 확산되어 있다. 카리브제도에서는 독자적인 식문화를 발전시키는 과정에서 특히 아프리카, 인도, 스리랑카, 중국으로부터 온 이민자들로부터 영향을 받은 가운데 스페인, 프랑스, 영국의 식민지 시대부터 있었던 전통적인 요리도 공존하고 있다. 멕시코에서는 콜럼버스 시대 이전에 있었던 아메리카 원주민들의 요리풍이 오늘날까지도 이어지고 있다. 미국에는 스페인이나 포르투갈의 전통 요리의 문화가 미미하긴 하지만, 지금도 남아 있다. 또 안데스산맥의 지역과 브라질에서는 각각 인도와 아프리카의 식문화가 융합되어 있다.

아히 페이스트(Aji paste)

아히 페이스트는 안데스산맥 지역에서 많이 사용된다. 칠리의 종류에 따라 향과 매운맛이 매우 다양하다. 이 지역에서는 로코토(Rocoto), 미라솔(mirasol), 아마리요(amarillo)와 같은 칠리를 사용하는데, 구입할 수 없는 경우에는 칠라카(chilaca)와 스페인의 긴디야(guindilla)를 대신 사용해도 된다. 여기서 소개하는 매운맛이 강한 페이스트는 볼리비아의 조리법이다. 스튜와 수프에 밑간용으로 사용된다. 또한 코리앤더, 퀼퀴냐(quillquina), 바질, 오레가노 등 신선한 허브는 요리 마지막에 보통 사용한다.

- 칠리(씨를 제거하고 건조시킨 것) 60g
- 마늘 4장
- 소금 ½작은술
- 해바라기 종유(또는 올리브 오일) 3큰술

칠리를 1~2분간 볶은 뒤 5~6큰술의 물에 30분간 불린다. 그 뒤 물기를 빼고 잘게 찢는다. 여기에 으깬 마늘과 소금을 넣는다. 모든 재료를 혼합하여 물을 부어 가면서 부드러운 페이스트 상태로 만든다. 밀폐 용기에 넣고 위에 기름을 부으면 냉장고에서 2주일간 보관할 수 있다.

칠리

바비큐용 향신료

여기서 소개하는 내용은 고기를 굽기 전에 발라 주는 밑간용 조리법이다. 향신료 믹스 중에서도 중간 정도의 매운맛을 지닌다.

- 통블랙페퍼 1작은술
- 커민 씨 ½작은술
- 타임(건조시킨 것) ½작은술
- 마조람(건조시킨 것) ½작은술
- 카옌페퍼(가루) ½작은술
- 파프리카(가루) 2작은술
- 머스터드(가루) 1작은술
- 소금 ½작은술
- 갈색 설탕 1큰술

블랙페퍼와 커민 씨를 함께 갈아서 가루로 만들고, 필요하면 허브류도 다진다. 모든 재료를 함께 혼합한다. 이 바비큐 향신료 믹스는 조리하기 2~3시간 전에 고기에 바른다.

케이준 시즈닝(Cajun seasoning)

미국 남부의 수프인 굼보, 해물잡탕밥의 일종인 잠발라야(jambalayas), 매콤한 흰살 생선의 석쇠 구이인 블래컨드피시(blackened fish), 케이준 석쇠 구이, 루이지애나 크리오요 요리 등은 모두 향긋한 허브와 페퍼를 비롯하여 다양한 향신료로 향미를 낸다. 시장에서 판매되는 향신료 믹스에는 건마늘과 양파가 들어 있어 인공적인 향미가 난다. 여기서는 신선한 마늘과 양파를 사용한다.

- 파프리카(가루) 1작은술
- 블랙페퍼 (가루) ½작은술
- 펜넬 씨(가루) 1작은술
- 커민(가루) ½작은술
- 머스터드(가루) ½작은술
- 카옌페퍼(가루) 1작은술
- 타임(건조시킨 것) 1작은술
- 오레가노(건조시킨 것) 1작은술
- 세이지(건조시킨 것) ½작은술
- 소금 ½작은술
- 마늘 1~2쪽
- 양파 작은 것 ½ 개

마늘과 양파를 제외한 나머지 재료들을 모두 혼합한다. 마늘과 양파는 으깨어서 넣는다. 육류나 생선에 시즈닝을 버무리거나 바른 뒤 1시간 동안 둔다. 석쇠나 프라이팬에 놓고 표면을 바삭하게 익힌다. 간혹 쌀 요리와 굼보에도 사용된다.

버진제도(Virgin Islands)의 향신료 소금

일찍이 영국 해군의 중요한 정박지였던 버진제도에서는 솔트섬에서 소금 만들기를 하지 않는 지금도 짠맛을 베이스로 한 요리나 시즈닝이 소비되고 있다.

- 해염 3큰술
- 통블랙페퍼 2작은술
- 클로브(정향) ¼작은술
- 너트메그(육두구) 가루 ½작은술
- 타임(건조시킨 것) ¼작은술
- 마늘(다진 것) 2쪽
- 양파(다진 것) 작은 것 ½ 개
- 파슬리 2개

모든 재료를 절구에 넣고 찧거나 푸드프로세서에 넣고 갈아서 냉장고에 보관한다. 생선이나 스테이크에 발라서 바비큐를 만들거나 닭고기에 발라서 굽기도 한다. 건조 향신료를 사용하는 경우에는 마늘, 양파, 파슬리 대신에 베이리프 1장과 로즈메리 ¼작은술을 넣는다. 건조 향신료 믹스는 밀폐 용기에 넣으면 2~3개월간 보관할 수 있다.

푸드르드콜롱보 (Poudre de Colombo)

콜롱보는 카리브해의 프랑스령에서 만들어 먹던 커리 요리를 뜻한다. 스리랑카에서 이주해 온 계약 근로자들이 들여온 것이다. 이 커리 가루는 다른 섬들의 커리와는 달리, 얼얼하면서 맵싸한 향미가 없다. 대신에 스리랑카의 커리 가루와는 향미가 매우 비슷하다.

- 생쌀 1큰술
- 커민 씨 1큰술
- 코리앤더 씨 1큰술
- 통블랙페퍼 1작은술
- 페뉴그리크 씨 1작은술
- 블랙머스터드 씨 1작은술
- 클로브(정향) 4개
- 터메릭(강황) 가루 1과½ 큰술

생쌀을 바싹 볶은 뒤 그릇에 옮겨서 식힌다. 향신료를 프라이팬에 놓고 향이 오르고 색이 변할 때까지 볶아서 식힌다. 볶은 쌀과 향신료를 갈아서 가루로 만든 뒤 터메릭(강황) 가루를 혼합한다. 밀폐 용기에 넣으면 냉동실에서 2~3개월간 보관할 수 있다.

서인도의 마살라

스리랑카 노동자들이 카리브해의 프랑스령에 커리인 콜롱보를 들여왔듯이, 아시아의 힌두교도들은 트리니다드토바고에 마살라를 들여왔다. 여기서 소개하는 것은 트리니나드토바고의 조리법이다.

- 코리앤더 씨 3큰술
- 아니스 1작은술
- 클로브(정향) 1작은술
- 커민 씨 1작은술
- 페뉴그리크 씨 1작은술
- 통블랙페퍼 1작은술
- 블랙머스터드 씨 1작은술
- 터메릭(강황) 가루 1작은술
- 칠리 가루 소량
- 마늘(다진 것) 3쪽
- 양파(다진 것) 중간 크기 1개

덩어리 향신료들을 모두 혼합하여 볶아서 식힌다. 고운 가루로 간 뒤 터메릭(강황) 가루와 함께 혼합한다. 기호에 따라 칠리 가루를 추가한다. 여기에 마늘과 양파를 넣고 찧거나 푸드프로세서에 넣어 부드러운 페이스트 상태로 만든다. 필요한 경우에는 물, 타마린드즙, 레몬즙 등을 첨가한다. 밀폐 용기에 넣으면 냉장고에서 3~4일간 보관할 수 있다.

스테이크용 레카도(recado)

향신료 페이스트인 레카도는 마야 문명이 기원인 멕시코 남부 유카탄반도 지역의 요리에서 결코 빼놓을 수 없는 조미료이다. 멕시코 시장에서는 포장마차에서 빨강, 검정, 카키색 등 각양각색의 페이스트들이 판매된다. 쿠바에도 이와 비슷한 페이스트가 있다. 여기서 소개하는 조리법은 카키색 페이스트이다.

- 마늘 8쪽
- 올스파이스 1작은술
- 통블랙페퍼 1작은술
- 커민 씨 ¼작은술
- 시나몬 스틱 ½ 개
- 코리앤더 씨 1작은술
- 클로브(정향) 4개
- 오레가노(건조시키 것) 2작은술
- 소금 ½작은술
- 사과주 또는 와인식초 1큰술

마늘을 으깨고 모든 재료를 푸드프로세서에 넣어 페이스트 상태로 만든 뒤 냉장고에서 보관한다. 하룻밤이 지나면 맛과 향이 더욱더 깊어진다. 페이스트는 몇 주간 보관할 수 있다. 레카도를 스테이크에 바른 뒤 석쇠나 프라이팬에 굽는다. 또는 닭고기 등과 함께 먹는 매콤한 피클인 에스카베체(escabeshe)에 사용한다.

레카도로호(레드아나토 페이스트)

- 아나토 씨 1½큰술
- 코리앤더 씨 ½큰술
- 통블랙페퍼 ½ 큰술
- 커민 씨 ½작은술
- 클로브(정향) 3개
- 오레가노(건조시킨 것) 2작은술
- 마늘 5장
- 소금 1작은술
- 와인 식초 또는 등자즙 1~2큰술

오레가노(건조시킨 것)

덩어리 향신료들을 블렌더나 그라인더로 갈아서 가루로 만든다. 아나토 씨는 매우 딱딱하여 가루로 만드는 데 시간이 걸린다. 마늘과 소금은 혼합하여 절구에 넣고 공이로 으깨고, 여기에 향신료 가루를 조금씩 넣는다. 취향에 따라 레드칠리를 추가해도 좋다. 식초나 과즙으로 수분을 더해 부드럽고 매끈한 페이스트 상태로 만든다.

페이스트를 작은 접시나 그릇에 담은 뒤 건조시키거나 밀폐 용기에 넣는다. 건조시킨 것이든, 페이스트 상태이든지 간에 모두 냉장고에서 수개월간 보관할 수 있다.

요리에 사용할 경우에는 등자즙을 약간 넣어 준다. 레카도는 유카탄반도의 닭고기를 바나나잎에 싸서 찌거나 굽는 향토 요리인 포요피빌에 결코 빠질 수 없는 조미료이다. 생선이나 돼지고기의 조리에도 사용되고, 수프나 스튜에 넣으면 맛에 깊이가 더해진다.

소스와 조미료(양념)

전 세계의 각 지역에는 다양한 소스들이 있다. 그러한 소스들은 요리에 곁들이거나 조리할 때 양념과 고명으로 빠질 수 없다. 그중에는 식민지 시대에 전 세계로 확산된 것도 있다. 허브와 향신료를 사용한 소스와 조미료는 세계 최초로 상품화된 식품이기도 하다.

살사베르데(Salsa verde)

- 파슬리(다진 것) 2~3개
- 민트 또는 바질(다진 것) 잔가지 몇 개
- 마늘(으깬 것) 1쪽
- 케이퍼(다진 것) 1큰술
- 안초비 연육(다진 것) 4장
- 올리브유(엑스트라버진) 150mL
- 소금 적당량
- 블랙페퍼(가루) 적당량

허브, 마늘, 케이퍼, 안초비 연육을 푸드프로세서에 넣고 거친 페이스트 상태로 만든다. 올리브유를 조금씩 부어 가면서 부드러운 소스를 만든다. 소금과 블랙페퍼를 넣고 간을 맞춘다. 생선찜이나 생선구이, 석쇠 구이 고기에 아티초크나 콜리플라워, 브로콜리 등을 곁들여서 살사베르데와 함께 손님에게 제공한다.

바질

파슬리와 레몬 소스

- 디종머스터드 1큰술
- 레몬즙 1개분
- 올리브유(엑스트라버진) 150mL
- 소금 적당량
- 블랙페퍼(가루) 적당량
- 파슬리(다진 것) 90g
- 샬롯(다진 것) 2개분

그릇에 머스터드와 레몬즙을 넣고 거품기로 섞는다. 여기에 올리브유를 넣고 소금과 블랙페퍼로 간을 맞춘 뒤에 파슬리와 샬롯을 첨가한다. 어패류, 닭고기 등의 석쇠 구이와 함께 제공한다.

페스토(Pesto)

페스토는 제노바의 파스타 소스로서, 특히 야채와 페어링이 훌륭하다. 디핑소스, 브루스케타(bruschetta) 소스, 생선 요리용 소스로도 훌륭하다.

- 바질 잎 4줌
- 마늘(으깬 것) 큰 것 1쪽
- 잣 30g
- 파르메산치즈 또는 페코리노치즈(pecorino cheese) 가루 30g
- 올리브유(엑스트라버진) 5~6큰술

올리브유 이외의 재료들을 푸드프로세서에 넣고 잘게 만든다. 또는 절구에 넣고 공이로 찧는다. 올리브유를 조금씩 부어서 푸드프로세서 측면에 묻은 소스를 정돈하면서 동시에 잘 섞어서 진한 초록색의 소스를 만든다. 올리브유를 많이 넣으면 맛이 연한 소스가 된다. 진한 소스를 만들 때는 잣을 몇 개씩 넣고 치즈와 올리브유를 번갈아 넣으면서 섞는다. 소스의 농도는 올리브유의 양으로 조절한다.

페스토(배리에이션)

코리앤더페스토(Coriander pesto)
바질과 잣 대신에 각각 코리앤더와 호두를 사용한다.

파슬리페스토(Parsley pesto)
바질과 땅콩 대신에 각각 파슬리와 아몬드를 사용한다.

로켓페스토(Rocket pesto)
바질과 잣 대신에 각각 로켓과 호두를 사용한다.

로켓

바질·민트·레드페퍼 소스

- 민트 3~4개
- 바질 잎 2줌
- 레드페퍼 1개
- 마늘(다진 것) 작은 것 1쪽분
- 소금 적당량
- 블랙페퍼 적당량
- 레드와인 식초 2큰술
- 올리브 오일 3큰술

민트 잎을 줄기에서 따서 바질과 합쳐 잘게 썬다. 레드페퍼의 껍질이 검게 될 때까지 가스레인지에 곧바로 굽거나 석쇠에서 굽는다. 밀폐 용기에 넣고 식힌 뒤 껍질을 벗긴다. 꼭지와 씨를 제거하고 물로 씻은 뒤에 물기를 닦아내고 잘게 썬다. 마늘과 소금, 블랙페퍼를 레드와인 식초와 섞고 올리브유를 넣는다. 이것을 다시 허브와 레드페퍼와 섞는다. 이 소스는 대문짝넙치(turbot), 연어와 같은 생선의 찜 요리에 잘 어울린다.

민트

호스래디시·애플 소스

오스트리아의 소스로서 일반적인 호스래디시 소스를 약간 변형한 것이다. 소고기, 훈연 육류, 소시지, 장어와 송어의 훈연 요리와도 잘 어울린다. 맛이 더 순한 소스로 만들려면 크림을 더 많이 사용하거나 신선한 빵가루를 더 많이 첨가하면 된다.

- 레몬즙 2큰술
- 호스래디시(가루) 60g
- 사과 큰 것(구운 것) 1개
- 소금 적당량
- 정제당 적당량
- 더블 크림 100mL

레몬즙 1큰술을 호스래디시 가루에 넣고 흔들어 주면 변색되지 않는다. 여기에 껍질을 벗긴 사과를 넣고 잘 섞는다. 소금과 정제당을 적당량으로 넣고 간을 맞춘 뒤 15분간 그대로 둔다. 여기에 휘저은 크림을 넣고 혼합한다.

타르타르 소스

마요네즈 300mL에 다진 파슬리, 샬롯, 케이퍼, 오이 피클, 그린 올리브를 각각 1작은술씩 넣고 혼합한다. 이 소스는 특히 어패류 요리에 잘 어울리고, 따뜻하거나 차가운 요리에도 페어링이 좋다.

레물라드(Remoulade) 소스

마요네즈 300mL에 디종머스터드 1작은술과 안초비 연육 1개를 다져서 넣고 혼합한다. 여기에 다진 파슬리, 처빌, 타라곤, 케이퍼, 오이 피클을 각각 2작은술씩 넣는다. 이 소스는 바닷가재 등의 해산물 요리에 곁들이는 데 좋다.

라비고트(Ravigote) 소스

프렌치드레싱 150mL에 케이퍼, 샬롯, 파슬리를 각각 다져서 1큰술씩 넣는다. 여기에 차이브(골파), 처빌, 타라곤을 각각 2~3큰술씩 혼합한다. 이 소스는 감자 샐러드와 생선구이와 최고의 페어링을 이룬다.

소렐(Sorrel) 소스

달걀 요리에 곁들이는 데 사용하는 이 소스는 매우 간단하게 만들 수 있다. 진한 소스는 양고기에도 잘 어울린다.

- 소렐 잎 200g
- 버터15g
- 생크림(유지방분 28% 또는 48%) 100mL
- 소금 소량
- 블랙페퍼(가루) 소량

줄기에서 단단한 부분을 제거한 소렐을 버터와 함께 약한 불로 가열한 뒤 그릇에 담는다. 잎이 촉촉해지면 생크림을 조금씩 붓는다. 소렐은 신맛이 있기 때문에 생크림과의 균형이 중요하다. 맛을 보면서 취향에 맞게 생크림의 양을 조절한다. 마지막으로 소금과 블랙페퍼를 넣어 가면서 간을 맞춘다.

로메스코(Romesco) 소스

스페인의 카탈루냐 지역, 특히 타라고나(Tarragona)를 대표하는 소스로서 생선, 닭고기, 야채구이에 곁들여서 제공된다.

· 뇨라칠리(ñora chillies) 2개
· 칠리(건조시킨 것) 작은 것 1개
· 아몬드(데친 것) 2큰술
· 헤이즐넛 2큰술
· 올리브 오일 6큰술
· 마늘 3쪽
· 식빵(가장자리는 제거) 1장
· 피퀴요페퍼(piquillo pepper) 2개 또는 레드벨페퍼(red bell pepper)(구워서 껍질을 벗긴 뒤 다진 것) 1개
· 토마토 퓌레 2작은술
· 익힌 토마토(껍질과 씨를 제거하고 채로 썬 것) 1개
· 화이트와인 식초 2큰술
· 소금 적당량
· 블랙페퍼 적당량

뇨라칠리를 쪼개 씨를 빼고 물에 30분간 불린다. 아몬드와 헤이즐넛을 볶고, 헤이즐넛을 문질러서 얇은 껍질을 벗긴다. 올리브유 2큰술을 프라이팬에 두르고, 마늘 2쪽을 색이 변할 때까지 살짝 볶는다. 마늘을 건져 낸 뒤 그 기름으로 빵이 노릇노릇해질 때까지 구워서 식힌다. 물에 불린 뇨라칠리는 물기를 뺀 뒤 모든 마늘, 빵, 견과류, 페퍼, 토마토 퓌레와 함께 푸드프로세서나 블렌더에 넣어 교반한다. 부드러운 소스가 되면 그릇에 담고 토마토, 올리브유, 와인 식초를 넣고 섞는다. 마지막으로 소금과 페퍼로 간을 맞춘다. 소스가 진할 경우에는 올리브유, 식초, 물 중 택일하여 조금씩 넣고 농도를 조절한다. 밀폐 용기에 넣으면 냉장고에서 2~3일간 보관할 수 있다.

베아르네즈(Bearnaise) 소스

프랑스 요리에서 스테이크용 전통 소스이다.

· 화이트와인(드라이) 150mL
· 화이트와인 식초 또는 타라곤 식초 3큰술
· 샬롯(다진 것)3개
· 타라곤 5개
· 화이트페퍼(가루) 적당량
· 버터(무염) 180g
· 노른자위 3개
· 소금 적당량
· 타라곤 잎(다진 것) 또는 타라곤과 처빌의 믹스 1큰술

와인, 와인 식초, 샬롯, 타라곤, 페퍼를 두꺼운 프라이팬에 넣고 약한 불로 가열한다. 뚜껑 없이 수분이 2~3큰술 정도 될 때까지 졸인다. 고운체에 걸러 내면서 샬롯과 타라곤은 꾹 눌러서 향을 이끌어 낸다. 이 소스를 프라이팬에 다시 넣는다. 한편 다른 프라이팬에서는 버터를 녹이고 잠시 둔다. 버터가 식으면 윗부분의 맑은 액체를 다른 용기에 옮긴 뒤 하부의 흰색 잔류물은 버린다. 와인과 와인 식초 소스가 있는 프라이팬을 약한 불로 가열하고, 노른자위는 약간의 소금을 넣고 거품기로 섞는다. 녹인 버터를 1큰술 정도씩 넣고 거품기로 계속 섞는다. 마지막 버터를 넣기 전에 프라이팬을 불에서 내린다. 남은 열로 데우면서 타라곤을 넣고 소금으로 간을 맞춘다. 소스는 그릇에 담아 뜨거운 프라이팬에 올려놓으면 단시간에 보온할 수 있다. 보온할 때 끓는 물은 사용하지 않는다.

배리에이션

팔루아즈(paloise) 소스
베아르네즈 소스에서 타라곤 대신에 민트를 사용한 변형 소스이다. 생선찜, 닭고기, 양고기의 구이에 곁들인다.

뇨라칠리

보울스민트

그린모호(Greem mojo)

그린모호는 스페인의 카나리아제도의 디핑소스로서 삶은 감자인 파파스아루가다스(papas arrugadas)에 곁들인다. 먼저 감자를 삶는 방법을 소개한다.
감자를 껍질째 냄비에 넣고, 물을 감자가 잠길 정도로 붓는다. 감자 500g에 대해 100g의 소금을 넣고 삶는다. 물이 끓으면 불을 줄여 약한 불로 감자가 익을 때까지 15분 정도 가열한다. 감자가 익어서 부드러워지면 물을 버린 뒤 냄비를 다시 약한 불에 올려서 수분을 날린다. 감자의 껍질은 주름지고 겉면에는 소금이 붙어 있지만 속은 매우 연하고 부드럽다.
이 감자와 그린모호의 페어링은 매우 훌륭하여 절로 먹게 된다. 또한 그린모호는 생선, 육류, 샐러드와도 잘 어울린다.

- 그린페퍼 1개
- 그린칠리 3개
- 마늘 10쪽
- 굵은 소금 1작은술
- 파슬리 잎 1줌
- 커민(가루) 1작은술
- 와인 식초 4큰술
- 올리브 오일 6큰술

그린페퍼와 그린칠리에서 씨와 꼭지를 제거한 뒤 굵게 채를 썬다. 마늘과 소금을 섞고 으깬다. 모든 재료를 블렌더나 푸드프로세서에 넣고 갈거나 절구에 넣고 공이로 찧어서 부드러운 페이스트 상태로 만든다. 필요하면 물을 부어 농도를 조절한다. 밀폐 용기에 넣고 기름을 부으면 냉장고에서 2주간 보관할 수 있다.

하리사(Harissa)

하리사는 매운맛이 아주 강한 칠리 소스이다. 지금은 시장에서 널리 유통되고 있지만, 일반 가정에서도 쉽게 만들 수도 있다. 직접 만든 하리사는 향이 좋고, 칠리의 매운맛뿐만 아니라 감칠맛도 느낄 수 있다. 하리사는 북아프리카 지역의 곳곳에서 사용하고 있다. 특히 튀니지에서는 일상 조미료로 사용된다. 튀니지에서는 현지에서 재배된 칠리를 건조시켜 사용한다. 신선한 칠리를 사용할 경우에는 건조 칠리와 같은 양으로 사용하고, 뜨거운 물에 불리는 과정은 생략한다. 하리사는 요리에 직접 사용하기도 하지만, 달걀, 쿠스쿠스, 타진의 조미료로도 사용된다.

- 칠리(건조시킨 것) 100g
- 마늘(껍질 벗긴 것) 2쪽
- 소금 ½작은술
- 커민 씨(가루) 1작은술
- 캐러웨이 씨(가루) 1작은술
- 코리앤더(가루) ½작은술
- 올리브유 1~2큰술

칠리를 부수고 씨를 뺀 뒤 끓기 직전의 물에 넣어 불린다. 그 사이에 마늘과 소금을 으깨어 둔다. 칠리에서 물기를 뺀 뒤 썰어서 으깬 마늘, 향신료와 함께 섞어서 다시 으깬다. 올리브유를 부어 부드러운 페이스트 상태로 만든다. 밀폐 용기에 넣고 기름을 부으면 3~4주간 보관할 수 있다. 하리사는 일반적으로 기름, 레몬즙, 물, 육수 등으로 희석해서 사용한다.

그린칠리

코리앤더

염장 레몬

염장 레몬은 모로코에서 탄생한 조미료로서 오늘날에는 북아프리카 전역에서 사용되고 있다. 전통적으로 육류, 생선, 야채에 맛을 내는 데 사용되었다. 독특하면서도 약간 짠맛이 있어 샐러드, 살사, 드레싱에도 잘 어울린다.

- **레몬(왁스 미사용) 10개**
- **굵은 소금 적당량**

레몬 5개는 세로 방향으로 ¾ 정도로 칼집을 넣는다(완전히 가르지 않고 일부 연결된 상태로). 레몬을 살짝 벌려 1개당 1큰술 정도의 소금을 과육에 뿌려서 바른다. 레몬을 뭉쳐서 밀폐 용기에 담는다. 위에서 꾹 눌러 주면서 접시를 엎히고 용기의 뚜껑을 덮는다. 3일 정도 지나면 레몬즙이 배어 나온다. 나머지 레몬 5개분의 즙을 소금에 절인 레몬이 완전히 잠길 정도로 부어서 1개월간 둔다. 레몬이 공기에 접하면 하얀 곰팡이가 생길 수 있는데, 이것은 인체에 해가 없기 때문에 씻어서 사용한다. 염장 레몬은 1년 가까이 보관할 수 있고, 시간이 지나면서 점차 맛이 부드러워진다. 껍질 부위는 잘게 썰어서 사용하고 과육과 씨는 제거한다.

남쁘릭(Nam Prik)

'칠리 물'이라는 뜻의 남쁘릭은 태국 전역에서 사용되는 조미료이다. 쌀, 생선, 야채, 살짝 조리한 야채와 페어링이 좋다. 남쁘릭은 건새우, 새우 페이스트, 칠리, 마늘, 종려당을 혼합하여 으갠 뒤 피시 소스, 라임즙을 넣은 것이다. 그 밖에도 샬롯, 땅콩, 작은 가지, 설익은 과일 등을 넣기도 한다. 조리법이 간단하여 직접 만들어서 맛과 향을 즐겨 보길 바란다.

- **레드칠리(씨를 빼고 잘게 다진 것) 4개분**
- **마늘(다진 것) 4쪽**
- **건새우 2큰술**
- **종려당(그래뉴당) 1큰술**
- **피시 소스 2큰술**
- **라임즙 적당량**

칠리 가루, 마늘, 건새우, 종려당을 절구에 넣고 공이로 찧거나 푸드로세서에 넣고 물 1큰술을 부어 교반한다. 피시 소스를 조금씩 부어 가면서 섞고, 라임즙은 맛을 보면서 약간씩 1~4큰술 정도 넣는다. 밀폐 용기에 넣으면 냉장고에서 1~2주간 보관할 수 있다.

태국의 칠리잼

태국에서 '남쁘릭빠드(Nam prik pad)'라고 하는 소스이다. 인도네시아의 매운 조미료인 삼발과 비슷하다. 수프, 볶음 요리, 쌀 요리에 조미료로 사용한다.

- **새우 페이스트(까피) 1작은술**
- **레드칠리(신선하거나 건조시킨 것) 8개**
- **마늘(반쪽) 8쪽**
- **샬롯(반쪽) 8개**
- **건새우 4큰술**
- **해바라기 종유 3큰술**
- **피시 소스 1큰술**
- **종려당 2큰술**
- **타마린드 농축액(적당량의 농축액을 물로 희석) 2큰술**

새우 페이스트를 알루미늄 포일에 싸 프라이팬이나 온도 200도로 예열된 오븐에 넣고 2~3분간 가열한 뒤 식힌다. 레드칠리는 꼭지를 제거한다. 씨는 기호에 따라서 택일 사항이다. 레드칠리, 마늘, 샬롯을 프라이팬이나 오븐에 넣고 태우지 않도록 주의하면서 각각 볶는다. 부드러워지면 식힌 뒤 새우 페이스트와 함께 푸드프로세서에 넣고 페이스트 상태로 만든다. 건새우를 으깨어 페이스트에 넣는다. 프라이팬에 기름을 달군 뒤에 페이스트를 넣고 향이 올라올 때까지 볶는다. 피시 소스, 설탕, 타마린드 농축액을 넣고 전체적으로 섞어 준다. 수분이 다소 줄어들 때까지 계속 가열하고 식힌다. 밀폐 용기에 넣으면 냉장고에서 2~3주간 보관할 수 있다.

남쁘릭 볶음

- **타마린드 농축액 1작은술**
- **땅콩 2큰술**
- **마늘(껍질째) 5쪽**
- **샬롯(껍질째) 5개**
- **레드칠리(프레쉬) 5개**
- **새우 페이스트(카피) 소량**
- **종려당(또는 그래뉴당) 1큰술**

뜨거운 물 2큰술에 타마린드 농축액을 푼다. 두툼한 프라이팬을 달구고 땅콩을 재빨리 볶아 다른 그릇에 담아 둔다. 마늘과 샬롯을 껍질이 노릇노릇해지고 속이 부드러워질 때까지 볶는다. 레드칠리와 새우 페이스트를 각각 알루미늄 포일에 싼 뒤에 레드칠리는 부드러워질 때까지, 새우 페이스트는 한쪽 면을 1~2분씩 노릇노릇해질 때까지 볶는다.

샬롯과 마늘에서는 껍질을, 칠리에서는 기호에 따라서 씨를 제거한 뒤 섞어서 다진다. 종려당을 포함하여 모든 재료를 혼합하여 페이스트 상태가 될 때까지 교반한다. 밀폐 용기에 넣으면 냉장고에서 1~2주간 보관할 수 있다.

스위트 칠리 소스

이 간편한 소스는 어패류 튀김과 구이, 춘권에 잘 어울린다.

· 설탕 6큰술
· 레드칠리(씨를 빼고 채를 썬 것) 4개
· 마늘(다진 것) 2쪽
· 진저(채를 썬 것) 1조각
· 쌀 식초(또는 사과 식초) 5큰술
· 피시 소스 1큰술
· 코리앤더(다진 것) 3~4큰술

물 120mL를 데운 뒤 설탕을 넣고 시럽을 만든다. 이 시럽을 졸이면서 코리앤더 이외의 모든 재료를 넣고 끓이면서 3분간 삶는다. 이 소스를 그릇에 담아 식힌 뒤 코리앤더를 넣는다. 맛을 보면서 적당량의 소금을 넣는다. 피시 소스로 간을 맞추는 경우가 많다.

느억짬(Nuoc cham)

베트남의 모든 요리에 곁들이는 디핑소스이다. 지역에 따라 독자적인 스타일이 있다. 북부에서는 피시 소스인 느억맘, 물, 칠리를 간단히 혼합한 것이 일반적이지만, 남부에서는 거기에 마늘, 설탕, 라임즙 등을 추가한다. 칠리는 버드아이칠리라는 품종이 가장 적합하지만, 구할 수 없을 경우에는 신선한 일반 칠리를 사용해도 된다.

· 라임즙 2큰술
· 피시 소스(느억맘) 3큰술
· 설탕 2큰술
· 버드칠리(씨를 빼고 다진 것) 1개
· 마늘(다진 것) 1쪽

라임즙, 피시 소스(느억맘), 설탕, 물 3큰술을 그릇에 함께 넣고 설탕이 녹을 때까지 잘 섞는다. 여기에 칠리와 마늘을 넣는다.

배리에이션

껍질을 벗긴 신선한 진저(생강)를 잘게 다져서 소스에 넣는다. 또 하나는 피시 소스 대신에 간장을 사용하고 설탕의 사용량을 1큰술 정도로 줄인다.

민트 디핑소스

베트남 소스로서 춘권, 새우구이, 야채와 허브를 양상추에 싸서 먹는 요리에 맛을 더해 준다.

· 민트 잎 1줌
· 마늘(다진 것) 2쪽
· 버드칠리(씨를 빼고 잘게 다진 것) 1개
· 쌀 식초 2개
· 라임즙 3큰술
· 피시 소스 2큰술
· 종려당(또는 갈색 설탕) 2큰술

민트, 마늘, 칠리를 푸드프로세서에 넣고 페이스트 상태로 만든다. 다른 재료들은 2~3큰술의 물과 함께 그릇에 담은 뒤 종려당이 녹을 때까지 잘 섞는다. 이것을 페이스트에 추가한다.

블랙페퍼민트

삼발(Sambals)

커리 페이스트나 마살라와는 달리 인도네시아의 붐부나 향신료 믹스는 각 요리에서 빠질 수 없는 재료이다. 기본 재료는 양파, 마늘, 코리앤더, 커민, 간장, 타마린드(또는 라임즙)이다. 그 외의 향신료와 허브는 요리에 따라서 달라진다. 인도네시아에는 그 밖에도 삼발이라는 칠리를 기반으로 하는 향기로운 조미료가 있다. 그중에는 극렬하게 매운 것도 있다.

삼발바작(Sambal bajak)

이 삼발은 큰 레드칠리를 사용한다. 샬롯, 마늘, 코코넛밀크를 넣어서 맛을 순화시킨다. 인도네시아의 볶음밥 격인 나시고렝(nasi goreng) 등의 쌀밥 요리와 잘 어울린다.

- 레드칠리 큰 것 10개
- 샬롯(다진 것) 8개
- 마늘(다진 것) 5쪽
- 새우 페이스트(트라시) 1작은술
- 캔들너트 5개
- 농축 타마린드 소스 1작은술
- 걸랭걸(양강근) 가루 ½작은술
- 맥러트라임 잎(찢은 것) 2장
- 해바라기 종유 2큰술
- 소금 1작은술
- 종려당 2작은술
- 코코넛밀크 250mL

칠리의 꼭지를 제거하고 굵게 다진다. 씨는 기호에 따른 택일 사항이다. 칠리, 샬롯, 마늘, 새우 페이스트, 캔들너트, 타마린드, 걸랭걸(양강근), 맥러트라임 잎을 혼합하여 으깨어 페이스트 상태로 만든다. 프라이팬에 기름을 두르고 달군 뒤 페이스트를 10분 동안 가열한다. 나머지 재료들을 넣고 전체적으로 걸쭉하면서 기름 층이 분리될 때까지 약한 불에서 20~25분간 조리한다. 불을 끈 뒤 기름과 페이스트를 섞어서 식힌다. 밀폐 용기에 넣으면 냉동실에서 2~3주간 보관할 수 있다.

라임 잎

삼발울렉(Sambal ulek)

삼발울렉에는 '롬복(lomboks)'이라는 칠리가 사용된다. 다른 신선한 칠리도 사용할 수 있다. 조리법이 매우 간단하다. 밀폐 용기에 넣으면 냉동실에서 2~3주간 보관할 수 있다.

- 레드칠리(롬복) 500g
- 소금 2작은술
- 레몬즙 1큰술

레드칠리에서 꼭지를 제거하고 부드러워질 때까지 타지 않도록 재빠르게 볶아서 식힌다. 취향에 따라서 씨를 제거한다. 칠리, 소금, 레몬즙을 푸드프로세서에 함께 넣고 페이스트 상태로 만든다.

배리에이션

삼발 케미리(Sambal kemiri)

삼발울렉을 절반 양으로 만든다. 여기에 볶은 캔덜너트의 가루를 넣고 푸드프로세서에서 페이스트 상태로 만든다.

삼발 마니스(Sambal manis)

삼발울렉의 절반 양에 종려당 2작은술을 넣어 혼합한다.

한국의 디핑소스

한국의 음식에도 세서미(참깨), 칠리(고추), 식초, 간장을 기반으로 하는 다양한 디핑소스들이 있다. 만두, 부침개(전), 회, 야채, 육류의 구이 등을 찍어 먹는다.

부침개(전)의 디핑소스

- 설탕 1작은술
- 간장 4큰술
- 쌀 식초(사과 식초) 2작은술
- 참기름 1작은술
- 볶은 세서미(참깨) 2작은술
- 파(다진 것) 1개
- 칠리 가루(고춧가루) ½작은술

간장과 식초를 섞어서 설탕을 넣고 녹인다. 여기에 모든 재료들을 섞고 냉장고에 넣으면 며칠간 보관할 수 있다.

고추장 소스

이 조리법은 마크 밀런(Mark Millon), 김밀런의 공저인『한국의 조미료(Flavours of Korea)』에서 인용한 것이다. 고추장은 한국의 부엌 요리에서 빠질 수 없는 조미료이다. 칠리 가루(고춧가루)와 찹쌀로 만드는 발효 식품으로서 아시아계 식료품점과 슈퍼마켓에서 구입할 수 있다. 이 조리법에서는 고추장을 사용해 소스에 맛의 깊이와 선명한 색채를 더해 주고 있다.

- 고추장 2큰술
- 마늘(으깨서 다진 것) 2장
- 쌀 식초(또는 사과 식초) 1큰술
- 간장 1큰술
- 참기름 1작은술
- 세서미(참깨)(볶은 것) 2작은술
- 파(채로 썬 것) 2개
- 설탕 2작은술

모든 재료를 함께 넣고 섞는다. 작은 접시에 담아 고기 구이, 회, 야채 요리의 디핑소스로 사용한다.

유주코슈(柚子胡椒)

일본 규슈 지역 특산의 조미료로 유자와 칠리를 사용한 일명 '유자페퍼'이다. 규슈에서는 칠리(고추)를 '페퍼(후추)'라고 하는 내력이 있다. 유자피, 신선한 그린칠리, 소금을 넣고 발효시켜 만든다. 본래는 일반 가정에서 직접 담가 먹었지만, 오늘날에는 시중에서 판매되고 있다. 제철의 유자 4개, 그린칠리 2개, 소금 ½ ~1작은술만 있으면 직접 만들 수 있다. 유자의 껍질을 갈고, 그린칠리는 씨를 뺀 뒤 소금과 함께 절구에 넣고 공이로 찧어서 페이스트 상태로 만든다. 그 뒤 냉장고에 넣어 2주간 숙성시킨다. 요리의 양념장으로 사용되었지만, 오늘날에는 라멘, 우동, 회, 튀김, 닭구이, 샐러드드레싱, 파스타의 소스로도 사용한다.

폰즈(ポン酢)

일본 냄비 요리에 널리 사용되는 조미료이다. 쌀 식초, 미림, 간장, 가쓰오부시, 다시마를 함께 삶는다. 이것을 식힌 뒤 유자와 같은 시트러스계의 과즙을 추가하여 향을 더한다. 액상 조미료이지만 침전물이 생길 수도 있다. 직접 만들 경우에는 냄비에 쌀 식초 2½큰술, 미림 3큰술, 간장 1큰술, 가쓰오부시 1½큰술을 넣고 끓인 뒤, 감귤즙을 넣고 체에 걸러 식힌다. 폰즈는 전골, 생선구이, 회 등의 소스로 사용된다.

생강·간장의 디핑소스

이 중국 소스는 점심, 해산물튀김과 함께 제공되며, 닭고기구이에도 잘 어울린다. 취향에 따라 칠리 소스를 넣어도 좋다.

- 간장 3큰술
- 쌀 식초 3큰술
- 진저(강판에 간 것) 1작은술
- 파(다진 것) 1개
- 코리앤더(다진 것) 2~3개

간장과 식초를 혼합한 뒤에 나머지 재료들을 넣는다.

진저(생강)즙

라임·칠리 소스

서인도제도 각지에 다양한 라임·칠리의 소스들이 있다. 여기서 소개할 것은 과들루프 섬의 조리법이다.

- 레드칠리(신선한 것) 2개
- 해염 1큰술
- 라임즙 250ml

칠리에서 씨를 제거하고 채를 썬다. 라임즙에 해염을 녹인다. 밀폐 용기에 채를 썬 칠리를 담고 라임즙을 붓는다. 2~3일간 숙성시키면 맛있게 먹을 수 있다. 1개월간 보관할 수 있다. 생선, 야채볶음과 함께 제공한다.

아힐리모힐리(Ajilimojili)

아히둘세(aji dulce)라는 순한 품종의 칠리를 사용하는 푸에르토리코의 소스이다. 토스토네스(tostones)라는 튀김 조리용 바나나에 자주 곁들인다. 생선, 육류의 튀김과 구이에도 잘 맞는다. 여기서 소개하는 조리법은 엘리자베스 램버트 오리츠(Elisabeth Lambert Oritz)의 저서 『카리브 요리의 전서(The Complete Book of Caribbean Cooking)』에서 인용한 조리법이다.

- 레드칠리(신선한 것) 3개
- 레드페퍼 3개
- 페페콘(페퍼콘) 4개
- 마늘(으깬 것) 4쪽
- 소금 2작은술
- 라임즙 150mL
- 올리브 오일 150mL

레드칠리와 레드페퍼의 꼭지를 제거하고 굵게 다진다. 이것을 페퍼콘, 마늘, 소금과 함께 푸드프로세서에 넣어 거친 퓌레 상태로 만든다. 여기에 라임즙과 올리브유를 부어 가면서 부드러워질 때까지 교반한다. 밀폐 용기에 넣으면 냉장고에서 3~4주간 보관할 수 있다.

몰레베르데(Mole Verde)

몰레베르테는 멕시코의 요리에서 사용하는 소스이다. 칠리와 허브의 향미가 강하다. 그린몰레는 닭가슴살찜이나 오리가슴살볶음 요리에도 잘 어울린다.

- 호박 씨 100g
- 토마티요(신선한 것이나 통조림) 6개
- 세라노 칠리(씨를 제거하고 다진 것) 4개
- 마늘(으깬 것) 2쪽
- 양파(잘게 썬 것) 작은 것 1개
- 로메인 상추(잘게 썬 것) 10장
- 코리앤더(잘게 썬 것) 3큰술
- 에파조테 잎. 신선한 것은 3개, 건조시킨 것은 1큰술
- 커민 씨(가루) ¼작은술
- 해바라기 종유 2큰술
- 닭고기 육수 250mL

호박씨를 이리저리 뒤적거리면서 타지 않도록 잘 볶는다. 신선한 토마티요는 껍질을 벗긴 뒤 잘게 채로 썬다. 이것을 야채류, 허브, 향신료와 함께 섞는다. 프라이팬에 기름을 두르고 달군 뒤에 재료들을 넣고 뒤적거리면서 센 불로 5분간 졸여서 소스를 만든다. 냄비에 닭고기 육수를 넣고 호박씨와 소스를 넣는다. 색이 변하지 않도록 주의하여 약한 끓인다. 15분 정도 휘저으면서 살짝 졸인다.

살사프레스카(Salsa fresca)

멕시코에서 쉽게 찾아볼 수 있는 일반적인 살사 조리법이다.

- 토마토(껍질과 씨를 제거해 잘게 썬 것) 4개
- 레드어니언(잘게 썬 것) 1개
- 할라페뇨칠리(씨를 제거해 채로 썬 것) 4개
- 코리앤더 잎(다진 것) 5큰술
- 라임즙(셰리 식초) 5큰술
- 소금 적당량

모든 재료들을 혼합한 뒤에 30분 정도 둔다.

할라페뇨 칠리

쿠바의 모호(mojo)

모호는 멕시코의 살사와 비슷한 테이블 소스이다. 일반적으로 세빌오렌지(Seville orange)가 사용되지만, 라임즙, 오렌지즙을 소량으로 대신 사용할 수 있다.

- 올리브유 4큰술
- 마늘(다진 것) 2쪽
- 샬롯(다진 것) 1개
- 소금 ½작은술
- 오레가노(건조시킨 것) 1작은술
- 커민(가루) 1작은술
- 세빌오렌지즙(또는 오렌지즙) 100mL, ⅓개분과 라임즙 ⅔개분
- 코리앤더 잎(다진 것) 3큰술

올리브유를 프라이팬에 달군 뒤에 마늘과 샬롯이 노릇해질 때까지 약한 불로 볶는다. 프라이팬을 불에서 내리고 거기에 소금, 오레가노, 커민, 과즙을 넣는다. 그리고 잘 섞어서 식힌다. 접시로 옮겨 담고 코리앤더를 넣는다. 모호는 밀폐 용기에 넣으면 냉장고에서 2~3주간 보관할 수 있다. 갓 만들었을 때 향미가 가장 최상이다. 스테이크, 닭고기, 야채 요리와 잘 어울린다.

커민 통씨

망고·파파야 모호

- 망고 1개
- 파파야 1개
- 파(잘게 썬 것) 2개
- 진저(다진 것) 작은 것 1쪽
- 민트 잎(다진 것) 2큰술
- 라임즙 100mL

망고와 파파야의 과육을 작은 깍두기 모양으로 썰어서 다른 재료와 혼합한다. 생선구이, 해산물, 닭고기와 함께 손님에게 제공한다.

시니펙(Xni-pec)

멕시코 남부 유카탄반도의 살사로서 매운맛이 폭발적이다.

- 하바네로 칠리 2~3개
- 토마토(다진 것) 큰 것 4개
- 양파(다진 것) 1개
- 코리앤더 잎(다진 것) 2줌
- 세빌오렌지즙(또는 라임즙) 4큰술
- 소금 소량

하바네로 칠리를 구운 뒤 껍질을 벗기고 씨를 제거한다. 이것을 잘게 썰어서, 토마토, 양파와 함께 섞는다. 여기에 코리앤더 잎을 넣고 세빌오렌지즙을 붓는다. 세빌오렌지가 없으면, 라임을 사용해도 좋다. 소금으로 간을 맞춘 뒤 상온에서 1시간 정도 둔다. 멕시코 유카탄반도 지역에서는 시니펙이 항상 식탁에 놓여 있으며, 육류구이와 함께 먹는다. 콘칩의 디핑소스로도 사용할 수 있다. 갓 만들었을 때 향미가 최상이다.

페브레(Pebre)

칠레 전역에서 사용되는 소스로서 지역과 요리사에 따라서 조리법이 다르다.

- 양파(다진 것) 1개
- 마늘(다진 것) 1~2쪽
- 코리앤더 잎 1줌
- 토마토(있을 시 씨를 제거하고 잘게 썬 것) 3개
- 아히 페이스트 1~2큰술 또는 칠리 가루 1~2개분
- 레드와인 식초 2큰술 또는 적당량
- 올리브유 3큰술 또는 적당량
- 소금 적당량

양파와 마늘을 그릇에 넣는다. 코리앤더 잎을 잘게 썰고 토마토와 함께 넣는다. 아히 페이스트를 넣거나, 신선한 칠리를 사용하는 경우는 씨를 빼고 잘게 썰어서 넣는다. 레드와인 식초와 올리브유를 맛을 보면서 부어 가며 취향에 맞게 만든다. 소금으로 간을 맞춘 뒤 3~4시간 둔다. 냉제 고기, 해산물, 야채볶음에 잘 어울린다.

아르헨티나의 살사크리오야 (Salsa Criolla)

바비큐 고기에 최적의 조미료이다.

- 레드어니언(다진 것) 1개
- 레드칠리 (다진 것) 1개
- 토마토(씨를 제거해 다진 것) 2개
- 마늘(다진 것) 1쪽
- 파슬리 잎(다진 것) 1줌
- 라임즙 1개
- 올리브 오일(라이트) 2큰술
- 소금 적당량
- 블랙페퍼(가루) 적당량

모든 재료들을 그릇에 넣고 뚜껑을 닫아 맛이 어우러질 때까지 1~2시간 동안 둔다. 생선, 육류, 닭고기 요리에 조미료로 사용한다.

페루의 살사크리오야

아히아마리요가 없는 경우에는 스카치보넷을 사용하면 된다. 매운맛이 약한 것을 원하면 할라페뇨를 대신 사용해도 된다.

- 레드어니언(다진 것) 1개
- 아히아마리요(칠리·씨를 제거해 다진 것) 1개
- 코리앤더 잎(다진 것) 1줌
- 토마토(씨를 제거하고 네모 썰기) 2개
- 라임즙 3큰술
- 올리브 오일(라이트) 2큰술
- 소금 적당량

찬물을 담은 그릇에 양파를 넣고 15분간 불린다. 물기를 뺀 뒤 나머지 재료들과 혼합한다. 맛이 어우러질 때까지 1~2시간 동안 그대로 둔다. 생선, 육류, 닭고기 요리에서 조미료로 사용한다.

치미추리(Chimichurri)

치미추리는 아르헨티나의 허브 소스로 육류구이에 곁들여서 제공된다. 파이, 야채, 수프에도 잘 맞는다.

- 마늘(다진 것) 4쪽
- 블랙페퍼(간 것) 1작은술
- 레드칠리(굵게 다진 것) ½작은술
- 파프리카(가루) 1작은술
- 오레가노 잎(다진 것) 2작은술
- 파슬리 잎과 줄기 적당량
- 올리브유 100ml
- 레드와인 식초 5큰술
- 소금 소량

모든 재료를 밀폐 용기에 넣고 잘 흔들어서 섞는다. 3~4시간 동안 그대로 둔다.

파프리카

페루의 파슬리 살사

파슬리 살사는 옥수수, 감자, 육리의 요리에 곁들여서 제공된다.

- 양파(다진 것) 1개
- 오레가노 1작은술
- 소금 적당량
- 블랙페퍼(가루) 적당량
- 와인 식초 적당량
- 파슬리 잎 3줌
- 토마토 1개

그릇에 양파와 오레가노를 넣고 소금, 블랙페퍼를 뿌린 뒤 레드와인 식초를 그 위에 뿌린다. 30분 이상 둔 뒤 식초는 빼낸다. 여기에 파슬리 잎을 푸드프로세서로 갈아서 페이스트 상태로 만들어서 넣는다. 토마토를 뜨거운 물에 불려서 껍질을 벗긴 뒤 과육을 으깨거나 잘게 다져서 넣는다. 그리고 전체적으로 잘 섞어 준다.

오레가노

그린망고 렐리시(relish)

· 그린망고 1개(약 500g)
· 마늘(다진 것) 1쪽
· 풋칠리(다진 것) 1개
· 소금 ½작은술
· 올리브유 1큰술
· 파슬리 잎(또는 민트 잎) 다진 것 1줌

망고를 잘게 다진 뒤 다른 재료와 함께 잘 섞는다. 밀폐 용기에 넣고 오일에 위로 부으면 냉장고에서 2~3일간 보관할 수 있다.

네팔 민트처트니(mint chutney)

· 민트 잎(다진 것) 2줌
· 마늘(다진 것) 2쪽
· 칠리(가루) ¼작은술
· 소금 ½작은술
· 레몬즙 1개
· 머스터드(또는 해바라기) 종유 2큰술
· 페뉴그리크 씨 ½작은술
· 터메릭(강황)(가루) ½작은술

민트, 마늘, 칠리 가루, 소금, 레몬즙을 잘 섞은 뒤 보관한다. 프라이팬에 오일을 두르고 가열하여 페뉴그리크 씨가 노릇노릇해질 때까지 볶아서 그릇에 담는다. 터메릭(강황)을 살짝 볶아서 식힌 뒤 민트 믹스에 넣어 섞는다. 쌀, 파코라(pakora)와 같은 빵에 곁들여서 먹는다.

애플민트

민트 렐리시

· 민트 잎(신선한 것) 100g
· 마늘(다진 것) 1쪽
· 그린 칠리(씨를 제거하고 잘게 썬 것) 2~4개
· 소금 ½작은술
· 라임즙 1개 분량
· 야채 오일 1~2큰술
· 백설탕(선택) 1자밤
· 요구르트(선택) 90mL

민트 잎에서 라임즙까지의 재료를 푸드프로세서에 넣고 교반한다. 필요에 따라 야채 오일을 약간 붓는다. 매운맛이 강하면 설탕을 넣어도 좋다. 육류구이에 곁들인다. 쌀 요리에 사용할 경우에는 요구르트 90mL를 넣어 준다.

신선한 토마토 처트니

이 처트니와 왼쪽 아래 민트 렐리시는 미얀마의 요리로서 로베르토 커맥(Robert Carmack)과 모리슨 폴킹혼(Morrison Polkinghorne)의 공저인 『버마 요리서(The Burma Cookbook)』의 조리법에 기반한다. 커리 요리에 곁들이거나, 육류, 닭고기구이와 함께 먹는다. 미얀마산의 칠리는 다른 아시아산의 칠리에 비해 매운맛이 덜하기 때문에 본고장의 향미를 원할 경우에는 파프리카나 순한 맛의 칠리 가루를 사용하면 된다. 이 토마토 처트니는 만들면 곧바로 그날에 먹는 것이 가장 좋다. 설익은 토마토, 익은 토마토 모두 사용할 수 있다. 설익은 토마토를 사용할 경우에는 껍질과 씨를 제거하지 않고 설탕으로 맛을 조절한다.

· 토마토(껍질과 씨를 제거해 굵게 다진 것) 500g
· 양파(다진 것) 1개
· 핫파프리카(또는 칠리 가루) 1작은술
· 설탕 2작은술
· 쌀 식초 1큰술
· 소금 ½작은술

모든 재료를 합쳐서 가볍게 섞어 준다. 식탁에 올리기 전까지 냉장고에 넣어 보관한다.

오이 삼발

매운맛, 단맛, 신맛이 어우러진 삼발은 인도네시아와 말레이시아에서 인기가 높은 조미료이다. 치킨볶음, 생선구이, 야채 요리에 잘 어울린다.

· 오이 1개
· 어니언(다진 것) 1큰술
· 레드칠리(씨를 제거하고 채를 썬 것) 1개
· 파슬리(또는 코리앤더) 다진 것 1큰술
· 펜넬 씨(가루) ½작은술
· 설탕 1작은술
· 소금 적당량
· 블랙페퍼(가루) 적당량
· 레몬즙 2~3큰술
· 해바라기 종유 2큰술

오이는 씨를 제거하고 짧게 채를 썬다. 양파, 레드칠리, 파슬리(또는 코리앤더)를 섞는다. 여기에 펜넬과 나머지 재료와 레몬즙을 넣고 섞은 뒤에 해바라기 종유를 부어서 잘 혼합한 뒤 오이를 마지막에 넣는다.

토마토 삼발

· 샬롯(조각) 4개
· 레드칠리(씨를 제거한 조각) 3개
· 토마토(다진 것) 3개
· 민트(또는 바질) 다진 것 3큰술
· 라임즙(또는 레몬즙) 1개
· 소금 소량

모든 재료를 섞어서 상온에서 보관하여 손님에게 제공한다. 닭고기와 돼지고기의 꼬치 요리에 곁들인다.

카춤버(Kachumbar)

카춤버는 인도 요리에서 다양하게 사용되는 조미료이다. 매운맛이 약한 것을 원하는 경우에는 칠리를 빼거나 양을 줄인다.

· 소금 적당량
· 양파(다진 것) 2개
· 타마린드 페이스트 1큰술
· 종려당(갈색 설탕) 1큰술
· 토마토(깍둑썰기) 4개
· 오이(반으로 가른 뒤 씨를 제거해 채를 썬 것) 1개
· 레드칠리 또는 그린칠리(씨를 제거해 채를 썬 것) 2~3개
· 진저(채를 썬 것) 1큰술
· 민트 잎(장식용) 적당량

양파에 소금을 뿌려서 1시간 동안 절인다. 이것을 물로 씻고 물기를 잘 뺀다. 타마린드 페이스트를 물에 희석한 뒤에 설탕을 넣는다. 농도는 물로 조절한다. 여기에 야채, 칠리, 진저(생강)를 넣고 잘 혼합한다. 차게 식힌 뒤 민트 잎을 고명으로 올린 뒤 제공한다.

필리필리(Pili pili) 소스

서아프리카에서 유명한 식탁용 조미료이다.

· 레드칠리(신선한 것) 250g
· 양파(다진 것) 1개
· 마늘(다진 것) 1쪽
· 레몬즙 1개

레드칠리의 꼭지와 기호에 따라 씨를 제거한다. 모든 재료를 골고루 잘 섞는다.

코리앤더 처트니

케밥, 사모사(samosas), 인도의 튀김 요리인 파코라, 야채튀김과 석쇠 구이에 최적의 처트니다. 칠리의 사용량은 기호에 따라 조절한다

· 세서미(참깨) 60g
· 커민 씨 1작은술
· 코리앤더 잎과 줄기(크게 썬 것) 250g
· 풋칠리(씨를 제거하고, 다진 것) 2~6개
· 진저(프레쉬, 다진 것) 1큰술
· 소금 적당량
· 레몬즙 1개

세서미(참깨)와 커민 씨를 각각 볶는다. 소금과 레몬즙 이외의 재료를 푸드프로세서에 넣고 페이스트 상태로 만든다. 푸드프로세서 측면에 묻은 페이스트를 잘 정돈한다. 소금으로 간을 맞추고, 레몬즙으로 페이스트의 농도를 묽지 않을 정도로 조절한다. 밀폐 용기에 넣으면 냉장고에서 1주일간 보관할 수 있다.

마늘 퓌레

· 레드칠리 250g
· 양파 6쪽
· 소금 소량
· 올리브 오일 6~8큰술

프라이팬에 마늘을 넣고 뜨거운 물을 잠길 정도로 넣는다. 마늘을 15~20분 정도 불린 뒤 물을 빼고 식힌다. 껍질을 벗긴 뒤 소량의 소금과 함께 푸드프로세서에 넣고 간다. 올리브유 4~6큰술을 넣고 밀폐 용기에 옮겨 담는다. 올리브유를 위에 뿌려서 뚜껑을 덮어서 냉장고에 넣으면 2주간 보관할 수 있다. 퓌레를 사용한 뒤에는 매번 올리브유를 위에 부어 준다.

칠리

마리네이드(Marinades)

마리네이드는 식재료를 부드럽게 만들고 향미를 더하면서 음식을 보존시킨다. 또한 구이와 볶음, 튀김 등으로 조리하는 생선, 육류, 닭의 밑간용으로 사용된다. 재료를 혼합할 경우에는 산성에 강한 유리, 도자기 등의 용기를 사용한다. 냉장고에서 보관할 수 있지만, 요리에 사용할 경우에는 미리 상온에 보관한다. 마리네이드에 담그는 시간은 생선은 1~2시간, 조개류는 1시간, 소고기와 닭고기는 3~4시간이면 적당하다. 고기 덩어리와 통닭의 경우는 하룻밤 동안 담궈 둔다. 마리네이드는 식재료를 구울 때 뿌려 준다. 앞서 소개한 쿠바의 아도보와 칠레의 알리뇨, 시즈닝, 생선용 마살라, 바비큐와 케이준 시즈닝 등의 향신료 믹스도 마리네이드로 사용할 수 있다.

생강·라임 마리네이드

연어와 참치 등의 살이 비교적 단단한 생선에 잘 어울린다.

- 진저(다진 것) 1조각
- 마늘(으깬 것) 2쪽
- 라임(왁스 미사용) 껍질(가루) 1개분
- 라임즙 4큰술
- 간장 2큰술
- 참기름 1큰술
- 셰리(건조시킨 것) 1큰술

요구르트 마리네이드

양고기와 닭고기에 잘 어울린다.

- 플레인 요구르트 200ml
- 마늘(으깬 것) 1쪽
- 민트(다진 것) 2큰술
- 탄도리 마살라 또는 마살라 2~3작은술

페르노(Pernod) 마리네이드

생선과 해산물에 잘 어울린다.

- 레몬즙 3큰술
- 펜넬 씨 1큰술 또는 펜넬 잎(신선한 것) 1줌
- 올리브유 4작은술
- 화이트와인(드라이) 작은 잔
- 페르노 리큐어 또는 아니스를 재료로 한 리큐어 3큰술

레드와인 마리네이드

소, 사슴, 토끼 등의 큰 고깃덩어리에 사용한다.

- 레드와인 ½ 병
- 올리브유 또는 해바라기 종유 2큰술
- 어니언(양파 저민 것) 1개
- 셀러리(저민 것) 1개
- 베이리프 2장
- 로즈메리 잔가지
- 타임 2개
- 블랙페퍼(으깬 것) 8개분
- 올스파이스의 열매(으깬 것) 4개분

베이리프

바비큐용 마리네이드

소고기스테이크와 돼지갈비에 가장 잘 어울린다.

- 샬롯(다진 것) 2개
- 클로브(정향) 가루 ¼작은술
- 올스파이스(가루) ¼작은술
- 해바라기 종유 3큰술
- 꿀 1큰술
- 간장 2큰술
- 셰리(건조시킨 것) 3큰술

오리엔털 마리네이드

뼈 없는 돼지갈비, 닭고기, 생선에 매우 잘 어울린다.

· 샬롯(껍질을 제거해 잘게 썬 것) 2개
· 진저(다진 것) 1조각
· 칠리(저민 것) 1개
· 설탕 2작은술
· 코리앤더의 뿌리, 잎, 줄기(다진 것) 4큰술
· 라임즙 4큰술
· 피시 소스 2큰술
· 쌀 식초 5큰술

포크용 아도보(Adobo)

이것은 칠레의 마리네이드로서 돼지허릿살의 조리에 사용된다. 고기에 뼈가 있거나 없거나, 고깃살을 소로 채운 요리 등에 사용할 수 있다. 아도보를 골고루 고기에 버무른 뒤에 하룻밤 정도 숙성시킨다.

· 와인 식초 3~4큰술
· 올리브유(해바라기 종유) 3~4큰술
· 오레가노(가루) 2작은술
· 커민(가루) 1작은술
· 아히 페이스트 1큰술
· 스페인 파프리카(가루) 4작은술
· 소금 ½작은술

드라이 아도보

카리브제도의 스페인 문화권에서 일반적으로 사용되는 마리네이드이다. 건조된 상태로 요리에 발라서 사용하는 것이 특징이다.

· 커민 씨 2큰술
· 굵은 소금 4큰술
· 펜넬 씨 1큰술
· 통블랙페퍼 ½ 큰술
· 레드칠리(굵게 간 것) 2큰술
· 오레가노(건조시킨 것) 1큰술

커민 씨가 살짝 노릇해질 때까지 볶아서 식힌다. 이것을 소금, 펜넬, 블랙페퍼와 함께 갈아서 가루로 만든다. 레드칠리와 오레가노를 혼합한다. 고기와 닭고기에 살짝 발라서 굽는다. 밀폐 용기에 넣으면 3~4개월간 보관할 수 있다.

멕시코의 마리네이드

바비큐나 석쇠 구이용 마리네이드로 잘 어울린다.

· 파시야 칠리 3개
· 커민(가루) ½작은술
· 오레가노(건조시킨 것) 3작은술
· 타임(건조시킨 것) 3작은술
· 라임즙 1개분과 오렌지즙 ½ 개분
· 양파(조각) ½ 개
· 마늘 2쪽
· 올리브유 4큰술

칠리의 심과 씨를 제거한다. 두꺼운 프라이팬을 가열한 뒤 칠리를 1~2분간 볶는다. 이것을 그릇에 담은 뒤 따뜻한 물로 잠길 정도로 넣고 30분간 둔다. 나머지 재료들을 푸드프로세서에 넣고 칠리와 칠리를 담가 둔 물을 적당량으로 첨가하여 혼합한다.

주니퍼·와인의 마리네이드

오리고기와 사냥 고기와 잘 어울린다.

· 주니퍼베리(살짝 으깬 것) 10개
· 통블랙페퍼콘(으깬 것) 10개
· 로즈메리 잔가지 1개
· 레드와인이나 화이트와인 250mL
· 브랜디 3큰술
· 올리브유 3큰술

지중해의 마리네이드

양고기, 닭고기, 돼지고기의 마리네이드에 잘 어울린다. 허브류 대신에 에르브드프로방스를, 블랙페퍼콘 대신에 이탈리아의 향신료 믹스를 사용할 수 있다.

· 마늘(으깬 것) 1쪽
· 타임(또는 레몬타임) 2~3줄기
· 라벤더(또는 로즈메리) 3~4줄기
· 통블랙페퍼(으깬 것) 1작은술
· 오렌지즙 2개분
· 레몬즙 1개분

레몬센티드타임

수프, 접시 요리, 샐러드

매콤한 호박 수프

맛있는 호박이 있으면 제일 먼저 수프를 만들어 보자. 호박과 코코넛밀크가 빚어내는 단맛과 순한 맛을 향신료가 더욱 돋보이게 한다. 시트러스 향, 레몬그라스와 코리앤더 향이 더해짐으로써 진저와 칠리의 살짝 매운맛이 더욱 샤프하게 느껴진다. 베이스가 되는 터메릭(강황) 향미도 즐길 수 있다.

● 4~6인분

- 해바라기 종유 2큰술
- 코리앤더 씨 ½작은술
- 펜넬 씨 ½작은술
- 터메릭(강황) 가루 1작은술
- 양파(다진 것) 1개
- 진저(다진 것) 2쪽
- 마늘(다진 것) 2쪽
- 호박(껍질을 벗겨 씨를 제거하고 깍둑썰기) 1kg
- 칠리 2개
- 레몬그라스(으깬 것) 2개
- 소금 적당량
- 채소 육수 600mL
- 코코넛밀크 400mL
- 라임즙(선택) 적당량

● 조리법

1. 두꺼운 냄비에 기름을 두르고 달군 뒤에 코리앤더, 펜넬, 터메릭(강황)을 넣고 향이 올라올 때까지 볶는다. 양파, 진저, 마늘을 넣고, 몇 분 더 볶는다. 호박과 레드칠리, 레몬그라스를 넣고 잘 뒤적거리면서 소금을 뿌리고 야채 육수를 부어서 잠시 동안 끓인다.

2. 불을 줄이고 뚜껑을 덮는다. 호박이 다 익으면 코코넛밀크를 붓고 휘젓는다. 코코넛밀크가 응고되는 것을 막기 위해 뚜껑을 덮지 않고 끓인다.

3. 수프가 끓어 호박이 나무숟가락으로 쉽게 뚫릴 정도까지 끓인 뒤 불을 끈다. 칠리와 레몬그라스를 제거한 뒤 잘 휘젓고 수프를 체에 거른다. 여기에 향미를 더하고 싶다면 라임즙을 넣고 접시에 담아서 빵과 함께 제공한다.

새콤매콤한 수프

이 수프는 동남아시아에서 탄생한 요리이다. 식초의 신맛과 칠리의 매운맛이 균형을 이룬다. 향미가 순하여 몸을 서서히 데워 준다. 돼지고기 대신에 닭가슴살이나 다진 소고기를 사용할 수 있고, 또 야채도 달리 사용할 수 있기 때문에 조절이 가능하다. 흑초(black vinegar)가 있으면 사용하는 것도 좋다.

● 4인분

- 표고버섯(건조시킨 것) 1줌
- 닭고기 수프(또는 야채 수프) 750ml
- 진저(채를 썬 것) 1쪽
- 레드칠리(씨를 제거해 잘게 다진 것) 1~2개
- 죽순(길게 채를 썬 것) 100g
- 돼지고기(살코기) 100g
- 두부(깍둑썰기) 100g
- 간장 1큰술
- 소금 소량
- 쌀 식초 1~2큰술
- 옥수수 가루 1큰술
- 달걀 1개
- 참기름 1작은술
- 파(잘게 썬 것) 2개

● 조리법

1. 건조된 표고버섯을 미지근한 물에 담가 30분 정도 불린다. 체에 얹어 몸체는 제거하고 버섯갓을 얇게 저민다.
2. 냄비에 수프를 붓고 끓인 뒤 버섯, 진저, 칠리 가루, 죽순, 돼지고기를 넣는다. 뚜껑을 덮고 10분 정도 삶는다.
3. 두부, 간장, 소금, 식초를 넣고 칠리의 매운맛과 식초의 신맛이 균형을 이루도록 한다.
4. 옥수수 가루에 물을 2큰술 정도 넣어 페이스트 상태로 만든다. 약 절반가량을 끓고 있는 수프에 넣는다. 불을 줄이면서 전체적으로 휘저어 준다. 나머지 옥수수 가루의 페이스트를 서서히 넣으면서 걸쭉해질 때까지 끓인다.
5. 달걀을 풀어 넣고 휘젓는다. 마지막에 참기름과 파를 넣고 휘저어 준다.

펜넬

석류·허브의 수프

이 이란 요리의 조리법에서는 짙은 녹색의 겨울철 수프로서 석류 몰라세를 사용하여 향미가 과일과 같이 새콤달콤하다. 고기 완자를 넣으면 맛을 배로 즐길 수 있다.

● 6인분

- 차나달(병아리콩) 120g
- 바스마티쌀(basmati rice) 120g
- 해바라기 종유 3큰술
- 양파(조각) 2개
- 터메릭(강황)(가루) ½작은술
- 시나몬(가루) ½작은술
- 고기 완자(선택) 적당량
- 플랫리프파슬리 150g
- 코리앤더 잎 150g
- 민트 100g
- 파 100g
- 소금 소량
- 블랙페퍼(가루) 소량
- 석류 몰라세 3큰술
- 레몬즙(선택) 적당량
- 민트(건조시킨 것) 1작은술

● 조리법

1. 차나달(병아리콩)과 바스마티쌀을 각각 충분한 물에 4시간 정도 불린다.
2. 냄비에 해바라기 종유 2큰술을 넣고 가열한 뒤 양파를 넣고 살짝 노릇해질 때까지 약한 불로 볶는다. 여기에 터메릭(강황)과 시나몬을 넣어서 휘저어 볶는다.
3. 차나달과 바스마티쌀을 체에 얹어 물기를 뺀 뒤 1.5L의 물과 함께 2에 넣는다. 취향에 따라 고기 완자도 넣는다. 끓기 시작하면 불을 줄이고 타지 않도록 뒤적거리면서 1시간 정도 끓인다.
4. 플랫리프파슬리, 코리앤더 잎, 민트 잎, 껍질을 벗긴 파를 푸드프로세서에 넣고 잘게 다진다.
5. 4를 3의 냄비에 넣고 30분 정도 끓인다. 전체적으로 잘 저어 주고, 물기가 부족하면 물을 적당히 붓는다. 소금과 페퍼로 간을 맞추고 석류 몰라세를 넣어 섞는다. 깔끔한 향미를 좋아한다면 레몬즙을 넣어도 된다.
6. 또 다른 프라이팬에 남은 종유를 둘러서 달군 뒤 민트(건조된 것)를 넣고 볶아서 5의 냄비에 넣어서 섞어 준다.

석류 몰라세

코리앤더 수프

남인도 타밀나두주 남부의 매콤한 요리인 체티나드(Chettinad)의 조리법이다. 이 조리법은 카라이쿠디(Karaikudi) 지역의 비살람(Visalam) 호텔에서 근무하는 셰프로부터 배운 것을 재현하였다.

● 4~6인분

- 코리앤더 잎 80g
- 해바라기 종유 2큰술
- 커민 씨 1큰술
- 블랙머스터드 씨 ½작은술
- 터메릭(강황) 가루 ½작은술
- 양파(다진 것) 1개
- 마늘(다진 것) 5쪽
- 그린칠리(씨를 빼고 다진 것) 1개
- 코코넛밀크 4~5큰술
- 소금 1작은술

● 조리법

1. 코리앤더 잎은 채를 썰어 둔다. 냄비에 종유를 넣고 달군 뒤 머스터드와 커민의 씨를 각각 넣고 뚜껑을 닫아 머스터드 씨가 톡톡 튈 때까지 볶는다.
2. 터메릭(강황), 양파, 마늘을 넣고 타지 않도록 뒤적거리면서 약한 불로 볶는다. 코리앤더 잎과 그린칠리 다진 것을 넣고 잘 섞어 주면서 부드러워질 때까지 볶는다.
3. 2를 어느 정도 식힌 뒤 푸드프로세서에 넣고 코코넛밀크와 함께 페이스트를 만든다.
4. 3의 페이스트를 물 1L와 함께 냄비에 넣고 휘저어 가면서 소금으로 간을 맞춘다. 완성되면 빵과 함께 제공한다.

머스터드 씨

비트·요구르트 냉국

상큼한 향미를 풍기면서 분홍색으로 색채감이 강하여 여름철 수프로 적당하다. 조리법도 비교적 간단하여 빠르게 만들어 먹을 수 있다.

● 4~6인분

- 비트 500g
- 오이(껍질 제거) 1개
- 딜(잔가지 제거) 1줌
- 마늘(다진 것) 1쪽
- 커민(가루) 1작은술
- 요구르트(플레인) 500mL
- 소금 소량
- 블랙페퍼(가루) 소량
- 레몬즙(선택) 소량

● 조리법

1. 냄비에 비트를 넣고 물을 바특하게 넣은 뒤 끓여서 뚜껑을 덮는다. 비트에 꼬치가 쓱 들어갈 정도까지 약한 불에서 삶는다. 비트 상태에 따라서 다르지만 30~40분 정도 삶는다.

2. 비트를 체에 얹어 물로 헹군 뒤 껍질을 벗기고 잘게 썬다. 오이는 세로로 4쪽으로 갈라서 썰어 씨를 제거한다. 절반은 중간 크기의 깍둑썰기로, 나머지는 작은 크기로 깍둑썰기를 한다.

3. 푸드프로세서에 2와 마지막에 사용할 분량을 제외한 딜, 중간 크기로 자른 오이, 마늘, 커민, 요구르트, 소금, 페퍼를 넣고 퓌레 상태로 만든 뒤 그릇에 담는다. 여기에 잘게 썬 오이를 넣는다. 취향에 따라서 레몬즙을 뿌려도 좋다.

4. 냉장고에 1시간 이상 보관하여 차게 식힌다. 남은 딜을 잘게 다져서 고명으로 올린다.

건마늘

사순(Sassoun)

프로방스 로크브륀느(Roquebrune) 지역의 전통 요리 조리법이다. 프로방스 요리 고서에는 소스의 일종이라고 설명되어 있지만, 사실은 진한 마요네즈와 비슷하다. 부르스케타와 강한 신맛이 나는 빵인 사워도 등의 토핑으로 잘 어울린다.

● 4인분

- 안초비 연육 5~6개
- 아몬드(데친 것) 100g
- 펜넬의 잔가지 1개
- 민트 잎 4장
- 올리브유 3~4큰술
- 소금 소량
- 레몬즙(선택) 소량

● 조리법

1. 안초비 연육은 물로 씻어서 염분을 줄인다.

2. 푸드프로세서에 아몬드를 넣어 굵게 간다. 여기에 안초비 연육, 펜넬, 민트 잎을 넣은 뒤 올리브유와 물 4~6큰술을 조금씩 부어 끈적끈적한 소스 상태가 될 때까지 섞어 준다. 소금으로 간을 맞춘 뒤에 취향에 따라 레몬즙을 넣는다.

타프나드(Tapenade)

타프나드는 올리브, 안초비, 케이퍼 등으로 조리하는 프랑스 요리의 소스이다. 일반적으로 블랙올리브를 사용하지만, 그린올리브로도 맛을 훌륭하게 낼 수 있다.

● 6~8인분

- 마늘 1쪽
- 소금 소량
- 블랙올리브(씨를 제거) 250g
- 안초비 연육 4개
- 케이퍼 2큰술
- 세이버리 잎(다진 것) 1작은술
- 카엔페퍼(가루) 소량
- 올리브유 3~4큰술

● 조리법

1. 푸드프로세서에 모든 재료들을 넣고 올리브유를 조금씩 부어 가면서 페이스트 상태로 만든다.

2. 밀폐 용기에 넣어서 냉장고에 보관한다. 디핑소스로 사용하거나 생선구이에 곁들인다.

리코타·민트·잣·가지볶음

이탈리아의 치즈인 리코타(ricotta), 민트, 잣을 곁들인 가지볶음은 조리 과정이 비교적 간단하다. 맛과 향도 대부분의 음식과도 잘 어울린다.

● 3~4인분

- 가지(껍질을 벗기고 1cm 폭으로 자른 것) 2개
- 올리브유 2~3큰술
- 리코타 치즈 100g
- 민트(다진 것) 2큰술
- 잣(볶은 것) 3큰술
- 소금 소량
- 블랙페퍼(가루) 소량

● 조리법

1. 철판 등으로 올리브유를 달군 뒤 가지를 얹어 노릇해질 때까지 한 면씩 번갈아 가면서 굽는다.
2. 리코타치즈는 으깨어 마무리 분량을 제외한 뒤, 민트, 잣, 가지와 함께 섞고 소금과 블랙페퍼를 뿌린다.
3. 2를 그릇에 담은 뒤 민트와 잣을 뿌린다.

배리에이션 토핑

1. 석류 몰라세(3큰술)와 레드와인 식초(1큰술)을 섞은 뒤, 칠리 가루(¼작은술)와 다진 호두(80g)를 섞는다.
2. 코리앤더 잎, 그린칠리, 진저를 채를 썬 뒤 요구르트와 섞는다.
3. 다진 안초비, 파슬리, 블랙올리브에 구운 칠리를 함께 섞는다.

라흐마준(Lahmacun)

라흐마준은 터키에서 먹는 피자와 비슷한 요리이다. 넓적한 빵 위에 토핑을 얹어 화덕에 굽는다. 토핑에는 제철 식재료와 가정에 있는 식재료 중에서 잘 맞는 것을 고른다. 토마토와 칠리의 조합은 유명하지만, 양고기, 호두, 석류 몰라세를 사용하는 경우도 있고, 고기, 호두, 그린올리브를 사용하는 경우도 있다. 파슬리와 굵게 간 칠리의 조합은 다른 요리에서도 사용되는 만능의 조합이다.

● 반죽 용

- 소금 ½작은술
- 강력분 500g
- 이스트 7g
- 설탕 1작은술
- 올리브유 1큰술

● 토핑용

- 양고기(다진 것) 250g
- 올리브유 1큰술
- 양파(다진 것) 1개
- 마늘(다진 것) 2쪽
- 플랫리프파슬리 1줌
- 플럼토마토(껍질과 씨를 제거하고 깍둑썰기) 2개
- 토마토 페이스트 1큰술
- 페퍼 페이스트(선택) 1작은술
- 소금 1작은술
- 그린페퍼(굵게 다진 것) 1작은술
- 수맥 적당량

● 조리법

1. 반죽을 만든다. 물 300mL에 소금을 푼다. 큰 그릇에 밀가루를 넣고 이스트와 설탕을 넣는다. 가운데에 뜨거운 물을 부어 잘 치댄다. 도중에 올리브유를 넣으면서 손으로 반죽해 공 모양으로 만든다.
2. 비닐 랩으로 싸서 10~15분간 둔다. 작업대 위에 밀가루를 뿌린 뒤 반죽을 놓고, 끈기가 없어질 때까지 치댄다. 그릇에 담아 비닐 랩으로 싼 뒤 발효를 진행시키고 두 배의 크기로 부풀 때까지 1시간가량 둔다.
3. 토핑을 준비한다. 양고기의 결이 거칠면 부엌칼로 두드린다.
4. 프라이팬에 기름을 둘러서 달군 뒤, 양파를 넣고 노릇노릇해질 때까지 볶는다. 마늘을 넣고 살짝 볶은 뒤에 다른 용기에 옮겨 담는다.
5. 파슬리를 잘게 다진 뒤 다른 모든 토핑 재료와 함께 그릇에 담아서 페이스트 상태가 될 때까지 잘 섞는다.
6. 오븐을 220도로 예열한다. 작업대에 밀가루를 뿌린 뒤 2의 반죽을 놓고 두들기면서 늘린다. 기다란 모양으로 만든 뒤 10등분한다. 각각의 반죽을 동그랗고 편평하게 만든 뒤 그 위에 5의 토핑을 골고루 얹는다.
7. 오븐 선반에 6을 올려놓고 6~7분간 굽는다. 온기가 있을 때 수맥을 뿌리고 요구르트, 샐러드를 곁들여 제공한다.

아보카도·진저·게살무침

게살과 아보카도의 향미는 페어링이 매우 훌륭하다. 소금에 절인 일본의 섬세한 진저(생강)로 인해 향미가 더욱더 두드러진다.

● 2인분

· 게살(살을 찢는다) 250g
· 소금에 절인 진저(물기를 빼고 잘게 썬다) 2큰술
· 라임 껍질 ½ 개
· 라임즙 ½ ~1개분
· 아보카도 1개
· 로켓 잎(또는 미나리 잎) 1줌
· 올리브유(엑스트라 버진) 적당량
· 산초 가루 적당량

● 조리법

1. 게살과 진저, 라임 껍질 가루를 넣고 라임즙을 조금 남긴 뒤 붓고 잘 섞어서 30분간 둔다.

2. 아보카도를 썬 뒤 남겨 둔 라임즙을 조금 뿌린다. 그릇에 로켓 또는 미나리의 잎을 깔아 한쪽에 1의 마리네이드, 다른 한쪽에 저민 아보카도를 담는다. 그 위로 올리브유를 붓고 산초 가루를 뿌린다.

석류·올리브·호두 샐러드

터키 남동부 가지안테프 지역의 샐러드이다. 여기에 소개하는 레피시는 모두 현지애서 재배된 식재료를 사용한다.

● 4인분

· 석류 2개
· 그린올리브(다진 것) 125g
· 코리앤더 잎(다진 것) 1줌
· 샬롯(다진 것) 2~3개
· 호두(거칠게 다진 것) 125g
· 레몬즙 4작은술
· 올리브 오일 3큰술
· 레드페퍼(굵게 간 것) ½작은술
· 소금 적당량

● 조리법

1. 석류를 가른 뒤 손에 들고서 나무숟가락으로 씨를 긁어 접시에 담는다. 심을 버리고 과즙은 걸러서 컵에 담는다.

2. 올리브, 코리앤더, 샬롯 호두를 1의 접시에 넣고 잘 섞은 뒤 샐러드를 만든다.

3. 레몬즙, 올리브 오일, 레드페퍼, 소금을 섞어서 맵싸한 드레싱을 만든 뒤 1의 석류즙을 붓는다. 2의 샐러드를 그릇에 담아 드레싱을 뿌린 뒤 빵에 곁들인다. 남은 드레싱은 냉장고에서 1~2일간 보관할 수 있다.

구운 페퍼·토마토 샐러드

향미가 풍부한 이 마그레브 지역의 샐러드는 코스 요리의 전채로 훌륭하고, 닭고기나 생선구이에 곁들여도 좋다.

● 4~6인분

· 익은 토마토 2kg
· 올리브유 6큰술
· 소금 소량
· 블랙페퍼(가루) 소량
· 파프리카(가루) 1작은술
· 레드페퍼(가루) 5~6개
· 마늘(껍질째) 5~6조각
· 염장 레몬 1개
· 파슬리(다진 것) 4큰술

● 조리법

1. 토마토는 껍질을 벗겨 씨를 제거한 뒤 적당한 크기로 썬다. 프라이팬에 올리브유를 둘러서 달군 뒤 토마토를 넣고 소금, 블랙페퍼, 파프리카를 뿌린다. 약한 불로 가끔 뒤적거리면서 토마토의 수분이 날아가 올리브유가 표면에 떠오를 때까지 가열한 뒤 불을 끈다. 토마토에 포함된 수분이 많을 때는 30분 정도 걸린다.

2. 1의 작업과 동시에 석쇠를 달군 뒤 레드페퍼 가루와 마늘을 넣고 같이 굽는다. 칠리는 얇은 겉껍질이 검게 타고, 마늘은 껍질이 바삭해질 때까지 굽는다. 마늘이 보통 더 빨리 익는다.

3. 마늘을 식힌 뒤 손으로 껍질을 제거하고 조금 으깨어 토마토를 담은 프라이팬에 넣는다.

4. 페퍼는 비닐봉지에 넣어 잠시 식힌 뒤에 검게 탄 껍질을 벗긴다. 그리고 씨와 심을 제거한 뒤 잘게 다진다.

5. 4의 페퍼, 레몬, 파슬리를 프라이팬에 넣는다. 약한 불에서 끈적거릴 때까지 10~15분간 볶은 뒤 불을 끄고 식힌다.

타이칠리

파투시(Fattoush)

이 레바논의 샐러드에 빠질 수 없는 요소는 수맥, 신선한 허브, 빵이다. 만약 퍼슬린(쇠비름)를 구할 수 없다면, 미나리, 민트, 파슬리 등을 넣는다.

● 6인분

· 피타(pitta) 빵 1개
· 오이 1개
· 토마토(크게 썬 것) 1개
· 래디시(반토막 낸 것) 1줌
· 파(잘게 썬 것) 6개
· 양상추(찢는다) 여러 장
· 플랫리프파슬리(다진 것) 2줌
· 민트(다진 것) 2줌
· 퍼슬린(쇠비름)의 줄기와 잎 적당량
· 수맥 1큰술
· 소금 소량
· 블랙페퍼(가루) 소량
· 레몬즙 6큰술
· 올리브유 6큰술

● 조리법

1. 피타 빵을 반으로 가르고 석쇠에 놓고 노릇노릇해질 때까지 구운 뒤 작게 부순다.

2. 오이를 세로로 4등분하고 잘게 썬다. 모든 채소와 허브를 그릇에 담고 그 위로 빵 조각들을 뿌린다.

3. 수맥, 소금, 블랙페퍼를 레몬즙에 넣어 거품을 낸다. 올리브유를 조금씩 부으면서 계속 거품을 낸다. 이 드레싱을 샐러드에 뿌린 뒤 빵이 양념을 흡수하여 눅눅해지기 전에 재빨리 제공한다.

호두·고트 치즈·무화과 샐러드

잘 익은 무화과, 신선한 고트치즈, 양질의 올리브유, 발사믹 식초가 이 샐러드의 맛을 결정한다. 고트치즈는 이탈리아산의 프레시 치즈인 부라타(burrata)나 모짜렐라(mozzarella)치즈를 대신하여 사용할 수도 있다.

● 4인분

· 무화과(잘 익은 것) 6개
· 호두 1줌
· 고트 치즈 250~300g
· 샐러드 야채(선택) 1줌
· 소금 소량
· 블랙페퍼(가루) 소량
· 발사믹 식초 1큰술
· 올리브유(엑스트라버진) 2~3큰술
· 민트 잎 적당량
· 바질 잎 적당량

● 조리법

1. 무화과를 4~6등분한다. 호두는 굵게 부순다. 고트치즈는 작게 풀어 둔다. 양상추가 있으면 큰 접시에 깔아 놓는다. 양상추가 없으면 무화과를 접시 가운데에 놓고 주위로 호두와 치즈를 흩뿌린다.

2. 소금, 블랙페퍼로 간을 맞춘 뒤 발사믹 식초와 올리브유를 붓고 민트와 바질을 흩뿌린다.

세서미(참깨)·시금치 드레싱

맛이 산뜻하고 깔끔한 일본 샐러드로서 조리법이 매우 간단하여 쉽게 만들 수 있다.

● 2~4인분

· 시금치 500g
· 세서미(참깨) 2큰술
· 미림 2작은술
· 쌀 식초 2작은술
· 간장 2~3큰술

● 조리법

1. 시금치는 뿌리를 잘라서 제거한 뒤 씻어서 냄비에 넣는다. 물을 시금치가 잠길 정도로 붓고 불에 올린다. 시금치를 촉촉하게 데친 뒤 체에 얹어 찬물에 넣어 식힌다. 물기를 완전히 짠 뒤 채로 썬다.

2. 두꺼운 냄비를 달군 뒤에 세서미(참깨)를 넣고 노릇노릇하게 볶아서 식힌다. 세서미(참깨)를 푸드프로세서에 넣고 갈아서 가루를 만든다.

3. 2를 그릇에 넣고, 미림, 쌀 식초, 간장을 부어서 잘 섞은 뒤 드레싱을 만든다. 시금치에 드레싱을 뿌린 뒤 상온에서 제공한다.

생선 요리

소금·페퍼의 양념 오징어튀김

신선한 오징어는 생선 가게나 슈퍼마켓의 판매대에서 쉽게 구입할 수 있다. 냉동 오징어도 있지만 역시 신선한 오징어가 맛이 제일 좋다. 오이 삼발 소스와 잘 어울린다.

● 2인분

- 오징어 400g
- 쓰촨페퍼 ½작은술
- 해염 1작은술
- 블랙페퍼(가루) 소량
- 전분 4큰술
- 해바라기 종유 적당량
- 파(다진 것) 2개
- 레드칠리(씨를 제거하고 썬 것) 1개
- 마늘(조각) 1쪽
- 간장 1큰술
- 라임 2개
- 코리앤더 잎(또는 줄기) 적당량

● 조리법

1. 오징어 다리는 잘라서 잘게 썰어 둔다. 몸체의 한군데를 세로로 갈라 속을 벌린다. 한쪽 면에 마름모 형태로 얇게 칼집을 낸다. 한입 크기로 잘라 페이퍼타월로 물기를 닦는다.
2. 작은 프라이팬을 달군 뒤 쓰촨페퍼를 넣고 향이 올라올 때까지 볶는다. 식힌 뒤에 그라인더 등에 담아 소금을 넣고 갈아서 가루를 만든다.
3. 큰 그릇에 전분을 담아 2를 넣고 튀김옷을 만든다.
4. 3에 오징어를 넣고 튀김옷을 입힌 뒤 온도 170도의 종유에 넣어 노릇노릇하게 튀긴다. 페이퍼타월 등을 깔고 그 위에 놓고 기름을 뺀다.
5. 중화 냄비에 1큰술 정도의 종유를 두르고 달군 뒤 파, 블랙페퍼, 마늘을 넣고 볶는다. 그리고 오징어튀김을 넣고 뒤적거리면서 볶는다. 간장과 라임즙을 약간 넣는다.
6. 완성된 오징어튀김을 그릇에 담고 코리앤더 잎과 남은 라임즙을 곁들인다.

세비체(Ceviche)

페루의 국민 음식인 세비체는 2000년 전 페루 북부 해안에 살던 원주민들이 먹는 음식으로 알려져 있다. 원주민들은 패션푸르트와 비슷한 툼보(tumbo)라는 과일의 즙으로 마리네이드를 만들어 생선을 저장하였다.
스페인의 침략으로 인해 시트러스계의 과일 등 새롭게 유입된 식재료들이 툼보 대신에 사용되면서 세비체도 진화하였다. 안데스 산맥의 인근 국가에는 각각 독자적인 세비체가 있다. 페루의 세비체는 스페인어로 '호랑이의 젖'이라는 뜻의 '레체드타이그레(leche de tigre)'라는 마리네이드를 만들어 페루산 수수, 고구마와 함께 제공된다.

● 4인분

- 레체드타이그레용
- 라임즙 6개분
- 소금 ¼작은술
- 마늘(으깬 것) 1쪽
- 레드어니언(조각) 1개
- 코리앤더 잎(잘게 썬 것) ½ 줌
- 레드칠리(씨를 제거한 뒤 썬 것) 1~2개

생선용

- 신신한 생선 연육(도미, 농어, 달고기 등) 600g
- 아보카도(깍둑썰기) 1개
- 옥수수(선택) 2개
- 고구마(선택) 1개

● 조리법

1. '레체드타이그레'의 재료들을 모두 그릇에 넣고 잘 섞는다.
2. 생선을 네모나게 자르고 1에 넣는다. 냉장고에 넣고 10분 정도 둔다.
3. 아보카도를 2에 섞은 뒤에 취향에 따라 옥수수와 고구마를 곁들어 먹는다.

미라솔

진·주니퍼·엘더플라워의 양념 연어

주니퍼의 강한 향과 엘더플라워의 섬세한 맛이 균형이 잘 잡힌 요리이다.

● 4~6인분

- 연어 연육 500g
- 천일염 50g
- 정제당 10g
- 통화이트페퍼 1작은술
- 주니퍼베리 ¾작은술
- 코리앤더 씨 ¾작은술
- 진 4큰술
- 엘더플라워 시럽 4큰술
- 딜 적당량

● 조리법

1. 연어에서 가시를 제거한다. 소금, 설탕, 화이트페퍼, 주니퍼, 코리앤더 씨를 한데 묶어서 그라인더로 갈아서 가루로 만든 뒤 절반가량을 연어 연육에 묻힌다.

2. 나머지 재료들은 그릇에 넣고 진, 엘더플라워 시럽을 부어 잘 섞는다. 절반가량을 얕은 그릇에 넣고 연어 연육의 양면을 적신 뒤 나머지는 연어 위로 붓는다. 그릇에 비닐 랩을 씌운 뒤 냉장고에서 48시간 동안 둔다. 도중에 2~3회 정도 연어를 뒤집어 준다.

3. 연어를 꺼낸 뒤 표면에 묻은 향신료를 제거하고 페이퍼타월 등으로 물기를 제거한다. 얇게 빗겨 썰어서 그릇에 담고 딜을 뿌려서 호밀 빵과 함께 제공한다. 비닐 랩으로 잘 씌우면 냉장고에서 4~5일 정도 보관할 수 있다.

호두 소스·코리앤더·달고기 양념구이

레바논 요리에 기원을 둔 이 생선 요리는 대구, 검정대구, 도미 등 온갖 흰살 생선에 응용할 수 있다.

● 4인분

- 호두 125g
- 레몬즙 1개분
- 소금 1자밤
- 레드페퍼(굵게 간 것) ½작은술
- 코리앤더 잎 200g
- 마늘 3쪽
- 양파(어니언) 1개
- 올리브유 2큰술
- 달고기(연육) 4조각

● 조리법

1. 호두를 푸드프로세서에 넣고 간다. 여기에 물 6큰술, 레몬즙, 소금, 레드페퍼를 넣고 페이스트로 만든다.

2. 코리앤더 잎, 마늘, 어니언(양파)를 푸드프로세서에 넣고 잘게 갈아 둔다.

3. 냄비에 올리브유를 두르고 달군 뒤 2를 넣고 볶고, 여기에 1의 소스를 넣고 2~3분간 뒤적거리면서 볶는다.

4. 내열 그릇에 3의 소스를 약간 바른 뒤 달고기 생선 연육을 넣고 위에서 남은 소스를 뿌린다. 온도 180도의 오븐에 넣고 20~25분간 구운 뒤에 상온에서 식혀서 제공한다.

레몬

스타아니스·농어구이

● 4인분

- 농어 1마리(약 1.5kg)
- 진저(다진 것) 1큰술
- 사케(또는 셰리주) 2큰술
- 오향분 1작은술
- 파(다진 것) 4개분
- 간장 1큰술
- 참기름 1작은술
- 소금 소량
- 스타아니스 3개

● 조리법

1. 농어의 양면에 칼집을 빗겨서 2회 정도 낸다. 진저, 사케, 오향분을 섞어 농어에 바른 뒤 1시간 정도 둔다.

2. 파, 간장, 참기름, 소금을 섞은 뒤, 스타아니스(팔각)와 함께 농어 뱃속에 넣는다.

3. 알루미늄 포일을 편 뒤 참기름을 살짝 바르고 농어를 놓고 알루미늄 포일로 감싼다.

4. 온도 220도로 예열된 오븐에 35분간 굽고 알루미늄 포일을 푼다. 농어의 뼈까지 칼이 들어갈 정도로 익었으면 완성이다. 익을 때 배어 나온 액즙과 함께 그릇에 담는다.

체르뮬라 양념 돔

● 4인분

· 마늘 3쪽
· 소금 1작은술
· 양파(다진 것) 1개
· 코리앤더(다진 것) 1줌
· 파슬리(다진 것) 1줌
· 파프리카(가루) 1작은술
· 칠리(가루) ½작은술
· 커민(가루) ½작은술
· 올리브유 6큰술
· 레몬즙 1개
· 돔 2마리(각각 약 800g)
· 토마토(익은 것) 800g
· 그린올리브 150g

● 조리법

체르뮬라는 모로코의 생선용 시즈닝으로 사용되는 향신료 믹스이다.

1. 으깬 마늘, 소금, 양파, 허브, 향신료를 그릇에 넣고 섞은 뒤, 올리브유와 레몬즙을 넣어 페이스트를 만든다.

2. 생선 양면에 2~3군데 칼집을 낸 뒤, 1의 체르뮬라를 골고루 바른다. 생선을 접시에 옮겨서 비닐 랩으로 싼 뒤 냉장고에서 2시간 동안 두면서 향미를 배게 한다.

3. 온도 190도로 오븐을 예열한다. 토마토를 썰어서 생선 위에 얹고 올리브유를 붓는다. 체르뮬라가 남은 것이 있으면 함께 뿌린다.

4. 3의 생선을 은박지로 싼 뒤 오븐에 35~45분간 굽는다. 굽는 시간은 생선의 두께에 따라 다르다. 생선을 칼로 찔러 뼈까지 잘라지는 정도가 되면 완성된 것이다.

농어 소금구이

매우 간단한 조리법의 생선 요리이다. 선도 좋은 생선과 소금만 준비하면 된다. 농어가 좋지만 능성어나 돔도 상관없다. 맥러트라임 잎 3~4개 또는 레몬그라스 2~3개를 다져서 생선 뱃속에 넣고 구우면 아시아풍의 향미가 난다. 그릇에 올리브유와 라임 조각을 담아 제공한다.

● 4인분

· 농어 1마리(약 1~1.5kg)
· 천일염 1.5kg
· 맥러트라임 잎(선택) 3~4개
· 레몬그라스(선택) 2~3개

● 조리법

1. 농어의 내장을 꺼내고 뱃속을 씻는다. 간이 너무 많이 배지 않도록 칼집을 많이 넣지 않는 것이 좋다.

2. 농어의 크기에 알맞은 내열 접시를 준비하고 소금을 두께 1cm 정도로 깔아서 농어를 놓는다. 농어 위로 소금을 골고루 뿌려서 농어가 뒤덮이도록 한다.

3. 온도 220도로 예열된 오븐에 넣어 농어를 굽는다. 무게가 1kg 이하이면 20분 이하, 1kg 이상이면 25분, 1.5kg이면 35분, 2kg이면 40분 정도 가열한다.

4. 오븐에서 꺼내 농어에서 소금을 조심스럽게 걷어 낸다. 농어의 모습이 완전히 드러나면 중심의 뼈를 제거한다.

5. 그릇에 담고 취향에 따라 올리브유를 뿌리거나 라임과 페퍼를 곁들여서 먹는다. 살사베르데 소스를 곁들여 먹어도 좋다.

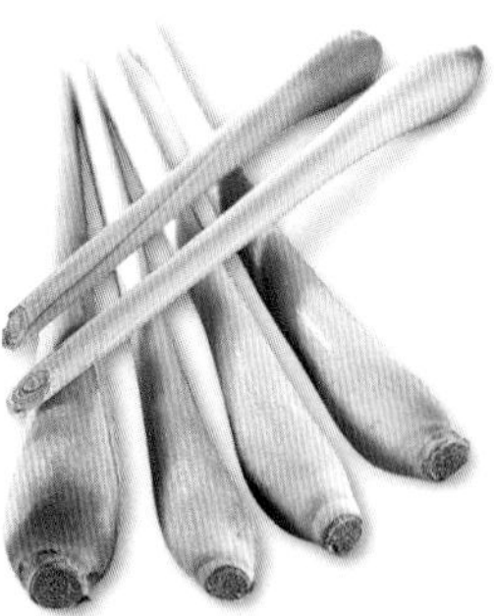

레몬그라스

레몬그라스·진저 양념 홍합 요리

● 4인분

· 홍합 2kg
· 레몬그라스(하단을 으깬다) 2개
· 마늘(다진 것) 2쪽
· 맥러트라임 잎 4개
· 진저(다진 것) 1개분
· 블랙페퍼(가루) 소량
· 코코넛밀크 200mL
· 코리앤더 잎(다진 것) 3큰술

● 조리법

1. 홍합을 깨끗이 씻고 손상된 것은 제거한다.

2. 냄비에 홍합, 물 6큰술을 넣고, 레몬그라스, 마늘, 맥러트라임 잎, 진저, 블랙페퍼를 넣는다. 뚜껑을 닫고 강한 불로 냄비를 가열하면서 홍합이 벌어질 때까지 2~3분 정도 삶는다.

3. 냄비에서 홍합을 꺼내 그릇에 담는다. 냄비에 남은 양념즙을 졸여서 반으로 줄면 코코넛밀크를 붓고 센 불로 다시 끓인다. 끓으면 불의 세기를 중간 정도로 다시 낮춰서 걸쭉할 때까지 졸여서 홍합 위로 붓는다. 여기에서 맥러트라임 잎을 제거하고 코리앤더 잎을 뿌린다.

세이셸제도의 피시 커리

● 4인분

· 아귀(또는 돔) 연육 1kg
· 소금 소량
· 블랙페퍼(가루) 소량
· 해바라기 종유 3큰술
· 양파(다진 것) 2개
· 마샬 2큰술
· 터메릭(강황) ½작은술
· 마늘(다진 것) 2쪽
· 진저(다진 것) 1조각
· 타마린드 희석액 3큰술
· 타임 잎 2개
· 아니스(가루) ½작은술
· 생선 수프(또는 물) 450mL

● 조리법

1. 아귀를 한입 크기로 자른 뒤 소금과 페퍼를 뿌린다.

2. 두꺼운 냄비에 종유를 두르고 달군 뒤, 양파를 넣고 노릇노릇해질 때까지 볶는다. 마샬과 터메릭(강황)을 넣고 살짝 볶는다. 1의 아귀와 다른 모든 재료를 넣는다.

3. 2를 한 번 끓인 뒤 10분 정도 가열한다. 쌀밥과 함께 제공한다.

새우·코코넛밀크의 커리

● 3~4인분

· 새우(중, 대 크기) 500g
· 머스터드 씨 ½작은술
· 터메릭(강황) 가루 ½작은술
· 코리앤더(가루) 2작은술
· 아니스(가루) 1작은술
· 해바라기 종유 3큰술
· 그린마살라 2큰술
· 양파(조각) 2개
· 코코넛밀크 400mL

● 조리법

1. 새우는 껍질을 깐 뒤 내장을 제거하여 소금을 뿌린다.

2. 작은 프라이팬을 달군 뒤 머스터드 씨를 넣고 뚜껑을 덮은 상태로 살짝 볶은 뒤 다른 향신료들을 넣다. 프라이팬을 흔들어 주면서 볶다가 향이 강해지면 불을 끈 뒤 그릇에 담아 식힌다.

3. 두꺼운 냄비에 기름을 두르고 달군 뒤에 그린마살라를 넣고 2~3분간 볶는다. 여기에 양파를 몇 분 정도 더 볶는다. 2의 향신료와 코코넛밀크를 넣고 뒤적거리면서 8~10분간 끓인다.

4. 1의 손질된 새우를 3에 넣고 4~6분간 새우를 익힌다. 육질이 질겨지지 않도록 살짝 익힌다. 쌀밥과 함께 제공한다.

아니스

육류 요리

양 코르마(korma)

대표적인 무굴식 요리로서 향신료와 요구르트로 향미를 낸 양 커리이다. 파피(양귀비) 씨와 아몬드 등이 들어 있어 감칠맛이 풍부하다.

● 6~8인분

- 요구르트(플레인) 450mL
- 진저(다진 것) 1개
- 그린칠리(씨를 빼고 다진 것) 4개
- 마늘(다진 것) 4쪽
- 아몬드(데친 것) 2큰술
- 파피(양귀비) 씨 2큰술
- 시나몬 1개
- 메이스 3잎
- 커민(또는 블랙커민) 씨 ½작은술
- 클로브(정향) 4개
- 카르다몸 씨 꼬투리 4개분
- 통블랙페퍼 10개
- 해바라기 종유(또는 인도 버터인 기) 3큰술
- 양파(조각) 1개
- 양고기(지방이 적은 부위·네모지게 썬 것) 1kg
- 사프란(가루와 물을 섞은 것) ¼작은술
- 소금 소량
- 코리앤더 잎(다진 것) 3큰술

● 조리법

1. 그릇에 고운체를 설치하고 요구르트를 넣은 뒤 1시간 정도 둔다. 유청(whey)이 나오면 버린다.

2. 진저, 그린칠리, 마늘은 3큰술의 물(분량 밖)에 넣고 잘 섞어서 페이스트를 만든다. 아몬드와 다른 향신료는 모두 갈아서 섞는다.

3. 두꺼운 냄비에 종유를 두르고 달군 뒤, 양파를 넣고 노릇노릇해질 때까지 볶는다. 2의 진저 페이스트, 아몬드와 향신료의 가루를 냄비에 넣고 2~3분간 볶는다. 여기에 양고기를 넣고 향신료의 향미가 완전히 배도록 볶는다.

4. 1의 요구르트와 사프란, 소금을 넣고 불을 최대한 줄인다. 뚜껑을 덮고 1시간 30분에서 2시간가량 양고기가 연해질 때까지 삶는다. 냄비 안을 이따금 휘저어 주고, 필요하면 약간씩 물을 붓는다. 조리의 마지막에 코리앤더 잎을 뿌린다.

듀카 향미의 양갈비구이

듀카는 이집트의 일상적인 향신료 믹스이다. 종종 올리브 오일에 넣어 피타 빵에 바르기도 한다. 쌀밥과 수프와도 페어링이 좋고, 양고기에 발라 먹어도 훌륭하다.

● 2인분

- 듀카 2~3큰술
- 올리브유 적당량
- 양갈비 1개

● 조리법

1. 올리브유와 향신료 믹스인 듀카를 섞어서 양고기의 겉면, 지방 부위를 중심으로 발라서 220도로 예열된 오븐에 넣고 굽는다. 굽는 정도는 취향에 따라서 레어는 20분, 미디엄 레어는 22~ 23분간 굽는다.

2. 향신료 향미의 렌틸콩, 당근, 마조람 등의 야채를 곁들여서 제공한다.

향신료 양념의 양정강이고기

양정강이고기의 요리는 조리 과정이 매우 간단하다. 2시간 정도 약한 불로 삶아서 농도 짙은 소스를 만든다.

● 4인분

· 양정강이고기(비계를 제거한다) 4개
· 올리브유 2작은술
· 시나몬(가루) ¾작은술
· 진저 ¾작은술
· 커민 씨 ½작은술
· 올스파이스(가루) ¼작은술
· 너트메그(육두구) 가루 ¼작은술
· 양파(다진 것) 1개
· 토마토 캔 400g
· 소금 소량
· 수프 육수(또는 물) 250mL

● 조리법

1. 프라이팬에 올리브유를 두르고 달군 뒤 양 정강이 부위의 고기를 넣고 노릇노릇하게 구워서 꺼낸다. 남은 올리브유에 향신료들을 넣고 살짝 볶는다. 여기에 양파를 넣고 3~4분 정도 볶은 뒤 양정강이고기를 넣는다.

2. 토마토를 넣고 소금을 뿌린 뒤 육수나 물을 양정강이고기가 잠길 정도도 붓는다. 뚜껑을 덮고 약한 불에 삶거나 온도 150도로 예열된 오븐에 넣어 삶는다. 국물의 양과 불의 세기를 수시로 확인하면서 2시간에서 2시간 30분 정도 끓인다.

3. 다 끓이면 양정강이고기를 조심스럽게 꺼내어 미리 데워 둔 그릇에 담아서 뚜껑을 덮는다. 뼈와 살이 쉽게 분리되기 때문에 주의한다.

4. 남은 국물을 졸여 소스를 만든다. 이것을 체에 거른 뒤 냄비에 넣고 3의 양정강이고기를 다시 살짝 졸인다.

5. 쌀밥, 이탈리아의 옥수수죽 요리인 폴렌타(polenta), 쿠스쿠스, 하리사 등과 함께 제공한다.

커민 씨

펜넬·감자를 곁들인 돼지갈비살

레시피는 소박하지만, 맛이 매우 훌륭한 요리이다. 조리법이 매우 쉽고 간단하여 재빠르게 준비할 수 있다.

● 4인분

· 돼지갈비살(뼈 있는 것) 4개
· 감자(얇게 썬 것)700g
· 양파(얇게 썬 것) 1개
· 펜넬 씨(굵게 간 것) 1작은술
· 올리브유 1큰술
· 마늘(으깬 것) 2쪽
· 소금 약간
· 블랙페퍼(가루) 소량
· 스트리키베이컨(streaky bacon) 100g
· 화이트와인 1잔

● 조리법

1. 돼지갈비에서 지방 부위를 칼로 잘라서 제거한다. 깊고 큼직한 내열 접시에 감자 반개 분량과 깐 양파를 담는다.

2. 돼지갈비에 펜넬을 바른 뒤 올리브유에 달군 프라이팬에 넣고 겉면이 노릇노릇해질 때까지 볶는다. 1의 접시에 담긴 감자와 양파 위로 돼지갈비를 놓고 마늘을 사이사이에 넣는다. 남은 감자와 양파를 그 위로 덮고 소금, 블랙페퍼를 뿌린 뒤 스트리키베이컨을 펴서 얹는다. 화이트와인을 그 위로 붓고 알루미늄 포일을 이중으로 감싼 뒤 냄비의 뚜껑을 덮는다.

3. 온도 170도로 예열된 오븐에 3시간 정도 굽는다. 이때 많은 양의 기름이 나오는데, 모두 손님에게 제공하기 전에 제거한다.

4. 신선한 펜넬에 올리브유와 레몬즙을 뿌린 샐러드를 곁들이면 향미를 더해 준다.

배리에이션

펜넬 씨 대신에 세이지 잎을 사용해도 된다. 세지이 잎 2장을 돼지갈비에 얹히면 된다. 이 경우에는 미나리 샐러드를 함께 제공한다.

펜넬

주니퍼 향미의 돼지삼겹살 요리

돼지삼겹살은 조리하기가 비교적 쉽다. 저온의 오븐에 장시간 놓아두면 된다. 주니퍼베리의 산뜻하면서도 씁쓰름한 향미는 돼지고기와 페어링이 좋다. 주니퍼베리는 파테와 테린에도 사용하듯이, 돼지비계의 느끼함을 없애 준다.

● 4인분

· 돼지삼겹살 1kg
· 토마토(반으로 자른다) 6개
· 해염 소량
· 블랙페퍼(가루) 소량
· 마늘(으깬 것) 10쪽
· 주니퍼베리(으깬 것) 2작은술
· 베이리프 2~3장
· 타임 1자밤

● 조리법

1. 돼지고기의 껍데기에 굵은 소금을 묻히고 냉장고에 2시간 정도 둔다. 돼지고기를 씻어서 소금을 제거한 뒤 페이퍼타월 등으로 물기를 제거한다.

2. 내열 접시에 토마토를 깐 뒤, 소금, 페퍼를 뿌리고 마늘, 주니퍼베리, 베이리프, 타임을 올린다. 돼지삼겹살의 껍데기가 위로 향하도록 한 뒤 온도 150도의 오븐에 3시간에서 3시간 반 정도 굽는다.

3. 석쇠를 달군 뒤 그 위로 오븐에서 꺼낸 내열 접시를 올려놓고 돼지삼겹살의 겉면이 바삭해질 때까지 5~6분 정도 굽는다. 불을 끈 뒤 알루미늄 포일로 돼지삼겹살을 싸서 10분간 둔다.

4. 돼지삼겹살을 꺼낸 뒤 잘라서 다른 그릇에 담는다. 내열 접시에서 돼지기름을 제거한 뒤 토마토와 마늘을 건져 돼지삼겹살이 담긴 그릇에 넣는다.

말레이시아의 렌당(rendang)

● 8인분

· 샬롯(다진 것) 8개
· 마늘(으깬 것) 4쪽
· 레드칠리(씨를 제거하고 슬라이스) 5개
· 걸랭걸(양강근) 다진 것 1조각
· 코코넛밀크 1L
· 소고기목살(네모나게 자른 것) 1kg
· 살람(또는 커리) 잎 1개
· 코리앤더(가루) 2큰술
· 커민(가루) 1작은술
· 터메릭(강황) 가루 1작은술
· 레몬그라스(하단부를 으깬 것) 1개
· 설탕 2작은술
· 타마린드액(물에 희석한 것) 1작은술

● 조리법

1. 먼저 향신료 페이스트를 준비한다. 샬롯, 마늘, 레드칠리, 걸랭걸(양강근)을 블렌더에 넣고 코코넛밀크 2~3큰술을 부은 뒤 함께 교반하여 부드러운 상태의 페이스트를 만든다.

2. 깊숙한 프라이팬에 페이스트를 넣고 불에 올린다. 여기에 소고기목살을 넣고 잘 버무린다.

3. 나머지 허브와 향신료들을 넣고 남은 코코넛밀크 부은 뒤 끓인다. 끓고 나면 불의 세기를 줄여 소고기목살의 식감이 부드러워질 때까지 1시간 30분 정도 푹 삶는다.

4. 코코넛밀크의 기름이 분리되기 시작하면 소고기살에 잘 배도록 이리저리 잘 휘저어 준다. 설탕과 타마린드 농축액을 넣고 휘저은 뒤에 불을 끈다.

5. 쌀밥과 함께 제공한다. 다른 스튜와 마찬가지로 하룻밤 동안 숙성하면 맛이 더욱 더 깊어진다.

타이의 소고기 커리

● 8인분

· 해바라기 종유 2큰술
· 레드커리 페이스트 2큰술
· 소등심(한입 크기) 750g
· 코코넛밀크 750mL
· 피시 소스 2큰술
· 맥러트라임 잎 4장
· 레드칠리(씨를 제거한 뒤 썬 것) 2개
· 종려당(또는 갈색 설탕) 1큰술
· 땅콩(볶아서 으깬 것) 4큰술
· 코리앤더 잎(다진 것) 2큰술

● 조리법

1. 냄비에 해바라기 종유를 두르고 달군 뒤 레드커리 페이스트를 넣고 향이 올라올 때까지 볶는다. 소등심을 넣고 겉면이 노릇노릇해질 때까지 볶는다. 코코넛밀크를 붓고 피시 소스, 맥러트라임 잎, 레드칠리를 넣어서 끓인다. 소등심살이 연해질 때까지 20분 정도 약한 불로 끓인다.

2. 1에 설탕과 땅콩을 넣어 섞고 불을 끈다. 그릇에 담은 뒤 코리앤더 잎을 뿌린다. 재스민라이스(jasmine rice)와 함께 제공하면 좋다. 레드커리 페이스트 대신에 인도식 향신료 향미가 풍기는 마살커리 페이스트를 사용해도 상관없다.

치킨와트(Chicken wat)

와트는 에티오피아의 요리로서 일종의 향신료 스튜이다. 빵, 쌀밥, 쿠스쿠스 등과 함께 제공된다.

● 4인분

· 닭고기(한입 크기의 속살) 1.5~1.8kg
· 버터 60g
· 양파(다진 것) 4개
· 마늘(다진 것) 3쪽
· 베르베르(또는 와트 향신료) 1큰술
· 토마토캔(다진 토마토캔) 다진 것 400g
· 소금 소량

● 조리법

1. 닭고기에 소스가 잘 배도록 칼끝으로 여러 군데에 칼집을 내서 준비한다. 두꺼운 냄비에 버터를 녹인 뒤 양파를 넣고 황금빛이 날 때까지 볶는다. 여기에 마늘을 넣고 1~2분 정도 더 볶는다. 이어 베르베르나 와트의 향신료를 넣고 볶은 뒤 토마토를 넣고 다시 볶는다.

2. 뚜껑을 닫고 불을 줄이면서 걸쭉해질 때까지 15분 정도 끓인다. 1의 손질한 닭고기를 넣고 끓인 뒤 불의 세기를 줄여 살이 연해질 때까지 40~45분간 끓인다. 마지막으로 소금으로 간을 맞춘다.

치킨티카(Chicken tikka)

● 4인분

· 닭고기(뼈 없는 부위) 600g
· 요구르트(플레인) 200mL
· 탄도리마살라 1큰술
· 해바라기 종유 2큰술
· 레몬 2개
· 코리앤더 잎(또는 민트) 1줌

● 조리법

1. 닭고기를 5cm 크기로 네모난 조각으로 자른다. 그릇에 요구르트, 탄두리마살라, 해바라기 종유를 넣고 잘 섞는다. 여기에 닭고기를 넣고 버무린 뒤 냉장고에서 2시간 이상 둔다.

2. 1의 닭고기를 꼬치에 꽂아서 시트를 깐 오븐의 선반에 놓는다.

3. 온도 220도로 예열된 오븐에서 약 6분간 구운 뒤 닭고기꼬치를 뒤집어 다시 6분간 더 굽는다. 다 구워지면 10~12분 정도 그대로 둔다. 식으면 닭고기꼬치를 그릇에 담고 레몬을 곁들인 뒤 코리앤더 잎이나 민트 잎을 뿌린다. 코리앤더 처트니와도 매우 잘 어울린다.

캐리비언치킨콜롱보 (Caribbean Chicken Colombo)

프랑스령 카리브제도의 커리 요리이다. 식재료로 양고기, 소고기, 돼지고기, 닭고기 등 매우 다양하게 사용한다.

● 6~8인분

- 닭고기(한입 크기의 속살) 1.5kg
- 해바라기 종유 3큰술
- 양파(다진 것) 2개
- 마늘(다진 것) 4쪽
- 진저(다진 것) 1조각
- 푸드르콜롱보 2큰술
- 타마린드액(물에 희석한 것) 2큰술
- 호박(한입 크기로 썬 것) 300g
- 고구마(껍질을 벗겨 한입 크기로 썬 것) 300g
- 가지(껍질을 제거하고 한입 크기로 썬 것) 1개
- 닭고기 육수 600mL
- 소금 소량
- 라임즙 1큰술
- 차이브(골파) 또는 파 다진 것 적당량

● 조리법

1. 두꺼운 냄비에 종유를 두르고 달군 뒤, 닭고기를 넣고 겉면이 노릇노릇해질 때까지 볶는다. 닭고기를 꺼낸다. 냄비에 남은 기름에 양파를 넣고 황금빛이 날 때까지 볶는다. 여기에 마늘, 진저, 페드르콜롱보를 넣어서 향이 올라올 때까지 3~4분간 볶는다. 닭고기를 냄비에 다시 넣고, 타마린드액, 야채, 닭고기 육수를 넣은 뒤 소금을 뿌려 간을 맞춘다.

2. 뚜껑을 덮고 약한 불로 고기와 야채가 충분히 익을 때까지 약 45분 정도 끓인다. 여기에 라임즙을 넣은 뒤 그릇에 담고 차이브(골파)를 뿌린다. 쌀밥과 함께 제공하면 좋다.

차이브(골파)

인도식 항아리 닭고기구이

●4인분

- 닭(1마리) 1.5kg
- 가람마살라 4작은술
- 진저(다진 것) 1조각
- 마늘(으깬 것) 1쪽
- 소금 ½작은술
- 버터 30g
- 해바라기 종유 3큰술

● 조리법

1. 닭고기는 조리하기 전에 상온에서 2~3시간 그냥 둔다. 그릇에 가람마살라, 마늘, 진저(생강), 소금을 넣고 뒤섞는다. 여기에 버터를 넣은 뒤 페이스트 상태로 만든다.

2. 손가락으로 닭고기 껍질과 속살을 분리한다. 1의 향신료 페이스트를 껍질과 속살 사이에 골고루 넣는다. 닭고기에 향미가 잘 배도록 냉장고에 2~3시간 정도 둔다. 오븐을 190도로 예열한다.

3. 내열 접시에 해바라기 종유를 두른 뒤 닭고기를 넣고 뚜껑을 덮는다. 오븐에서 30~35분간 굽고, 뚜껑을 연 뒤 닭고기를 뒤집어서 30분간 더 굽는다. 닭고기는 가슴 부분이 위쪽을 향하도록 놓고, 내열 접시에 고인 육즙을 뿌린다. 그리고 뚜껑을 열고 살의 겉면이 노릇노릇해질 때까지 10~15분간 더 굽는다. 닭고기의 가장 두꺼운 부위에 칼을 찔렀을 때 흘러나오는 육즙이 투명하면 속살까지 다 익은 것이다.

4. 3의 닭고기를 한입 크기로 자른 뒤 내열 접시에 든 육즙을 그 위로 골고루 뿌린다. 레몬, 처트니, 요구르트, 쌀밥과 함께 제공한다.

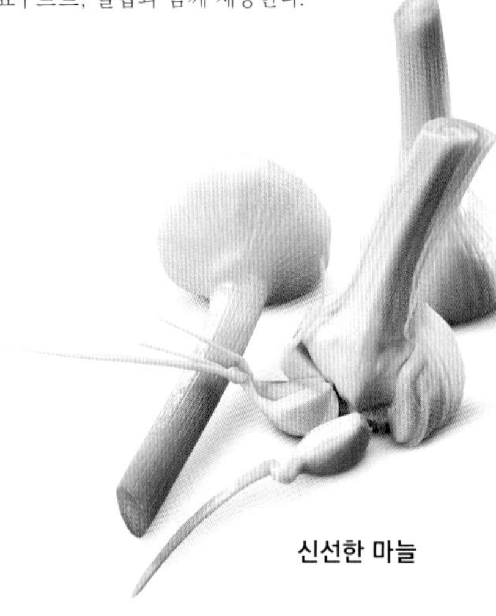

신선한 마늘

야채 요리

사프란크림의 완두콩조림

이 레시피에서는 기본적으로 신선한 완두콩을 사용하지만, 구할 수 없을 경우에는 냉동 완두콩을 사용해도 상관없다.

● 6인분

· 버터 60g
· 완두콩 2.25kg, 정미 약 600g
· 설탕 1작은술
· 소금 적당량
· 블랙페퍼(가루) 적당량
· 사프란(다진 것) 10가닥
· 생크림(유지방분 48%) 150mL
· 밀가루 ½작은술
· 딜(또는 차이브) 다진 것 1큰술

● 조리법

1. 냄비에 버터와 물 100mL를 넣고 끓인다. 완두콩, 설탕, 소금, 블랙페퍼를 넣고 뚜껑을 덮은 뒤 약한 불에서 8~10분간 완두콩이 연해질 때까지 삶는다. 냄비에 물이 여러 큰술 이상으로 남은 경우에는 뚜껑을 열고 수분을 증발시킨다.

2. 다진 사프란을 뜨거운 물 1큰술(분량 외)로 반죽한 뒤 밀가루와 생크림의 혼합물에 함께 섞는다.

3. 2를 1에 넣어서 불에 올려 끓인 뒤에 딜이나 차이브(골파)를 넣어 제공한다.

매콤한 렌틸콩 요리

● 4인분

· 렌틸콩 250g
· 베이리프 2장
· 코리앤더(가루) 1작은술
· 커민(가루) ¾ 작은술
· 카르다몸 씨(으깬 것) 꼬투리 2개분
· 양파 1개
· 소금 당량
· 생크림(유지방 분 48%)또는 올리브 오일(엑스트라저빈) 4큰술
· 마늘(으깨고 염장한 것) 1쪽
· 민트(다진 것), 1큰술
· 바질(타이바질 또는 아니스바질 다진 것) 1큰술

● 조리법

1. 큰 냄비에 렌틸콩, 베이리프, 향신료와 양파를 통째로 넣는다. 여기에 물 900mL를 넣고 끓인다. 뚜껑을 반쯤 열어 놓고 렌틸콩이 연해질 때까지 약 20분간 삶는다. 마지막 5분 시점에 취향에 따라 소금으로 간을 맞춘다. 이것을 체에 밭쳐 물을 빼내고 렌틸콩만 그릇에 담는다.

2. 냄비에 생크림이나 올리브유를 넣고 가열한 뒤 마늘을 넣고 뒤섞는다. 이어 1의 렌틸콩에 붓고 잘 버무린다. 마지막에 허브를 넣고 섞어서 제공한다.

베이리프

미소(味噌)·참깨·그린빈무침

이 요리는 품질이 좋고 여린 그린빈이나 플랫빈(flat bean)으로 만들 수 있다. 양쪽 가장자리에서 질긴 줄기를 칼로 제거한다. 다시 국물은 슈퍼마켓의 미린, 또는 건강식품 판매대에서 구입할 수 있다.

● 6인분

· 흰 미소 페이스트 2큰술
· 세서미(참깨) 페이스트 2큰슬
· 진저(다진 것) 1큰술
· 미린 1큰술
· 다시 조미료 2~3큰술
· 그린빈(또는 플랫빈) 350g
· 세서미(참깨)(볶은 것) 2작은술

● 조리법

1. 그릇에 미소, 정제 세서미(참깨), 진저, 미린을 넣어 섞는다. 여기에 다시 국물을 조금씩 넣어서 페이스트 상태로 만든다.

2. 그린빈을 사용할 경우에는 뜨거운 물에 1분간 데친다. 물기를 빼고 찬물에 담가 식을 때까지 두었다가 2cm 길이로 빗겨 썬다. 1의 소스로 그린빈을 잘 버무린 뒤 세서미(참깨)를 뿌리고 제공한다.

스타아니스·펜넬의 찜

● 4인분

· 펜넬 4개
· 마늘(조각) 2쪽
· 스타아니스 2개
· 올리브유 4큰술
· 야채 육수 300mL
· 소금 적당량
· 블랙페퍼(가루) 적당량
· 차이브(골파) 다진 것 1큰술

● 조리법

1. 펜넬은 상하를 잘라서 바깥쪽 껍질을 벗긴다. 두꺼운 냄비에 펜넬, 마늘, 스타아니스를 동시에 넣는다. 올리브 오일과 야채 육수 또는 취향에 따라 같은 양의 물을 붓는다. 소금, 블랙페퍼로 간을 맞춘다.

2. 뚜껑을 덮고 한동안 끓인 뒤 불을 줄이고 30~40분간 삶는다. 도중에 펜넬의 위아래를 뒤집어 준다. 펜넬에 대나무 꼬치가 들어가면 잘 익은 것이다. 펜넬은 약간 자극성이 있기 때문에 과도하게 삶지 않도록 한다.

3. 펜넬을 냄비에서 꺼낸 뒤 절반으로 자른다. 국물을 숟가락으로 떠서 뿌린 뒤 차이브(골파)를 골고루 뿌린다.

마조람을 가한 당근조림

● 4인분

· 당근(얇은 조각) 500g
· 소금 적당량
· 블랙페퍼(가루) 적당량
· 버터 60g
· 마조람(다진 것) 2작은술
· 오렌지즙과 껍질 ½ 개

● 조리법

1. 소금물을 끓여 당근이 연해질 때까지 4~5분간 삶아서 물기를 뺀다.

2. 다른 냄비에 버터를 녹인 뒤 당근을 넣고 블랙페퍼, 마조람, 오렌지과즙 껍질을 넣는다. 1~2분간 졸여서 제공한다.

스위트마조람

딜·비트의 샐러드

● 4인분

· 비트(신선한 것) 300g
· 올리브(땅콩)유 2큰술
· 발사믹 식초 1큰술
· 딜(다진 것) 2~3큰술

● 조리법

1. 비트의 껍질을 벗긴 뒤 가루로 만든다. 냄비에 올리브유를 넣고 달군 뒤 비트를 넣고 뒤적거리면서 5~6분간 볶는다.

2. 데워 놓은 접시에 볶은 비트를 담고 발사믹 식초를 뿌린다. 고명용 딜을 소량으로 남겨 두고, 나머지를 모두 넣고 섞는다. 딜을 고명으로 올리고 샐러드로 제공한다.

호박 퓌레

호박의 껍질은 매우 단단하면서 다양한 색상을 지닌다. 따라서 퓌레도 각양각색으로 만들 수 있다. 진저, 카르다몸, 시나몬, 메이스, 클로브(정향) 등의 향신료와 술과 잘 어울린다.

● 4인분

· 호박(소·중 크기) 1개
· 소금 적당량
· 블랙페퍼 적당량
· 기호 향신료(가루) ¼~½작은술
· 버터 60~80g
· 크렘프레슈(creme fraiche) 150~200mL
· 럼주(또는 위스키) 2큰술

● 조리법

1. 호박을 반으로 쪼개 씨를 제거한 뒤 190도로 예열한 오븐에 넣고 30~45분 굽는다.

2. 내열 그릇에 호박의 과육을 숟가락으로 퍼서 넣는다. 여기에 소금, 좋아하는 향신료, 버터, 크렘프레슈를 넣고 잘 섞어서 부드러운 퓌레를 만든다. 술을 사용할 경우에는 럼주나 위스키를 넣고 휘저어 준다.

3. 뚜껑을 덮은 뒤 저온의 오븐에서 10~15분간 가열한다.

파스타, 국수, 곡류 요리

허브 링귀니(Linguine)

이 요리는 양질의 신선한 허브와 올리브유(엑스트라버진)가 있으면 꼭 만들어 먹고 싶은 요리이다. 허브의 훌륭한 식감을 살리기 위하여 푸드프로세서를 사용하는 대신에 손으로 직접 찢는다.

● 4인분

- 바질 4개
- 플랫리프파슬리 4개
- 마조람 3개
- 로즈메리 1개
- 히솝 1개
- 올리브유(엑스트라버진) 100mL
- 소금 적당량
- 블랙페퍼(가루) 적당량
- 샬롯(껍질을 벗기고 다진 것) 1개
- 빵가루(신선한 것) 3~4큰술
- 링귀니(신선한 것/건조시킨 것) 600g/400g

● 조리법

1. 각각의 허브에서 잎과 섬세한 줄기를 따서 손으로 잘게 찢는다. 특히 로즈메리와 히솝 잎은 잘게 찢는다.
2. 사발에 올리브유 70mL을 넣고, 1의 허브를 넣어 기름을 배게 한 뒤 페퍼를 뿌려 간을 맞춘다.
3. 프라이팬에 나머지 올리브유를 데워서, 샬롯과 빵가루를 넣어 빵가루가 바삭바삭해질 때까지 가열한다.
4. 냄비에 소금을 넣은 넉넉한 뜨거운 물(분량 외)을 끓여 링귀네를 익혀 물기를 뺀다. 2에 파스타를 넣어 버무리고 그릇에 담아 3을 뿌려 제공한다.

리코리스바질

닭고기·완두콩·누에콩의 튀니지식 리시타(rishta)

리시타는 긴 리본 형태이 파스타를 일컫는 아랍어이다. 작고 여린 누에콩을 구할 수 없다면, 그린빈 500g을 끓는 물에 몇 분간 데친 뒤 물기를 빼고 껍질을 벗기로 사용한다.

● 6인분

- 올리브유 2큰술
- 닭다리살(작게 썬 것) 200g
- 양파(다진 것) 1개
- 작은 누에콩 250g
- 완두콩 200g
- 플랫리프파슬리(다진 것) 1줌
- 토마토(껍질을 벗겨 잘게 썬 것) 500g 또는 토마토 통조림 400g
- 하리사 1큰술
- 소금 적당량
- 블랙페퍼(가루) 적당량
- 페투치네(fettuccine) 300g

● 조리법

1. 두꺼운 냄비에 올리브유를 둘러서 달군 뒤 닭고기와 양파를 넣고 가끔 뒤적거리면서 노릇노릇해질 때까지 볶는다. 누에콩, 완두콩, 파슬리, 토마토, 하리사를 넣고, 소금, 블랙페퍼로 간을 맞춘다. 물 150mL를 넣고 닭고기가 익을 때까지 약한 불로 30분 정도 삶는다.
2. 다른 큰 냄비에 넉넉한 양의 물을 넣고 끓인 뒤 소금을 넣고 페투치네를 넣는다. 봉지에 표시된 삶는 시간에 따라 서서히 삶는다. 다 익으면 건져서 물기를 빼고 1의 냄비에 넣는다. 잘 섞고 5분간 더 익힌 뒤에 제공한다.

쇠고기·브로콜리 누들

● 2인분

- 소등심 살코기 300g
- 간장 3큰술
- 쌀 식초 2큰술
- 마늘(다진 것) 1작은술
- 진저(다진 것) 1작은술
- 설탕 1큰술
- 해바라기 종유 4큰술
- 에그누들(밀가루와 달걀을 섞어 만든 서양식 면) 250g
- 브로콜리(작게 나눈다) 200g
- 파(얇은 조각) 4개
- 코리앤더 잎(다진 것) 3큰술
- 세서미(참깨)(볶은 것) 1큰술

● 조리법

1. 소고기의 힘줄을 자르듯이 살코기를 얇게 저민다. 그릇에 간장, 식초, 마늘, 진저(생강), 설탕과 해바라기 종유 2큰술을 넣고 섞은 뒤 소고기를 넣고 30분간 재운다.

2. 냄비에 넉넉한 양의 물을 끓인다(소금은 넣지 않는다). 그리고 에그누들을 넣고 연해질 때까지 삶는다. 물기를 빼고 찬물로 헹군다.

3. 중화 냄비를 달군 뒤에 남은 해바라기 종유를 넣고 냄비를 이리저리 흔들어 대면서 기름을 두른다. 브로콜리를 넣고 2분간 볶은 뒤에 2의 누들을 넣고 다시 2분간 볶는다.

4. 1의 소고기와 양념까지 모두 3에 넣고 2분간 볶은 뒤 파와 코리앤더를 넣고 섞는다.

5. 데운 그릇에 4를 넣고 깨소금을 뿌린 뒤 제공한다.

락사(Laksa)

락사는 매콤한 코코넛밀크 수프의 신선한 맛이 나는 말레이시아의 면 요리이다. 딱딱하고 유분이 많은 캔들너트는 약간만 사용해도 쓴맛이 나는데, 걸쭉함을 더해 주는 증점제로도 사용된다. 캔들너트 대신에 마카다미아를 사용해도 된다. 캔들너트와 건새우는 동양계 식료품점에서 쉽게 구입할 수 있다.

● 6인분

- 생쌀국수 400g
- 마늘 2쪽
- 레몬그라스의 줄기(하부 ⅓만) 3개
- 진저 또는 걸랭걸(양강근) 5cm 크기 조각
- 레드칠리(씨를 제거) 3개
- 샬롯 8개
- 터메릭(강황) 신선한 것 2작은술 또는 터메릭(강황) 가루 ½작은술
- 캔들너트 5개
- 건새우(물에 불린 것) 3큰술
- 해바라기 종유 3큰술
- 숙주나물(수염뿌리를 제거한다) 200g
- 생선(또는 닭) 육수 600mL
- 코코넛밀크 600mL
- 흰살 생선(4cm 크기) 400g
- 새우(삶아 껍질을 벗긴 것) 300g
- 라임즙 적당량
- 파(얇은 슬라이스) 1개
- 라우람 2개 또는 코리앤더 잎(다진 것) 2큰술

● 조리법

1. 큰 냄비에 넉넉한 양의 물을 끓여(소금은 넣지 않는다) 생쌀국수를 삶는다. 물기를 빼고 찬물로 잘 헹군다.

2. 향신료 페이스트를 만든다. 마늘에서 캔들너트까지의 재료는 굵게 다진다. 이것을 건새우와 터메릭(강황) 가루를 푸드프로세서에 넣고 교반한다. 필요에 따라 소량의 해바라기 종유를 부어 부드러운 상태의 페이스트를 만든다.

3. 숙주나물은 뜨거운 물에 1분간 데친 뒤 헹궈서 물기를 뺀다.

4. 큰 냄비 또는 중화 냄비에 남은 해바라기 종유를 둘러서 달군 뒤 2의 향신료 페이스트를 넣고 끊임없이 휘저으면서 페이스트에서 향이 올라오면서 오일이 분리될 때까지 약 5분간 볶는다. 육수를 넣고 끓이면서 페이스트와 섞는다. 불을 줄이고 코코넛밀크를 넣어 2~3분간 끓인다. 여기에 생선을 넣고 익을 때까지 뒤섞는다. 새우를 넣고 소금과 라임즙으로 간을 맞춘다.

5. 락사는 깊은 그릇에 담아 제공한다. 먼저 쌀국수와와 숙주나물을 그릇에 담고 4의 수프와 생선을 떠서 넣는다. 고명으로 파와 라우람을 올린다.

야채·에그누들볶음

이 요리의 레시피에 사용하는 야채는 취향에 따라 자유롭게 바꿀 수 있다. 버섯과 셀러리, 양질의 그린빈은 가늘게 채로 썰어서 사용한다. 채식주의자가 아니면, 다진 돼지고기 300g을 추가하면 된다.

● 3~4인분

- 에그누들(신선하거나 건조시킨 것) 300g
- 참기름 1과½ 큰술
- 해바라기 종유 2큰술
- 마늘(잘게 다진 것) 3쪽
- 진저(잘게 다진 것) 3cm 크기분
- 레드칠리(씨를 제거하고 다진 것) 2개(선택)
- 당근(길게 썬 것) 100g
- 청경채 1~2개
- 레드페퍼 (채를 썬 것) 1개
- 콩 꼬투리 100g
- 숙주나물 80g
- 간장 2~3큰술
- 파(흰 부분과 녹색 부위를 채로 썬 것) 5~6개
- 코리앤더 잎과 잔가지(다진 것) 2줌

● 조리법

1. 따뜻한 물로 에그누들을 헹군다. 큰 냄비에 넉넉한 양의 물을 끓여서(소금은 넣지 않는다) 적당히 삶는다. 면의 굵기에 따라 1~4분 정도로 삶는다. 건조된 면은 삶는 데 4~10분 정도 걸린다. 물기를 빼고 헹군 뒤 전분 성분을 제거하기 위해 다시 물기를 뺀다. 에그누들의 면을 그릇에 담고 참기름 1큰술을 넣어 버무린다.

2. 큰 중화 냄비를 달군 뒤 해바라기 종유를 두르고 냄비를 이리저리 흔들어서 전체에 기름을 두른다. 마늘, 진저, 레드칠리를 넣고 타지 않도록 살짝 볶는다. 당근과 청경채를 넣고 1~2분간 볶고 레드페퍼와 콩 꼬투리를 넣고 혼합한 뒤 숙주나물을 넣는다. 여기에 참기름과 간장을 넣고 간을 맞춘다.

3. 1의 누들면을 2에 넣고 야채와 버무리면서 볶는다. 이것을 그릇에 담은 뒤 파와 코리앤더를 뿌려서 제공한다.

말라바르필라프(Malabar pilaf)

이 요리는 다양한 향신료 식물들이 자생하는 인도 남서부의 구릉지대에서 탄생하였다. 닭고기와 양고기의 찜, 야채 스튜와도 잘 어울린다. 필라프는 향신료를 곁들어 제공하지만, 그중에서 먹을 수 있는 것은 커민 씨뿐이다.

● 4~6인분

- 바스마티쌀 500g
- 해바라기 종유 또는 정제 버터(기) 2큰술
- 양파(다진 것) 1개
- 그린카르다몸 꼬투리 8개분
- 시나몬 스틱 1개
- 클로브(정향) 8개
- 커민 씨 1작은술
- 소금 1작은술
- 해바라기 종유 또는 녹인 버터(선택) 1~2큰술

● 조리법

1. 쌀을 찬물에 계속해서 씻어 낸다. 그리고 찬물에 30분간 담가 불린다.

2. 두꺼운 냄비에 해바라기 종유나 기를 둘러서 데운 뒤 양파를 넣고 황금색이 될 때까지 볶는다. 카르다몸을 살짝 으깬 뒤 다른 향신료와 함께 냄비에 넣는다. 향신료의 색상 진하게 바뀔 때까지 약 2~3분간 볶는다.

3. 쌀에서 물기를 빼고 2에 넣은 뒤 쌀이 반투명해질 때까지 2~3분간 볶는다. 쌀의 양은 쌀 1에 대해 뜨거운 물 1¼의 비율로 넣는데, 여기에 소금을 넣은 뒤 끓인다. 불을 최대한 줄이고 뚜껑을 덮고 15분간 쌀밥을 짓는다. 수분이 흡수되어 쌀밥 표면에 작은 증기 구멍이 생긴다. 취향에 따라 해바라기 종유나 버터를 넣는다.

4. 다시 불에 올려 5분이 지나면 불을 끈 상태로 5~10분간 뜸을 들인다. 쌀밥을 나무주걱으로 밑에서부터 뒤집어 헤친 뒤에 떠서 미리 데워 둔 접시에 담는다.

클로브(정향)

허브라이스

이 이란 요리는 냄비 뚜껑을 열었을 때 허브로 초록색으로 물든 쌀밥과 냄비 바닥의 노릇노릇한 '누룽지'가 한눈에 들어오면서 아름다움을 느낄 수 있다. 이 요리에는 신선한 허브를 사용하는 것이 가장 좋지만, 건조시킨 것을 사용해도 좋다. 건조 허브는 쌀 500g 기준에 15~20g 정도 사용하면 된다. 신선한 허브는 쌀이 든 물에 넣기 전에 물기를 꼼꼼히 제거한다.

● 4인분

· 바스마티쌀 500g
· 소금 적당량
· 딜(다진 것) 80g
· 파슬리(다진 것) 80g
· 코리앤더(다진 것) 80g
· 차이브(골파) 다진 것 80g
· 해바라기 종유 6큰술 또는 버터 100g

● 조리법

1. 큰 냄비에 쌀을 넣고 물이 투명해질 때까지 찬물로 잘 헹군다. 소금을 넣고 적어도 2시간 동안 불린다.

2. 쌀에서 물기를 빼고 놓아둔다. 물 2.5L에 소금 1큰술을 넣고 끓인 뒤 쌀을 넣고 눌러 붙지 않도록 휘저어 준다. 뚜껑을 열어 놓은 채로 2~3분간 밥을 지어 겉에는 부드럽지만 아직은 여문 심이 남아 있는 상태에서 불을 끈다. 물기를 뺀 뒤 미지근한 물로 헹군다.

3. 큰 그릇에 허브들을 넣고 혼합해 둔다. 큰 프라이팬에 버터 절반가량 또는 물과 해바라기 종유 3큰술을 넣고 불에 올려서 버터가 녹거나 기름이 뜨거워지면, 쌀, 혼합 허브를 차례로 겹쳐 넣는다. 가장 위층이 쌀이 되도록 한다. 나무숟가락 손잡이를 위에서 냄비 바닥까지 2~3군데 구멍을 뚫어 증기가 빠져나갈 수 있도록 한다. 나머지 버터나 해바라기 종유를 골고루 붓는다.

4. 센 불로 쌀에서 증기가 날 때까지 3~4분 가열한 뒤 최대한 불을 줄여 30분 동안 뜸을 들인다. 불을 끄고 20~30분간 잔열로 데운다. 완성되면 주걱으로 허브 쌀밥을 데워 둔 냄비에 들어서 놓고, 냄비 바닥에서 누룽지를 떼어 낸 뒤 허브 쌀밥 주위에 놓아 제공한다.

아로스알오르노(Arroz al Horno)

쌀과 병아리콩을 주재료로 이 스페인 요리는 오븐에 넣어서 굽는다. 스페인산 품종의 쌀은 중간 크기의 쌀인데, 이 품종의 쌀을 구할 수 없다면, 이탈리아산 품종의 쌀을 사용하면 된다. 병아리콩을 사전에 미리 조리해 두면, 캐서롤에 준비, 조리하는 데 30분밖에 안 걸린다. 통마늘 1개를 중앙에 놓으면 쌀밥에 훌륭한 향미를 더해 준다

● 4~6인분

· 마늘 1쪽
· 올리브유 80mL
· 토마토(껍질을 벗겨 다진 것) 3개
· 감자(얇게 저민 것) 2개
· 훈연파프리카 1작은술
· 소금 적당량
· 병아리콩(익힌 것) 120g
· 야채(또는 닭고기) 육수 750mL
· 쌀 400g

● 조리법

1. 마늘은 꼭지를 그대로 두고 바깥쪽의 느슨한 껍질을 제거한 뒤 페이퍼 타월로 깨끗이 닦는다. 내열성 두꺼운 냄비(스페인에서는 도자기 캐서롤)에 올리브 오일을 두르고 데운 뒤 마늘을 넣고 2~3분간 볶는다. 토마토와 감자를 넣고 몇 분간 더 볶은 뒤에 파프리카와 소금으로 간을 맞춘다. 그 뒤 병아리콩을 넣는다.

2. 1의 냄비에 쌀을 넣고 잘 휘저어 준 뒤 마늘을 중앙에 얹고 육수를 붓는다. 2~3분간 더 끓인 뒤에 불을 끈다.

3. 2의 냄비를 200도로 예열한 오븐에 넣어 약 20분 가열한다. 쌀밥이 다 된 것을 확인한 뒤 오븐에서 꺼낸다. 마늘을 쌀밥과 함께 제공한다.

배리에이션

지역의 식문화에 따라서 다양한 배리에이션들이 있다. 블러드소시지나 초리조를 넣는 곳도 있고, 건포도를 뜨거운 물에 불려서 넣거나 병아리콩 대신에 강낭콩을 넣는 곳도 있다. 아로스알오르노에는 다양한 레시피들이 있지만, 쌀, 병아리콩이나 콩류, 그리고 통마늘을 사용하는 것은 공통적이다.

아티초크·누에콩·퀴노아의 샐러드

퀴노아(quinoa)는 명아줏과에 속하는 식물로서 안데스산맥 지역이 원산지이다. 정확히 말하면 곡식은 아니지만, 식재료로서는 곡물로 사용된다. 오늘날에는 슈퍼마켓, 건강식품 판매점에서 쉽게 구입할 수 있다.

● 4인분

· 퀴노아 200g
· 아티초크 4~5개
· 올리브유 1큰술
· 누에콩 꼬투리 300g
· 캐슈너트(cashew nut) 100g
· 커민(가루) 2작은술
· 소금 적당량
· 블랙페퍼 적당량
· 와인 식초 2~3큰술
· 올리브유(엑스트라 버진) 5~6큰술
· 경수채(京水菜), 네스트리움 또는 다른 샐러드용 야채 1줌
· 토마토(네모나게 썬 것) 3개
· 레드어니언(잘게 다진 것) 1개
· 바질 잎(찢은 것) 또는 보리지꽃 적당량

● 조리법

1. 퀴노아는 잘 헹군 뒤 냄비에 600mL의 물과 함께 넣는다. 퀴노아가 익어서 수분을 흡수할 때까지 약 15~20분간 가열한다. 익은 퀴노아의 물기를 빼고 찬물로 헹군 뒤 선반에 펴서 건조시킨다.

2. 아티초크는 채를 썬 뒤 올리브유를 둘러서 달군 프라이팬에 넣고 살짝 볶는다. 소금물을 담은 냄비에서 누에콩을 삶아 물기를 빼고 찬물로 헹군 뒤 껍질을 제거한다. 그리고 물기를 닦은 냄비에 캐슈너트를 넣고 살짝 볶는다.

3. 커민, 소금, 블랙페퍼, 와인 식초, 올리브유로 드레싱을 만든 뒤 샐러드 그릇에 놓는다. 2의 아티초크, 누에콩, 캐슈너트가 식고, 1의 퀴노아가 다 건조되면 함께 혼합한 뒤 샐러드용 잎 채소, 토마토, 레드어니언을 넣고 버무린다. 마지막에 바질 잎이나 보리지꽃을 고명으로 올린다.

라임바질

7종류 야채의 쿠스쿠스

쿠스쿠스는 북아프리카에서 중동에 이르는 지역의 전통 음식이다. 여기에서 소개하는 야채 대신에 호박, 완두콩. 메이스, 감자, 아티초크를 비롯하여 그 밖의 제철 야채들을 사용해도 된다.

● 4인분

· 올리브유 3큰술
· 블랙페퍼 1작은술
· 파프리카(가루) 1큰술
· 타빌 또는 커민과 코리앤더(가루) 1큰술
· 양파(굵게 다진 것) 2개
· 토마토(껍질을 벗겨 다진 것) 3개
· 병아리콩(하룻밤 물에 불린 것) 60g 또는 병아리콩의 통조림 ½ 통
· 당근(두꺼운 조각) 2개
· 주키니호박(두꺼운 조각) 2개
· 순무(4등분) 3개
· 꼬투리를 벗긴 누에콩 200g
· 양배추(굵게 썬 것) 200g
· 레드페퍼(깍둑썰기) 1줌
· 코리앤더 잎(다진 것) 적당량
· 소금 적당량
· 쿠스쿠스 300g
· 하리사

● 조리법

1. 큰 냄비에 올리브유를 둘러서 달군 뒤 향신료와 레드어니언(적양파)를 넣고 중간 세기의 불로 3~4분간 볶는다. 그리고 토마토를 넣고 몇 분간 더 볶는다.

2. 1에 900mL의 물과 병아리콩을 넣는다. 뚜껑을 덮고 끓여서 약 40분간 삶는다. 당근, 호박, 순무, 누에콩, 양배추, 레프페퍼, 코리앤더, 소금을 넣고 야채들이 익을 때까지 20~30분간 더 삶는다.

3. 스튜가 거의 완성되기 전에 쿠스쿠스 상품 봉지에 표시된 방법에 따라 조리를 준비한다. 손님에게 제공할 경우에는 쿠스쿠스를 따뜻한 접시에 담고 2의 야채를 주위로 배치하고 숟가락으로 수프를 뿌린다. 하리사는 그릇에 넣은 뒤 국자 1개분의 수프를 넣고 희석한다. 나머지 수프는 다른 그릇에 담아서 쿠스쿠스, 수프, 하리사와 함께 제공한다.

케이크, 디저트류

마지팬·파피 씨 케이크

이 요리는 티타임용의 매우 훌륭한 케이크이다. 마지팬(marzipan)은 감칠맛을 주어 파피 씨의 순한 아몬드 같은 향미와 잘 어울린다. 비닐 비닐 랩을 씌우면 며칠간 보관할 수 있다.

● 케이크 1kg분(빵틀 사용)

· 버터 150g
· 정제당 120g
· 달걀(흰자위와 노른자위를 분리) 3개
· 럼주 2큰술
· 사워크림 100mL 또는 레몬즙 2큰술을 섞은 생크림(유지방분 18%)
· 마지팬(30분간 얼린 뒤 강판에 간다) 200g
· 일반 밀가루(중력분도 가능) 150g
· 베이킹파우더 2작은술
· 소금 1자밤
· 파피 씨 60g

● 조리법

1. 오븐을 180도로 예열하고, 1kg분의 빵틀에 기름을 바른다.

2. 그릇에 버터와 설탕을 넣고 전체적으로 부풀어 오를 때까지 잘 휘젓는다. 노른자위를 1개씩 넣고 잘 섞은 뒤 럼주와 사워크림을 넣는다. 여기에 갈아 놓은 마지팬을 넣고 골고루 섞어 준다.

3. 일반 밀가루, 베이킹파우더와 소금을 혼합한 뒤 2~3회 체에 밭치고 파피(양귀비) 씨를 넣고 뒤섞어 둔다. 달걀 흰자위를 휘젓고 거품을 낸다. 일반 밀가루와 파피(양귀비) 씨를 2의 반죽에 넣은 뒤 흰자위 2~3큰술을 넣고 섞는다. 나머지 흰자위도 큰 숟가락으로 섞는다.

4. 3을 빵틀에 부어 오븐에서 약 1시간 가열하고, 꼬치로 찔러서 아무 반죽이 묻지 않을 정도로 굽는다. 철망으로 된 선반 위에 빵틀을 10분간 둔 뒤에 케이크를 빵틀에서 꺼내고 식힌다.

바닐라 아이스크림

● 6인분

· 우유 또는 생크림(유지방분 18%) 450mL
· 바닐라 꼬투리(세로로 가른다) 1개
· 노른자위 4개
· 정제당 150g
· 생크림(유지방분 48%) 150mL

● 조리법

1. 우유 또는 생크림과 바닐라 꼬투리를 두꺼운 냄비에 넣고 서서히 끓인다. 끓으면 냄비를 불에서 내린 뒤 뚜껑을 닫고 20분간 둔다. 바닐라 꼬투리를 꺼내고 씨를 긁어낸다.

2. 그릇에 노른자위와 설탕을 넣고 색상 연해질 때까지 세차게 휘젓는다.

3. 1을 서서히 다시 가열한 뒤 2에 조금씩 넣고 거품을 낸다. 이것을 1의 냄비에 넣고 약한 불로 가열하면서 커스터드가 숟가락 뒷면에 묻을 정도로 진해질 때까지 휘젓는다. 이때 끓지 않도록 주의한다.

4. 냄비를 불에서 내린 뒤 식을 때까지 계속해서 휘젓는다. 생크림은 살짝 거품을 낸 뒤 커스터드에 넣는다. 아이스크림 기계가 있으면 설명서대로 만든다.

배리에이션

카르다몸 아이스크림
바닐라의 꼬투리 대신에 살짝 으깬 카르다몸 꼬투리 8개를 사용한다. 30분간 우린 뒤 걸러내고 위와 같은 방법으로 만든다.

시나몬 아이스크림
바닐라의 꼬투리 대신에 시나몬 가루 1큰술을 사용한다. 위와 같은 방법으로 만든다.

라벤더 아이스크림
바닐라의 꼬투리 대신 신선한 라벤더꽃 3큰술을 사용한다. 1시간 정도 우린 뒤에 걸러낸다. 4에서 생크림을 넣기 직전에 라벤더꽃 1작은술도 잘게 다져서 넣는다.

바닐라

시나몬·포트와인·무화과구이

설익은 무화과가 있을 경우에 추천하는 레시피이다. 맛과 향을 내는 방법은 매우 다양하다. 시나몬 대신에 카르다몸 꼬투리 4~5개분의 씨를 사용하거나 라벤더꽃 1작은술, 포트와인(port wine) 대신에 머스캣이나 다른 종류의 디저트 와인을 사용할 수도 있다. 또한 시럽 대신에 오렌지즙과 설탕을 사용할 수 있다. 딱딱한 복숭아와 천도복숭아도 구워서 디저트를 만들기에 좋다.

● 6인분

· 설탕 60g
· 포트와인 6큰술
· 시나몬 스틱 ½ 개
· 무화과 12개

● 조리법

1. 오븐을 200도로 예열한다. 작은 냄비에 물 100mL와 설탕을 넣고 완전히 녹여 시럽 상태로 만든다. 그리고 약한 불에 이 시럽을 3~4분간 졸인다.

2. 내열 그릇에 시럽과 포트와인을 붓는다. 여기에 무화과를 하나씩 넣고 2쪽으로 쪼갠 시나몬 스틱을 사이에 끼운다.

3. 무화과가 익은 상태에 따라서 오븐에서 20~30분간 굽는다. 무화과를 꺼내 그릇에 담는다. 남은 소스를 냄비에 약간 졸인 뒤 체에 걸러서 무화과에 붓는다. 곧바로 제공해도 되고, 차게 보관하여 나중에 제공해도 된다.

스페퀼라스(Speculaas)

스페퀼라스는 네덜란드의 비스킷이다. 식감이 얇고 바삭바삭한 것이 있는가 하면, 쇼트브레드와 같은 것도 있다. 전통적으로 12월 5일인 성 니콜라스 축제일에 먹는다. 비스킷의 한쪽 면에는 성 니콜라스 초상이나 풍차와 같은 네덜란드를 상징하는 문양들이 있다. 모두 네덜란드의 전통적인 나무틀로 모양을 낸 것이다.

스페퀼라스에는 전통적으로 시나몬, 너트메그(육두구), 올스파이스, 클로브(정향), 카르다몸과 같은 향신료들이 사용된다. 여기에 소개하는 레시피는 쇼트브레드풍의 비스킷이다.

● 비스킷 15~20개분

· 시나몬(가루) 2작은술
· 올스파이스(가루) ¼작은술
· 클로브(정향) 가루) ¼작은술
· 너트메그(육두구) 가루 ½작은술
· 카르다몸 씨 가루 ¼작은술
· 팽창제혼합밀가루 200g
· 3온당 100g
· 버터 125g
· 아몬드 조각(선택) 적당량

● 조리법

1.모든 향신료를 혼합한 뒤 체에 밭쳐서 팽창제혼합밀가루에 넣고 뒤섞는다. 푸드프로세서로 설탕과 버터를 서서히 섞는다. 너무 걸쭉하면 물 1스푼을 넣어서 반죽한다.

2. 작업대에 밀가루 뿌린 뒤 1의 반죽을 얹어 두께 5mm로 얇게 편다. 오븐을 180도로 예열한다.

3. 반죽을 쿠키용 틀로 원형이나 또는 다른 모양을 찍은 뒤 오븐 페이퍼를 깐 선반에 놓는다. 취향에 따라 아몬드 조각을 뿌리거나 하여 오븐에 넣고 노릇노릇하게 15~20분간 굽는다. 완성되면 선반에서 식힌다.

클로브

색인

가

가든민트 66
가든셀러리 80-81
가든소렐 56
가든크레스 111
가람마살라 185, 195, 275-276, 318
가리 224
가지 307, 318
감자 292, 315, 324
건새우 293,322
건진저 226-227
걸랭걸(양강근) 168-170, 272-274, 278, 295, 316, 322
걸프바하라트 280
검은세서미(참깨) 132-133, 271
게르만 타라곤 60
게이메 197
고구마 310, 318
고추장 242, 296
고추장 소스 296, 166-167, 272-274, 278,295, 312-313, 317
골든세이지 95
골든오레가노 89
골든퀸타임 99
곰마늘 76
구아히요 245
광부의 상추 21
구스허브 117
구에로 245, 295, 316, 322
구운 과자와 푸딩용 향신료 229, 286
구자라티 170, 273, 316
구자라티마살라 275
굴라브자문 147
굴라시 155, 189, 314, 317
그라바드락스 62
그레몰라타 266
그레이비 65, 135, 206
그레이터걸랭걸 168-169
그래인오브파라다이스 185, 219, 283-284
그리엉 274
그리크세이지 94
그리크오레가노 88
그린마살라 268,313
그린망고 렐리시 300
그린모호 292
그린빈 319
그린어니언 77
그린오리츠 26
그린칠리 268-269, 273, 281, 292, 296, 300, 301, 305, 314
그린카르다몸 273, 275-282, 323
그린커리 페이스트 273
그린퍼릴러 24
그린페퍼콘 211
그린펜넬 64
기니페퍼 219
긴디야 249
김치 223
까피 262, 272-273, 293
깨소금 263, 271
꿀 302

나

나스투르티움 111, 325
나헬카스 231
남쁘릭 73, 81, 107, 199, 225, 293
남쁘릭구이 293
남아프리카의 커리 가루 284
너트메그(육두구) 190-195, 269, 273, 277, 279-283, 286, 287, 315, 327
네팔의 민트처트니 300
네팔카르다몸 184
네피텔라 70
녹차 소금 263
농어 소금구이 312
뇨라칠리 249,291
뇬야 요리 165,169
누에콩 321, 325
뉴멕시코 246
느억맘 262, 294
느억짬 294
니젤라 134,276,282

다

다나지라 가루 275
다운케숨 107
달 163
닭고기 317-318, 321
닭고기·완두콩·누에콩의 튀니지식 리시타 321
당근 320, 323, 325
당키페퍼 101
데아르볼 245
도리고페퍼 218
도사이 206
뒤셀도르프산 머스터드 239
듀카 282,314
듀카 향미의 양갈비구이 314
드라이 아도보 303
들깨 24
디종머스터드 239
디핑소스 294-296
딜 62-63, 268, 270, 306, 311, 319-320, 324
땅콩 274, 293, 317
떼무꾼찌 170
똠카까이 169
뚝트레이 262

라

라구 61
라랏 216
라호마준 307
라벤더 42-45, 267, 282, 303, 326
라비고트 205, 290
라비고트 소스 290
라비올리 22
라스엘하누트 143, 177, 282
라시 147
라오스 168
라우디엡카 54
라우옴 55
라이타 67
라임 172-173, 267, 269-270, 279-

280, 293-294, 297-304, 308, 310, 318 ,322
라임 가루 279
라임바질 35, 325
라임·칠리 소스 297
라카마 283
라컴볼 76
라프 106-107
락사 197, 225, 322
락사 잎 107
람풍 페퍼 211
래서걸랭걸 168-169, 274
랜드크레스 111
램전스 76
램프 씨 204
러비지 82-83
러시안타라곤 61
럼주 320,326
레드와인 302-303
레드와인 식초 290, 298-299, 307
레드와인 마리네이드 302
레드칠리268,271-279,281-285,287-288,291,1203,294-295,297-301,303-304,306-308,310-312,316-317,322-323
레드커리 페이스트 272,317
레드페퍼·토마토 샐러드 308
레드페퍼 108, 110, 290-291, 297, 323, 325
레몬그라스 164-165, 272-274, 278, 304, 312-313, 316, 322
레몬그라스·진저·홍합 요리 313
레몬머틀 171
레몬바질 34-35
레몬밤 50, 267
레몬밤(오레아종) 50
레몬버베나 52
레몬센티드타임 99
레몬제라늄 40-41
레몬타임 97, 303
레물라드 205, 290
레물라드 소스 290
레바논의 7가지 향신료 믹스 279
레서캘러민트 70
레이디플리머스 41
레체드타이그레 310
레카도로호(레드아나토 페이스트) 203, 288
레터스바질 32-33
렌틸콩 277,319
렐리시 87, 201, 205, 235, 246, 300
렝콰스 168
로렐 36
로메스코 소스 155, 249, 291
로즈메리 90-91, 267, 287, 302-303, 321
로즈센티드제라늄 40
로즈제라늄 41
로켓 108-109, 289, 308
로코토 247
로코틸로 247
롱코리앤더 106
루트비어 53
리프셀러리 80
리카멘 262
리코리스 177
리코리스민트 57
리코리스바질 35, 321
리코타·민트·잣·가지볶음 307
리프 셀러리 80
립타우아 치즈 205

마

마늘 72-77, 266-269, 272-274, 278-750, 286-308, 310-320, 322-324
마늘 퓌레 301
마드라스커리 가루 277
마리골드 28-29, 268
마리네이드 302-303, 311
마사만커리 페이스트 273
마살라 63, 143, 197, 223, 268, 275, 276, 288, 302, 313, 317-318
마샬 277, 302, 313
마암몰 136
마운틴페퍼 152, 218
마운틴민트 69
마운틴밤 70
마운틴스피니치 26
마이볼러 46
마조람 86-89, 267, 287, 320-321
마조람·당근조림 320
마지팬·파피씨 케이크 326
마호니아 159
만차사프란 179
말돈 해염 260
말라게타 247
말라바르필라프 323
말라브 136
말레이시아 렌당 316
말레이커리 가루 278
말레이커리 페이스트 278
망고 163, 298, 300
망고·파파야 모호 298
매스틱 208
매운 사워수프 304
매콤한 렌틸콩 319
매콤한 코리앤더 106
매콤한 호박 수프 304
머그워트 117
머리리버 솔트 263
머스터드 236-239, 276-277, 286-290, 305, 313
머스터드 씨 237
머스터드 오일 237
머틀 38
멀가 137
멀드와인 231
메이스 194-195, 267, 273, 275-276, 278, 282, 286, 314
멕시컨 마리네이드 303
멕시컨민트마리골드 28-29, 61
멕시컨오레가노 89
멕시컨자이언트히숍 57
멕시컨칠리 244-245
멕시컨타라곤 29
멕시컨페퍼 잎 216
멜레구에타페퍼 219
모머스터드 238

모로컨민트 68,270
모로컨코리앤더 142
모호 73, 173, 292, 298
몰레베르데(그린몰레) 116, 297
무어식 케밥 187
무함마라 161
무화과 309, 327
문톡 210
물라토 245
미나리 80
미뇨네트페퍼 214
미라솔 247
미르츠 248
미림 296, 309, 319
미소(味噌)·세서미(참깨)·그린빈무침 319
미크로메리아 티미포리아 103
미크로메리아 푸르티코사 103
미크로메리아속 103
미트미타 285
민트 66-70, 267, 289-291, 294, 298, 300, 309, 317, 319
민트 68,291
민트 디핑소스 294
민트 렐리시 300

바

바나나페퍼 249
바닐라 148-151,
바닐라 아이스크림 326
바라트 283
바베리 159
바베이도스 시즈닝 269
바비큐 마리네이드 302
바비큐 향신료 287
바이망룩 35
바자 207
바잔 269
바질 30-35, 273, 289-290, 301, 309, 319, 321, 325
바질·민트·레드페퍼 소스 290
바질민트 69
바하라트 143, 183, 230, 280-281
배초향 57
버드아이칠리 248, 294
버진제도의 향신료 소금 287
버클러리프소렐 56
번칭어니언 77
베니쇼가 224
베닌페퍼 215
베르가모트 48-49
베르가모트 살사 49
베르베르 183, 206, 230, 284, 317
베샤멜 소스 36
베어네이즈 소스 59, 291
베이리프 36-37, 267, 302, 316, 319
베텔페퍼 216
베트나미즈민트 107
베트나미즈밤 51
베트나미즈셀러리 80
베트나미즈코리앤더(실란트로) 107
벵골카르다몸 185
벵골 판치포론 276
병아리콩 277, 283, 305, 324-325
보넌크라우트 101
보르도머스터드 238
보리지 22,325
봄베이 마살라 275
봄베이 믹스 207
부시바질 32
부시토마토 152
부야베스 179
부침개(전)의 디핑소스 295
부케가니 37, 61, 93, 266
붐부발리 278
브라운머스터드 237
브라질 산지의 페퍼 211
브로콜리 322
브론즈펜넬 65
블라찬 263
블랙머스터드 236, 287-288, 305
블랙민트 29
블랙솔트(암염) 276
블랙어니언시드 134
블랙오레가노 88
블랙카르다몸 184-185, 275, 282, 284
블랙캐러웨이 189
블랙커런트세이지 94
블랙커민 187, 275, 314
블랙페퍼 211, 214, 267, 269, 272-273, 276-291, 299-300, 302-303, 305-310, 313-316, 319-321, 325
블랙페퍼민트 69
비리야니 141, 170, 179
비밤 48
비자르아슈와 279
비트 306, 320
비트·딜 샐러드 320
비트·요구르트 냉국 306

사

사과 식초 117, 294-296
사라왁주 211
사르골 178
사르수엘라 179
사바용 46
사보라머스터드 239
사브지고르메 270
사브지아쉬 270
사브지폴로 270
사사프라스 53
사순 306
사우디 바하라트 280
사프란 178
사프란 178-181, 280-281, 314, 319
사프란·크림·완두콩조림 319
사플라워(홍화) 209
산접시꽃 112
산초 120-221, 271, 308
산타카 248
살람 217, 316
살사 289, 297, 299
살사베르데 289
살사프레스카 297
삼발 67, 73, 157, 169, 201, 243, 277, 295
삼발 가루 206,235,277
삼발마니스 295
삼발바작 295
삼발울렉 295

삼발케미리 295
새우 페이스트 272-273, 278, 293, 295
새우·코코넛밀크의 커리 313
샐러드버넷 23
진저 170, 222-227, 275-277, 279-280, 296, 298, 301-304, 313-315, 318-319, 320, 322-323
진저·간장 디핑소스 296
진저·라임 마리네이드 302
생선용 마살라 276
샤레나솔 270
샤히지라 187
서머세이버리 100-101, 268
서아프리카 페퍼 블렌드 284
서양유채 237
서인도 마살라 288
석류 160-161, 305, 307-308
석류 몰라세(몰라세) 160-161, 305, 307
석류·올리브·호두 샐러드 308
석류·허브 수프 305
선갈퀴아재비 46
세라노 244, 297
세비체 247, 310
세빌오렌지 267, 288, 296, 298
세이버리 100-102, 267-268, 306
세이셸제도 피시 커리 313
세이지 92-95, 267, 287, 315, 324
세쿠르 170
센티드제라늄 40-41
셀러리 80-81, 262, 302
셀러리 솔트 262
셰리주(드라이) 302, 311
소고기·브로콜리 누들 322
소금 260-263
소렐 56, 290
소렐 소스 290
소엽풀 55
소투스허브 106
소프리토 106, 155, 267
솔카디 162
솔트피시앤아키 203
솔트코드 205
수맥 158, 282-283, 307, 309
수영 56
숙주나물 322-323
숙터 135
스리랑카 커리 파우드 201, 278
스바네티식솔트 268
스바누리마릴리 268
스위트마조람 87
스위트바질 30
스위트시슬리 27
스위트칠리 소스 294
스위트페퍼 240
스카치보네트 246, 269
스타아니스 174-175, 272, 311, 320
스타아니스·농어구이 311
스타아니스·펜넬찜 320
스테이크용 레카도 288
스튜용 아드위 279
스트루델 135
스패니시라벤더 43
스패니시파프리카 155,303
스페퀼라스 327
스피어민트 66-69
시금치·세서미(참깨) 드레싱 309
시나몬 138-139, 268-269, 272-273, 275-286, 288, 305, 314-315, 323, 326-327
시나몬·포트와인·무화과구이 327
시나몬바질 33
시니펙 298
시리언바하라트 280
시리언오레가노 89
시즈닝 269, 287
시치미 221, 271
시칠리아 마조람 88
시트러스 172-173
신선한 토마토 처트니 300
실란트로 104, 107
쌀 식초 294-296, 300, 305-303, 309
쌀밥용 아드위 279
쓰촨페퍼 220-221, 272, 310

아

아가스타슈 57
아가스타슈류 57
아나르다나 161, 276
아나토 202-203, 288
아나토 씨 288
아니스 176, 288, 313
아니스 씨 170
아니스바질 35, 319
아니스히솝 57
아단 47
아도보 267, 303
아드위 143, 147, 279
아라그레크 143
아로마 가람마살라 195, 276
아로마 진저 170, 278
아로스알오르노 324
아르헨티나의 살사크리오야 299
아마리요 286
아몬드 291, 306, 314, 327
아보카도 217, 308, 310
아보카도·진저·게살무침 308
아샨티페퍼 215
아시아 바질 34-35
아시아 칠리 248
아요완 207, 275-276, 284
아위 234
아지카 268
아치오테 202
아치오테 페이스트 203
아카시아속 137
아쿠드주라 152
아쿠아비트 188-189, 219
아티초크 61, 83, 325
아티초크·누에콩·퀴노아 샐러드 325
아프리칸블루바질 33
아히 247
아히 페이스트 286, 298, 303
아히둘세 247
아히아마리요 247, 299
아힐리모힐리 297
안젤리카 39
안초 245
안초비 289-290, 306-307

알라리소토 179
알레포 블렌드 282
알리뇨 267
암추르 163, 276
애서페터더 234-235, 276-277
애플민트 68
애피크렌 115, 290
앨리게이터페퍼 219
야생 마조람 86
야생 셀러리 80
야채 요리 319-320
야채·에그누들볶음 323
양 코르마 314
양고기 266, 307, 314-315
양귀비 135
양배추 297
양정강이고기 315
양하 225
양하 꽃봉오리 225
어메리컨머스터드 239
어성초(호튜니아) 54
에그누들 322-323
에르브드프로방스 91, 267
에스카베체 229
에파조테 116, 297
엔칠라다 245
엘더플라워 시럽 311
엘리펀트갈릭 76
엠퍼러즈민트 103
염장 레몬 172, 293, 308
예르바부에나 102
예멘의 저그 페이스트 105, 282
예멘의 하웨이즈 281
예멘의 힐베 281
옐로머스터드 236-239, 286
옐로칠리 가루 242
오레가노 86-89, 267-268, 287-299, 303
오렌지 172-173, 298, 303, 320
오렌지센티드타임 99
오리엔털번칭어니언 77
오리엔털 마리네이드 303
오리츠 26
오만식 향신료 믹스 279
오스위고티 49
오이 290,300-301,306, 309
오이 삼발 300
오징어튀김 310
오향분 65, 140, 175, 177, 221, 231, 272, 311
옥수수 115, 310
올리브유 268,282,286,289-292, 297-303,306-309,311-312,314-315,319-321,324-325
올스파이스 228-229, 269, 279-280, 282, 284-286, 288, 302, 315, 327
와사비 112-113
와사비 페이스트 113
와일드로켓 109
와일드베르가모트 49
와일드셀러리 80
와트 285, 317
와틀 137
완두콩 319, 321
요구르트 302, 306, 314, 317
요구르트 마리네이드 302
우라드달(검은 렌틸콩) 277
우르파 241
워터셀러리 80
워터크레스 110-111, 315
웰시어니언 77
윈터 허브 267
윈터마조람 88
윈터세이버리 100-101, 267
윈터크레스 111
윈터타라곤 29
윈터퍼슬린 21
유럽의 독미나리 80
유베시(유자떡) 173
유자 172-173, 296
유주코슈 296
유채 237
응오옴 55, 322
이란산의 포셜 178
이란의 바하라트 280
이란의 허브 믹스 270
이메레티언사프란 29
이시오피언 카르다몸 185, 284
이탈리아의 향신료 믹스 285
인디언민트 102
인디언카시아 141, 275
인디언카시아 잎 141, 275
인디언코리앤더 143
인디언크레스 111
인도식 항아리 닭고기구이 318
잉글리시라벤더 42-43
잉글리시머스터드 239

자

자메이카의 저크시즈닝 269
저메이컨 핫소스 246
저메이컨민트 102
저메이컨페퍼 228
자바니즈롱페퍼 214
자바니즈카르다몸 185
자바페퍼 215
자즈크 67
자타르 98-99, 158, 283
잣 289, 307
장미 146-147, 279, 282-283
저그 105,282
제노위즈바질 30
제노위즈페스토 32
제도어리 198-199
제라늄 잎 41
주니퍼 144-145, 235, 303, 311, 316
주니퍼 향미의 돼지삼겹살 요리 316
주니퍼·와인 마리네이드 303
중국의 향신료 소금 272.
지중해의 마리네이드 303
지중해식 허브·향신료 블렌드 268
진·주니퍼·엘더플라워·연어무침 311
진절리 133

차

차나달 277, 305
차이니즈리코리스 177
차이니즈셀러리 81

차이니즈차이브(부추) 79
차이니즈카르다몸 185
차이니즈파슬리 104,106
차이니즈키즈 (핑거루트) 170
차이브(골파) 78-79, 266, 269-270, 290, 318-320, 324
차트마살라 163,223,276
참기름 133, 295-296, 302, 304, 311, 323
세서미(참깨) 132-133, 263, 271, 275, 282-283, 295-296, 301, 309, 319, 322
세서미(참깨)·시금치 드레싱 309
처빌 58-59, 290-291
처트니 300-301
체르뮬라 155, 312
체르뮬라 양념 돔 312
체리 249
체셔 암염 260
초콜릿민트 69
최레크 136
추브리차 270
츠레키 136, 208
치마요칠리파우더 246
치미추리 299
치커리 85
치킨와트 317|
치킨티카 317
치포틀레 245
칠라카 244
칠레의 알리뇨 267
칠레콜로라도 246
칠리 240-249, 256-259, 269, 281-282, 293-295, 297-299, 303
칠리 가루 242
칠리 소스 243,294
칠리 오일 242
칠리 플레이크 241
칠리잼 243,293
칠리콘카르네 187

카

카르다몸 182-183, 279, 281, 284, 319, 326-327
카리라 204
카리브 핫소스 246
카멜레온 54
카브사스파이스 280
카슈미르 마살라 275
카슈미리 쿠페 178
카스카벨 245
카슈미리 칠리 248
카시아 140-141, 275
카얌 178
카옌페퍼 240
카옌페퍼 가루 242
카춤버 301
카트레피스 227, 285
맥러트라임 102, 166-107
캐리비언치킨콜롱보 318
캐트닙 71
캐트민트 71
캔들너트 278, 295, 322
캐러웨이 188-189, 281, 283, 292
캐러웨이타임 98
캘러민트 70
캥거루애플 152
커리 272-273, 277-278, 284, 313-314, 317
커리 잎 200-201, 275, 277-278, 316
커민 186-187, 267-268, 272-273, 275-285, 287~288, 292, 297-298, 301, 303, 305-306, 312, 314-316, 319, 323, 325 319, 326-327
커팅셀러리 80-81
컬리처빌 59
컬리파슬리 18
케우라유 47
케이준 53, 97, 128, 152, 287
케이준 시즈닝 287
케이퍼 204-205, 289-290, 306
케이퍼베리 205
켄큐르 170, 198
켑테데스 67
코디얼 145
코라리마 284
코레쉬 139
코르마 134, 141, 147, 314
코리앤더 275-289
코리앤더 잎 305, 307-308, 310-311, 313, 314, 317, 322-323, 325
코리앤더 처트니 301
코리앤더·호두·달고기 양념구이 311
코리언민트 57
코리언칠리 248
코서르트 52
코쿰 162
콘민트 69
콘헤드타임 99
콩 허브 101
콸라트다카 130, 219, 283
쿠멜리수넬리 209
쿠바의 모호 298
쿠바의 아도보 267
쿠번오레가노 89
쿠베브 215, 282, 284
쿠스쿠스 325
쿠페 178
쿨란트로 106, 269
쿨피 47, 179, 183
퀴노아 325
퀼퀴냐 247
크레송 110-111, 315
크레송과 포타주 110
크레올 53,97,287
크리튼디터니 88
크리핑타임 98
크멜리수넬리 143, 268
클라리세이지 95
클레이토니아 21
클로브(정향) 230-233, 268-269, 272-273, 275-288, 302, 314, 323, 327

타

타라곤 60-61, 239, 267, 290-291
타라곤 머스터드 239
타라곤 치킨 61
타르타르 소스 290

타마린드 156-157
타마린드 농축액 157, 293, 295, 316
타마린드즙 157, 288, 293, 313, 318
타말레 217,246
타밀커리 가루 277
타바스코 246
타불레 67
타빌 189, 283, 235
타슈켄트민트 69
타이레몬바질 35
타이바질 35, 273, 319
타이바이호라빠 35
타이의 비프커리 317
타이칠리 248
타이칠리잼 242,293
타임 96-99, 267, 269, 283, 287, 302-303, 313, 316
타임리브드세이버리 102
타클리아 283
타프나드 205, 306
타히니 133
탄도리마살라 276,302,317
탄제린 172-173
터메릭 128, 196-197, 274, 276-281, 283, 285, 287-288, 300, 304-305, 313, 316, 322
터키시딜라이트 147, 208
터키시레드칠리 페이스트 281
터키시로켓 109
터키시바하라트 281
터키의 사프란 209
테일드페퍼 215
텍스멕스 87
텔리체리 211
토마토 삼발 301
토마티요 297
토스토네스 297
토치진저 225
툼보 310
튀니지의 바라하트 283
트라시 262, 278, 295
트라파니 해염 261
트레포일 25
트리니다드 시즈닝 269
트리컬러세이지 94
티몰 207
티에그 175

파

파 77, 269-270, 295, 296, 298, 304-305, 309, 310-311, 318, 322-323
파가라 220
파드득나물 25
파르메산치즈 289
파스트르마 206
파슬리 18-19, 266, 268-270, 282, 287, 289-290, 292, 299-300, 305, 307-309, 312, 321, 324
파슬리·레몬 소스 289
파시야 245, 303
파인애플민트 69
파인애플세이지 94-95
파코라 163, 207
파투시 20, 158, 309
파파스아루가다스 292
파프리카 154-155, 270, 280, 282, 287,299-300, 303, 308, 312, 324-325
파피(양귀비) 135, 314, 326
판단 47
판치포론 65, 206, 276
퍼슬린(쇠비름) 20, 24, 309
퍼시언타임 99
퍼플(오팔)바질 31
퍼플러플스 32
퍼플바질 31
퍼플세이지 93
펀자브 마살라 275
페뉴그리크 23, 59, 206, 266, 268, 270, 276-277, 281, 287-288, 300
페니로열 69
페루의 살사크리오야 299
페루의 파슬리살사 299
페르노 마리네이드 302
페르시야아드 266 , 267
페리페리 249
페브레 298
페센잔 161
페스토 289
페코리노 치즈 289
페투치네 321
페퍼 210-214, 297
페퍼민트 66, 68-69
페페론치노(칠리) 249
펜넬 64-65, 268, 272, 275-276, 280, 287, 300, 302-304, 306, 315, 320
펜넬워터 64
펜넬·감자 양념의 돼지갈비살 315
포(베트남 국수) 175
포블라노 245
포셜 178
포요피빌 203
포트마리골드 28
포트마조람 88
폰즈 296
폰테프랙트케이크 177
폴로 179
폴크 소금 262
푀르퀼트 155
푸드르드콜롱보 287
푸딩용 향신료 229,286
푸아브라드 218
푸에르토리코 소스 297
풀레곤 103
프라훅 262
프랑크푸르트 그린소스 59
프렌치라벤더 43
프렌치마리골드 28-29
프렌치소렐 56
프렌치타라곤 60
프렌치페틀 29
프로방스도브 36
프로홈 67, 170
프리타타 109
플라워페퍼 220
플랫리프파슬리 19, 266, 321
플레이버 슈거 149
플뢰르드셀 261

피멍데스플레트 249
피멘토(페퍼) 228, 240
피멘톤(파프리카 가루) 154
피미엔타 228
피스투 수프 32
피시 소스 55, 262, 274, 293-294, 303, 317
피시 케이크 171
피시 타마린드 162
피클용 향신료 143, 226-227, 286
피페린 211
필라프 183, 323
필라프용 향신료 183
필레파우더 53
필리필리 소스 301
핌스 22, 67
핑거루트 170, 273, 278
핑크페퍼 153

하

하리라 197
하리사 143, 292, 321, 325
하바네로 244, 298
하웨이즈 281
하지카미 224
한국의 디핑소스 295
할라페뇨 244, 297
할바 135
함부르크파슬리 18-19
핫삭 219
해당화 146
해초염 262
햇진저 224
향신료 믹스 271-288
향신료 버터 123
향신료 소금 262, 272, 287
향신료 페이스트 255
허브 그린라이스 324
허브 링귀니 321
허브 버터 123
허브 블렌드 270
허브 식초 122
허브 오일 122
허브 페퍼 267
헝가리 파프리카 154
헤어리바질 35
헤이즐넛 282,291
호두 268, 289, 307-309, 311
호두·고트치즈·무화과 샐러드 309
호박 297, 304, 318, 320
호박 퓌레 320
호스래디시 114-115220
호스래디시·사과 소스 290
호스민트 49
호야산타 216-217
혼타카 248
홀리바질 34
홍화 209
화이트와인 291,302-303,315
화이트와인 식초 291
화이트터메릭 198-199
화이트페퍼 210-211,214,284-285,291,311
훔무스 160
후아카태이 28-29
히말라야 암염(핑크솔트) 261-262
히숍 57,84,268,321
힐베 281

7종류 야채의 쿠스쿠스 325

HERBS & SPICES

세계 허브 & 스파이스 대사전

2020년 6월 20일 초판 1쇄 발행

지은이 질 노먼
번역 한국 티소믈리에 연구원
감수 정승호
펴낸곳 한국 티소믈리에 연구원
출판신고 2011년 12월 22일, 제2019-000071호
주소 서울시 성동구 아차산로 17 서울숲 L타워 12층 1204호
전화 02)3446-7676
팩스 02)3446-7686
이메일 info@teasommelier.kr
웹사이트 www.teasommelier.kr

펴낸이 정승호
출판팀장 구성엽
디자인 이종훈

ISBN 979-11-85926-57-5 (13590)

값 35,000원

이 도서의 국립중앙도서관 출판예정도서목록(CIP)은 서지정보유통지원시스템 홈페이지(http://seoji.nl.go.kr)와 국가자료공동목록시스템(http://www.nl.go.kr/kolisnet)에서 이용하실 수 있습니다.(CIP제어번호: CIP2020004973)